短波数字通信研究与实践

王金龙　著

科学出版社
北京

内 容 简 介

本书是作者团队几十年从事短波通信理论研究、设备研制和工程实践成果的提炼和总结，以短波通信理论的工程化实现为主线，结合设备研制过程中遇到的实际问题，对短波数字通信领域所涉及的理论方法、关键技术和最新进展进行了全面系统的分析和总结。

本书共分10章，涵盖了以下内容：从分析短波信道特点和信道建模开始，以提高短波通信数据传输的有效性和可靠性为目标，研究了传统的低速移频键控传输技术、经典的多载波并行传输技术、先进的单载波串行高速传输技术、全新的可靠高阶正交扩频传输技术和宽带单载波频域均衡高速传输技术；以提高短波通信系统整体性能为目标，研究了快速自动链路建立、高效组网技术以及高性能信道机数字化技术。

本书理论联系实际，内容丰富，层次清晰，可读性强，既可以作为各高等院校通信专业、电子工程专业本科生、研究生的教材，也可以作为从事相关领域研究的科研人员和工程技术人员的参考用书，特别对无线通信工程技术人员如何从理论走向工程实践具有指导作用。

图书在版编目(CIP)数据

短波数字通信研究与实践/王金龙著. —北京：科学出版社，2013

ISBN 978-7-03-037165-2

Ⅰ. 短… Ⅱ. 王… Ⅲ. 短波通信-数字通信-研究 Ⅳ. TN914.3

中国版本图书馆CIP数据核字(2013)第051756号

责任编辑：姚庆爽 / 责任校对：张小霞

责任印制：张 倩 / 封面设计：陈 敬

科学出版社 出版

北京东黄城根北街16号

邮政编码：100717

http://www.sciencep.com

北京凌奇印刷有限责任公司 印刷

科学出版社发行 各地新华书店经销

*

2013年5月第 一 版 开本：B5(720×1000)

2013年5月第一次印刷 印张：21 1/4

字数：422 000

POD定价： 88.00元

(如有印装质量问题，我社负责调换)

序

短波通信有其辉煌的历史，适用于中远距离通信，广泛应用于军事、救灾、外交、气象、远洋、渔业等领域。同时，短波通信主要是通过电离层反射来进行天波传播，而电离层本身是一种典型的时变传输媒介，存在着多径干扰、时间选择性衰落、频率选择性衰落、多普勒频移等复杂的因素，导致短波信号起伏变化较大，传输可靠性较差。为此曾有大批学者、工程技术人员和无线电爱好者致力于短波通信技术研究。然而，20 世纪 70 年代，由于卫星通信的快速发展，特别是其在数据通信速率和质量上的优势，使得短波通信的研究出现了低潮，短波通信人才流失严重。20 世纪 80 年代后期，随着短波高速数据传输技术的突破和不断增加的短波通信业务需求，短波通信重新得到重视，迎来了大发展。

王金龙教授在短波通信发展低谷时期开始从事短波通信技术研究和教学工作，三十多年来始终执著于短波通信事业，经历了摸索学习、跟踪研究、创新超越三个阶段，取得了一批可喜的成果。我作为短波通信同行，很高兴提前阅读到《短波数字通信研究与实践》的书稿。

应该说，短波信道是一个典型的复杂信道，用“恶劣”一词来形容一点不为过。在短波信道上实现可靠数据通信是很困难的，不仅涉及无线通信、信号处理等理论，更需要长期的工程实践经验和大量的信道试验数据积累。该书选材于作者团队在短波通信不同时期的代表性研究成果。

目前，关于无线通信的专著大都以理论研究为主，少有涉及实用通信设备研制的一般方法和技术路线，关于短波通信研究与实践的书籍更是少之又少。该书起到了短波通信理论向实践过渡的桥梁作用，是一本很有特色的专著，不仅对从事短波通信领域的工程技术人员具有帮助作用，而且对广大从事无线通信的研究人员也具有参考价值。

中国工程院院士

陆建勋

前　言

短波通信具有通信距离远、开通迅速、机动灵活、网络重构便捷等优点，是军事通信和应急通信的重要手段。由于依靠不稳定的大气电离层反射进行电波传播，短波信道具有多径传播、时变色散、衰落严重、干扰复杂等特点，使得可靠的短波通信技术复杂、实现难度大。目前，随着无线通信的飞速发展，短波频段面临的电磁环境不断恶化，因此更需要不断加强短波通信研究。

《短波数字通信研究与实践》是作者团队几十年从事短波通信技术研究、设备研制和工程实践成果的提炼和总结。本书以短波通信的工程化实现为主线，以实际问题为牵引，全书共分 10 章，其安排如下：

第 1～2 章回顾了短波通信技术的发展历程，探讨了短波通信的技术现状和未来的发展趋势，重点分析了短波信道特点，研究了 Watterson 窄带信道模型和 ITS 宽带信道模型，给出了一种低复杂度的短波宽带信道模拟器实现方案。

第 3～7 章以提高短波数据传输有效性和可靠性为目标，以抗多径干扰技术的发展过程为主线，以具有代表性的实用数据传输波形为基础逐步展开。内容包括传统的频移调制低速数据传输技术，经典的多载波并行数据传输技术，先进的单载波串行高速数据传输技术，全新的高阶正交扩频数据传输技术和宽带单载波频域均衡高速数据传输技术。

第 8～10 章以提升和优化短波通信系统整体性能为目标展开，内容包括快速自动链路建立、高效组网技术以及高性能信道机数字化技术。

本书的出发点是使读者能够尽快地了解短波数字通信的技术现状及发展趋势，较为全面地掌握短波数字通信的理论和技术，提高工程实践和创新能力。本书体现了作者团队对短波数字通信的五点认识和理解：

1）基于统计的稳健信号处理的重要性

针对短波信道时变衰落特点，“统计处理”是最有效的手段。其原因是在时变衰落和干扰严重的信道条件下，单个信号样本的处理结果容易出错，但多个信号样本的联合处理结果是可信的。

例如，作者在 1993 年研制多载波并行调制解调器时曾经遇到频偏估计异常的问题。在室内噪声测试时，指标符合设计要求，工作稳定，但在实际短波信道试验中，载波频偏估计经常出错。分析发现：在信号检测和载波同步时，共得到了 8 个频偏估计值，然后通过求和平均处理，得到频偏估计值。在一般情况下这样的处理是有效合理的，但在时变衰落信道下情况有所不同。在实际短波信道试验时，我们曾采集到一组频偏估计值为：{35.7Hz，10.1Hz，11.9Hz，11.8Hz，9.9Hz，60.5Hz，12.4Hz，72.5Hz}，求和平均得到频偏估计值为28.1Hz。而系统实际频偏值为11Hz左右，此时由于频偏估计值偏离实际值太大，导致接收数据出错。对数据分析发现估计值中{35.7Hz，60.5Hz，72.5Hz}，偏离平均值较大，应为错误估计，事实上在时变衰落信道中常常出现这种情况。为此，我们对信号处理进行改进，在求平均前先对样本数据进行预处理，丢弃部分偏离值较大的样本，得到剩余估计值{10.1Hz，11.9Hz，11.8Hz，9.9Hz，12.4Hz}，此时平均得到的频偏估计值为11.2Hz。通过这样处理，解决了频偏估计异常的问题。在短波信道信号处理中常可采用以上方法，以提高系统在时变衰落情况时的稳健性。

本书针对短波信道特点，从多个角度研究分析了时变衰落信道下基于信号统计处理的有效算法。

2）工程实践中研究高效算法的重要性

实现某一算法或功能所占用的处理时间和硬件资源我们称之为实现代价。对于数字信号处理芯片(DSP)，实现代价为程序空间、存储空间和单位时间运算量；对于现场可编程逻辑阵列(FPGA)，实现代价为硬件资源和处理功耗。

在实际工程实现中，对于特定的算法或功能，在保证其性能指标前提下的实现代价最小化具有重要意义。其主要原因是：在系统硬件设计不变的情况下，可以在同一硬件平台上完成更多的功能；通过实现代价的最小化设计，可以降低系统处理时钟，降低系统功耗，提高系统可靠性；另外由于在一般意义上，算法性能和实现代价成正比，通过实现代价的最小化设计，可以留有足够的硬件资源和运算能力，研究实现更为先进的算法，优化系统的关键指标。

例如，作者1996年在当时的微电子技术水平条件下，通过一系列实现代价最小化设计，研制成功了基于单个数字信号处理芯片的单载波串行调制解调器。其中，在实现高性能的信号检测和同步时，针对波形特点，采用3个PN码序列联合估计可提高系统同步性能4.7dB，但此时对运算量的要求提高了6倍。为此通过假设连续8个样点频偏近似不变，在不明显影响系统性能的前提下，其运算量下降为原来的1/8，而同步性能仍能提高3.9dB。

再如，作者针对多载波并行调制解调器波形特点，对N点FFT和IFFT变换进行优化设计，用$N/2$点变换实现了信号调制和解调。在性能不变的情况下，其实现代价为原来的1/2。

本书以实现代价最小化为目标，研究分析信号处理算法的工程优化策略。

3）设备研制中指标设计与分配的重要性

通信系统的指标设计存在木桶效应，研制高性能设备的关键在于系统各分指标的均衡性优化和折中分配。

例如，在选择模数转换(A/D)采样率时，采样速率越高，精度就越高，但后续处理复杂度成倍增加，所以需要在复杂度和采样精度间进行折中，一般可选择信号最高频率的2.4～4倍左右较为合适。在信号检测和同步指标的设计时，指标过高，会大幅度增加系统处理复杂度，过低可能会影响正常的数据接收，一般情况下信号检测和同步性能要高于数据解调性能3dB左右。由于短波信道多径分布复杂，多径时延的典型范围为2～5ms，当然也存在大于5ms的情况，但其出现概率很低，在设计过程中如过分考虑这种情况，不仅处理复杂度增加，还会引入处理噪声，系统性能反而下降。因此多载波并行波形用于抗多径干扰的循环前缀仅为4.722ms，体现了可靠性和有效性之间的折中。

本书以提高整体性能为目标，研究短波通信系统技术指标的内在联系，分析指标设计与分配的一般准则。

4）根据微电子发展水平优选高性能算法的重要性

短波通信理论的研究总是超前的，短波工程实现的关键在于结合微电子发展水平，优选先进的信号处理算法，不断改进工程设计，提高短波通信系统的整体性能。

例如，作者在单载波串行自适应均衡器的开发过程中，1990年主流的数字信号处理芯片为TMS320C25-40MPIS，其运算能力为每秒4千万次，仅能实现简化的自适应均衡算法，收敛速度慢且精度差，在实际信道试验中性能不佳。而1996年出现的TMS320C50-80MIPS已具备实现典型平方根卡尔曼算法的能力，使得均衡器性能较为稳定，但由于采用符号间隔均衡算法，对同步要求较高，深度衰落时性能也有限。2000年出现的TMS320C55-200MIPS可实现分数间隔2倍符号采样的直接数据均衡算法，降低了同步要求，也提高了在复杂深度衰落信道条件下的均衡器性能。

本书以不同时期硬件的发展水平为参照，逐步展开短波数字通信技术研究和讨论。

5）短波通信技术传承与创新紧密结合的重要性

与其他无线通信手段不同，短波通信发展有其特殊性。短波通信设备的更新是渐进的过程，各时期不同技术体制的电台需要一起工作，为了保证互联互通，在新研通信系统中要兼容已有的技术波形。另外，短波信道条件处于不断恶化的过程中，在有限带宽内用户不断增加，八十年前2W电台可通上千公里，现在400W也不能保证能够正常通信，需要不断的技术创新。

作者从事短波通信技术研究工作中，经历了频移键控(FSK)、多载波并行(OFDM)、第二代自适应、单载波串行、收发信机数字化、第三代自适应、综合组网等系列设备和系统的研制。这些被广泛应用的设备和系统，代表了短波通信的技术主流。正是以上的研究、试验和应用经验，为后续高阶正交扩频调制技术、宽带高速数据传输技术和综合组网技术的研究奠定了必要的基础。

本书以短波通信技术发展过程为主线，较为全面地展现了短波通信不同时期的关键技术和创新研究。

我国短波通信事业的发展源于一代又一代专家和科技工作者的辛勤付出，在此，对他们表示特别的敬意；非常感谢中国工程院短波通信专家陆建勋院士对本书给予的热情关注和支持；任国春、沈良、陈瑾、吴启晖、程云鹏、魏胜群、王呈贵、宋绯、徐以涛和张玉明为本书的基础性工作提供了强有力的技术支撑；龚玉萍、童晓兵、江汉、郑学强、阚春荣、崔丽为本书做了大量具体的工作；团队博士研究生、硕士研究生积极参与，在此一并表示衷心的感谢！

对于正在蓬勃发展的短波数字通信理论和技术，由于作者水平有限，书中难免存在不妥之处，恳请各位专家、同仁和广大读者批评指正。

作　者

于江南古都南京

2013 年 1 月

目　　录

第1章 短波通信概述

短波通信依靠1.5～30MHz的电磁波进行信号传输，是最早出现并被广泛应用的无线通信方式，至今仍是中远距离无线通信的重要手段。短波信道传播特性异常复杂，其理论和技术仍处于不断完善和发展的过程中。

1.1 短波通信发展历程

人类对电现象和磁现象的观察及研究经历了数千年的历史，但直到16世纪英国科学家吉尔伯特第一个引入了“电吸引”的概念，才标志着电现象系统研究的开始。

18世纪后期，科学家开始研究电荷之间的相互作用，但大都是从定性分析的角度出发。1785年，法国物理学家库仑用扭称实验测量了两电荷之间的作用力与距离的关系，第一次定量分析了电学问题。

1820年丹麦电学家奥斯特在研究电和磁的关系时，发现了电流的磁效应，即“电”可以产生“磁”。1831年英国物理学家法拉第在总结前人大量工作的基础上，提出了电磁感应定律，证明了“磁”可以产生“电”。

1865年英国物理学家麦克斯韦在库仑定律、安培定律和法拉第定律基础上，提出了涡旋电场和位移电流假说，建立了完整的电磁场理论体系。1888年德国物理学家赫兹首先证实了电磁波的存在，验证了麦克斯韦的理论。

1895年意大利电气工程师马可尼成功进行了通信距离为2.7km的无线信号传输试验。1896年俄国无线电通信发明家波波夫进行了用无线电传递莫尔斯电报码的试验。这两个试验标志着无线通信的诞生。

在无线电应用的最初阶段，除了科学家，还有一大批业余无线电爱好者从事这方面的研究工作。他们没有条件建立庞大而昂贵的中波和长波通信系统，只能在不被当时科学家看好的短波频段，利用自制的简易设备互相联络。1921年，意大利首都罗马的近郊发生了一场大火，一个业余无线电爱好者用仅有几十瓦功率的短波电台发出了求救信号，这一信号竟意外地被远在北欧哥本哈根的业余无线电台收到了。由此，人们发现了短波具备远距离通信的特性。

19世纪20年代初，随着各种高增益、强方向性短波天线的出现，短波通信得到了飞速发展，开始成为中远距离通信的主要手段。

在1965年以前，短波通信是远程通信特别是洲际通信中的重要手段。此后，由于受到卫星通信快速发展的冲击,短波通信的发展进入了低谷。20 世纪 80 年代,世界军备竞赛愈演愈烈,由于短波通信不依赖于易被摧毁的固定基础设施,具有快速恢复通信联络等特点,因此又重新受到重视。此后,世界上许多国家加大了对短波通信的投入,推动了短波通信,尤其是短波数字通信的快速发展。

1.2　短波通信特点

短波通信具备无中继远程通信能力,具有机动性强、网络重构快捷和抗毁性强等优点。但是,由于短波信道条件复杂且不稳定,存在多径干扰、信号衰落和多普勒频移等不利因素,因此很难保证可靠的短波通信。

1.2.1　短波通信的优势

短波通信具有以下优势:

1) 无中继远程通信

短波通信利用电离层反射实现远程通信,无需人为的中继系统。利用天波传播,短波信号单次反射最大的传输距离可达 4000km,多次反射可达上万公里,具备全球通信能力。

2) 抗毁性强

短波通信是唯一不受网络枢纽和有源中继制约的远程通信手段,且其传输媒介——电离层具有不被永久摧毁的特性,因此短波通信抗毁能力强。

3) 机动灵活

短波通信设备具有多种形式,包括固定式、背负式、车载式、舰载式、机载式等,具有机动灵活的特点,可满足不同的通信需求。

4) 网络重构快捷

短波通信具有建网速度快、组织方便、顽存性强等优点,在战争或重大自然灾害发生时,即使固定基础设施全面瘫痪,短波通信网络仍然能够快速开通,保障通信畅通。

1.2.2　短波通信的不利因素

短波通信信道条件恶劣,信道特性随时间快速复杂变化;同时,短波信道的开放性,导致了通信干扰严重。因此,短波通信面临严重挑战。

1) 多径干扰严重

短波信道是一个多径衰落信道,其多径时延可达 5ms。多径干扰会引起数据传输过程中的码间串扰和频率选择性衰落,导致接收信号起伏不定,严重影响通信质量。

2）信道时变

短波通信依靠电离层反射进行通信，而电离层具有不稳定的多层结构，导致多径分布具有时变性。同时，电离层的快速变化会导致多普勒频移和多普勒扩展，引起短波接收信号失真。这种失真也是时变的，进一步加剧了短波信道的时变性。

3）干扰复杂

短波通信中存在严重的干扰，主要包括自然干扰、电台互扰和有意干扰。

自然干扰主要包括工业干扰、太阳磁暴干扰和天电干扰。工业干扰主要来自于各种电气设备、电力网和打火设备；太阳磁暴干扰主要由太阳的强烈耀斑引起；天电干扰由大气中雷雨云放电产生，主要表现为突发性脉冲干扰。

电台互扰是指和本电台工作频率相近的其他无线电台的干扰，包括杂散干扰、互调干扰和阻塞干扰。由于远距离传播的特点，从短波接收机的角度来看，会有更多的远方电台信号传播过来，形成严重的互扰。

有意干扰是指敌方有意释放的干扰，主要包括跟踪干扰、部分频带阻塞干扰和欺骗回放干扰等。由于短波信号传输距离远，因而极易被远距离侦听并实施远程干扰。

1.3 短波通信现状及发展

短波通信的发展经历了三个阶段，从技术上一般可分为三代。

第一阶段是从1921年开始到20世纪70年代末。这期间短波通信发展迅速，成为无线通信的重要手段。第一代短波电台采用的技术以“人工、模拟”为主要特征：人工选频、手动调谐，其业务包括模拟话音和手键报，主要采用点对点通信。

第二阶段是从20世纪80年代初到20世纪末。这期间短波通信进入了新的发展时期。第二代短波电台采用的技术以“自动、数字”为主要特征：在设定的频率集中自动选频、自动调谐，通信业务由模拟话向数据通信过渡，组网方式采用点对点或星形网方式。

第三阶段是从20世纪末至今。第三代短波通信系统采用的技术以“网络、综合”为主要特征：以满足“综合业务传输”需求为目标，以综合组网为基础，其关键技术主要包括高性能数据传输、自动链路建立、有效的组网方式、智能化业务管理、综合抗干扰处理。

1.3.1 高性能数据传输

传统短波通信带宽一般为3kHz。最早的数据业务为莫尔斯手键报，其传输速率一般小于50bps；20世纪80年代，美国Harris公司推出了短波调制解调器RF-3466，最高有效数据传输速率达到2400bps；20世纪90年代初，该公司又推出了串行调制解调器 RF-5710,最高传输速率为 4800bps。

随着短波业务量的增大,高速可靠的数据传输成为技术发展的方向。要提高数据传输速率,扩展带宽是最直接有效的方法;同时,在传输速率不变的情况下,扩展带宽也可以降低对信噪比的要求。

理论上,通信系统的带宽越宽,其信道容量越大。但短波通信实际可用频率窗口较窄,且信道拥挤,干扰十分严重。如果带宽过宽,在实际通信中,寻找好的宽带信道就会比较困难,因此,选择合适的带宽是短波高速数据传输首先必须考虑的问题。因此,在短波宽带高速数据传输中,信道带宽不大于 25kHz 是一个合理的选择。

随着带宽的扩展,短波数据传输将遭受到更加严重的频率选择性衰落,存在更严重的多径干扰。以单载波串行传输为例,当符号速率为 19.2 千波特时,5ms 的多径时延引起的码间串扰将持续 96 个数据符号,此时接收端若采用时域均衡技术进行多径抵消,会导致抽头系数过多,实现复杂度过高的问题,因此单载波频域均衡(SC-FDE)技术是一个好的解决方案。

1.3.2 自动链路建立

由于短波信道具有明显的窗口效应,并且频率窗口随时间变化,使得频率选择对于短波通信非常重要。长久以来通信双方的操作人员只能通过繁琐的手动操作(选频、呼叫、切换信道等)来克服其影响,不仅时效性低,且操作准确性难以保证。为使短波通信过程变得更加可靠和便于操作,出现了自动链路建立(Automatic Link Establishment,ALE)的概念。

ALE 分为三个部分,包括信道评估、链路建立和链路维持。信道评估通过主动探测、被动探测和本地噪声估计完成链路质量分析。依据链路质量分析的结果,链路建立自动为点对点的单呼和点对多点的网呼选取最优信道,通过双向握手协议建立链路。由于短波信道的时变性,在通信过程中,依靠链路维持不断监测短波信道质量的变化,采用信道切换、频率捷变等方式,保证持续可靠的通信。

链路建立技术可分为三代,其中第一代是独立于短波通信系统之外的实时探测系统,采用电离层探测的方法来为通信系统选择最优频率。第二代在设定的频率集中,通过 FSK 波形探测信道,实现自动链路建立。第三代在第二代基础上,采用 PSK 波形探测信道,实现自动业务管理和综合组网,进一步提高短波通信系统的通信质量。

基于频谱感知的自动链路建立是下一代 ALE 的发展方向,以动态频率获取、宽带快速信号侦听和时分/码分相结合的信道接入机制为技术特点,全面提升短波通信系统的业务保障能力。

1.3.3　有效的组网方式

短波信道的不稳定性、窄带性、开放性和信号传播的广域性使短波通信网络具有拓扑结构动态变化、可用带宽有限和网内干扰严重等特点。常见的网络拓扑结构主要有星型、自组织、分层自组织等形式，其通信方式一般为点对点和点对多点。在点对点组网时，重点研究信道链路质量和通信双方冲突等问题；而在点对多点组网时，重点研究如何选择对多个用户都合适的频率，以及多用户在同一信道上传输时的冲突避免等问题。

随着各种通信网络的发展以及不同业务需求的出现，传统短波网络逐渐凸显其不足。一方面，短波信道的局限性及通信盲区的存在使其通信效果无法持续保证；另一方面，也无法满足各类业务的不同需求。高效的短波组网方式可以弥补短波信道本身的局限性，满足不同用户业务的需求。

国外的短波综合网络在 20 世纪 90 年代得到快速发展，使短波通信系统朝着智能化、数字化、网络化、综合化和标准化方向发展。短波数据通信已从原来的点对点或点对多点的传统通信方式，过渡到无线分组网络。针对不同的业务需求和应用环境，根据其特定需求研究专用高效组网协议，提升其性能，是短波组网研究的一个重要内容。另一方面，随着栅格化网络的发展，研究将短波通信与其他通信手段融合，保证多种通信手段的互联互通，并进一步提升短波通信的性能，也成为短波网络的另一个发展趋势。

短波高效组网涉及多个通信协议层。在物理层，主要研究与其他链路的互联互通技术，克服短波信道带宽与时延等方面的缺点，使之与其他链路相适配。在数据链路层，通过设计合理的媒介接入控制(MAC)协议，有效减少和避免冲突，提高信道利用率；通过高效逻辑链路控制(LLC)协议设计，提高数据传输性能。在网络层，实现短波网与其他网系的高效适配。在传输层，针对短波信道特点，研究专用的传输控制协议，减少开销，提升效能。

1.3.4　智能化业务管理

短波通信业务经历了手键报、模拟话、高速数据、数字话音的发展过程，存在多种数据传输波形。智能化业务管理从用户业务需求出发，结合短波信道条件，为用户提供便捷和可靠的通信。

短波信道是一种时变信道，通信时如何根据当前信道情况选择合适的传输波形和参数，需要专业的短波通信知识和丰富的短波通信经验。短波智能化业务管理就是为了减少系统对操作人员的依赖性，降低人为因素对通信质量的影响，为用户提供稳定可靠的数据传输服务，提升用户服务质量(QoS)。

支撑智能化业务管理的关键技术包括：

1）速率自适应

可传输的速率与接收信噪比密切相关，在同等条件下，接收信噪比高，传输速率高。由于短波信道的时变性，为了实现高效数据通信，需要根据信道传输条件动态调整传输速率。

2）交织自适应

对于时变衰落信道，数据交织传输是一种抗突发错误的有效手段。交织时间长，抗突发错误效果好，但传输时延大；交织时间短，抗突发错误效果有限，但传输时延小。为了有效抗突发错误，并尽可能减小交织引入的时延，需要根据信道传输条件和业务需求自适应调整交织度。

3）波形自适应

短波信道是一种典型的多径信道，目前解决多径干扰影响的主要技术途径有三种：一是被动保护方式，通过增加码元宽度，并在码元之间设置多径保护时间，减少多径干扰信号对接收码元的影响；二是主动抵消方式，接收端通过自适应均衡技术，抵消多径干扰信号分量，实现高速数据传输；三是合并利用方式，接收端通过有效的多径分离与合并，提高数据传输的性能。由于短波信道的复杂性和时变性，上述三种多径干扰处理方式分别适用于不同的信道情况，因此要依据信道估计的结果，自适应优选传输波形。

1.3.5　综合抗干扰处理

短波通信受天电干扰、工业干扰等自然干扰的影响大，并且频段拥挤、互扰严重。另外，短波传输距离远的特点又造成其易受到侦察、测向和人为干扰。综合抗干扰处理是提高短波通信质量的关键技术。

人为干扰方式主要可分为跟踪干扰、部分频带阻塞干扰和欺骗回放干扰。其中跟踪干扰基于快速的信号侦听，实施压制干扰；部分频带阻塞干扰在对信号使用频段进行长时间侦听和统计分析的基础上，用大功率压制的方法对目标频段形成阻塞干扰；回放干扰则通过侦听、录制或重构信号来欺骗对方，实现高效的干扰。

针对不同的短波通信方式，抗干扰的策略各不相同。定频方式可采用极低速“硬抗干扰”和频率捷变实时“规避干扰”；跳频方式在固定频率集中快速切换，具有一定的抗跟踪干扰能力；扩频方式采用频谱扩展方法，具有难以截获、抗干扰能力强的特点；广域协同方式通过多点联合接收获取抗干扰增益，同时采用远距离异地收发机制增加干扰难度；综合组网采用动态选频、异构组网和迂回路由等多种手段，实现以网抗扰，从整体上提高抗干扰能力。

从抗干扰技术处理上，可分为时域滤波、频域抑制、干扰抵消、时变波形设计和智能天线等技术路线。其中时域滤波和频域抑制可以消除相对静态和特征明显的窄带干扰；干扰抵消对干扰信号进行参量估计，重构干扰信号，在时域进行抵消；时变波形设计可以有效对抗回放欺骗干扰；智能天线利用阵列天线和信号处理技术有效降低干扰信号影响。

1.4 小　　结

本章简要介绍了短波通信的技术发展历程，分析了短波通信的优势和不利因素，探讨了短波数字通信在数据传输、自动链路建立、组网、业务管理及抗干扰处理等方面的技术现状，展望了未来的发展趋势。

第 2 章　短波信道建模与仿真

2.1 引　　言

短波频段无线电波传播主要有两种形式：地波传播和天波传播。地波由地表面波、直射波和地面反射波三种分量构成，其特点是信号比较稳定，受气象条件影响较小。但因地面吸收，地波传播损耗与传播距离有关，其典型值大约与距离的三次方成正比(即通信距离增加一倍，信号衰减增加 10dB 左右)，陆地上传输距离通常仅为几十公里。天波传播主要靠电离层反射，与地波传播相比，其传播损耗相对较小，可以实现数百公里、上千公里的远距离通信。由于短波通信主要以中远距离通信为主，因此本章主要讨论基于天波传播的短波信道。

短波天波传播的反射媒介是电离层，电离层特性与高度、密度、地理位置、季节、太阳黑子数和昼夜时间等因素有关。短波通信中，传输信号经过电离层的吸收和反射后到达接收端，接收信号的强度与电离层特性和工作频率紧密相关。本章讨论了可用频率窗口和最佳工作频率的概念，并分析了实时变更工作频率的必要性。

即使工作在最佳频率上，短波通信信号仍可能出现严重失真。本章基于统计理论定量分析短波信道对传输信号的影响和引起的失真，建立短波信道的数学模型。在对信道模型进行深入分析的基础上，研究并实现了短波宽带信道模拟器。

在短波通信中，要建立一条高质量的短波通信链路，还需要考虑很多实际工程因素，如电台功率选择、天线选择及架设等。本章讨论了基于电离层反射的链路传播损耗计算方法，并在此基础上，分析了超远距离通信中天线主瓣方向的确定过程。

2.2 短波信道特性

2.2.1 电离层特性

地球高层大气分子在宇宙射线、太阳紫外线和 X 射线的作用下，电离形成等离子体区域即电离层。电离层中电子密度呈不均匀分布，根据电子密度随高度变化的情况，可把电离层分为 D 层、E 层和 F 层。

D 层是最低层，白天出现在地球上空 60～90km 高度处，夜间消失。D 层的电子密度一般不足以反射短波信号，信号穿过 D 层时将产生衰减，频率越高衰减越小，而且在 D 层的衰减量远大于 E 层和 F 层，所以 D 层也称为吸收层。

E 层位于地球上空 90～150km 高度处，仅存在于白天，可反射频率高于 1.5MHz 的电磁波。这里需要说明的是，在 120km 高度处，偶尔会出现一个持续时间不长、具有很高电子密度的偶发 Es 层。

F 层分为 F1 层和 F2 层。F1 层位于地球上空 150～200km 高度处，夜间消失。F2 层位于地球上空 200～1000km 高度处，它不同于其他电离层，在日落后仍能保持一定电子密度，但能反射的电磁波频率远低于白天。由此可见，为保持持续通信，工作频率必须昼夜更换。图 2-1 给出了电离层在白天和夜晚的结构。

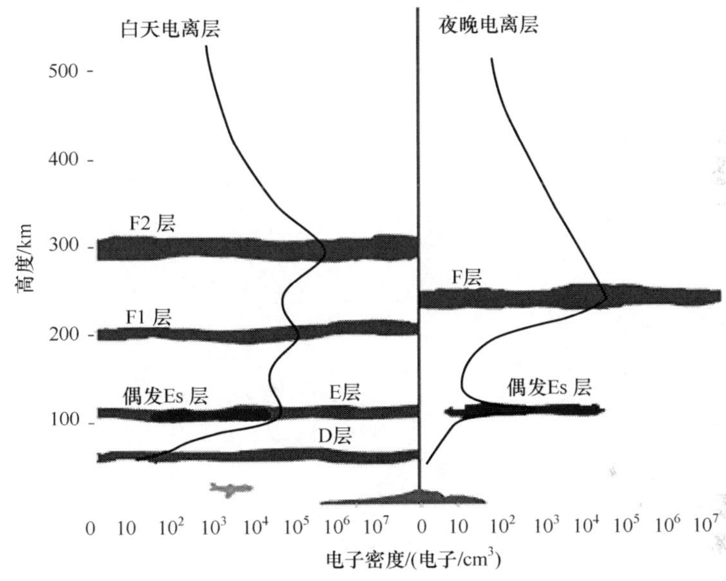

图 2-1　白天和夜晚的电离层结构

电离层的特性决定了传输信号产生衰减和畸变的程度。电离层的长时统计特性除随日夜变化外，还随季节、太阳黑子周期、地理位置发生变化。另外，电离层偶尔还发生一些随机、非周期、突发的变化。电离层的特性和通信频率的选取决定了电离层对电波的反射和吸收能力，从而影响接收信号强度。

电离层特性的统计均值随昼夜、季节、太阳黑子周期和地理位置变化而有规律地变化。这是由于电离层电子密度与太阳的照射紧密相关，太阳辐射越强，大气电离越剧烈，电离层电子密度越大。因此，一般来讲，夏季电子密度大于冬季，白天电子密度大于夜间，中午的电子密度比早晚大，而正午电子密度最大。电离层 D 层在日落之后很快消失，而 E 层和 F 层的电子密度逐渐减小，到了日出之后，各层的电子密度开始增长。由于赤道附近太阳照射强，南北两极弱，所以赤道附近电子密度较大，南北极最小。另外，太阳辐射与太阳的活动性有关，太阳一年的平均黑子数代表太阳活动性,黑子数目增加时,太阳所辐射的能量增强,各层电子密度增大。

电离层特性除了具有上述规律稳定的变化外,还会发生一些随机的、非周期的、突发的急剧变化,主要包括:偶发 Es 层、电离层暴、电离层突发骚扰等。电离层的突发随机变化有时会造成通信中断。

偶发 Es 层出现时,入射电波的部分甚至全部能量遭到反射,无法通过 Es 层以上区域反射回地面,形成所谓的"遮蔽"现象,不能实现预定距离通信。图 2-2 给出了偶发 Es 层遮蔽现象示意图。在图 2-2(a)中,A、B 两地间通过 F2 层反射电波实现正常通信,当通信线路中出现图 2-2 (b)中的偶发 Es 层时,电波被 Es 层完全反射,此时虽然 C 点能接收到较强的反射信号,但预定通信接收方 B 点的接收信号微弱,甚至完全消失。这里需要说明,有时也可通过偶发 Es 层反射建立特定的通信链路。

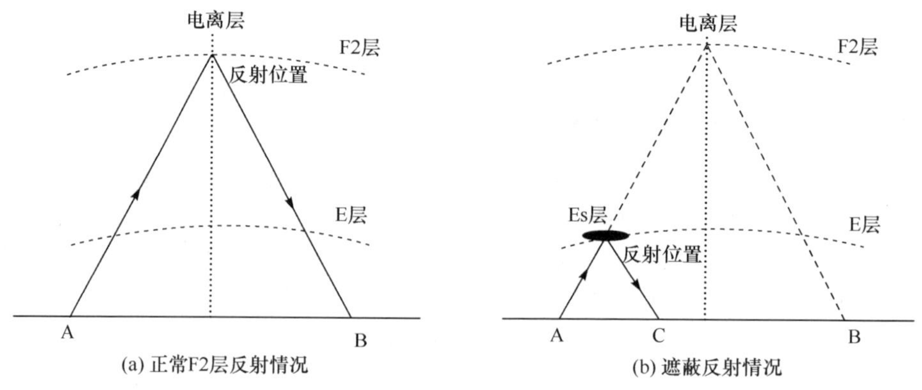

图 2-2 偶发 Es 层遮蔽示意图

电离层暴是由太阳局部地区扰动引起的电离层剧烈变化,主要影响 F 层,持续时间由几小时至几天不等。电离层暴通常可分为 3 类:①正相电离层暴指 F2 层可反射的最高频率高于正常值,多发生于赤道地区上空;②负相电离层暴指 F2 层可反射的最高频率低于正常值,多发生于中、高纬度地区,持续时间长;③双相电离层暴指上述两种情况同时出现。电离层暴会导致电离层结构受到严重破坏,出现层次不清的混乱状况。电子密度呈现或增加或减少的剧烈扰动,会造成数小时甚至数天内不能正常通信。

电离层突发骚扰是一种来势很猛但持续时间不长(一般为几分钟至几小时)的扰动,它仅发生在日照面电离层的 D 层。这种扰动由太阳耀斑引起,耀斑区发出的强烈远紫外辐射和 X 射线,大约 8min 后到达地球,使地球向阳面电离层特别是 D 层中的电子密度突然增大。当发生这种骚扰时,由于 D 层电子密度增大,通过 D 层的短波电波突然受到强烈吸收,常出现短波通信中断现象。耀斑期间,E 层和 F 层底部的电子密度也突然增加,会导致可用的短波频率突然偏离正常值。

因此，从长时间统计角度讲电离层特性变化是有规律的。但在某些特定时刻，其短时特性呈现随机、非周期、突发的剧烈变化。

2.2.2　可用频率窗口与最佳工作频率

电波到达电离层后存在三种不同情况，一是被电离层完全吸收；二是反射回地面；三是穿透电离层。在电离层特性一定的条件下，具体出现哪种情况与短波通信工作频率密切相关。电波频率越低，被电离层吸收得越多；电波频率越高，被电离层吸收得越少，穿透能力越强。

随着短波通信频率的降低，电离层的吸收能力逐步增强，接收端电波能量逐渐降低。当频率降低到一定程度时，电波能量的大部分甚至全部被电离层吸收，接收端的信号强度将低于接收门限，导致通信中断，此时的临界频率定义为最低可用频率(LUF)。相对地，随着短波通信频率的升高，电离层的吸收逐步减小，但电波的穿透能力逐渐增强，反射回地面的信号强度同样也会降低，当小于接收门限时，同样导致通信中断。此时的临界频率定义为最高可用频率(MUF)，即能被电离层反射回地面的最高频率。

LUF 和 MUF 之间的频率称为可用频率窗口。需要注意的是，可用频率窗口与实际通信系统的接收门限有关，一般来说，高速数据传输系统的可用频率窗口小于低速数据传输系统。

下面分析短波通信中最高可用频率是最佳工作频率的原因以及根据信道特性变化实时切换工作频率的必要性。

当通信线路选用 MUF 作为工作频率实施 A 点到 B 点的通信时，考虑单跳模式，电离层反射位置固定，发射端用 3 根线表示入射电离层的电波波束，如图 2-3 所示。电波进入电离层的角度称为入射角，入射角越小，电波穿透电离层的能力越强。中间射线表示实际通信中的电波传播路径，其入射角为 θ_0。当采用 MUF 时，射线束中入射角小于 θ_0 的入射电波(即中间射线上方区域的电波)穿透电离层；射线束中入射角大于 θ_0 的入射电波能量(即中间射线下方区域的电波)被电离层全部吸收，此时只有一条传播路径，且电波的吸收损耗最小。

假设电离层特性不变，当工作频率低于 MUF 时，分析电波传播情况。随着工作频率的降低，电离层对入射角为 θ_0 的电波的吸收能力增强，导致到达接收端的信号强度降低；同时，入射角小于 θ_0 的入射电波不再完全穿透电离层，部分被反射回地面形成高角射线电波；入射角大于 θ_0 的入射电波穿透力进一步减弱，此时电波可能在电离层的低层被反射回接收端，形成低角射线电波。因此，当工作频率低于 MUF 时，由于电离层对电波吸收、散射和折射的影响，高低角射线路径会逐步分离，形成可分离的两条传播路径，如图 2-4 所示，且频率越低，其高低角射线路径分离越开。这时，高低角射线传播路径相差变大，其传播相对延时也变大。

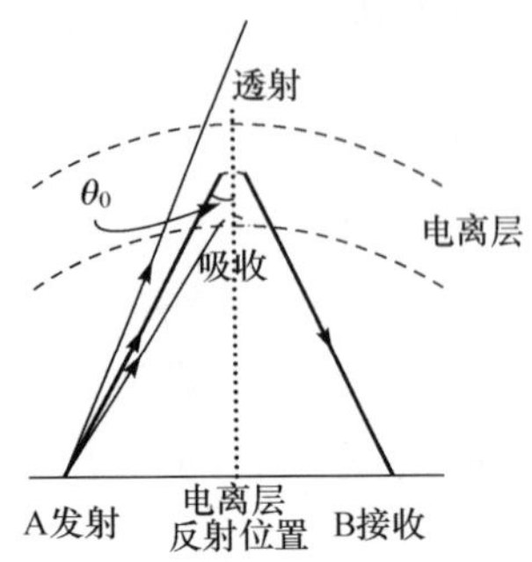

图 2-3　工作频率等于 MUF 时
（只有一条传播路径）

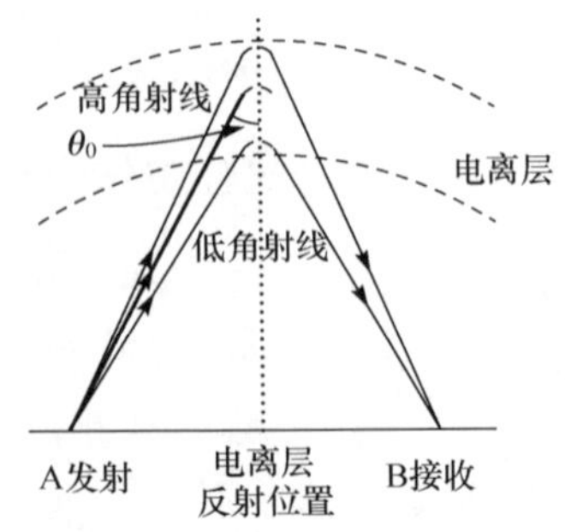

图 2-4　工作频率低于 MUF 时
（存在高低角射线多径）

当工作频率高于 MUF 时，入射角小于等于 θ_0 的电波波束将穿透电离层，入射角大于 θ_0 的电波将被完全吸收，如图 2-5 所示，接收信号强度微弱，低于解调门限，甚至可以认为接收点信号消失。

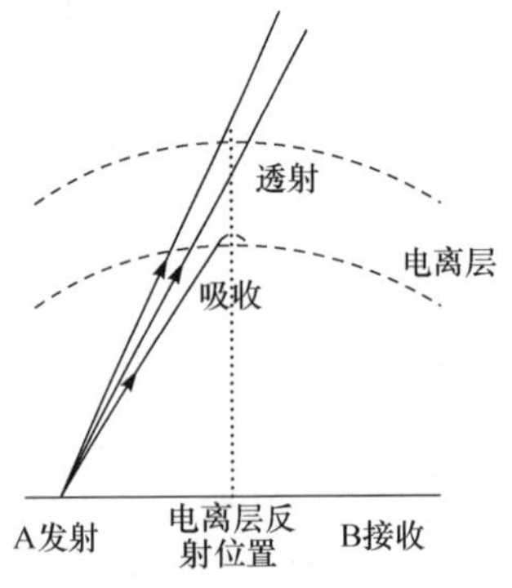

图 2-5　工作频率高于 MUF 时
（无反射路径）

由于电离层是时变的，当电离层电子密度变化时，如果通信频率不随之变化，将对通信效果产生影响。下面，仍然以单跳通信为例，分析电离层电子密度变化对短波传输信号的影响。由于电离层具有多层结构，当太阳辐射增强时，各层电子密度都将会增大，电离层对电波的吸收和反射能力都将增强，它们的共同作用会影响电波的传播。其中，D 层电子密度的增加主要表现为对电波的吸收作用增强。

设短波电台当前工作在 MUF，当电离层的电子密度增加时，如果通信频率不变，短波通信的传播情况与前面分析一致，会逐步分离形成高低角射线路径，且两路径接收信号强度同时会减弱。此时若将通信频率提高到变化后新的 MUF，则高低角射线路径合并，接收信号增强。

同样，当太阳辐射减弱时，各层电子密度都会降低，电离层对电波的吸收和反射能力都将减弱。如果通信频率不变，电波有可能全部穿透电离层，导致接收信号减弱。此时必须降低通信频率，提高反射信号的强度，从而保证通信的质量。

通过上述分析，考虑电离层的时变性，为保证持续稳定的通信效果，实际工作频率一般低于 MUF 值。同时，为了尽量减小高低角射线路径影响，通常选取的最佳工作频率值 FOT＝0.85MUF，能够在一定范围内基本适应电离层的波动变化。图 2-6 给出了全天 MUF 和 FOT 随时间变化的曲线，从图中可以看出，白天的工作频率较高，夜间较低。

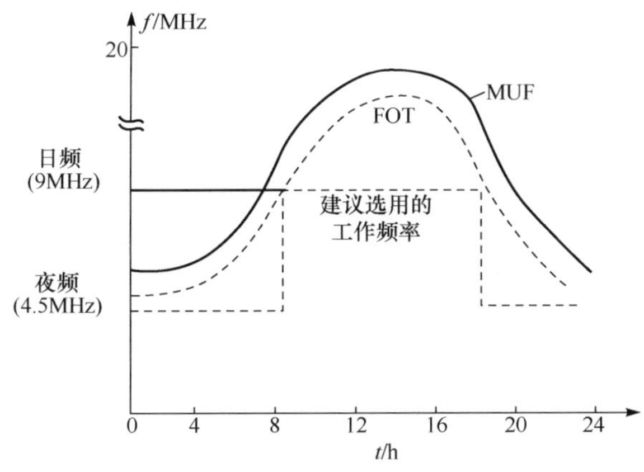

图 2-6　MUF 随时间变化曲线

这里必须说明的是，按照 MUF 日变化曲线确定的工作频率，在实际中并不能完全保证可靠通信。这是因为 MUF 日变化曲线主要是考虑电离层规则变化，其变化曲线体现了电离层特性的统计中值，不能反映电离层特性的实时变化，更不能反映电离层发生随机的、非周期的、突发的急剧变化。因此在实际应用中，需要通过探测手段进行实时选频，获取最佳工作频率。

2.2.3　短波传播特性

短波通信即使工作于最佳工作频率，在电波传播过程中，还会受到多径效应、衰落、多普勒频移等影响，造成信号失真。

1）多径效应

多径效应是指电波经过不同的路径、以不同的时间延迟到达接收端的现象。不同电离层的反射、单跳和多跳等传播模式以及同一电离层的不均匀性都会引起多径效应。

短波信道中存在两种形式的多径效应：一种是可分离多径，包含多种传播模式，多径传播时延差较大，如高低仰角射线、不同跳数的反射信号、不同电离层的反射信号等。统计发现，这种多径的时延差超过 1.5ms 的占 99.5%，超过 5ms 的占 0.5%。另一种是不可分离多径，即同一传播模式内部的多径现象，其多径时延差很小，不能区分，主要由同一电离层的不均匀性所引起，本质上是由电波的漫反射现象造成的一种多径。图 2-7 为两种多径效应的示意图，图 2-7(a)中给出了单跳和两跳传播模式形成的可分离多径，图 2-7(b)中接收端的阴影部分代表电离层的漫反射形成的不可分离多径。

2）衰落

由多径信号、电离层随机变化导致的接收电平出现忽大忽小的现象称为衰落。

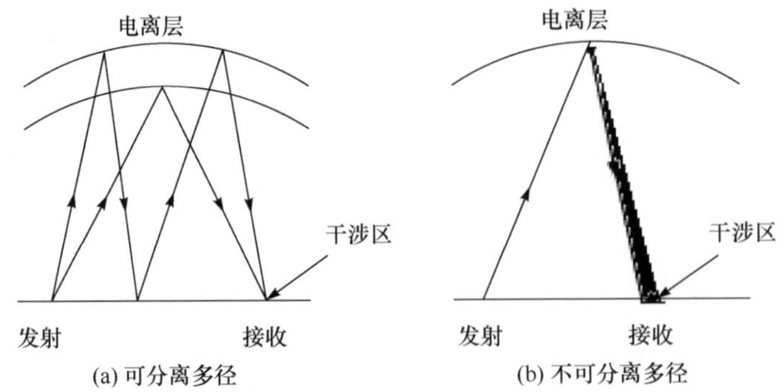

图 2-7 多径效应示意图

衰落主要包括慢衰落和快衰落。

短波信道中的慢衰落主要为吸收型衰落，电子密度及高度的变化都会对电离层吸收特性产生影响，导致接收信号的电平出现缓慢波动。慢衰落周期为数分钟到数小时不等，衰落深度一般小于 10dB。

快衰落是一种干涉型衰落，主要由多径传输引起，导致接收信号出现快速起伏。同时，电离层的随机变化也会加剧信号的快衰落。快衰落具有明显的频率选择性，其周期从零点几秒至几十秒不等，最大衰落深度可达 80dB。

3）多普勒频移和多普勒扩展

电离层经常性的快速运动和反射层高度的快速变化，都会使得传播路径不断变化，引起接收端信号相位的起伏，导致信号产生多普勒频移，造成接收信号失真。多普勒频移变化速率在日出和日落期间较为严重，一般小于 3.5Hz/s。

同时，多普勒频移值的变化会导致接收端信号频谱的展宽，这种现象称为多普勒扩展，其典型值一般为 1～10Hz。如图 2-8 所示，如果传输一个正弦信号，经过

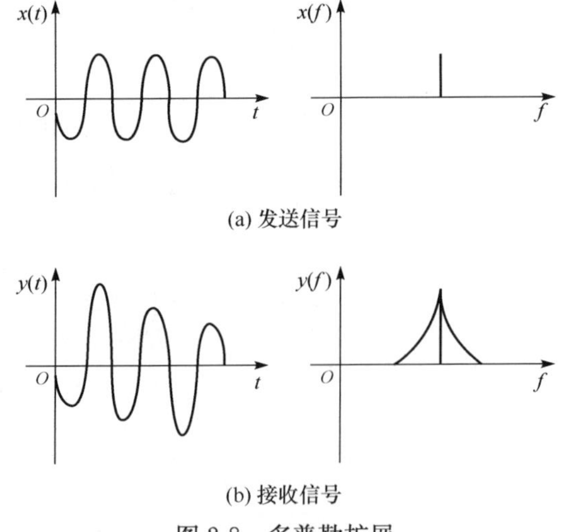

图 2-8 多普勒扩展

电离层反射和多径传播，其输出信号波形可能随时间而变化，同时，输出信号的频谱有所展宽。

2.3　短波信道模型

短波信号通过电离层反射在导致信号衰减的同时，还会引起信号的失真。建立短波信道的数学模型，反映信道噪声、多径和多普勒频移等因素对短波信号的影响，对于短波通信波形设计及接收处理，都具有重要指导意义。本节主要讨论传输信号经过短波信道后所发生的失真，基于统计理论定量分析短波信道对传输信号的影响，建立短波信道的数学模型。

2.3.1　短波信道数学表述

实际短波通信测量发现，在发送端传输极短的脉冲，接收信号是时延展开的脉冲串，如图 2-9 所示。从图中可以看出：

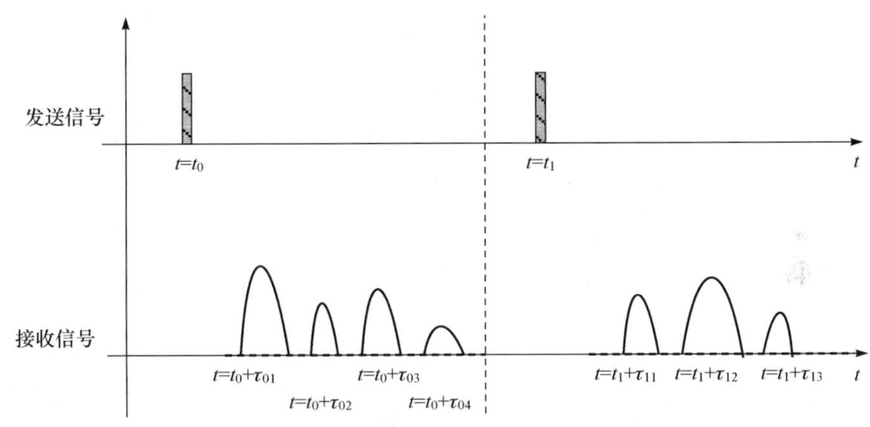

图 2-9　时变多径信道脉冲响应的示意图

(1) 接收端出现了多径信号，如 t_0 时刻发送了一个脉冲，接收端收到了四个脉冲信号；

(2) 发送的脉冲极短，但接收脉冲信号出现了时域上的波形展宽，且各条多径展宽程度可能不同；

(3) 在不同时刻，多径个数和展宽程度可能发生变化，如 t_0 时刻与 t_1 时刻分别存在 4 个和 3 个多径信号。

因此，短波信道是时变多径信道且无法准确预测，必须基于统计理论表征短波信道特性。

假设发送信号为 $s(t)$，存在多条传播路径，每条路径的传播时延和信道响应波形不同，且随时间变化，不考虑加性噪声的影响，则接收信号可以表示为

$$x(t)=\sum_n\int a_n(t,\tau)s(t-\tau)\mathrm{d}\tau \tag{2-1}$$

其中 n 表示路径；$a_n(t,\tau)$ 为 $(t-\tau)$ 时刻发送一个冲激在第 n 条路径上 t 时刻的响应。

式(2-1)没有清晰表示多径的相对延时，其多径信号延时已包含在每条路径响应 $a_n(t,\tau)$ 中，为了清晰直观表示多径信号，将路径响应中的相对延时表示到传输信号中，重新修正路径响应。如图 2-10 所示，在 t_0 时刻发送一个冲激，$a_n(t,\tau)$ 为修正前的脉冲响应，$c_n(t,\tau)$ 为修正后的脉冲响应，由此可见 $c_n(t,\tau)$ 去除了路径间的相对延时，此时式(2-1)可表示为

$$x(t)=\sum_n\int c_n(t,\tau)s(t-\tau_n(t)-\tau)\mathrm{d}\tau \tag{2-2}$$

其中 $\tau_n(t)$ 表示第 n 条路径的相对延时，由于电离层特性的变化，相对延时也随时间变化。下面具体讨论信道路径响应，为方便描述，以下省去路径下标 n。

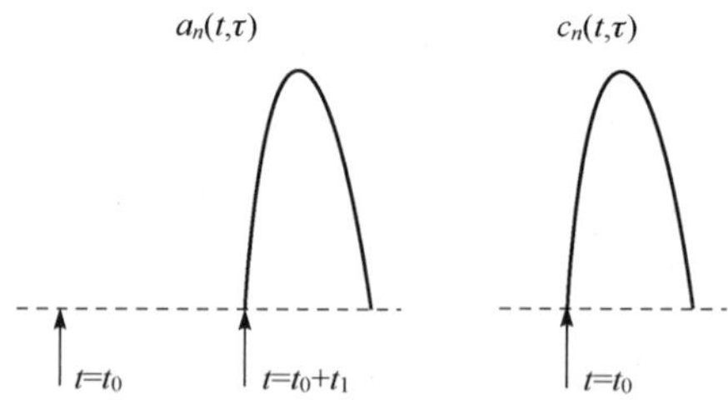

图 2-10　修正前后路径响应对比

信道响应 $c(t,\tau)$ 依赖于两个变量 t 和 τ，从理论上讲，短波信道特性需要用多阶统计特性来表征。但在实际中，常用信道响应的二阶统计特性来描述短波信道。因此，基于二阶统计特性的相关函数和功率谱在研究衰落信道的动态特性中起着关键的作用。

经不同电离层反射、多跳传播及高低仰角射线都可以产生可分离的多径，同时，每条路径本身也是由大量不可分离的电磁波射线组成。因此，可以应用中心极限定理，将每一条多径信号建模为复高斯随机过程，其信道响应为 $c(t,\tau)$。短波通信中，信道响应大多数情况下随时间缓慢变化，可以假设信道响应是广义平稳的。定义 $c(t,\tau)$ 的自相关函数为

$$R_c(\tau_1,\tau_2;\Delta t)=\frac{1}{2}E\{c^*(t,\tau_1)c(t+\Delta t,\tau_2)\} \tag{2-3}$$

若令 $\tau_1=\tau_2=\tau$，则式(2-3)可以表示为

$$R_c(\tau;\Delta t)=\frac{1}{2}E\{c^*(t,\tau)c(t+\Delta t,\tau)\} \tag{2-4}$$

如果 $\Delta t=0$，那么自相关函数 $R_c(\tau;0)=R_c(\tau)$ 为信道的延时功率谱，实际中可以通过发送很窄的脉冲来测量延时功率谱函数。

同时，将时变信道响应变换到频域考察，首先对信道响应 $c(t,\tau)$ 关于变量 τ 进行傅里叶变换，可得到时变转移函数 $C(t,f)$，其中 f 为频率变量。

$$C(t,f)=\int_{-\infty}^{\infty}c(t,\tau)\mathrm{e}^{-\mathrm{j}2\pi f\tau}\mathrm{d}\tau \tag{2-5}$$

同样假设时变转移函数 $C(t,f)$ 具有广义平稳特性，定义自相关函数为

$$R_C(f_1,f_2;\Delta t)=\frac{1}{2}E\{C^*(t,f_1)C(t+\Delta t,f_2)\} \tag{2-6}$$

因为 $C(t,f)$ 是 $c(t,\tau)$ 的傅里叶变换，所以可推导得

$$R_C(f_1,f_2;\Delta t)=\int_{-\infty}^{\infty}R_c(\tau;\Delta t)\mathrm{e}^{-\mathrm{j}2\pi\Delta f\tau}\mathrm{d}\tau=R_C(\Delta f;\Delta t) \tag{2-7}$$

其中 $\Delta f=f_2-f_1$；$R_C(\Delta f;\Delta t)$ 被称为频率间隔-时间间隔相关函数。实际应用中，可以通过发送一对频率相差为 Δf 的正弦波，将接收信号与其延时 Δt 的信号作互相关来测量 $R_C(\Delta f;\Delta t)$。

在式(2-7)中，令 $\Delta t=0$，则可表示为

$$\begin{aligned}R_C(\Delta f;0)&=\int_{-\infty}^{\infty}R_c(\tau;0)\mathrm{e}^{-\mathrm{j}2\pi\Delta f\tau}\mathrm{d}\tau\\ \Rightarrow R_C(\Delta f)&=\int_{-\infty}^{\infty}R_c(\tau)\mathrm{e}^{-\mathrm{j}2\pi\Delta f\tau}\mathrm{d}\tau\end{aligned} \tag{2-8}$$

$R_C(\Delta f)$ 是以频率为变量的自相关函数，提供了信道频率相干性的度量。信号时延扩展与信道相干带宽成反比，如果信道相干带宽小于信号带宽，信号将遭受频率选择性衰落，反之为非频率选择性衰落。

信道的时间变化表现为多普勒展宽和多普勒频移，$R_C(\Delta f;\Delta t)$ 关于变量 Δt 傅里叶变换定义为

$$S_C(\Delta f;\nu)=\int_{-\infty}^{\infty}R_C(\Delta f;\Delta t)\mathrm{e}^{-\mathrm{j}2\pi\nu\Delta t}\mathrm{d}\Delta t \tag{2-9}$$

令 $\Delta f=0$，并定义 $S_C(0;\nu)=S_C(\nu)$，则式(2-9)可表示为

$$S_C(\nu)=\int_{-\infty}^{\infty}R_C(\Delta t)\mathrm{e}^{-\mathrm{j}2\pi\nu\Delta t}\mathrm{d}\Delta t \tag{2-10}$$

$S_C(\nu)$ 为信道的多普勒功率谱。如果信道是时不变的，则 $R_C(\Delta t)=1$，此时 $S_C(\nu)$ 为冲激函数 $\delta(\nu)$，即信号传输中不存在频谱展宽。使 $S_C(\nu)$ 值非零的 ν 值范围就是多普勒展宽。信道相干时间可以用多普勒展宽的倒数进行度量。

现在已建立了 $R_C(\Delta f;\Delta t)$ 与 $R_c(\tau;\Delta t)$，以及 $R_C(\Delta f;\Delta t)$ 与 $S_C(\Delta f;\nu)$ 的傅里叶变换关系。此外，还可以建立 $R_c(\tau;\Delta t)$ 与 $S_C(\Delta f;\nu)$ 之间的傅里叶变换关系。

先定义函数 $S_c(\tau;\nu)$ 为 $R_c(\tau;\Delta t)$ 关于变量 Δt 的傅里叶变换，则

$$S_c(\tau;\nu)=\int_{-\infty}^{\infty}R_c(\tau;\Delta t)\mathrm{e}^{-\mathrm{j}2\pi\nu\Delta t}\mathrm{d}\Delta t \tag{2-11}$$

由式(2-7)、式(2-9)和式(2-11)知，$S_C(\Delta f;\nu)$ 与 $S_c(\tau;\nu)$ 也是傅里叶变换对。$S_c(\tau;\nu)$ 被称为信道散射函数，且 $S_c(\tau;\nu)$ 与 $S_C(\Delta f;\nu)$ 是统计等价的，可以利用彼此间的傅里叶变换关系相互导出，散射函数是衰落信道的统计函数，能体现信道响应 $c(t,\tau)$ 的重要统计参数，图 2-11 给出了描述衰落信道统计特性函数之间的关系。

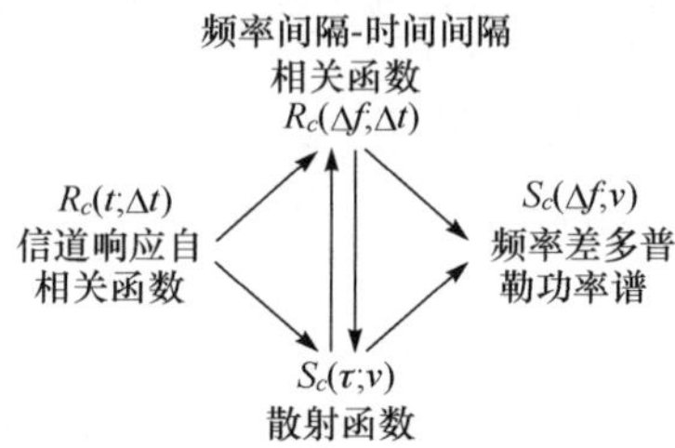

图 2-11　统计函数之间的傅里叶变换关系

2.3.2　Watterson 模型

为了便于短波通信系统理论分析，人们提出了多种信道模型，其中由 Watterson 等提出的高斯散射增益抽头延迟线模型(Watterson 模型)应用最为广泛。

如前面分析，短波信道不仅存在多个可分离的路径，而且单个路径内部存在不可分离的时延扩展。当通信信号带宽较窄，一般小于 12kHz 时，其码元宽度相对于单个路径内部时延扩展较大，此时可忽略单个路径内部时延对通信信号的影响。所以 Watterson 模型是忽略单个路径内部时延的窄带信号模型，是实际短波信道模型的一种合理简化。

基于 Watterson 模型，国内外已开发了多种短波信道模拟器，并已广泛应用于各种窄带短波通信系统的性能评估和测试。

当信号带宽较窄时，可忽略单路径的时延扩展影响，此时式(2-2)中的路径信道响应 $c_n(t,\tau)$ 可以简化为一个具有时变衰减的冲激

$$c_n(t,\tau)=a_n(t)\delta(\tau) \tag{2-12}$$

将式(2-12)代入式(2-2)可以进一步推导为

$$x(t)=\sum_n a_n(t)s(t-\tau_n(t)) \tag{2-13}$$

当在有限频带(12 kHz 以内)及足够短的时间内(如 10min)，且信道环境较稳定时，每条路径相对延时保持不变，第 n 条路径的相对延时为 τ_n，则由式(2-13)可以表示出 Watterson 模型的信道响应。

$$h(t,\tau)=\sum_n a_n(t)\delta(\tau-\tau_n) \tag{2-14}$$

对信道冲激响应 $h(t,\tau)$ 关于变量 τ 进行傅里叶变换，获得 Watterson 模型的时变频率响应为

$$\begin{aligned}H(f,t)&=\int_{-\infty}^{\infty}\sum_n a_n(t)\delta(\tau-\tau_n)\mathrm{e}^{-\mathrm{j}2\pi\tau f}\mathrm{d}\tau\\&=\sum_n a_n(t)\mathrm{e}^{-\mathrm{j}2\pi\tau_n f}\end{aligned} \tag{2-15}$$

式(2-15)可以用高斯散射抽头延迟线模型表示，如图 2-12 所示。每个抽头代表一种电离层传播模式或一条可分离多径，抽头增益函数 $a_n(t)$ 对信号进行幅度和相位调制。$a_n(t)$ 为实部虚部相互独立的复有色高斯过程，其功率谱为短波信道中的高斯型多普勒功率谱，各抽头增益函数之间相互独立。

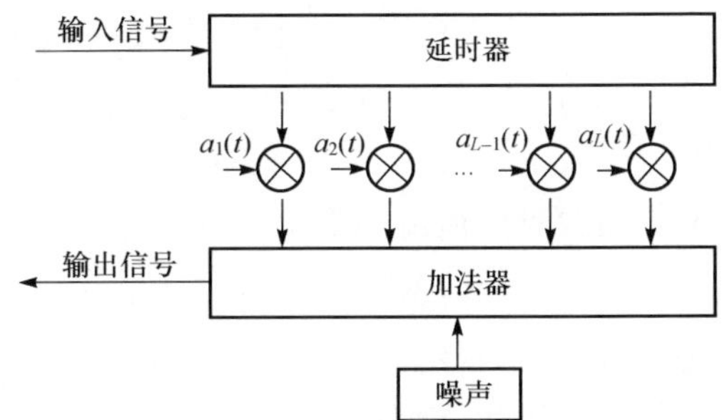

图 2-12　Watterson 短波信道模型

信道响应的统计特性描述了信道的时变动态特性，由 Watterson 模型的时变频率响应，可以推导信道的频率间隔-时间间隔相关函数为

$$\begin{aligned}R_H(\Delta f,\Delta t)&=E\{H^*(f,t)H(f+\Delta f,t+\Delta t)\}\\&=\sum_n R_n(\Delta t)\mathrm{e}^{-\mathrm{j}2\pi\tau_n\Delta f}\end{aligned} \tag{2-16}$$

其中

$$R_n(\Delta t)=E[a_n^*(t)a_n(t+\Delta t)] \tag{2-17}$$

对 $R_H(\Delta f,\Delta t)$ 关于变量 Δt 进行傅里叶变换可以获得信道响应的功率谱，即

$$\begin{aligned}S_H(\Delta f,\upsilon)&=\int_{-\infty}^{\infty}\left(\sum_n R_n(\Delta t)\mathrm{e}^{-\mathrm{j}2\pi\tau_n\Delta f}\right)\mathrm{e}^{-\mathrm{j}2\pi\upsilon\Delta t}\mathrm{d}\Delta t\\&=\sum_n\left(\mathrm{e}^{-\mathrm{j}2\pi\tau_n\Delta f}\int_{-\infty}^{\infty}R_n(\Delta t)\mathrm{e}^{-\mathrm{j}2\pi\upsilon\Delta t}\mathrm{d}\Delta t\right)\\&=\sum_n S_{Hn}(\upsilon)\mathrm{e}^{-\mathrm{j}2\pi\tau_n\Delta f}\end{aligned} \tag{2-18}$$

其中 $S_{Hn}(\upsilon)$ 为路径增益函数的功率谱。

由此可见，信道的多普勒功率谱与增益函数的功率谱一致，即 Watterson 模型

中要求信道增益函数的功率谱为高斯谱。因此,实际应用中,只需要探测短波通信中传播信号的路径数量、各路径延时及强度和信道的多普勒功率谱参数,基于 Watterson 模型结构就可以在实验室环境有效模拟实际短波信道。

2.3.3 ITS 宽带短波信道模型

针对窄带信号,Watterson 模型忽略了短波信道单个路径内部的时延扩展,其最大有效带宽一般小于 12kHz。随着短波宽带高速数据传输技术的发展,相对码元周期,单个路径内部的时延扩展变得不可忽略,Watterson 模型已不能真实反映实际宽带短波信道特性。20 世纪 90 年代,美国 ITS 组织的 Vogler、Hoffmeyer 等科学家在宽带短波信道实地探测的基础上,深入研究了单路径内时延扩展现象,提出了一种宽带短波信道的传播模型,即 ITS 模型。

ITS 模型是在宽带信号传输条件下,在包含多条可分离路径传播的 Watterson 模型基础上,进一步描述了每条路径内部的时延扩展,是实际短波信道更为精确的描述。

ITS 传播模型中单路径的时变信道冲激响应函数表示为

$$c_n(t,\tau)=\sqrt{P_n(\tau)}D_n(t,\tau)\psi_n(t,\tau) \tag{2-19}$$

其中 t 为时间变量;τ 为时延变量;n 表示不同的传输模式,对应可分离多径。$c_n(t,\tau)$对应第 n 条路径的冲激响应函数,它由三部分组成,其中 $P_n(\tau)$为时延功率剖面(Delay Power Profile,DPP),反映第 n 条路径内的时延功率分布;$D_n(t,\tau)$为确定相位函数,反映单个路径内的多普勒频移以及多普勒频移随时延的变化;$\psi_n(t,\tau)$为随机调制函数,表征单个路径内的衰落和多普勒扩展情况。

1) 时延功率剖面

式(2-19)中的 $P_n(\tau)$为第 n 条路径的时延功率剖面,即时延功率谱,描述单个路径内不同时延分量的功率分布情况,它的表达式为

$$P_n(\tau)=A\exp[\alpha(\ln z+1-z)] \tag{2-20}$$

其中

$$z=\frac{\tau-\tau_l}{\tau_C-\tau_l}>0 \tag{2-21}$$

其中 τ_C 为时延功率剖面峰值 A 所对应的时延值。如图 2-13 所示,时延功率剖面形状由 A、τ_C、时延扩展宽度 σ_τ 和上升时延 σ_c 四个信道实测参数共同决定。当接收门限值为 A_{fL} 时,图中 τ_L 和 τ_U 表示延时功率剖面函数的最小和最大时延。

考虑接收信号的边界情况,则

$$A_{fL}=A\exp[\alpha(\ln z_L+1-z_L)]=A\exp[\alpha(\ln z_U+1-z_U)] \tag{2-22}$$

其中

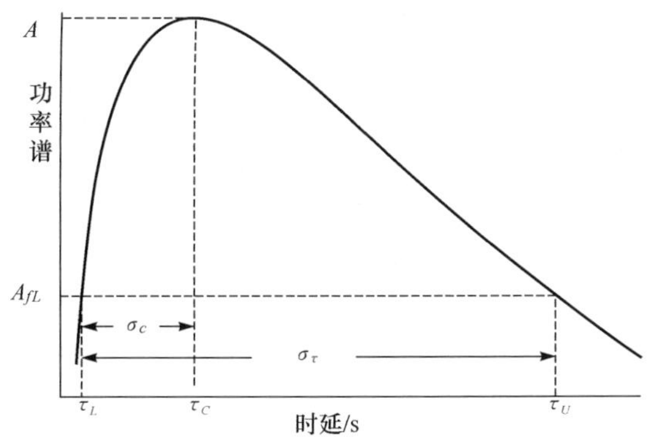

图 2-13　时延功率剖面

$$z_L = \frac{\tau_L - \tau_l}{\tau_C - \tau_l}, \quad z_U = \frac{\tau_U - \tau_l}{\tau_C - \tau_l} \tag{2-23}$$

由式(2-22)和式(2-23),可以通过牛顿迭代法来计算 z_L,从而获得式(2-21)中的未知参数 τ_l,并由式(2-24)获得未知参数 α

$$\alpha = (\ln z_L + 1 - z_L)^{-1} \ln S_V, \quad S_V = \frac{A_{fL}}{A} \tag{2-24}$$

在获得参数 α 和 τ_l 后,代入式(2-20)中可以获得单个路径内的时延功率剖面函数。

2) 确定相位函数

确定相位函数 $D_n(t,\tau)$为第 n 条路径上的相位调制函数,反映单个路径内不同延时的多普勒频移,表达式为

$$D_n(t,\tau) = \exp(\mathrm{j}2\pi f_B(\tau)t) \tag{2-25}$$

其中频移 $f_B(\tau)$是关于延时 τ 的函数,为

$$f_B(\tau) = f_{sC} + b(\tau - \tau_C) \tag{2-26}$$

$$b = \frac{(f_{sC} - f_{sL})}{(\tau_C - \tau_L)} \tag{2-27}$$

b 表示多普勒频移对应于时延值的变化率,体现了单个路径内的频率色散。f_{sC}和 f_{sL}分别为时延值 τ_C 和 τ_L 所对应的多普勒频移。通过探测实际信道,可以得到 f_{sC}、f_{sL}、τ_C 和 τ_L,进而获得确定相位函数。

3) 随机调制函数

随机调制函数 $\psi_n(t,\tau)$表征了第 n 条路径内的多普勒扩展和时变衰落。$\psi_n(t,\tau)$是均值为零的复有色高斯过程,其幅度服从 Rayleigh 分布。$\psi_n(t,\tau)$的功率谱密度为第 n 条路径的多普勒功率谱。由于单个路径内信号的时延扩展较小,传播路径和衰落特性基本一致。因此,可以假定单个路径内的随机调制函数 $\psi_n(t,\tau)$与延

时 τ 无关，且不同路径延时的 $\psi_n(t,\tau)$ 相互独立，其在时间 t 上的相关性决定了多普勒功率谱的形状和多普勒扩展的宽度。

通过实测发现，短波信道的多普勒功率谱一般为高斯(Gaussian)型功率谱。但在高纬度地区电离层比较复杂的情况下，可能为洛伦兹(Lorentzian)型功率谱。高斯型和洛伦兹型功率谱密度表达式分别为式(2-28)和式(2-29)

$$S_G(v)=\frac{2\sigma^2}{f_c}\sqrt{\frac{\ln 2}{\pi}}\mathrm{e}^{-\left(\frac{v-f_s}{f_c/\sqrt{\ln 2}}\right)^2} \tag{2-28}$$

$$S_L(v)=\frac{2\sigma^2}{\pi}\times\frac{f_c}{(v-f_s)^2-f_c^2} \tag{2-29}$$

其中 f_s 为频移，表示多普勒扩展的中心频率；f_c 为 3dB 截止频率；随机调制函数方差为 $2\sigma^2$。

综上所述，在计算时延功率剖面、确定相位函数和随机调制函数的基础上，就可以根据式(2-19)获得 ITS 传播模型中单个路径的时变信道冲激响应函数。ITS 短波宽带信道模型中单个路径的冲激响应函数 $c_n(t,\tau)$ 是一个平稳随机过程，它的时间自相关函数 $R_n(\tau,\Delta t)$ 的傅里叶变换为传播路径的散射函数。

$$S_n(\tau,v)=\int_{-\infty}^{\infty}R_n(\tau,\Delta t)\mathrm{e}^{-\mathrm{j}2\pi v\Delta t}\mathrm{d}\Delta t \tag{2-30}$$

其中 τ 为时延变量；v 为多普勒频率；Δt 为时间间隔。

$S_n(\tau,v)$ 是时延变量 τ 和多普勒频率 v 的二维功率谱密度函数，$|S_n(\tau,v)|$ 反映了信号在时延轴上和多普勒频率轴上的功率分布、时延扩展、多普勒频移和多普勒扩展情况。ITS 短波信道传播模型就是通过描述实际信道中的时延扩展、多普勒频移和多普勒扩展特性，从而实现对短波信道的模拟。同时，也可通过分析信道散射函数来检验信道模拟的准确性。

2.4 短波信道模拟器的设计与实现

短波信道模拟器可以在实验室内模拟实际信道信号传播特性，为短波通信系统的性能仿真、研发和生产提供一种重要的评估和测试手段。为了适应未来短波高速宽带数据传输的发展需求，基于 ITS 模型的短波宽带信道模拟器的研究与实现具有重要实际意义。

ITS 模型包含多条传播路径，且每一条路径都具有各自的时延扩展、多普勒频移和多普勒扩展。ITS 模型考虑了路径内的时延扩展，当忽略路径内时延扩展影响时，可退化为 Watterson 模型。

2.4.1 一种低复杂度的宽带短波信道模拟器结构

通过分析 ITS 模型的信道冲激响应函数，从降低复杂度和运算量的角度出发,对 ITS 模型进行了合理的简化和假设,提出了一种如图 2-14 所示的宽带短波信道模拟器结构。

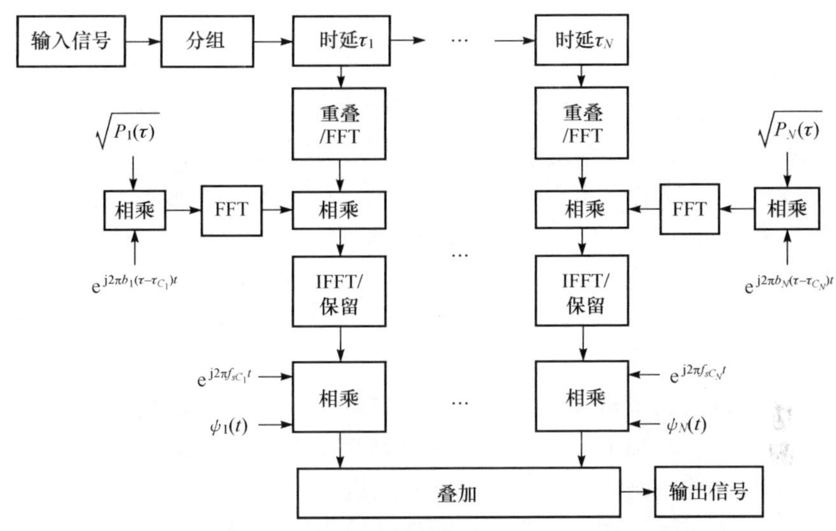

图 2-14　宽带短波信道模拟器结构图

低复杂度宽带短波信道模拟器的实现,可以基于以下两点进行简化处理。

1) 冲激响应函数的分解

式(2-2)给出了信号通过时变信道 $c_n(t,\tau)$的输出信号表达式。在数字域采用离散处理时,由于信道的时变特性,利用数字信号处理理论,输出信号必须逐样点进行相关运算。同时,宽带系统中采样率较高,导致逐样点计算复杂度高,难以实现。

由前面分析可知,对于单个路径其随机调制函数与 τ 无关,则随机调制函数可以记为 $\psi_n(t)$,并将确定相位函数代入式(2-19),可表示为

$$c_n(t,\tau)=\sqrt{P_n(\tau)}\psi_n(t)\mathrm{e}^{\mathrm{j}2\pi(f_{sCn}+b_n(\tau-\tau_{Cn}))} \tag{2-31}$$

另外,确定相位函数中多普勒频移的附加频移 $b(\tau-\tau_C)$一般很小或为零。因此,可将式(2-19)中的信道响应 $c_n(t,\tau)$分解为时变部分 $h_{Fn}(t)$和慢时变部分 $h_{Ln}(t,\tau)$,则

$$c_n(t,\tau)=h_{Fn}(t)h_{Ln}(t,\tau) \tag{2-32}$$

其中

$$h_{Fn}(t)=\psi_n(t)\mathrm{e}^{\mathrm{j}2\pi f_{sC}t} \tag{2-33}$$

$$h_{Ln}(t,\tau)=\sqrt{P_n(\tau)}\mathrm{e}^{\mathrm{j}2\pi b(\tau-\tau_C)t},\quad \tau_L\leqslant\tau\leqslant\tau_U \tag{2-34}$$

通过以上简化处理,时变部分 $h_{Fn}(t)$与延时变量 τ 无关。一定时间内,可以假设单个路径延时 τ_n 恒定,则由式(2-2)可得到单个路径的输出响应为

$$\begin{aligned} x_n(t) &= \int c_n(t,\tau)s(t-\tau_n-\tau)\mathrm{d}\tau \\ &= h_{Fn}(t)\int h_{Ln}(t,\tau)s(t-\tau_n-\tau)\mathrm{d}\tau \end{aligned} \tag{2-35}$$

2）分组处理

前面讨论了可将时变信道响应分离为时变部分和慢时变部分。短波信道中的多普勒扩展和多普勒频移变化速率一般小于 3.5Hz/s，可以认为在一定的处理时间间隔内，信道响应的慢变部分是固定的。此时，式(2-35)中慢时变部分 $h_{Ln}(t,\tau)$ 与输入信号的卷积可以采用分组处理实现。后续可以利用基于 FFT 变换的方法实现时域卷积，有效降低复杂度。其中分组长度的选择要考虑短波信道的时变速率，保证 $h_{Ln}(t,\tau)$ 在一个分组长度内基本保持不变。为便于进行 FFT 变换，分组长度一般取 2^n。

图 2-14 所示的宽带短波信道模拟器结构不仅运算量和复杂度低，而且由于各路径的时延功率剖面、确定相位函数和随机调制函数都是根据给定的信道参数实时生成的，信道的冲激响应函数具有很好的随机性。

根据图 2-14 所示的宽带短波信道模拟器结构，其实现过程如下。

(1) 计算慢时变部分 $h_{Ln}(t,\tau)$。

根据第 n 条路径的参数 A、σ_τ 和 σ_c，计算未知参数 α 和 τ_l，可得到延时功率剖面函数 $\sqrt{P_n(\tau)}$；再根据 τ_C、τ_L、f_{sC} 和 f_{sL} 确定 $\mathrm{e}^{\mathrm{j}2\pi b(\tau-\tau_C)t}$。实际信道模拟过程基于离散样点处理，因此，根据时延采样间隔 ΔT，通过查表和计算得到 $\sqrt{P_n(\tau)}$ 和 $\mathrm{e}^{\mathrm{j}2\pi b(\tau-\tau_C)t}$ 的离散序列，两序列相乘即可获得离散的慢时变部分 $h_{Ln}(t,\tau)$。

为了实现方便，这里假设延时功率剖面的相对延时在一定间隔内恒定，则第 n 条路径的慢时变部分 $h_{Ln}(t,\tau)$ 的离散序列可表示为

$$h_{Ln}(t,k\Delta T)=\sqrt{P_n(k\Delta T)}\,\mathrm{e}^{\mathrm{j}2\pi b(k\Delta T-(\tau_C-\tau_L))t},\quad k=0,1,\cdots,K_n \tag{2-36}$$

其中 K_n+1 为离散慢变序列长度，且

$$K_n=\lfloor \sigma_\tau/\Delta T \rfloor \tag{2-37}$$

$\lfloor\cdot\rfloor$表示向下取整。

(2) 计算时变部分 $h_{Fn}(t)$。

同样，根据多普勒功率谱形状和多普勒扩展带宽 σ_D 的值，生成 N 个相互独立的随机调制函数 $\psi_n(t)$；由多普勒频移 f_{sC} 值计算时变相位函数 $\mathrm{e}^{\mathrm{j}2\pi f_{sC}t}$。从而获得单路径的时变部分 $h_{Fn}(t)$，并可得到离散的时变序列

$$h_{Fn}(m\Delta T)=\psi_n(m\Delta T)\,\mathrm{e}^{\mathrm{j}2\pi f_{sC}m\Delta T},\quad m=0,1,2\cdots \tag{2-38}$$

(3) 短波信道模拟。

信道模拟中采用重叠保留法来实现基于 FFT 变换的线性卷积，如图 2-15 所示。

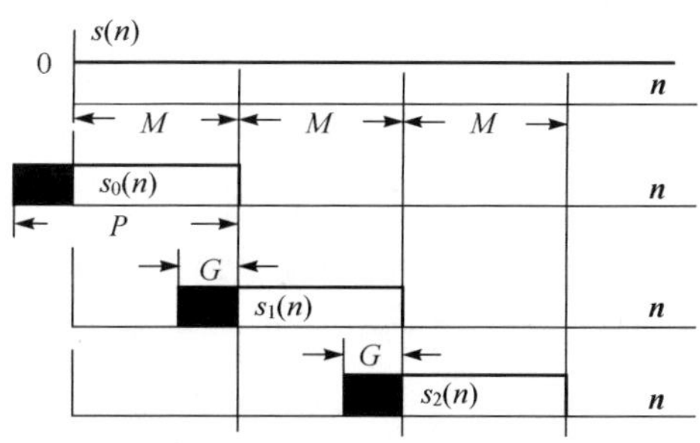

图 2-15　重叠保留分组示意图

设输入信号序列的分组长度为 M，FFT 处理分组长度为 P。图中阴影部分为前后两分组序列的重叠部分，重叠长度为 G，则有 $P=G+M$，且 $G\geqslant K_n$。输入信号序列和信道慢时变部分序列 $h_{Ln}(t,k\Delta T)$，分别经过 P 点 FFT 变换后，逐点进行复数相乘，随后对结果作 IFFT 变换。取出 IFFT 输出结果中的 M 点，就可得到第 n 条路径的卷积结果。最后卷积结果再与信道响应的时变部分 $h_{Fn}(m\Delta T)$ 相乘，这样得到了如式(2-35)所示的单路径输出信号。

对于多条传播路径，可以分别进行以上处理，并经过不同延时后，再进行信号叠加，完成整个信道模拟过程。

2.4.2　基于归一化参数的时延功率剖面实现

由前面分析可知，ITS 模型中，根据信道参数 A、τ_C、时延扩展宽度 σ_τ 和上升时延 σ_c 就可以求出式(2-20)和式(2-21)中的未知参数 α 和 τ_l，从而可以得到时延功率剖面函数。计算未知参数 α 和 τ_l 时，常采用牛顿迭代法进行求解。式(2-22)可简化表示为

$$\ln z_L - z_L = \ln z_U - z_U \tag{2-39}$$

定义函数 $g(z_L)$ 为

$$g(z_L) = \ln z_L - z_L - \ln z_U + z_U \tag{2-40}$$

联合式(2-23)可得

$$g(z_L) = \ln z_L - z_L - \ln\left(\frac{\tau_U-\tau_L}{\tau_C-\tau_L} - z_L\frac{\tau_U-\tau_C}{\tau_C-\tau_L}\right) + \left(\frac{\tau_U-\tau_L}{\tau_C-\tau_L} - z_L\frac{\tau_U-\tau_C}{\tau_C-\tau_L}\right) \tag{2-41}$$

对函数 $g(z_L)$ 求导，得到

$$\begin{aligned} g'(z_L) &= \frac{\mathrm{d}g(z_L)}{\mathrm{d}z_L} = \frac{1}{z_L} - 1 - \frac{-(\tau_U-\tau_C)}{\tau_U-\tau_L-z_L(\tau_U-\tau_C)} - \frac{\tau_U-\tau_C}{\tau_C-\tau_L} \\ &= \frac{1}{z_L} + \frac{(\tau_U-\tau_C)}{\tau_U-\tau_L-z_L(\tau_U-\tau_C)} - \frac{\tau_U-\tau_L}{\tau_C-\tau_L} \end{aligned} \tag{2-42}$$

令 r 为 $g(z_L)=0$ 的根，选择 x_0 作为 r 的初始近似值。斜率为 $g'(x_0)$，过点

$(x_0, g(x_0))$的直线与 X 轴的交点为 x_1，此时 x_1 更接近方程的根 r。通过式(2-43)迭代，当误差小于某一门限时，可获得 z_L 值

$$x_{n+1}=x_n-\frac{g(x_n)}{g'(x_n)} \tag{2-43}$$

最后将 z_L 值代入式(2-23)和式(2-24)可得参数 τ_l 和 α。在具体实现过程中，直接利用牛顿迭代法来计算时延分布函数的运算量过大，为了降低短波信道模拟器中生成 DPP 的运算量，可采用查表法代替牛顿迭代法来得到参数 z_L。查表法需要存储所有可能的 τ_U、τ_L 和 τ_C，但实际信道 τ_U、τ_L、τ_C 的取值范围较广，难以完成表的制作；同时基于多参数查表，复杂度较高，也会增加生成 DPP 的难度，因此我们提出了一种基于归一化参数的时延功率剖面查表实现方法。

由图 2-13 可知时延扩展宽度 σ_τ 和上升时延 σ_c 为

$$\sigma_\tau=\tau_U-\tau_L, \quad \sigma_c=\tau_C-\tau_L \tag{2-44}$$

将式(2-44)代入式(2-41)和式(2-42)，可得

$$g(z_L)=\ln z_L+\frac{\sigma_\tau}{\sigma_c}(1-z_L)-\ln\left[\frac{\sigma_\tau}{\sigma_c}(1-z_L)+z_L\right] \tag{2-45}$$

$$g'(z_L)=\frac{1}{z_L}-\frac{\sigma_\tau}{\sigma_c}-\frac{1-\dfrac{\sigma_\tau}{\sigma_c}}{\dfrac{\sigma_\tau}{\sigma_c}(1-z_L)+z_L} \tag{2-46}$$

从上式可以发现，σ_τ 和 σ_c 都是以比值的形式出现。可见参数 z_L 的值与 τ_U、τ_L 和 τ_C 的具体值无关，仅与 σ_τ 和 σ_c 的比值有关。令归一化参数 $\sigma=\frac{\sigma_c}{\sigma_\tau}$，可得

$$g(z_L)=\ln z_L+\frac{1-z_L}{\sigma}-\ln\left[\frac{1-z_L}{\sigma}+z_L\right] \tag{2-47}$$

$$g'(z_L)=\frac{1}{z_L}-\frac{1}{\sigma}-\frac{1-\dfrac{1}{\sigma}}{\dfrac{1-z_L}{\sigma}+z_L} \tag{2-48}$$

σ_τ 和 σ_c 满足限制条件 $\sigma_c<\frac{\sigma_\tau}{2}$，则 σ 的定义域为(0,0.5)。因此，根据式(2-47)和式(2-48)采用牛顿迭代法，可以求出 σ 定义域内所有对应的 z_L 值，并制作对应的归一化表。

通过上述分析可知，基于归一化参数的时延功率剖面实现方法处理过程为：先计算参数 σ_c 和 σ_τ 的比值 σ，并根据 σ 查表获得参数 z_L，然后计算得到未知参数 α 和 τ_l，最后获得 ITS 模型的时延功率剖面函数。

2.4.3　低存储量的随机调制函数实现

设短波信道中同时存在 N 条传播路径，其中第 n 条路径的随机调制函数可用 $\psi_n(t)$ 表示，则根据 ITS 模型对 $\psi_n(t)$ 的定义，可表示为

$$\psi_n(t)=\mu_{n,1}(t)+\mathrm{j}\mu_{n,2}(t) \tag{2-49}$$

其中 $\mu_{n,1}(t)$ 和 $\mu_{n,2}(t)$ 为两个独立同分布的零均值实有色高斯过程，$\psi_n(t)$ 的幅度 $|\psi_n(t)|$ 服从瑞利分布，相位服从 $[0,2\pi)$ 内的均匀分布。

已知多普勒扩展带宽为 σ_D，$\psi_n(t)$ 的功率谱为高斯型多普勒功率谱，$\psi_n(t)$ 的功率谱可表示为

$$S_{\psi\psi}(v)=\sigma_0^2\exp(-\pi v^2/\sigma_f^2) \tag{2-50}$$

其中 v 为多普勒频率；σ_0^2 为 $\psi_n(t)$ 的平均功率；σ_f 是 σ_D 的函数。令 $S_v=A_{fL}/A$，有

$$\sigma_f=\sigma_D\sqrt{\pi/(-\ln S_v)} \tag{2-51}$$

要生成随机调制函数 $\psi_n(t)$，就是要生成两个平均功率为 $\sigma_0^2/2$，且相互独立的实有色高斯随机过程 $\mu_{n,1}(t)$ 和 $\mu_{n,2}(t)$。生成实有色高斯过程的方法主要包括滤波法和谐波叠加法。滤波法的原理简单，性能好，但运算量大，复杂度较高。谐波叠加法结构简单，便于实现，因此，通常采用谐波叠加法来生成随机调制函数。

1）谐波叠加法

谐波叠加法根据中心极限定理，利用有限个正弦波相互叠加近似产生复有色高斯过程。由式(2-49)，谐波叠加法生成复高斯过程的表达式为

$$\hat{\psi}_n(t)=\sum_{l=1}^{L_{n,1}}c_{n,1,l}\cos(2\pi f_{n,1,l}t+\theta_{n,1,l})+\mathrm{j}\sum_{l=1}^{L_{n,2}}c_{n,2,l}\cos(2\pi f_{n,2,l}t+\theta_{n,2,l}) \tag{2-52}$$

其中 $n=1,2,\cdots,N$；$\hat{\psi}_n(t)$ 表示第 n 条路径所对应的复有色高斯过程；$L_{n,1}$ 和 $L_{n,2}$ 分别为用于产生 $\hat{\psi}_n(t)$ 实部 $\hat{\mu}_{n,1}(t)$ 和虚部 $\hat{\mu}_{n,2}(t)$ 的谐波个数，为保证 $\hat{\mu}_{n,1}(t)$ 和 $\hat{\mu}_{n,2}(t)$ 相互独立，其谐波数通常取不同值；$c_{n,i,l}$、$f_{n,i,l}$ 和 $\theta_{n,i,l}$ 分别为第 l 个谐波的多普勒系数、离散多普勒频率和多普勒相位，$\theta_{n,i,l}$ 服从 $[0,2\pi)$ 内的均匀分布。

现有的谐波叠加法在实现过程中，需要为每一个谐波频率存储一张表，通过循环查表得到各个谐波值，并进行叠加生成随机调制函数。可见传统谐波叠加法共需 $(L_{n,1}+L_{n,2})$ 张谐波表。如果要提高模拟精度，则需要进一步增大表项。因此，传统谐波叠加法对系统存储资源要求很高，而且当表的数目和表项增多时，查表的复杂度也将大大增加。

2）低存储量谐波叠加法

为减少谐波叠加法对存储资源的要求和降低查表的复杂度，提出了一种低存储量谐波叠加方法，包括计算谐波和谐波叠加两个步骤。由式(2-52)可见，计算

谐波实质上是进行三角函数运算，通过查表法可比较方便地实现三角函数运算。这样就不需要针对每个谐波进行制表，从而有效降低系统的存储量。低存储量查表法生成随机调制函数的具体步骤如下。

(1) 谐波参数表。

在采用低存储量谐波叠加法生成随机调制函数前，需求出 $L_{n,i}$ 个谐波的多普勒系数 $c_{n,i,l}$、离散多普勒频率 $f_{n,i,l}$ 和多普勒相位 $\theta_{n,i,l}$ 的值。首先，采用精确多普勒扩展法求得 $c_{n,i,l}$ 为

$$c_{n,i,l}=\sigma_0\sqrt{\frac{2}{L_{n,i}}} \tag{2-53}$$

随后，根据已知多普勒扩展的 3dB 截止频率 f_c，可通过下式来计算所有谐波频率 $f_{n,i,l}$：

$$\begin{aligned}&\frac{2l-1}{2L_{n,i}}-\operatorname{erf}\left(\frac{f_{n,i,l}}{f_c}\sqrt{\ln 2}\right)=0,\quad l=0,1,2,\cdots,L_{n,i}-1\\&f_{n,i,L_{n,i}}=\sqrt{\frac{\beta L_{n,i}}{(2\pi\sigma_0)^2}-\sum_{l=1}^{L_{n,i}-1}f_{n,i,l}^2}\end{aligned} \tag{2-54}$$

其中，$\beta=2(\pi f_c\sigma_0)^2/l_n^2$

最后，在区间$[0,2\pi)$内随机选取服从均匀分布的多普勒相位 $\theta_{n,i,l}$ 值。

通过上述过程，获得了各个谐波的系数、多普勒频率和初始相位。在实现过程中，将这些参数取整后存储于表中。特别是表中的谐波频率为归一化频率 $f_{n,i,l}/f_c$，因此，谐波的所有参数只和谐波个数有关，方便谐波参数表的生成。

(2) 三角函数表。

根据三角函数的周期性，计算一个周期内的三角函数表，即将区间$[0,2\pi)$均分为 M 份，相位 φ 为

$$\varphi=\frac{2\pi m}{M},\quad m=0,1,\cdots,M-1 \tag{2-55}$$

求出对应的谐波函数值 $\cos\varphi$，取整后存入表中。

(3) 查表生成离散随机调制函数序列。

首先根据各路径调制函数设计叠加谐波数量，查表获得多普勒系数 $c_{n,i,l}$、多普勒相位 $\theta_{n,i,l}$ 和归一化的多普勒频率；然后根据多普勒扩展的 3dB 截止频率 f_c 和采样时间间隔 ΔT，计算得到各个谐波的相位间隔

$$\Delta\theta_{n,i,l}=2\pi f_{n,i,l}\Delta T \tag{2-56}$$

叠加初始相位后，可得到各谐波在采样时刻的相位；通过查三角函数表，再与多普勒系数 $c_{n,i,l}$ 相乘，从而获得单个谐波函数。并以此过程计算出所有谐波，通过谐波叠加生成随机调制函数。

从以上步骤可见，低存储量算法的关键就是将所有谐波计算都转化为三角函数计算，其计算精度由相位精度和三角函数的查表计算精度决定。

2.4.4　高斯白噪声的实现

在实际短波信道中，除了多径和多普勒频移的影响，还存在加性的高斯白噪声。高斯白噪声的产生是短波信道模拟器实现的难点和重点之一，直接影响了信道模拟器的随机性。高斯白噪声的功率谱无限宽。一般地，当宽带噪声的频谱带宽大于有用带宽的 2～3 倍以上，就可以把这种宽带噪声近似看作“白噪声”。

高斯噪声生成器主要分为三类，包括模拟物理噪声、数字物理噪声和数字合成噪声。其中数字物理噪声和数字合成噪声的基本思想都是利用均匀随机噪声通过变换来获得高斯白噪声。首先利用连续型随机变量函数的概率密度定理，由均匀分布随机变量获得服从瑞利分布的随机变量；随后，由服从瑞利分布的随机过程和服从均匀分布的随机过程，获得两个相互独立正交同分布的高斯随机过程。其具体步骤如下。

(1) 由均匀分布获得瑞利分布。

设 X 服从均匀分布，定义 Y 是 X 的函数

$$Y=g(X)=\sigma\sqrt{2\log\left(\frac{1}{1-X}\right)} \tag{2-57}$$

则可得到 Y 的概率密度函数，Y 服从瑞利分布。

(2) 由瑞利分布和均匀分布获得高斯分布。

设 Z 服从(0,1)上的均匀分布，且与 Y 相互独立，定义两随机变量 A_c 和 A_s 为

$$\begin{aligned} A_c&=Y\cos(2\pi Z)\\ A_s&=Y\sin(2\pi Z) \end{aligned} \tag{2-58}$$

可得 A_c 和 A_s 为相互独立的高斯分布。

综合(1)和(2)可知，高斯随机噪声可以由均匀随机噪声变换得到。在工程实现中常采用数字合成噪声法。

数字合成噪声法中产生均匀分布随机数的常见方法有：平方取中法、线性同余法、移位寄存器序列、进位加发生器和借位减发生器等。由于借位减发生器具有算法简单、速度快、便于 FPGA 实现等特点，得到的伪随机序列周期长，且统计特性优良，在短波信道模拟器实现方案中可采用该方法。

2.4.5　宽带短波信道模拟器有效性分析

大量的信道实测已经验证了 ITS 模型的有效性，但在宽带短波信道模拟器的具体实现时，对 ITS 模型进行了一些简化和近似处理。为此，进一步验证所设计的宽带短波信道模拟器能否准确模拟实际短波信道特性非常必要。验证的主要参数包括时延扩展、多普勒频移和多普勒扩展。如前分析，可以通过获取宽带短波信道模拟器的散射函数，并考察散射函数来验证其有效性。

基于PN序列的接收信号滑动相关处理是最常用的一种信道探测技术。图2-16为采用滑动相关探测技术获取散射函数的框图。

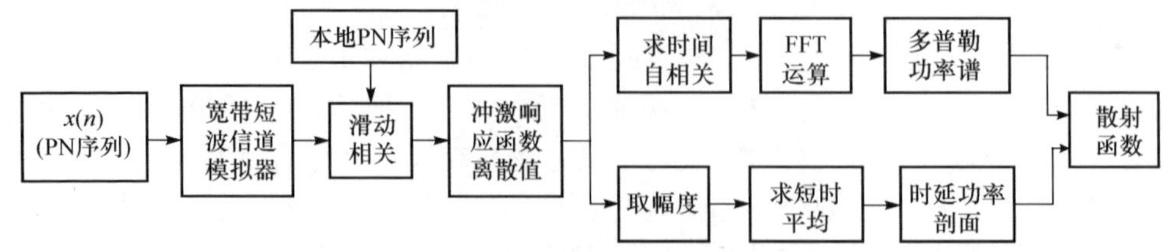

图2-16 获取散射函数框图

对信道模拟器所模拟的信道进行探测步骤如下。

1) 路径时延剖面的探测

如图2-16所示，采用长度为L的PN序列$r(n)$作为宽带短波信道模拟器的输入信号为$x(n)$。

当采样间隔为ΔT时，在n时刻模拟器输出为

$$y(n)=\sum_{k=0}^{\infty}h(n\Delta T,k\Delta T)x(n-k) \tag{2-59}$$

现假设在n_0时刻收到PN序列通过信道模拟器的第1条路径响应，则模拟器输出信号$y(n)$滑动ξ进行相关处理，有

$$\begin{aligned}R(n_0+\xi)&=\sum_{l=0}^{L-1}y(n_0+l+\xi)r(l)\\&=\sum_{l=0}^{L-1}r(l)\sum_{k=0}^{\infty}h((n_0+l+\xi)\Delta T,k\Delta T)x(n_0+l+\xi-k)\\&=\sum_{l=0}^{L-1}r(l)\sum_{k=0}^{\infty}h((n_0+l+\xi)\Delta T,k\Delta T)r(l+\xi-k)\end{aligned} \tag{2-60}$$

考虑到短波信道的多普勒扩展宽度一般小于10Hz，这里选取合理的PN序列周期T，保证在$2T$时间内多普勒扩展值近似不变。因此，可用初始时刻$n_0\Delta T$的响应来表示整个$2T$时间间隔内的时不变响应，即

$$h((n_0+l+\xi)\Delta T,k\Delta T)\approx h(n_0\Delta T,k\Delta T) \tag{2-61}$$

将式(2-61)代入式(2-60)可得

$$R(n_0+\xi)=\sum_{l=0}^{L-1}\left(r(l)\sum_{k=0}^{\infty}h(n_0\Delta T,k\Delta T)r(l+\xi-k)\right) \tag{2-62}$$

考虑采用m序列作为PN序列，其自相关函数为

$$R_m(k)=\sum_{l=0}^{L-1}r(l)r(l-k)=\begin{cases}L, & k=0\\-1, & k\neq 0\end{cases} \tag{2-63}$$

当L很大时，可忽略-1的影响，式(2-62)可简化为

$$R(n_0+\xi)\approx L\left(\sum_{k=0}^{\infty}h(n_0\Delta T,k\Delta T)\delta(\xi-k)\right) \tag{2-64}$$

假设在 k_0 时有 $R_{xx}(k_0)=L$，式(2-64)可进一步简化为

$$R(n_0+\xi)=Lh(n_0\Delta T,\xi\Delta T) \tag{2-65}$$

其中 $h(n_0\Delta T,\xi\Delta T)$ 为在 $n_0\Delta T$ 时刻，信道冲激响应函数在延时 $\xi\Delta T$ 的离散值。因此通过不断滑动 ξ 进行相关运算，即 $\xi=0,\cdots,L-1$，就可获得在 $n_0\Delta T$ 时刻信道冲激响应的各时延分量值。其中信道响应探测精度与 PN 序列的码片宽度有关。

以上仅完成了一条路径的探测，为了探测不同路径的时延分量，可以选取不同的初始时刻 $n_0\Delta T$，获得不同传播路径的各时延分量值。

根据 ITS 模型中 $h(n_0\Delta T,\xi\Delta T)$ 的定义，有

$$h(n_0\Delta T,\xi\Delta T)=\sqrt{P(\xi\Delta T)}\,\psi(n_0\Delta T)D(n_0\Delta T,\xi\Delta T) \tag{2-66}$$

从式(2-66)可得，信道响应的幅度为

$$|h(n_0\Delta T,\xi\Delta T)|=\sqrt{P(\xi\Delta T)}\,|\psi(n_0\Delta T)| \tag{2-67}$$

由式(2-67)可知，通过基于 PN 序列的接收信号滑动相关处理得到信道冲激响应，可获取 ITS 模型中的时延功率剖面函数的一个样本。经过多次探测，可以得到信道模拟器的离散时延功率剖面函数的统计特性。

2) 多普勒功率谱的探测

假定信道冲激响应函数在两个 PN 探测序列周期内近似不变，连续输入信道模拟器 $2M$ 个 PN 序列，则滑动相关可获得时延为 $k_0\Delta T$ 的分量在 M 个不同时刻的 $h(2mT,k_0\Delta T)$，其中 $m=0,1,\cdots,M-1$。

固定时延量 $k_0\Delta T$，则有

$$h(2mT,k_0\Delta T)=\psi(2mT)\mathrm{e}^{\mathrm{i}\eta(k_0\Delta T)2mT}\sqrt{P(k_0\Delta T)} \tag{2-68}$$

其中

$$\eta(k_0\Delta\tau)=2\pi[f_{sC}+b(k_0\Delta T-\tau_c)] \tag{2-69}$$

$h(2mT,k_0\Delta T)$ 的自相关可以表示为

$$\begin{aligned}R(2lT,k_0\Delta T)&=\frac{1}{M-l}\sum_{m=1}^{M-l}h^*(2mT,k_0\Delta T)h[2(m+l)T,k_0\Delta T]\\&=\frac{1}{M-l}\sum_{m=1}^{M-l}\psi^*(2mT)\mathrm{e}^{-\mathrm{i}\eta(k_0\Delta T)2mT}\sqrt{P(k_0\Delta T)}\\&\quad\cdot\psi[2(m+l)T]\mathrm{e}^{\mathrm{i}\eta(k_0\Delta T)2(m+l)T}\sqrt{P(k_0\Delta T)}\\&=\frac{P(k_0\Delta T)}{M-l}\mathrm{e}^{\mathrm{i}\eta(k_0\Delta T)2lT}\sum_{m=1}^{M-l}\psi^*(2mT)\psi[2(m+l)T]\\&=P(k_0\Delta T)\mathrm{e}^{\mathrm{i}\eta(k_0\Delta T)2lT}R_{\psi\psi}(2lT)\end{aligned} \tag{2-70}$$

其中 $P(k_0\Delta T)$ 为常量，且仅与时延 $k_0\Delta T$ 有关。$R_{\psi\psi}(2lT)$ 为随机调制函数的自相关函数

$$R_{\psi\psi}(2lT) = \frac{1}{M-l}\sum_{m=1}^{M-l}\psi^*(2mT)\psi[2(m+l)T] \tag{2-71}$$

由上可见，对自相关函数 $R(2lT, k_0\Delta T)$ 进行傅里叶变换就能够得到信道多普勒功率谱 $S_n(v)$。

3) 信道模拟器的散射函数

获得第 n 条路径的时延功率剖面 $P_n(\tau)$ 和多普勒功率谱 $S_n(v)$ 后，第 n 条路径的散射函数可表示为

$$S_n(\tau, v) = \sum_{k=0}^{K-1} P_n(\tau_k) S_n(v)\delta(\tau - \tau_k) \tag{2-72}$$

其中 $K=\sigma_\tau f_s$；采样间隔 $\Delta T=1/f_s$；$\tau_k=\tau_L+k\Delta T, k=0,1,\cdots,K-1$。

N 条路径的信道模拟器散射函数为

$$S(\tau, v) = \sum_{n=1}^{N}\sum_{k=0}^{K-1} P_n(\tau_k) S_n(v)\delta(\tau - \tau_k) \tag{2-73}$$

2.5 短波通信链路设计

2.5.1 链路损耗计算

短波电波传播的理论已比较成熟，电波传播的链路损耗模型也有多种，这些模型大多都是根据各个国家在不同区域和地形条件下，测得大量现场实测数据，并经过数值统计的方法获得的，主要由经验公式和经验曲线组成。

天波传播损耗不仅和频率、距离有关，还和收、发天线的高度、地形、地物等有关；尤其短波天波通信是以电离层为传输媒介，电离层的密度随昼夜、季节、太阳活动周期和经纬度变化而变化，因此传输损耗也受这些实时变化因素影响，精确计算非常困难。工程中常采用插值查表的方法求得传播损耗。

短波天波的传输损耗模型如图 2-17 所示，除去天线和馈线部分的空间电磁波损耗称为基本传输损耗，可以分为自由空间损耗、电离层吸收损耗、大地反射损耗和额外系统损耗。下面分别介绍几种损耗的计算方法。

1) 自由空间损耗

自由空间本身不吸收能量，但是由于传播距离的增大，发射天线的功率分布在更大的空间上，所以自由空间损耗是一种能量扩散损耗。把天波射线传播距离看作为电波扩散半径，如图 2-18 所示，天波传播中的射线距离为 D_e。设天线为各向同性天线，自由空间损耗表示为

$$L_0 = 20\lg\frac{4\pi D_e}{\lambda} \tag{2-74}$$

进一步改写为

$$L_0 = 21.98 + 20\lg D_e - 20\lg\lambda \tag{2-75}$$

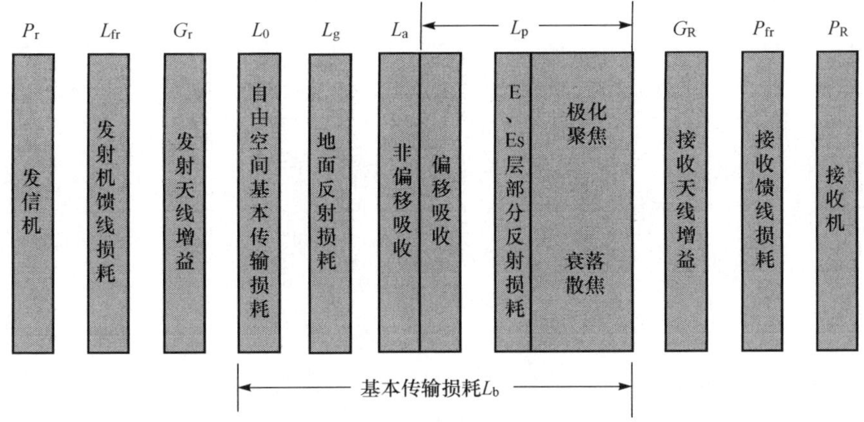

图 2-17　短波天波的传输损耗模型

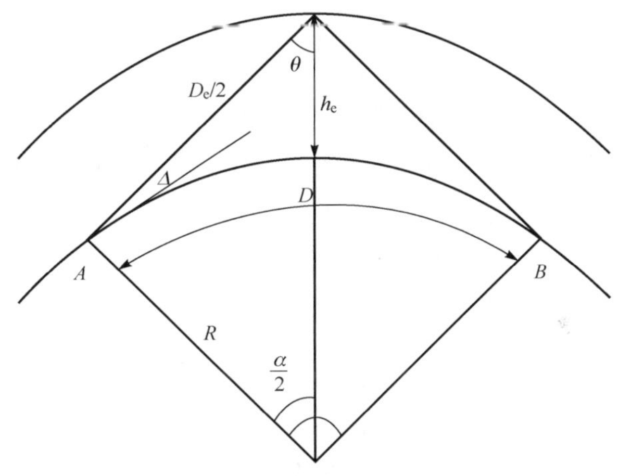

图 2-18　天波的传输距离示意图

如图 2-18 所示，地球半径为 R，电离层高度为 h_e，射线与地平面的仰角为 Δ，发射点 A 和接收点 B 之间的大圆距离为 D，收发两点与地球中心的夹角为 α，(x_1, y_1)，(x_2, y_2)分别为发射点和接收点的经纬度。则实际传播距离可表示为

$$D_e=\frac{2R\left(1+\frac{h_e}{R}\right)\sin\alpha}{\cos\Delta} \tag{2-76}$$

其中

$$\cos\alpha=\sin x_1\sin x_2+\cos x_1\cos x_2\cos(y_1-y_2) \tag{2-77}$$

$$\tan\Delta=\frac{\left(1+\frac{h_e}{R}\right)\cos\frac{\alpha}{2}-1}{\left(1+\frac{h_e}{R}\right)\sin\frac{\alpha}{2}} \tag{2-78}$$

2）电离层吸收损耗

电离层的吸收损耗与电子密度和工作频率有关；电子密度越大，吸收损耗越大；频率越低，吸收损耗越大。通常电离层的吸收损耗可分为两种：一是远离电波反射区的吸收损耗，也称为非偏移吸收损耗；二是在电波反射区附近的吸收损耗，也称为偏移吸收损耗。一般偏移吸收损耗较小，因此可以忽略。电离层吸收损耗主要由非偏移吸收损耗决定。

电离层吸收损耗 L_a 的计算相当复杂，这里只给出工程计算中的公式

$$L_a = \frac{677.2\sec\theta}{(f+f_H)^2+10.2}\sum_{i=1}^{n} I_i(\text{dB}) \tag{2-79}$$

其中 θ 是电波入射角；f_H 是磁旋谐振频率的平均值；$I_j=(1+0.0037R_{12})\cdot\cos(0.881x_j)^{1.3}$是吸收系数；$R_{12}$为 12 个月太阳黑子的流动值；$x_j$ 为穿透吸收区的太阳天顶角平均值。

3）大地反射损耗

大地反射损耗是由电波在地面反射引起的，影响它的因素较多，如电波的频率、仰角、地面介质等。由于电离层反射后电波的极化面会发生随机旋转，因此入射地面的电磁波是杂乱无章的，计算也比较困难。通常仅考虑圆极化波的地面反射损耗，计算公式为

$$L_g=10\lg\left(\frac{|R_{\text{V}}|^2+|R_{\text{H}}|^2}{2}\right) \tag{2-80}$$

其中 R_{V} 和 R_{H} 分别为垂直极化和水平极化的地面反射系数，为

$$\begin{aligned} R_{\text{V}}&=\frac{\varepsilon_r\sin\Delta-\sqrt{\varepsilon_r-\cos^2\Delta}}{\varepsilon_r\sin\Delta+\sqrt{\varepsilon_r-\cos^2\Delta}} \\ R_{\text{H}}&=\frac{\sin\Delta-\sqrt{\varepsilon_r-\cos^2\Delta}}{\sin\Delta+\sqrt{\varepsilon_r-\cos^2\Delta}} \end{aligned} \tag{2-81}$$

其中 ε_{r} 为地面介电常数；Δ 为射线仰角。表 2-1 给出了几种不同地表面的大地相对介电常数和地面电导率。

表 2-1　几种不同地表面的大地相对介电常数和地面电导率

地面介质	变化范围		平均值	
	ε_{r}	$\sigma/(\Omega\cdot\text{m})^{-1}$	ε_{r}	$\sigma/(\Omega\cdot\text{m})^{-1}$
海水	80	1～4.3	80	4
淡水	80	10^{-3}～2.4×10^{-2}	80	10^{-3}
湿土	10～30	3×10^{-3}～2.4×10^{-2}	10	10^{-2}
干土	3～4	1.1×10^{-5}～2×10^{-2}	4	10^{-3}

4）额外系统损耗

除了上述的自由空间传播损耗、电离层吸收损耗、地面反射损耗外，还有一些其他的损耗，如电离层球面聚焦、偏移吸收、极化损耗、多径干涉、中纬度地区的“冬季异常吸收”等损耗。这些损耗目前无法准确计算，为了使工程估算更切合实际，引入了额外损耗的概念。

在工程计算中，通常用基于反复校核统计值来进行估算，并适当保留一些余量。额外系统损耗与反射点的当地时间有关，其估算值如表 2-2 所示。

表 2-2　额外系统损耗与本地时间的关系

时间/h	额外系统损耗/dB
$22<T\leqslant 4$	18.0
$4<T\leqslant 10$	16.6
$10<T\leqslant 16$	15.4
$16<T\leqslant 22$	16.6

2.5.2　超远距离通信天线方向修正

超远距离短波通信，由于信号传输距离远，信号衰减大，因此不仅要在链路设计时优化频率选择，还需要选择高增益和强方向性天线提高通信性能。天线的方向性越强，对架设天线的要求越高，而超远距离短波通信进一步提升了这一要求。

在常规短波通信中，为了方便、快速地架设短波天线，一般直接在平面地图上连接发送地点和接收地点，使天线主瓣对准接收机方向，测量并确定天线的架设方向。由于地图是对地球表面的平面展开，在近距离通信时，可以近似认为测量方向与实际方向一致。但在超远距离通信情况下，直接连线测量的方法与实际方向的偏差较大，对于方向性较强的天线，采用传统方法确定天线方向，常导致通信无法建立。因此超远距离短波通信必须以实际球体来推导计算发射点天线的主瓣应对准的方向。下面假设地球为标准球体，来分析推导天线主瓣对准方向。

现以地球球心为原点，赤道平面为 XY 平面，南北两极为 Z 轴，建立立体坐标。假设发送点 $A(x_0,y_0,z_0)$ 的经纬度为 (θ_0,φ_0)，接收点 $B(x_1,y_1,z_1)$ 的经纬度为 (θ_1,φ_1)，由于电离层完全包围地球，电离层可以看作以地球球心为原点的球面，天线主瓣对准方向为沿收发地点在球体上的大圆方向，因此需要计算收发地点连线和纬线在发送地点切平面上的投影的夹角，如图 2-19 所示。

设地球半径为 r，可以得到发送地点的直角坐标与经纬度的关系为

$$\begin{cases}x_0=r\cos(\varphi_0)\cos(\theta_0)\\ y_0=r\cos(\varphi_0)\sin(\theta_0)\\ z_0=r\sin(\varphi_0)\end{cases} \tag{2-82}$$

而接收地点的直角坐标与经纬度的关系为

$$\begin{cases} x_1 = r\cos(\varphi_1)\cos(\theta_1) \\ y_1 = r\cos(\varphi_1)\sin(\theta_1) \\ z_1 = r\sin(\varphi_1) \end{cases} \tag{2-83}$$

现以直角坐标来推导计算发送天线主瓣对准方向。设在发送点 A 与地球的切平面为 α，为了表示方便，将切平面平移过球心，则 α 平面的表达式为

$$x_0 \cdot x + y_0 \cdot y + z_0 \cdot z = 0 \tag{2-84}$$

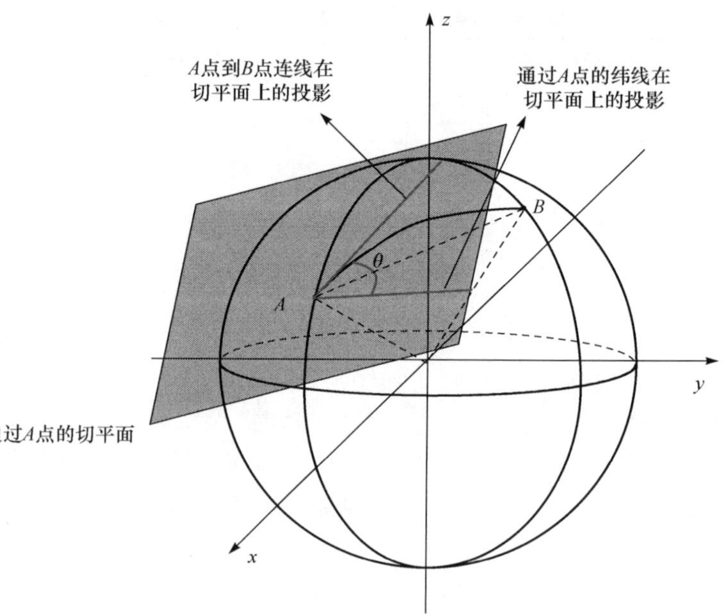

图 2-19　天线架设方向示意图

发送点和接收点的方向向量$\overrightarrow{AB}$为$(x_1-x_0, y_1-y_0, z_1-z_0)$，$\alpha$ 平面的法向量 $\vec{n}$ 为(x_0, y_0, z_0)，则过向量$\overrightarrow{AB}$与 α 平面垂直平面的法向量为

$$\begin{aligned} \overrightarrow{AB} \times \vec{n} &= \big(y_0(z_1-z_0)-z_0(y_1-y_0), z_0(x_1-x_0) \\ &\quad -x_0(z_1-z_0), x_0(y_1-y_0)-y_0(x_1-x_0)\big) \\ &= (y_0z_1-y_1z_0, z_0x_1-z_1x_0, x_0y_1-x_1y_0) \end{aligned} \tag{2-85}$$

则过接收点 B 且与 α 平面垂直的平面 β 为

$$(y_0z_1-y_1z_0)(x-x_1)+(z_0x_1-z_1x_0)(y-y_1)+(x_0y_1-x_1y_0)(z-z_1)=0 \tag{2-86}$$

式(2-86)可进一步简化为

$$(y_0z_1-y_1z_0)x+(z_0x_1-z_1x_0)y+(x_0y_1-x_1y_0)z=0 \tag{2-87}$$

即平面 β 也过地球球心。则 $\overrightarrow{AB}$ 向量在切面 α 平面投影直线为

$$\begin{cases}(y_0z_1-y_1z_0)x+(z_0x_1-z_1x_0)y+(x_0y_1-x_1y_0)z=0\\ x_0x+y_0y+z_0z=0\end{cases}\tag{2-88}$$

纬线在切平面上的投影方向与赤道在 α 平面投影方向一致，则赤道在 α 平面上的投影可以表示为

$$\begin{cases}z=0\\ x_0x+y_0y+z_0z=0\end{cases}\tag{2-89}$$

则两投影向量表示为

$$\begin{cases}\Big(x_0(y_0y_1+z_0z_1)-x_1(y_0^2+z_0^2),y_0(x_0x_1+z_0z_1)-y_1(x_0^2+z_0^2),\\ z_0(x_0x_1+y_0y_1)-z_1(x_0^2+y_0^2)\Big)\\ (y_0,-x_0,0)\end{cases}\tag{2-90}$$

天线主瓣对准方向就是两投影向量的夹角。现利用经纬度与直角坐标的关系代入式(2-90)，则直接就可以利用收发地点的经纬度来计算获得天线主瓣对准方向，下面以上海和索马里太子港实现超远距离通信为例进行计算。

上海(31.37,121.02)，索马里太子港(12.51,47.87)，则通过以上推导理论计算得到天线主瓣对准方向角度为 177.7°，而采用基于平面地图的简便计算方法(如图 2-20 所示)，测量的方向为 164.7°，可见这两种方法相差 13°。

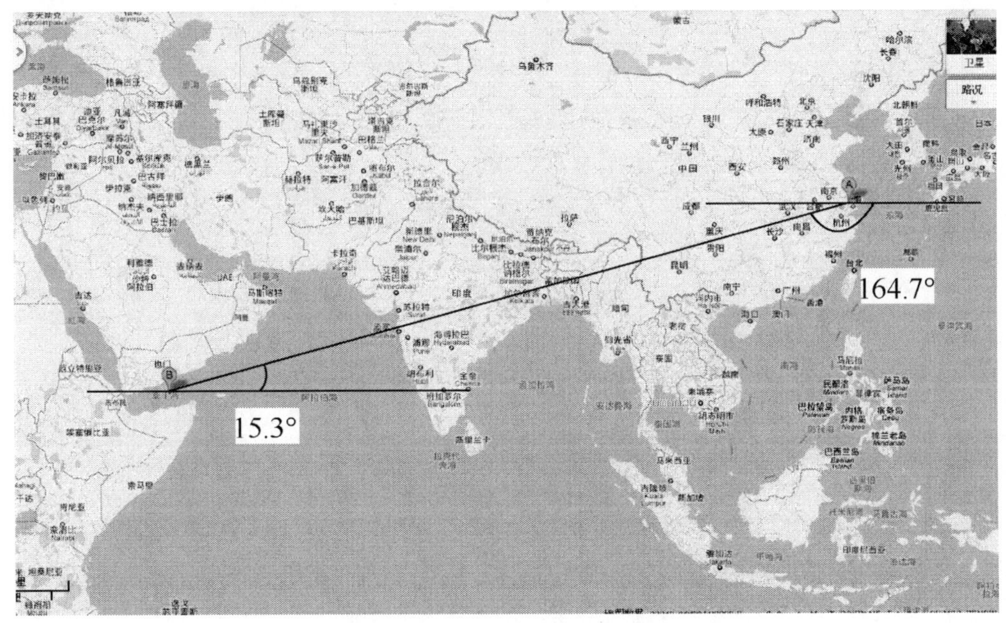

图 2-20　基于平面地图的简便计算方法

要建立双向超远距离通信，还需要获得太子港的天线主瓣对准方向。传统方法是在平面地图上进行测量和标注，两夹角的和为 180°，因此得到太子港的天线主瓣对准方向为 15.3°。而通过实际计算得到的天线主瓣对准方向为 29.0°，可见球体计算与平面计算的差距较大，且以球体计算得到的收发两地方向夹角也不再为 180°。

另外，天线架设过程中常采用指北针进行方向测定，而指北针指示方向为地磁场方向与正北方向存在一个夹角，称为磁偏角。不同地理位置的磁偏角不一样，因此在天线架设时还需要根据所处地点的磁偏角进行修正。

2.6 小　结

本章重点分析了电离层特性和短波信号传播特性，给出了短波通信可用频率窗口与最佳工作频率的概念；研究了 Watterson 窄带信道模型和 ITS 宽带信道模型，推导了两种模型各自典型参数的表达式，分析了关键参数的物理含义；在深入研究短波信道传播特性的基础上，设计并实现了一种低复杂度的短波宽带信道模拟器，提出了归一化参数的时延功率剖面和低存储量的随机调制函数实现方法；给出了短波链路损耗计算的一般方法，分析了影响短波通信质量相关的因素；最后，推导了超远距离通信时的天线方向计算公式。

第 3 章　频移键控数据传输

3.1　引　　言

实现可靠的数据传输是短波通信系统的难点。短波信道是一个多径衰落信道，其多径时延 Δt 的典型值范围为 2～5ms，多径信号会引起数据传输过程中的码间串扰。频移键控(FSK)是短波数字通信中最早出现的数据通信调制方式，其传输性能与多径时延和衰落深度有关。如果不采用特殊的技术处理，FSK 调制的传输速率一般小于 125 波特，由于此时码元宽度 $T_b > \Delta t$，码元之间仅产生部分的码间串扰，可基本实现短波信道的数据传输。显然随着码元宽度的增加，多径干扰影响程度将随之减小。

本章围绕 FSK 数据传输所涉及的关键技术展开讨论与研究，首先对 FSK 数据传输波形进行了分析，随后研究了 FSK 的时域解调方法和频域解调方法，并以第二代自动链路建立系统的 8FSK 数据传输波形为例，分析了其关键技术，最后对时频调制(TFSK)进行了探讨。

3.2　频移键控数据传输波形设计

3.2.1　采样速率和码元符号速率选择

奈奎斯特采样定理要求采样频率 $f_s \geqslant 2 \times f_{max}$，其中 f_{max}表示采样信号的最高频率。同时采样速率的选择要考虑 FSK 调制音的频率和码元宽度，这里取 $f_s = 2.667 \times f_{max} = 8000\text{Hz}$。

在短波多径信道条件下，在不采用均衡等抗多径措施时，为了克服由多径引起的码间干扰，其传输速率一般小于 125 波特，即码元符号宽度大于 8ms。据统计，短波信道多径时延小于 4ms 的情况占 95%以上，所以未受码间串扰影响的码元宽度可达 4ms。此时，基于 FSK 调制的短波信道模型可简化成具有时间选择性、频率平坦性衰落的时变色散信道。可见，在码元宽度足够长的前提下，采用 FSK 调制能够基本保证数据传输性能。

3.2.2　频移间隔选择

2FSK 信号可表示为

$$s_1(t) = A\cos(2\pi f_1 t + \varphi_1), \quad kT_b < t < (k+1)T_b, \text{当发 1 时} \tag{3-1}$$

$$s_0(t)=A\cos(2\pi f_0 t+\varphi_0),\quad kT_b<t<(k+1)T_b,\text{当发 0 时} \tag{3-2}$$

其中 φ_1 和 φ_0 为在 $t=0$ 时刻的初始相位，T_b 为码元符号周期。

当 $\varphi_1=\varphi_0=\varphi$，且 f_1，f_0 均为$\frac{1}{T_b}$的整数倍时，2FSK 信号具有连续相位，可表示为

$$s_1(t)=A\cos(2\pi f_1 t+\varphi),\quad kT_b<t<(k+1)T_b,\text{当发 1 时} \tag{3-3}$$

$$s_0(t)=A\cos(2\pi f_0 t+\varphi),\quad kT_b<t<(k+1)T_b,\text{当发 0 时} \tag{3-4}$$

为了实现连续相位调制的相干解调，f_1 和 f_0 的选择应保证在一个码元符号内具有正交性，即

$$\int_{kT_b}^{(k+1)T_b} s_1(t)s_0(t)\mathrm{d}t = 0 \tag{3-5}$$

$$\Delta f=|f_1-f_0|=\frac{m}{2T_b} \tag{3-6}$$

其中 $m=1,2,\cdots$，最小频率间隔 $\Delta f_{\min}=|f_1-f_0|=\frac{1}{2T_b}$，可见 FSK 的频率间隔 Δf 和调制符号速率有关。

3.2.3 FSK 性能分析

FSK 信号的解调方法很多，包括鉴频、过零检测、差分检测、包络检测和相干检测等。其中相干检测法便于采用数字信号处理实现，且解调性能优于其他方法，因此经常被采用。为方便分析，现以 2FSK 调制为例，分析其相干检测解调性能。

对于发端的 2FSK 调制信号，假设一个符号周期内采 k 个样点，符号速率为 $R=\frac{f_s}{k}$波特，则调制波形可以表示为

$$x(n)=a\cos(\omega_i n) \tag{3-7}$$

其中 $n=0,1,2\cdots$，一个码元所对应的 k 个样点内 ω_i 相同，即 $\omega_i=\frac{2\pi f_i}{f_s}$，发 0 时$\omega_i=\omega_0$，发 1 时 $\omega_i=\omega_1$。

设信道噪声为零均值的高斯白噪声，发送信号 $x(n)$通过两个带宽为 $2f_b$ 的矩形理想带通滤波器，得到接收序列 $y(n)$，其中 f_0 滤波器的输出为

$$y_0(n)=a\cos(\omega_0 n)+n_{0c}\cos(\omega_0 n)-n_{0s}\sin(\omega_0 n),\quad \text{发 0 时} \tag{3-8}$$

$$y_0(n)=n_{0c}\cos(\omega_0 n)-n_{0s}\sin(\omega_0 n),\quad \text{发 1 时} \tag{3-9}$$

f_1 滤波器的输出为

$$y_1(n)=n_{1c}\cos(\omega_1 n)-n_{1s}\sin(\omega_1 n),\quad \text{发 0 时} \tag{3-10}$$

$$y_1(n)=a\cos(\omega_1 n)+n_{1c}\cos(\omega_1 n)-n_{1s}\sin(\omega_1 n),\quad \text{发 1 时} \tag{3-11}$$

高斯白噪声通过带通滤波后，输出为窄带高斯噪声，其中 n_{0c}，n_{0s}，n_{1c}，n_{1s}都是

均值为零高斯随机变量。

将 $y_0(n)$ 与其对应的本地载波 $e^{j[(\omega_0+\Delta\omega)n+\Delta\varphi_0]}$ 相乘后得到

$$\begin{aligned}y_0'(n)&=y_0(n)\times e^{j[(\omega_0+\Delta\omega)n+\Delta\varphi_0]}\\&=(a\cos(\omega_0 n)+n_{0c}\cos(\omega_0 n)-n_{0s}\sin(\omega_0 n))\times\cos((\omega_0+\Delta\omega_0)n+\Delta\varphi_0)\\&\quad+j\times(a\cos(\omega_0 n)+n_{0c}\cos(\omega_0 n)-n_{0s}\sin(\omega_0 n))\times\sin((\omega_0+\Delta\omega_0)n+\Delta\varphi_0)\end{aligned} \tag{3-12}$$

$$y_0'(n)=(a+n_{0c}-jn_{0s})e^{j(\Delta\omega_0 n+\Delta\varphi_0)}+(a+n_{0c}+jn_{0s})e^{j[(2\omega_0+\Delta\omega_0)n+\Delta\varphi_0]} \tag{3-13}$$

通过理想低通后得到

$$y_0''(n)=\begin{cases}(a+n_{0c}-jn_{0s})e^{j(\Delta\omega_0 n+\Delta\varphi_0)}, & \text{发 0 时}\\(n_{0c}-jn_{0s})e^{j(\Delta\omega_0 n+\Delta\varphi_0)}, & \text{发 1 时}\end{cases} \tag{3-14}$$

同样也可以将 $y_1(n)$ 与其对应的本地载波 $e^{j[(\omega_1+\Delta\omega)n+\Delta\varphi_1]}$ 相乘，经低通滤波后输出

$$y_1''(n)=\begin{cases}(n_{1c}-jn_{1s})e^{j(\Delta\omega_1 n+\Delta\varphi_1)}, & \text{发 0 时}\\(a+n_{1c}-jn_{1s})e^{j(\Delta\omega_1 n+\Delta\varphi_1)}, & \text{发 1 时}\end{cases} \tag{3-15}$$

经过两带通滤波器进行滤波后，基于相干解调，可得到两路接收信号，发 1 时可以表示为

$$\begin{cases}r_0(n)=n_{0c}\\r_1(n)=a+n_{1c}\end{cases} \tag{3-16}$$

再选择合适的判决起始点 $n=n_0\left(\text{一般取码元的中间位置，如 } n_0=\frac{k}{2}\right)$，然后每间隔 k 点，逐个判决接收码元。则发送 1 时的误比特率可以表示为

$$P_e=P(r_0(n)>r_1(n)) \tag{3-17}$$

同理，发送 0 时也可以得到一致的结果。由于 n_{0c}、n_{0s}、n_{1c}、n_{1s} 是相互独立的正态分布随机变量，所以 FSK 相干解调的误比特率计算公式为

$$P_e=\frac{1}{2}\operatorname{erfc}\left(\sqrt{\frac{\gamma}{2}}\right) \tag{3-18}$$

其中信噪比 $\gamma=\frac{a^2}{N_0}$。

3.3　FSK 时域滤波解调

时域数字滤波无需专门的信号检测、同步和跟踪处理，在无纠错编码时，可实现零时延或极小时延的数据传输，并且用户可在不超过最高速率条件下，灵活配置实际传输速率。下面以常见的 2FSK 调制为例展开分析。

3.3.1　FIR 结构带通滤波

FIR 滤波是 FSK 非相干解调最常用的处理方法。解调原理如图 3-1 所示。

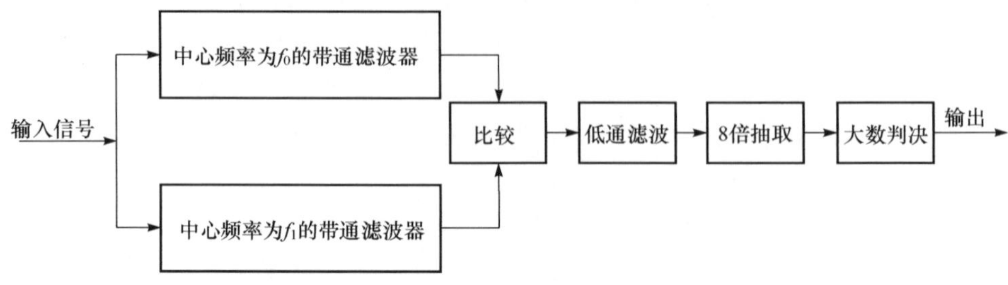

图 3-1　FSK 解调原理框图

从图 3-1 中可以看出，对两个带通滤波器的输出进行比较处理，再通过低通滤波器，然后对每个码元进行 8 倍抽取，最后通过大数判决得到解调输出数据。

FSK 解调的性能主要由图 3-1 中的两个带通滤波器技术指标决定，一般情况下带通滤波器的带宽由信号的符号速率决定。实际中，短波收发信机的晶振频率不一致，常见的收发信机一般用温度补偿晶振，其标频典型准确度为 1×10^{-6}。考虑收发信机一个为正偏、一个为负偏的最差情况，当工作在 30MHz 时，其最大频偏为±60Hz，所以接收端需考虑的最大校正频偏设计为±75Hz。

为了保证最大频偏时信号仍落在滤波器通带内，带通滤波器的带宽主要由最大频偏决定。为此，设计 FIR 带通滤波器的通带带宽为 150Hz，带内波动要求小于 1dB，使得在±75Hz 范围内，解调性能基本一致；同时，为避免引入过多带外噪声造成解调性能变差，要求其过渡带带宽尽可能小，带外抑制尽可能大，一般过渡带宽小于 50Hz，且带外抑制大于 30dB。

按以上要求，在采样率 $f_s=8000$Hz 时，要实现 BW=150Hz 的窄带滤波，需要很高的阶数。图 3-2 为 $f_0=1000$Hz 和 $f_1=1500$Hz 两个窄带滤波器的幅频和相频特性。从图中可以看出，滤波器满足带内波动小于 1dB，带外抑制 40dB 以上，过渡带小于 50Hz 的设计指标，此时滤波器阶数为 $N=255$。

对于接收信号序列，要进行逐点的 FIR 运算，其实数乘累加运算量为 $L=2\times N\times f_s\approx4$MIPS。对于 FIR 滤波器，当满足线性相位条件时，其时域冲激响应具有对称性，因而可以将具有相同系数的滤波器支路先相加，随后进行乘累加运算，从而减小约一半的运算量。图 3-3 给出了 11 阶 FIR 滤波器优化结构图。

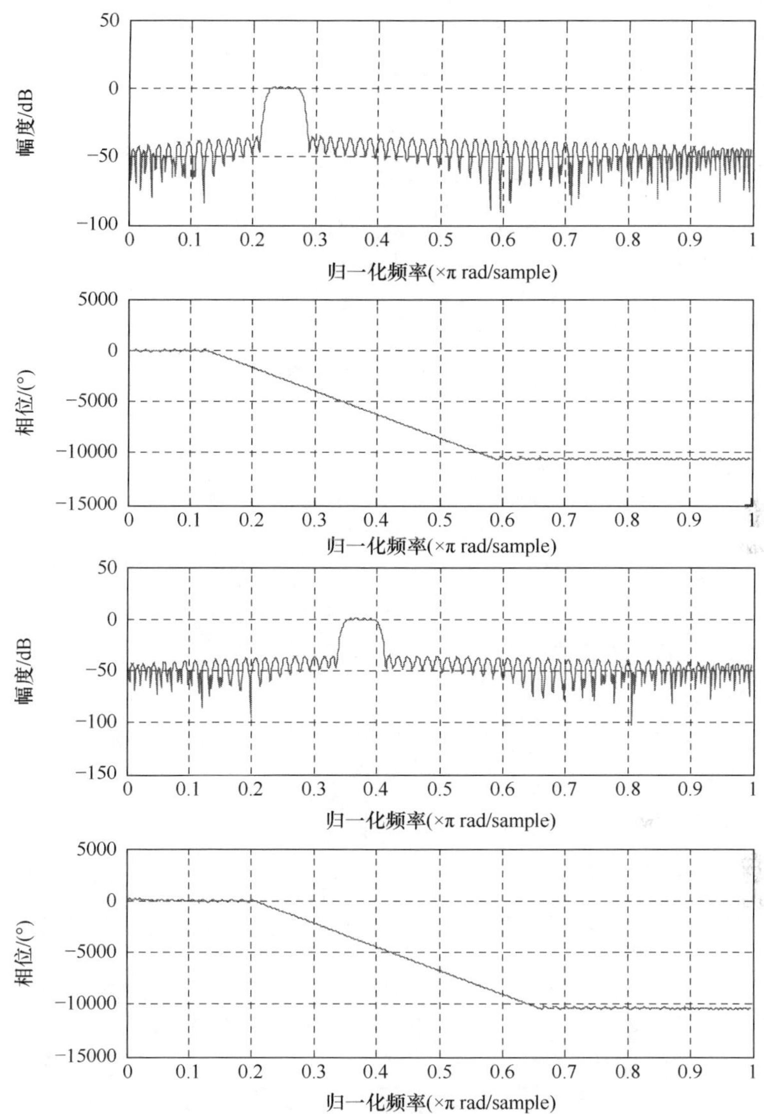

图3-2　$N=255$ 阶时 f_0 和 f_1 为中心频率的 FIR 带通滤波器幅频和相频特性

当信噪比为 23dB,速率为 50bps,发端发送“0～4”共 5 个 ASCII 符号,即 16 进制数“30H,31H,32H,33H,34H”时,接收端的 2 个 FIR 滤波器输出值及解调判决结果如图 3-4 所示。

图 3-4 中的解调判决结果为 8 倍采样信号,符合异步串口协议标准。解调判决输出高位在前,包含一个起始位 0,一个停止位 1,无校验位,如图 3-5 所示。

将解调判决结果用异步串口协议接收,就可得到正确的接收结果“30H,31H,32H,33H,34H”。

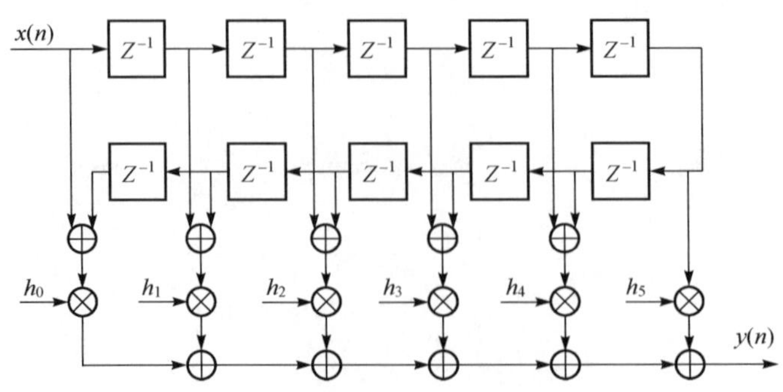

图 3-3　优化 FIR 滤波器结构

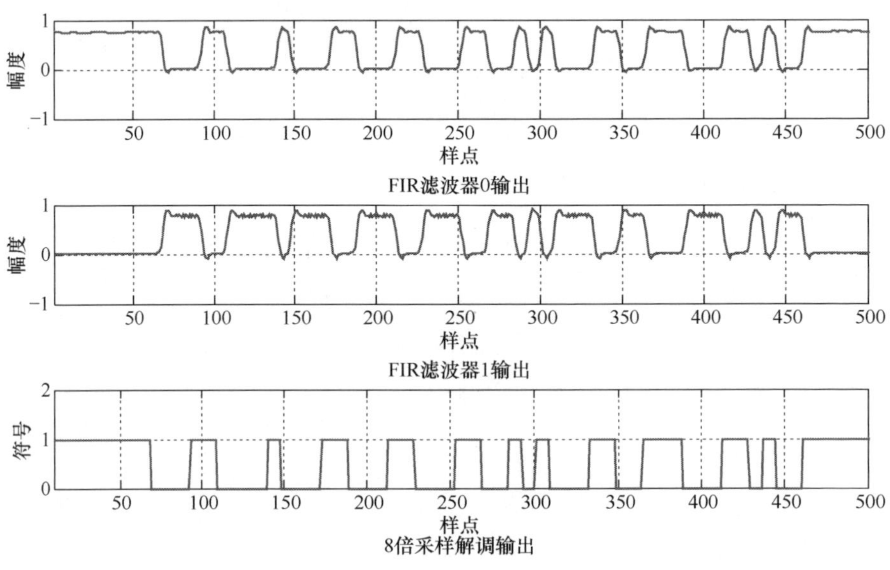

图 3-4　2FSK 信号 FIR 滤波输出和解调判决结果

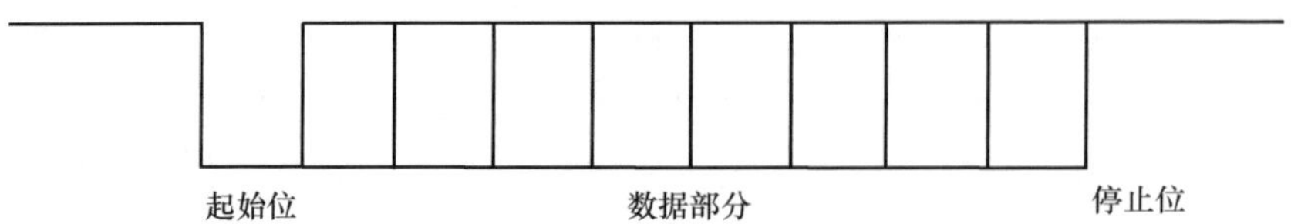

图 3-5　一个起始位一个停止位无校验位异步串口协议

3.3.2　IIR 结构带通滤波

由于 IIR 滤波在通带内不具有线性相位，在通信信号处理中，很少采用 IIR 滤波。但在 FSK 解调中后续处理常采用包络检波法，对相位不敏感，因此可采用 IIR

滤波器实现高效带通滤波。在采样速率为 f_s=8000Hz 时，采用 5 阶的 IIR 滤波器就可实现 BW=150Hz 的窄带滤波，如图 3-6 所示。

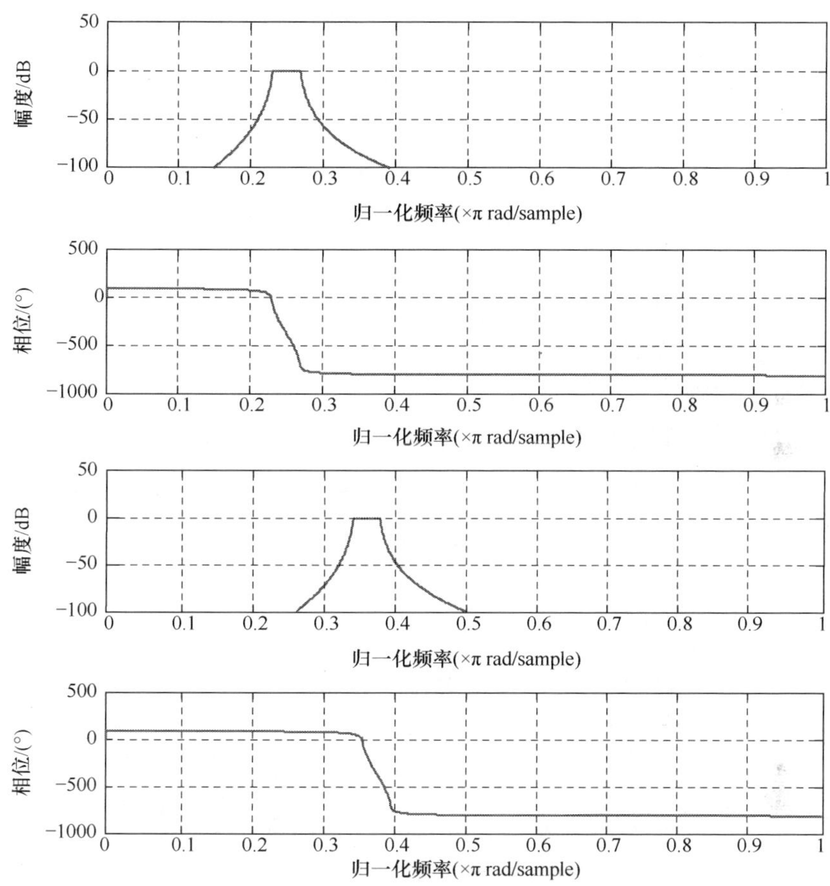

图 3-6　N=5 阶时 f_0 和 f_1 为中心频率的 IIR 带通滤波器幅频和相频特性

从图 3-6 中可以看出，在 N=5 阶时，带内波动在 1dB 以内，带外抑制 50dB 以上，过渡带小于 40Hz。对接收信号序列进行逐点的 IIR 运算时，其实数乘累加运算量为 $L=2\times N\times f_s=0.08$MIPS。对比两种滤波器的幅频特性，IIR 滤波和 FIR 滤波的性能基本相同，但 IIR 滤波器的运算量大大降低。

3.4　FSK 频域解调

频域谱分析是 FSK 最常用的解调方法，但针对不同的应用场合，具体的频域谱分析方法也各不相同，下面讨论常见的 DFT 谱分析和 FFT 谱分析。

3.4.1 DFT 谱分析

DFT 谱分析是通过 DFT 变换对 FSK 调制频率进行谱分析，判别所发送的载频，完成数据解调。DFT 变换如下式：

$$X(k)=\sum_{n=0}^{N-1}x(n)W_N^{kn}\ ,\quad W_N=\mathrm{e}^{-\mathrm{j}\frac{2\pi}{N}}\ ,\quad k=0,1,\cdots,N-1 \tag{3-19}$$

其中 $x(n)$为输入序列；$X(k)$为所对应的分析谱线。针对复数输入序列，一个复数乘累加，相当于 4 个实数乘累加，所以其对应的实数乘累加运算量为 $4N^2$。

3.4.1.1 利用 DFT 变换性质的优化运算

为分析方便，下面都假定 N 为偶数。

1）实序列变换

依据 DFT 变换特性可知，$X(N-k)$与 $X(k)$的关系如下式：

$$X(N-k)=\sum_{n=0}^{N-1}x(n)W_N^{(N-k)n}=\sum_{n=0}^{N-1}x(n)W_N^{-kn}W_N^{Nn}=X^*(k)\ ,\quad k=0,1,\cdots,\frac{N}{2}-1 \tag{3-20}$$

可以由下式得到实序列变换为

$$\begin{cases}X(k)=\sum\limits_{n=0}^{N-1}x(n)W_N^{kn}, & k=0,1,\cdots,\dfrac{N}{2}\\ X(N-k)=X^*(k), & k=1,2,\cdots,\dfrac{N}{2}-1\end{cases} \tag{3-21}$$

对于 $k=0,1,\cdots,N-1$ 的所有谱线，其实数乘累加的总运算量减少到$(\frac{1}{2}N+1)\times 2N=N^2+2N$。

2）偶对称实序列变换

对于偶对称实序列，存在如下对应关系：

$$x(n)=x(N-1-n),\quad n=0,1,2\cdots,\frac{N}{2}-1 \tag{3-22}$$

$$\begin{aligned}X(k)&=\sum_{n=0}^{N-1}x(n)W_N^{kn}\\&=\sum_{n=0}^{N-1}x(n)\left(\cos\frac{2\pi kn}{N}-\mathrm{j}\sin\frac{2\pi kn}{N}\right)\\&=\sum_{n=0}^{N-1}x(n)\cos\frac{2\pi kn}{N}-\mathrm{j}\sum_{n=0}^{N-1}x(n)\sin\frac{2\pi kn}{N}\end{aligned} \tag{3-23}$$

其中 $k=0,1,\cdots,N-1$。式(3-23)可进一步分解为

$$\begin{aligned}\sum_{n=0}^{N-1} x(n)\sin\frac{2\pi kn}{N} &= x(0)\sin(0)+\sum_{n=1}^{\frac{N}{2}-1} x(n)\sin\frac{2\pi kn}{N} \\ &\quad + x\left(\frac{N}{2}\right)\sin(\pi k)+\sum_{n=\frac{N}{2}+1}^{N-1} x(n)\sin\frac{2\pi kn}{N} \\ &= \sum_{n=1}^{\frac{N}{2}-1} x(n)\sin\frac{2\pi kn}{N}+\sum_{n=1}^{\frac{N}{2}-1} x(N-n)\sin\frac{2\pi k(N-n)}{N} \\ &= \sum_{n=0}^{\frac{N}{2}-1} x(n)\sin\frac{2\pi kn}{N}-\sum_{n=1}^{\frac{N}{2}-1} x(N-n)\sin\frac{2\pi kn}{N}=0\end{aligned} \tag{3-24}$$

可以得到

$$X(k)=\sum_{n=0}^{N-1} x(n)\cos\frac{2\pi kn}{N},\quad k=0,1,\cdots,N-1 \tag{3-25}$$

再考虑到输入序列为实序列，有

$$\begin{cases}X(k)=\sum\limits_{n=0}^{N-1} x(n)\cos\dfrac{2\pi kn}{N}, & k=0,1,\cdots,\dfrac{N}{2} \\ X(N-k)=X^*(k), & k=1,2\cdots,\dfrac{N}{2}\end{cases} \tag{3-26}$$

对于 $k=0,1,\cdots,N-1$ 所有谱线，其实数乘累加的总运算量进一步减少到 $\left(\frac{1}{2}N+1\right)\times N=\frac{1}{2}N^2+N$。

3）奇对称实序列变换

对于奇对称实序列变换，同样可证明得到

$$x(n)=-x(N-1-n),\quad n=0,1,2,\cdots,\frac{N}{2}-1 \tag{3-27}$$

$$\begin{cases}X(k)=-\mathrm{j}\left(\sum\limits_{n=0}^{N-1} x(n)\sin\dfrac{2\pi kn}{N}\right), & k=0,1,\cdots,\dfrac{N}{2} \\ X(N-k)=X^*(k), & k=1,2\cdots,\dfrac{N}{2}-1\end{cases} \tag{3-28}$$

对于 $k=0,1,\cdots,N-1$ 所有谱线，其实数乘累加的总运算量同样为$(\frac{1}{2}N+1)\times N=\frac{1}{2}N^2+N$。

4）一次复数 DFT 运算同时实现两实数序列变换

若将共轭对称序列和共轭反对称序列分别记为 $x_{ep}(n)$和 $x_{op}(n)$，则有

$$x_{ep}(n)=x_{ep}^{*}(N-n),\quad n=0,1,\cdots,N-1 \tag{3-29}$$

$$x_{op}(n)=-x_{op}^{*}(N-n),\quad n=0,1,\cdots,N-1 \tag{3-30}$$

任何序列均可分解成 $x_{ep}(n)$和 $x_{op}(n)$

$$x(n)=x_{ep}(n)+x_{op}(n) \tag{3-31}$$

$$x^{*}(N-n)=x_{ep}^{*}(N-n)+x_{op}^{*}(N-n)=x_{ep}(n)-x_{op}(n) \tag{3-32}$$

由上两式可得

$$x_{ep}=\frac{1}{2}(x(n)+x^{*}(N-n)) \tag{3-33}$$

$$x_{op}=\frac{1}{2}(x(n)-x^{*}(N-n)) \tag{3-34}$$

由 DFT 线性性质得

$$X(k)=\mathrm{DFT}(x(n))=X_{ep}(k)+X_{op}(k) \tag{3-35}$$

对于两个 N 点实数序列 $x_1(n)$和 $x_2(n)$有

$$x(n)=x_1(n)+\mathrm{j}x_2(n) \tag{3-36}$$

$$X(k)=\mathrm{DFT}(x(n))=X_{ep}(k)+X_{op}(k) \tag{3-37}$$

$$X_1(k)=X_{ep}(k)=\mathrm{DFT}(x_1(n))=\frac{1}{2}(X(k)+X^{*}(N-k)) \tag{3-38}$$

$$X_2(k)=X_{op}(k)=\mathrm{DFT}(x_2(n))=\frac{1}{2\mathrm{j}}(X(k)-X^{*}(N-k)) \tag{3-39}$$

通过以上分析，经过一次 N 点的复数 DFT 运算可同时完成 2 个 N 点实数序列的 DFT 变换。

3.4.1.2 栅栏效应对 DFT 变换结果的影响

对于 N 点 DFT，其频率分辨率为$\frac{f_s}{N}$，当信号频谱分量为$\frac{f_s}{N}$的整数倍时，DFT 变换可以得到精确的信号谱线结果；当信号频谱分量不为其频率分辨率整数倍时，会出现信号谱线扩散现象，表现为 DFT 变换后得到的信号谱线能量损失，称为栅栏效应。

设收发信机的频差为 Δf，当 $\Delta f>\frac{f_s}{2N}$时，其谱线的主要能量会泄漏到相邻的 DFT 分辨率谱线上。现以 $f_s=8000\text{Hz}$，32 点 DFT 变换为例进行分析，此时 DFT 谱线分辨率为$\frac{f_s}{N}=\frac{8000}{32}=250\text{Hz}$，图 3-7 给出了 $0\text{Hz}\leqslant\Delta f\leqslant125\text{Hz}$ 时，信号谱线幅度和 Δf 的关系图。

当 $\Delta f=\frac{f_s}{2N}=125\text{Hz}$ 时，即在两根谱线中间时，能量损失最大。从相位偏移角

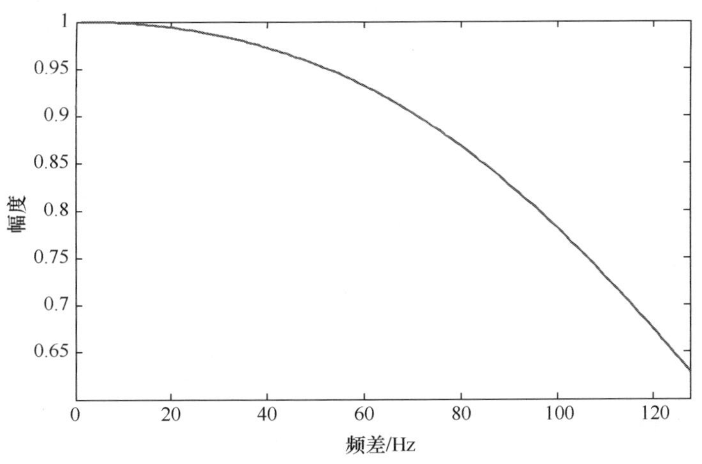

图 3-7　频差 Δf 与信号谱线幅度关系图

度分析，由 Δf 所引起的相位总偏移为 $\Delta\theta=360\times\Delta f\times\frac{N}{f_s}=360\times\frac{f_s}{2N}\times\frac{N}{f_s}=180^\circ$，此时 DFT 变换得到的分析谱线幅度是实际信号幅度的 62.9%。显然由栅栏效应所带来的信号谱线幅度损失不大于 38%。

另外，当 $\Delta f=\frac{f_s}{4N}$ 时，由 Δf 所引起的相位总偏移为 $\Delta\theta=360\times\Delta f\times\frac{N}{f_s}=360\times\frac{f_s}{4N}\times\frac{N}{f_s}=90^\circ$。此时，DFT 分辨率谱线幅度是实际信号幅度的 91%。

当频差为 ±75Hz 时，信号谱线幅度是实际信号幅度的 88%。

上述对 DFT 变换栅栏效应的分析方法，对 FFT 变换同样有效。减少栅栏效应影响的有效方法有：

(1) 对 DFT 变换结果进行插值计算，以提高其信号谱线分辨精度；

(2) 对信号进行预先校频处理，使信号谱线尽量接近 DFT 变换分析谱线，减少能量泄漏。

后续章节中会对以上两种方法进行具体叙述。

3.4.2　FFT 谱分析

FFT 是 DFT 的快速实现算法。下面介绍几种具体的 FFT 实现算法。

3.4.2.1　基于时域奇偶分离的 DIT-FFT

按偶数(even)点和奇数(odd)点序列分离的思路对式(3-19)展开，有

$$X(k)=\sum_{m=0}^{\frac{N}{2}-1}x(2m)W_N^{k(2n)}+\sum_{m=0}^{\frac{N}{2}-1}x(2m+1)W_N^{k(2n+1)} \tag{3-40}$$

其中 $x(2m)$ 为 $x(n)$ 的偶数点序列；$x(2m+1)$ 为 $x(n)$ 的奇数点序列。显然有 $W_N^2=\mathrm{e}^{-\mathrm{j}\frac{2\pi}{N/2}}=W_{N/2}^1$。

令 $f_{\mathrm{e}}(m)=x(2m)$ 为 $x(n)$ 的偶数点序列，$f_{\mathrm{o}}(m)=x(2m+1)$ 为 $x(n)$ 的奇数点序列，有

$$\begin{aligned}X(k)&=\sum_{m=0}^{\frac{N}{2}-1}f_{\mathrm{e}}(m)W_{N/2}^{km}+W_N^k\sum_{m=0}^{\frac{N}{2}-1}f_{\mathrm{o}}(m)W_{N/2}^{km}\\&=F_{\mathrm{e}}(k)+W_N^kF_{\mathrm{o}}(k),\quad k=0,1,\cdots,N-1\end{aligned}\tag{3-41}$$

其中 $F_{\mathrm{e}}(k)$ 和 $F_{\mathrm{o}}(k)$ 分别为 $x(n)$ 序列偶数点和奇数点的 $\frac{N}{2}$ 点 DFT 变换。

由于 $F_{\mathrm{e}}(k)$ 和 $F_{\mathrm{o}}(k)$ 以 $\frac{N}{2}$ 为周期，则有

$$F_{\mathrm{e}}(k)=F_{\mathrm{e}}\left(k+\frac{N}{2}\right)\tag{3-42}$$

$$F_{\mathrm{o}}(k)=F_{\mathrm{o}}\left(k+\frac{N}{2}\right)\tag{3-43}$$

$$X(k)=F_{\mathrm{e}}(k)+W_N^kF_{\mathrm{o}}(k),\quad k=0,1,\cdots,\frac{N}{2}-1\tag{3-44}$$

$$\begin{aligned}X\left(k+\frac{N}{2}\right)&=F_{\mathrm{e}}\left(k+\frac{N}{2}\right)+W_N^{k+\frac{N}{2}}F_{\mathrm{o}}\left(k+\frac{N}{2}\right)\\&=F_{\mathrm{e}}(k)+W_N^{\frac{N}{2}}W_N^kF_{\mathrm{o}}(k)\\&=F_{\mathrm{e}}(k)-W_N^kF_{\mathrm{o}}(k),\quad k=0,1,\cdots,\frac{N}{2}-1\end{aligned}\tag{3-45}$$

对于 $x(n)$ 的 N 点 DFT 变换，第一步奇偶分离可得到

$$\begin{cases}X(k)=F_{\mathrm{e}}(k)+W_N^kF_{\mathrm{o}}(k),\quad k=0,1,\cdots,\frac{N}{2}-1\\X\left(k+\frac{N}{2}\right)=F_{\mathrm{e}}(k)-W_N^kF_{\mathrm{o}}(k),\quad k=0,1,\cdots,\frac{N}{2}-1\end{cases}\tag{3-46}$$

其中偶序列地址为 $0,2,\cdots,N-2$；奇序列地址为 $1,3,\cdots,N-1$。

输入排序地址为 $0,2,\cdots,N-2,1,3,\cdots,N-1$。用到的旋转因子为 W_N^0，$W_N^1,\cdots,W_N^{(N/2)-1}$。

由于 $N=2^M$，则当 $\frac{N}{2}=2^{M-1}\neq1$ 时，它还为偶数，这样对分离后的 $F_{\mathrm{e}}(k)$ 和 $F_{\mathrm{o}}(k)$ 再次分别进行奇偶分离处理，此时分离后的 DFT 变换为 $\frac{N}{4}$ 点。

下面进行第二步奇偶分离。对于 $F_{\mathrm{e}}(k)$ 可以得到

$$\begin{cases} X(k)=F_{ee}(k)+W_{N/2}^{k}F_{eo}(k), & k=0,1,\cdots,\dfrac{N}{4}-1 \\ X\left(k+\dfrac{N}{4}\right)=F_{ee}(k)-W_{N/2}^{k}F_{eo}(k), & k=0,1,\cdots,\dfrac{N}{4}-1 \end{cases} \tag{3-47}$$

其中偶序列地址为 $0,4,\cdots,N-4$；奇序列地址为 $2,6,\cdots,N-2$。

对于 $F_o(k)$ 可以得到

$$\begin{cases} X(k)=F_{oe}(k)+W_{N/2}^{k}F_{oo}(k), & k=0,1,\cdots,\dfrac{N}{4}-1 \\ X\left(k+\dfrac{N}{4}\right)=F_{oe}(k)-W_{N/2}^{k}F_{oo}(k), & k=0,1,\cdots,\dfrac{N}{4}-1 \end{cases} \tag{3-48}$$

其中偶序列地址为 $1,5,\cdots,N-3$；奇序列地址为 $3,7,\cdots,N-1$。

输入排序地址为 $0,4,\cdots,N-4,2,6,\cdots,N-2,1,5,\cdots,N-3,3,7,\cdots,N-1$。用到的旋转因子为 $W_{N/2}^{0}=W_{N}^{0},W_{N/2}^{1}=W_{N}^{2},\cdots,W_{N/2}^{(N/4)-1}=W_{N}^{(N/2)-2}$。

以此类推，逐步进行奇偶分离 $M-1$ 次，分解成 $\dfrac{N}{2}$ 个两点 DFT 变换。分析其变换过程，需要对其样点的输入顺序进行比特高低位反置。对 $N=2^M$ 点，正常二进制序号值表示为 $b_{M-1},b_{M-2},\cdots,b_0$，其反置序号为 $b_0,b_1,\cdots,b_{M-1}$。用到的旋转因子为 $W_{N/(N/2)}^{0}=W_{2}^{0}=W_{N}^{0}$，这种方法称为时域抽取（DIT）。下面给出其实现过程。

(1) 对输入 $x(n)$ 进行反置排序，以 16 点 FFT 为例，反置排序后得到

$$x(0),x(8),x(4),x(12),x(2),x(10),x(6),x(14),$$
$$x(1),x(9),x(5),x(13),x(3),x(11),x(7),x(15)$$

(2) 可采用下列算法进行 M 次循环完成 FFT 变换。

```
for p=0,1,…,M- 1
{
for q=0,1,…,(2^(M-p-1)-1)
  {
  for k=0,…,(2^p-1)
    {
      fe=x(q×2^(p+1)+k)
      fo=W_N^(k×2^(M-p-1)) ×x(q×2^(p+1)+2^p+k)
      x(q×2^(p+1)+k)=(fe+fo)
      x(q×2^(p+1)+k+2^p)=(fe-fo)
    }
  }
}
```

3.4.2.2 基于频域奇偶分离的 DIF-FFT

DFT 变换可表示为以下形式：

$$\begin{aligned} X(k) &= \sum_{n=0}^{N-1} x(n)W_N^{kn} \\ &= \sum_{n=0}^{N/2-1} x(n)W_N^{kn} + \sum_{n=N/2}^{N-1} x(n)W_N^{kn} \\ &= \sum_{n=0}^{\frac{N}{2}-1} x(n)W_N^{kn} + W_N^{kN/2}\sum_{n=0}^{\frac{N}{2}-1} x\left(n+\frac{N}{2}\right)W_N^{kn}, \quad k=0,1,\cdots,N-1 \end{aligned} \tag{3-49}$$

由于 $W_N^{kN/2}=(-1)^k$，可以将 $X(k)$ 分为偶数序列和奇数序列。当 k 为偶数时有

$$X(2r) = \sum_{n=0}^{\frac{N}{2}-1}\left(x(n)+x\left(n+\frac{N}{2}\right)\right)W_N^{2rn}, \quad r=0,1,\cdots,\frac{N}{2}-1 \tag{3-50}$$

令 $x_e(n)=x(n)+x\left(n+\frac{N}{2}\right)$，$k=0,1,\cdots,\frac{N}{2}-1$，有

$$X(2r) = \sum_{n=0}^{\frac{N}{2}-1} x_e(n)W_N^{2rn}, \quad r=0,1,\cdots,\frac{N}{2}-1 \tag{3-51}$$

当 k 为奇数时有

$$X(2r+1) = \sum_{n=0}^{\frac{N}{2}-1}\left(x(n)-x\left(n+\frac{N}{2}\right)\right)W_N^{(2r+1)n}, \quad r=0,1,\cdots,\frac{N}{2}-1 \tag{3-52}$$

令 $x_o(n)=x(n)-x\left(n+\frac{N}{2}\right)$ 时，有

$$X(2r+1) = \sum_{n=0}^{\frac{N}{2}-1} x_o(n)W_N^{2rn}, \quad r=0,1,\cdots,\frac{N}{2}-1 \tag{3-53}$$

按此方法可以进一步分离，直到 $\frac{N}{2}$ 个两点 DFT 变换。其实现过程如下。

(1) 采用下列算法进行 M 次循环完成 FFT 变换：

```
for p=0,1,…,M- 1
 {
 for q=0,…,(2^p-1)
   {
```

```
    for k=0,1,…,(2^(M-p)-1)
      {
      fe=x(q×2^(M-p)+k)+x(q×2^(M-p)+k+2^(M-p-1));
      fo=x(q×2^(M-p)+k)-x(q×2^(M-p)+k+2^(M-p-1));
      x(q×2^(M-p)+k)=fe;
      x(q×2^(M-p)+k+2^(M-p-1))=fo×W_N^(k*2^P+1);
      }
    }
  }
```

(2) 以 16 点 FFT 为例，对 $X(k)$进行反置排序得到最终的 FFT 变换结果。

$X(0),X(8),X(4),X(12),X(2),X(10),X(6),X(14),$

$X(1),X(9),X(5),X(13),X(3),X(11),X(7),X(15)$

3.4.2.3　FFT 变换实现中的具体问题

1) 旋转因子的预先生成

对于 N 点 FFT 变换，由前面推导可以得出参与运算的旋转因子数为$\frac{N}{2}$，可以预先制作一个旋转因子表。

$$W_N^k = \mathrm{e}^{-\mathrm{j}\frac{2\pi k}{N}},\quad k=0,1,\cdots,\frac{N}{2}-1 \tag{3-54}$$

对于 DIT-FFT 第一级循环用 W_N^0，即以 0 地址查找旋转因子表。第二级循环用 W_N^0、$W_N^{N/4}$ 即以 0、$\frac{N}{4}$地址交替查找旋转因子表，依此类推。这种处理方法可加快 FFT 的运算速度。

2) 特殊旋转因子蝶形单元的简化运算

上面的 FFT 变换中，采用了统一的蝶形运算。对于 DIT-FFT 第一级旋转因子 $W_N^0=1$，第二级旋转因子 $W_N^0=1$，$W_N^{N/4}=\mathrm{j}$，可以省略一个复数乘法，简化蝶形运算。实际实现中，一般将一、二级单独处理，后续循环再统一处理，虽然增加了程序量，但可进一步加速 FFT 的运算速度。

3) 有限字长问题的处理

DSP 分为定点处理器和浮点处理器，其中常见的是定点处理器。定点处理器的存储位宽一般为 16bit。对于有符号数，按 Q_{15} 格式存储。

在蝶形运算过程中，为了防止发生溢出，一般要除 2 后再进行加减运算。

$$\begin{aligned} &\mathrm{x}(\mathrm{q}\times 2^{\mathrm{p}+1}+\mathrm{k})=(\mathrm{f_e}+\mathrm{f_0})/2 \\ &\mathrm{x}(\mathrm{q}\times 2^{\mathrm{p}+1}+\mathrm{k}+2^{\mathrm{p}})=(\mathrm{f_e}-\mathrm{f_o})/2 \end{aligned} \tag{3-55}$$

当 $N \geqslant 1024$ 时，通过一系列除 2 运算，其最终结果会变得非常小，导致分析结果不准确。一种有效的办法是对 M 次循环的各级分别进行数值处理，使得变换结果值在正常范围。

4) FFT 运算精度损失分析

对于定点 DSP，累加器精度一般大于 32 位，而存储器为 16 位。DFT 运算采用直接运算，精度更高。主要原因是在 DFT 运算过程中无须和存储器交换数据，在结果输出时才进行调整，可以保证其运算精度。FFT 变换运算采用迭代方法，其精度相对较低，主要原因是在 FFT 运算过程中需和存储器频繁交换数据，为了使数值不溢出，要进行除 2 运算，对于 $N=2^M$ 点的 FFT，其精度会损失 M bit。

5) DFT 与 FFT 算法选择

一般情况下，以复数运算量为例，DFT 运算量为 $N^2/2$，FFT 运算量为 NM。对于密集频谱分析（如 8FSK），FFT 更为快捷有效。对于稀疏频谱分析（如 2FSK），往往 DFT 变换比 FFT 变换更为快捷有效。

3.5 2G-ALE 中的 8FSK 数据传输

3.5.1 8FSK 波形

第二代自动链路建立(2G-ALE)中 8FSK 的信息处理过程如图 3-8 所示。

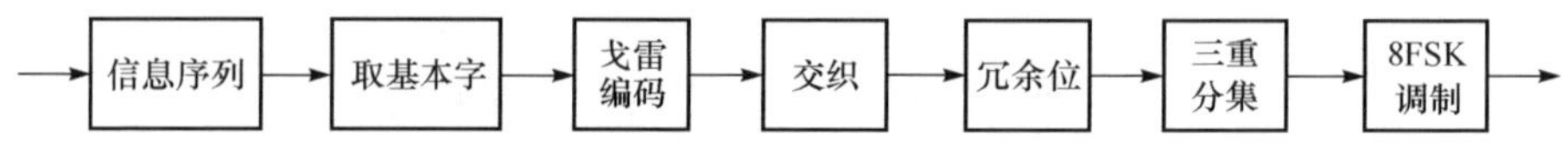

图 3-8 8FSK 信息处理过程示意图

其中，信息序列来自于链路层协议，关于协议的具体描述超出本节的范围，有兴趣的读者可参见美军标 MIL-STD-188-141A。基本字为 24bit，格式为“报头(3bit)+3 个 ASCII 字符(7bit)”。

编码为扩展循环戈雷编码(24,12,3)，纠错能力为 3bit。采用两个戈雷码交替交织方式，交织块为 48bit，再增加 1bit 冗余后，进行三重分集，即重复三次得到 147bit，最后进行 8FSK 调制。

交织与三重分集之间增加 1 个冗余位的原因在于：8FSK 调制中一个符号携带 3bit，若无此冗余比特，则三次重复传输时，48bit 的每 3bit 必然会调制在相同的单音上，仅达到时间分集效果；增加 1bit 冗余时，三次重复传输时，每 3bit 可调制在不同的单音上，从而达到时间、频率双重分集效果。

3.5.1.1 调制数据与频率的映射关系

采样率为 $f_s=8000$Hz，码元符号宽度 $T_b=8$ms，即每个码元 64 个样点。3bit 调制数据与 8 个调制频率的对应关系如表 3-1 所示。

表 3-1 调制数据与调制频率对应关系表

调制数据	调制频率
000	$f_1=750$Hz
001	$f_2=1000$Hz
011	$f_3=1250$Hz
010	$f_4=1500$Hz
110	$f_5=1750$Hz
111	$f_6=2000$Hz
101	$f_7=2250$Hz
100	$f_8=2500$Hz

由于各频率点在 64 个样点即 8ms 时间内保持正交，并且调制频率为 $\frac{1}{T_b}$ 的整数倍，在数字域可以方便地实现连续相位调制。

3.5.1.2 戈雷编码

戈雷编码是二进制线性循环码，是唯一已知的可纠正多个错误的完备码。由于戈雷编码是分组码，常用于控制信息传输中的差错控制。

二进制线性编码，是将 k bit 的信息序列映射为一个长度为 n bit 的编码序列，可以纠正 t 个错误，一般可记为 (n,k,d) 编码。已有研究表明，要纠正 t 个错，需满足下式：

$$2^k \leqslant \frac{2^n}{C_n^0+C_n^1+C_n^2+\cdots+C_n^t} \tag{3-56}$$

其中 C_n^0 代表无错；C_n^t 为 t 个错的可能分布。

Golay 研究表明，码长为 $n=23$，信息元 $k=12$，码距为 $d=7$，可纠正 $t=3$ 个错误，且满足式(3-56)的编码是存在的。下面分析戈雷(23，12，7)码的构造方法和实现过程。

循环码具有严谨的代数结构和循环特性，便于性能分析和工程实现。循环码以 $g(x)$ 作为生成多项式，每个码多项式 $c(x)$ 都是 $g(x)$ 的倍式。显然 $g(x)$ 的根是所有码多项式的根，因此可以用生成多项式 $g(x)$ 的根来定义循环码。

已有分析表明，一般情况下，有重根码比无重根码差。循环码设计时要避免 $g(x)$ 出现重根情况。由于 $g(x)$ 为 x^n-1 的因子，即 $x^n-1=g(x)h(x)$，所以 x^n-1 无重根则 $g(x)$ 无重根。可以证明，在 GF(q) 上的多项式 x^n-1 无重根的充要条件是 n 和 q 互素，即 $(n,q)=1$。

令 α 为有限域 GF(2^{11}) 上的本原元素。因为 $2^{11}-1=89\times23$，现令 $\beta=\alpha^{89}$，有 $\beta^{23}=(\alpha^{89})^{23}=\alpha^{2047}=1$，则 β 的阶数为 23。

一般地，对于 $t=3$，只要 $\beta^1,\beta^2,\beta^3,\beta^4$ 为生成多项式 $g(x)$ 的根，便能构造该码。

β 的最小函数 $m_1(x)$ 的根为

$\beta^1=\beta^1$

$\beta^2=\beta^2$

$\beta^4=\beta^4$

$\beta^8=\beta^8$

$\beta^{16}=\beta^{16}$

$\beta^{32}=\beta^{23+9}=\beta^9$

$\beta^{64}=\beta^{2\times23+18}=\beta^{18}$

$\beta^{128}=\beta^{5\times23+13}=\beta^{13}$

$\beta^{256}=\beta^{11\times23+3}=\beta^3$

$\beta^{512}=\beta^{22\times23+6}=\beta^6$

$\beta^{1024}=\beta^{44\times23+12}=\beta^{12}$

$\beta^{2048}=\beta^{89\times23+1}=\beta^1$

$$\begin{aligned}m_1(x)=&(x-\beta^1)(x-\beta^2)(x-\beta^3)(x-\beta^4)(x-\beta^6)\\&\times(x-\beta^8)(x-\beta^9)(x-\beta^{12})(x-\beta^{13})(x-\beta^{16})(x-\beta^{18})\end{aligned}$$

$$m_1(x)=x^{11}+x^9+x^7+x^6+x^5+x+1$$

由于最小函数 $m_1(x)$ 已经包含了 $g(x)$ 的所有根，所以

$$g(x)=x^{11}+x^9+x^7+x^6+x^5+x+1 \tag{3-57}$$

这种编码最小码距 $d_{\min}=7$，并且满足以下等式：

$$2^k=\frac{2^n}{1+C_n^1+C_n^2+\cdots+C_n^t} \tag{3-58}$$

实际上，二进制戈雷(23，12，7)码是目前唯一已知的具有纠多个错误能力的完备码。

为了方便纠错编码，由生成多项式 $g(x)=x^{11}+x^9+x^7+x^6+x^5+x+1$，可以得到以下 12×11 的 $\boldsymbol{P}$ 矩阵：

$$
P=\begin{bmatrix}
1&0&1&0&1&1&1&0&0&0&1\\
1&1&1&1&1&0&0&1&0&0&1\\
1&1&0&1&0&0&1&0&1&0&1\\
1&1&0&0&0&1&1&1&0&1&1\\
1&1&0&0&1&1&0&1&1&0&0\\
0&1&1&0&0&1&1&0&1&1&0\\
0&0&1&1&0&0&1&1&0&1&1\\
1&0&1&1&0&1&1&1&1&0&0\\
0&1&0&1&1&0&1&1&1&1&0\\
0&0&1&0&1&1&0&1&1&1&1\\
1&0&1&1&1&0&0&0&1&1&0\\
0&1&0&1&1&1&0&0&0&1&1
\end{bmatrix} \tag{3-59}
$$

在实际运用中，扩展戈雷(24,12,8)码更为常用，此时最小码距 $d_{\min}=8$，编码效率 $\eta=\frac{1}{2}$，同样可纠正 3bit 错误。对戈雷(23,12,7)码 $\boldsymbol{P}$ 矩阵的每一行进行奇校验，就可得到扩展戈雷(24,12,8)码的 12×12 的 $\boldsymbol{P}$ 矩阵

$$
P=\begin{bmatrix}
1&0&1&0&1&1&1&0&0&0&1&1\\
1&1&1&1&1&0&0&1&0&0&1&0\\
1&1&0&1&0&0&1&0&1&0&1&1\\
1&1&0&0&0&1&1&1&0&1&1&0\\
1&1&0&0&1&1&0&1&1&0&0&1\\
0&1&1&0&0&1&1&0&1&1&0&1\\
0&0&1&1&0&0&1&1&0&1&1&1\\
1&0&1&1&0&1&1&1&1&0&0&0\\
0&1&0&1&1&0&1&1&1&1&0&0\\
0&0&1&0&1&1&0&1&1&1&1&0\\
1&0&1&1&1&0&0&0&1&1&0&1\\
0&1&0&1&1&1&0&0&0&1&1&1
\end{bmatrix} \tag{3-60}
$$

此时，生成矩阵 $\boldsymbol{G}$ 为

$$
\boldsymbol{G}=\begin{array}{c}
\begin{array}{cc}\overbrace{\qquad\qquad\qquad\qquad\qquad\qquad\qquad\qquad}^{\boldsymbol{I}_{12}} & \overbrace{\qquad\qquad\qquad\qquad\qquad\qquad\qquad\qquad}^{\boldsymbol{P}}\end{array}\\
\begin{bmatrix}
1&0&0&0&0&0&0&0&0&0&0&0&1&0&1&0&1&1&1&0&0&0&1&1\\
0&1&0&0&0&0&0&0&0&0&0&0&1&1&1&1&1&0&0&1&0&0&1&0\\
0&0&1&0&0&0&0&0&0&0&0&0&1&1&0&1&0&0&1&0&1&0&1&1\\
0&0&0&1&0&0&0&0&0&0&0&0&1&1&0&0&0&1&1&1&0&1&1&0\\
0&0&0&0&1&0&0&0&0&0&0&0&1&1&0&0&1&1&0&1&1&0&0&1\\
0&0&0&0&0&1&0&0&0&0&0&0&0&1&1&0&0&1&1&0&1&1&0&1\\
0&0&0&0&0&0&1&0&0&0&0&0&0&0&1&1&0&0&1&1&0&1&1&1\\
0&0&0&0&0&0&0&1&0&0&0&0&1&0&1&1&0&1&1&1&1&0&0&0\\
0&0&0&0&0&0&0&0&1&0&0&0&0&1&0&1&1&0&1&1&1&1&0&0\\
0&0&0&0&0&0&0&0&0&1&0&0&0&0&1&0&1&1&0&1&1&1&1&0\\
0&0&0&0&0&0&0&0&0&0&1&0&1&0&1&1&1&0&0&0&1&1&0&1\\
0&0&0&0&0&0&0&0&0&0&0&1&0&1&0&1&1&1&0&0&0&1&1&1
\end{bmatrix}
\end{array}
\tag{3-61}
$$

校验矩阵 $\boldsymbol{H}$ 为

$$
\boldsymbol{H}=\begin{array}{c}
\begin{array}{cc}\overbrace{\qquad\qquad\qquad\qquad\qquad\qquad\qquad\qquad}^{\boldsymbol{P}^{\mathrm{T}}} & \overbrace{\qquad\qquad\qquad\qquad\qquad\qquad\qquad\qquad}^{\boldsymbol{I}_{12}}\end{array}\\
\begin{bmatrix}
1&1&1&1&1&0&0&1&0&0&1&0&1&0&0&0&0&0&0&0&0&0&0&0\\
0&1&1&1&1&1&0&0&1&0&0&1&0&1&0&0&0&0&0&0&0&0&0&0\\
1&1&0&0&0&1&1&1&0&1&1&0&0&0&1&0&0&0&0&0&0&0&0&0\\
0&1&1&0&0&0&1&1&1&0&1&1&0&0&0&1&0&0&0&0&0&0&0&0\\
1&1&0&0&1&0&0&0&1&1&1&1&0&0&0&0&1&0&0&0&0&0&0&0\\
1&0&0&1&1&1&0&1&0&1&0&1&0&0&0&0&0&1&0&0&0&0&0&0\\
1&0&1&1&0&1&1&1&1&0&0&0&0&0&0&0&0&0&1&0&0&0&0&0\\
0&1&0&1&1&0&1&1&1&1&0&0&0&0&0&0&0&0&0&1&0&0&0&0\\
0&0&1&0&1&1&0&1&1&1&1&0&0&0&0&0&0&0&0&0&1&0&0&0\\
0&0&0&1&0&1&1&0&1&1&1&1&0&0&0&0&0&0&0&0&0&1&0&0\\
1&1&1&1&0&0&1&0&0&1&0&1&0&0&0&0&0&0&0&0&0&0&1&0\\
1&0&1&0&1&1&1&0&0&0&1&1&0&0&0&0&0&0&0&0&0&0&0&1
\end{bmatrix}
\end{array}
\tag{3-62}
$$

编码时，对于输入信息元 $\boldsymbol{U}(u_0, u_1, u_2, \cdots, u_{11})$，编码输出为

$$\boldsymbol{Y}=\boldsymbol{U}\boldsymbol{G} \tag{3-63}$$

通过信道传输后

$$\hat{\boldsymbol{y}}=\boldsymbol{y}+\boldsymbol{e} \tag{3-64}$$

其中 $\boldsymbol{e}(e_0, e_1, e_2, \cdots, e_{23})$ 为信道引入的错误。

译码时，首先计算伴随式

$$S=\hat{Y}H^{\mathrm{T}}=(Y+E)H^{\mathrm{T}}=YH^{\mathrm{T}}+EH^{\mathrm{T}}=UGH^{\mathrm{T}}+EH^{\mathrm{T}} \tag{3-65}$$

由于 $GH^{\mathrm{T}}=0$,可得到

$$S=EH^{\mathrm{T}} \tag{3-66}$$

对于任意输入信息元 U,上式成立,即伴随式 S 仅仅和信道错误有关,和实际传输的信息无关,这对后续译码很有利。

下面的问题是如何通过伴随式 S,计算信道错误 E。

常用的一种方法是查表译码。它虽然占用一定的内存,但编程实现方便,运算量小。

由于戈雷(24,12,8)码的码距为 8,因此可纠 3 个错误。可以按 0,1,2,3,4 个错误的组合制定译码表,表格长度为 $2^{12}=4096$。

1) 错误个数为 0 时

此时仅有 $C_{24}^{0}=1$ 一种情况

$s_{0,0}=0$

以 $s_{0,0}$ 为索引表地址,则 tab_addr=0,其内容为错误个数 err_num=0。

err_num	err_map	tab_addr
0	000000000000000000000000	$s_{0,0}$

2) 错误个数为 1 时

此时有 $C_{24}^{1}=24$ 种情况,分别计算错误位置在 0,1,2,…,23 处的伴随式 S,有

err_num	err_map	tab_addr
1	100000000000000000000000	$s_{1,0}$
1	010000000000000000000000	$s_{1,1}$
	…	
1	000000000000000000000001	$s_{1,23}$

3) 错误个数为 2 时

此时有 $C_{24}^{2}=276$ 种情况,分别对 0,1,2,…,23 位置中存在 2 个错误的排列组合计算伴随式 S,有

err_num	err_map	tab_addr
2	110000000000000000000000	$s_{2,0}$
2	101000000000000000000000	$s_{2,1}$
	…	
2	100000000000000000000001	$s_{2,22}$
2	011000000000000000000000	$s_{2,24}$
2	010100000000000000000000	$s_{2,25}$
	…	

2	010000000000000000000001	$s_{2,45}$
	…	
2	000000000000000000000011	$s_{2,275}$

4）错误个数为 3 时

此时有 $C_{24}^{3}=2024$ 种情况，分别对 0，1，2，…，23 位置中存在 3 个错误的排列组合计算伴随式 $\boldsymbol{S}$，有

err_num	err_map	tab_addr
3	111000000000000000000000	$s_{3,0}$
3	110100000000000000000000	$s_{3,1}$
	…	
3	110000000000000000000001	$s_{3,21}$
3	011100000000000000000000	$s_{3,22}$
3	011010000000000000000000	$s_{3,23}$
	…	
3	011000000000000000000001	$s_{3,42}$
	…	
3	000000000000000000000111	$s_{3,2023}$

到此时表中共有 $1+C_{24}^{1}+C_{24}^{2}+C_{24}^{3}=2325$ 个位置被填充。

5）错误个数为 4 时

由于戈雷(24，12，8)码的最小码距 $d_{\min}=8$，对于 4 个错误情况，虽然不能正确纠正，但可以检错。为此要考虑 4 个错误情况，以填充余下的空表部分。此时有 $C_{24}^{4}=10626$ 种可能，分别对 0，1，2，…，23 位置中存在 4 个错误的排列组合计算伴随式 $\boldsymbol{S}$。这里要特别注意，错误个数为 4 时，要判别表中是否已经填充，凡已填充的，不能再填充。

err_num	err_map	tab_adr
4	111100000000000000000000	$s_{4,0}$
4	111010000000000000000000	$s_{4,1}$
	…	
4	111000000000000000000001	$s_{4,20}$
4	011110000000000000000000	$s_{4,21}$
4	011101000000000000000000	$s_{4,22}$
	…	
4	011100000000000000000001	$s_{4,40}$
	…	
4	000000000000000000001111	$s_{4,10626}$

3.5.1.3　交织和分集

2G-ALE 信令帧基本格式由 3bit 的报头，3 个 7bitASCII 码组成，共 24bit，其格式如图 3-9 所示。这样需分成 2 个戈雷编码，记为 A 和 B。

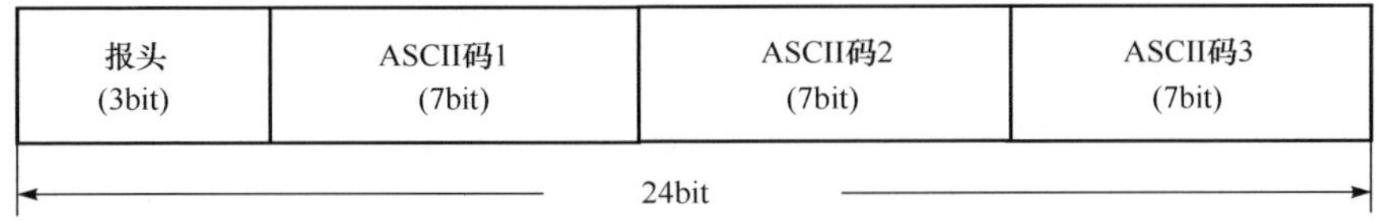

图 3-9　2G-ALE 信令帧基本格式

$$A=[W_1,W_2,\cdots,W_{12},G_1,G_2,\cdots,G_{12}]\quad \text{为戈雷码一}$$
$$B=[W_{13},W_{14},\cdots,W_{24},G_{13},G_{14},\cdots,G_{24}]\quad \text{为戈雷码二}$$
2 个戈雷编码发送时采用 bit 交替发送进行交织，即发送顺序为
$$A_1,B_1,A_2,B_2,\cdots,A_{24},B_{24}$$

为了降低短波信道时间选择性衰落对接收的影响，采用三重分集发送；同时为了降低短波信道频率选择性衰落对接收的影响，加入一个 0bit，这样可以使三重分集发送的数据调制在不同的频率上。此时的发送顺序为
$$A_1,B_1,A_2,B_2,\cdots,A_{24},B_{24},0$$
$$A_1,B_1,A_2,B_2,\cdots,A_{24},B_{24},0$$
$$A_1,B_1,A_2,B_2,\cdots,A_{24},B_{24},0$$

从以上分析可以看出：第一次发送起始时取(A_1,B_1,A_2) 3bit 进行调制；第二次发送起始时取($0,A_1,B_1$) 3bit 进行调制；第三次发送起始时取($B_{24},0,A_1$) 3bit 进行调制。

3.5.2　基于前后窗的位同步方法

考虑到短波信道多径的影响，收端截取 64 点信号的中间 32 点进行解调，这样在码元前后各有 16 点相当于 2ms 的多径隔离时间。对于接收信号序列 $x(n)$，间隔 16 点做一次 FFT 变换，这样总有 1 次 FFT 变换是采样同一码元的样本，并且其中间的样本包含前后码元的 2 个频率的谱线分量。

从图 3-10 中可以看出，前窗 FFT 变换为
$$X_1(k)=\mathrm{DFT}(x(n)),\quad k=3,4,5,6,7,8,9,10 \tag{3-67}$$
后窗 FFT 变换为
$$X_2(k)=\mathrm{DFT}(x(n+64)),\quad k=3,4,5,6,7,8,9,10 \tag{3-68}$$
中窗 FFT 变换为
$$X_{12}(k)=\mathrm{DFT}(x(n+32)),\quad k=3,4,5,6,7,8,9,10 \tag{3-69}$$

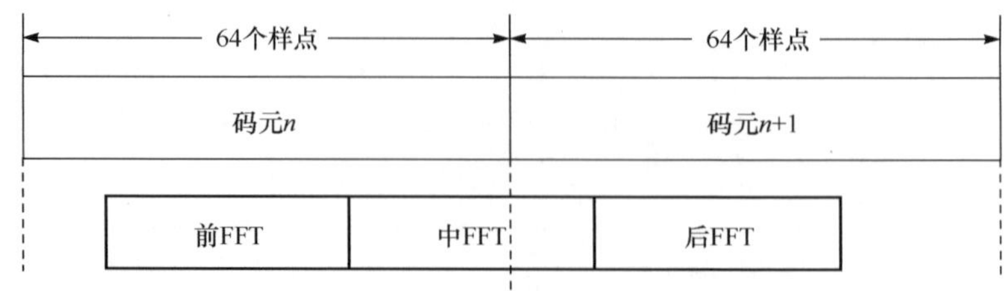

图 3-10　前后窗 FFT 数据截取示意图

基于前后窗的位同步方法实现步骤如下。

步骤 1：

$$k_1=\text{max\_addr}(|X_1(k)|),\quad k_1\in\{3,4,5,6,7,8,9,10\} \tag{3-70}$$

步骤 2：

$$k_2=\text{max\_addr}(|X_2(k)|),\quad k_2\in\{3,4,5,6,7,8,9,10\} \tag{3-71}$$

步骤 3：

依据$|X_{12}(k_1)|$和$|X_{12}(k_2)|$比值，判别调整方向和步进大小，此时可能出现三种情况，分别如图 3-11～图 3-13 所示。

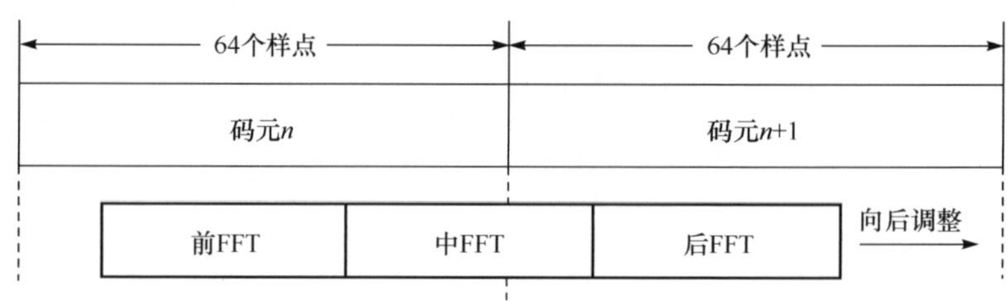

图 3-11　向后调整示意图

从图 3-11 中可以看出$|X_{12}(k_1)|>|X_{12}(k_2)|$，表示在中间的 FFT 变换窗内，前码元占时间长，同步位置向后调整。

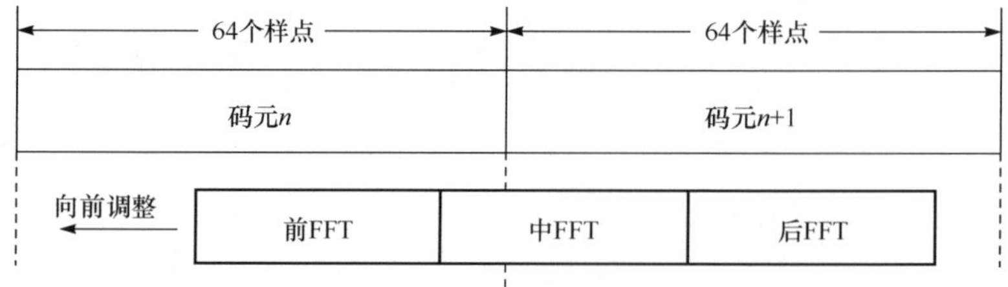

图 3-12　向前调整示意图

从图 3-12 中可以看出$|X_{12}(k_1)|<|X_{12}(k_2)|$，表示在中间的 FFT 变换窗内，后码元占时间长，同步位置向前调整。

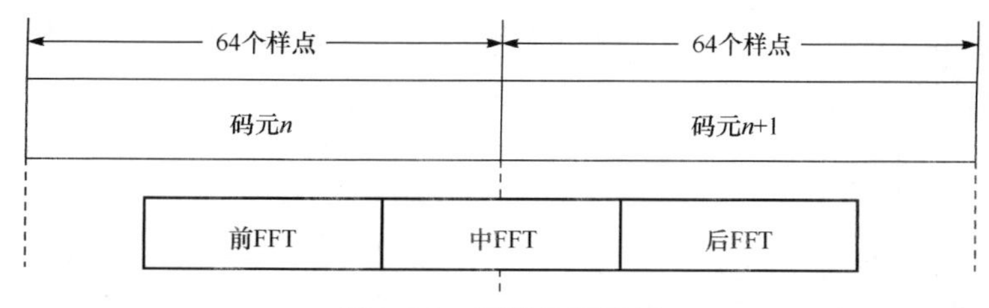

图 3-13　同步位置意图

从图 3-13 中可以看出 $|X_{12}(k_1)| \approx |X_{12}(k_2)|$，表示已经建立同步，无须调整，此时前窗正好提取了 64 点信号的中间 32 点，多径隔离度最大。

3.5.3　基于合法字符集的字同步与解调

在上面位同步动态调整过程中，通过频率谱线能量最大值对比，解调出 3bit 数据存为 $R(k)$，$R(k+1)$，$R(k+2)$。通过下面的 3 次循环运算判别解调结果，得到信令帧数据，其流程图如图 3-14 所示。

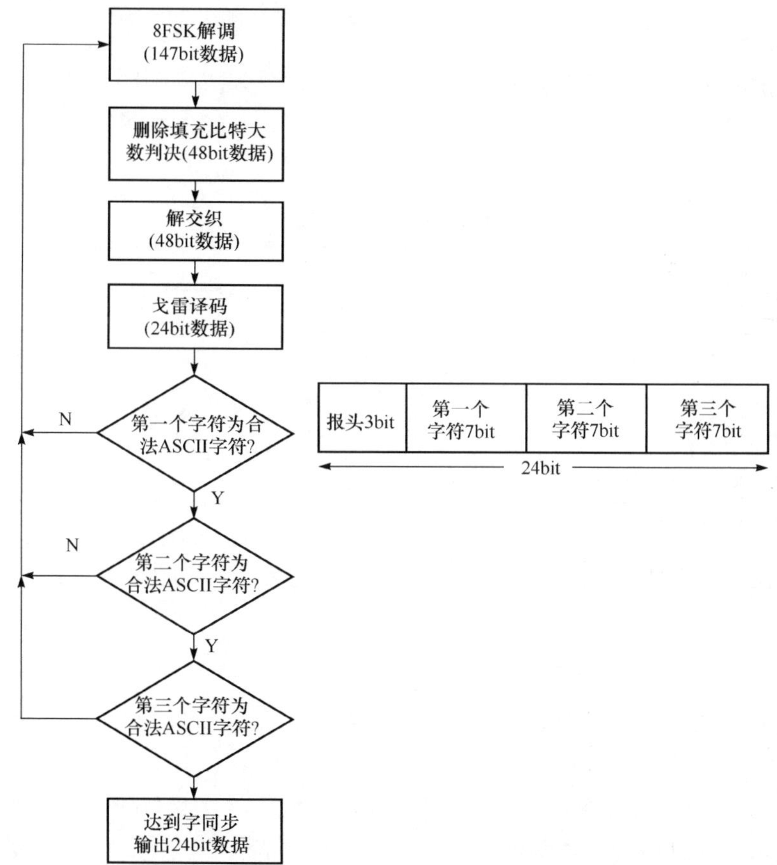

图 3-14　基于合法字符集的字同步与解调流程图

从图 3-14 中可以看出，首先通过大数判决、解交织、戈雷译码，解调出 24bit 数据，然后进行 ASCII 字符合法性判别，完成字同步。

3.5.3.1 大数判决分集接收

由于 2G-ALE 码字重复三次发送，在收端可以先对解调得到的数据进行大数判决，然后再进行译码，如图 3-15 所示。

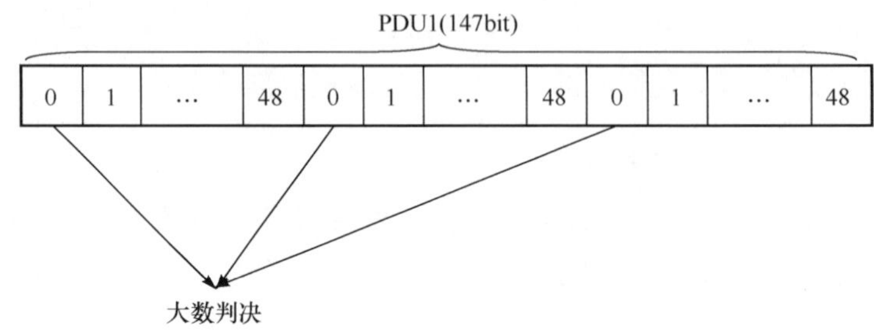

图 3-15 大数判决示意图

以当前时刻 n 为基准，对已接收的数据进行大数判决得到序列 $M(n-i)$，其中 $i=0,1,2,\cdots,48$，大数判决比特位置，判决结果与对应的戈雷码位置如表 3-2 所示。

表 3-2 大数判决关系表

参与大数判决的比特位置	判决结果	对应的戈雷码位置
$R(n),R(n-49),R(n-98)$	$M(n)$	0
$R(n-1),R(n-50),R(n-99)$	$M(n-1)$	B_{24}
$R(n-2),R(n-51),R(n-100)$	$M(n-2)$	A_{24}
…	…	…
$R(n-46),R(n-95),R(n-144)$	$M(n-46)$	A_2
$R(n-47),R(n-96),R(n-145)$	$M(n-47)$	B_1
$R(n-48),R(n-97),R(n-146)$	$M(n-48)$	A_1

3.5.3.2 解交织和译码

通过以下规则解交织，获得两个戈雷码字。

$$A_i=M(n-48+2(i-1)),\quad i=1,2,\cdots,24 \tag{3-72}$$

$$B_i=M(n-47+2(i-1)),\quad i=1,2,\cdots,24 \tag{3-73}$$

分别对 A 和 B 进行译码，得到译码值。

译码过程如图 3-16 所示。

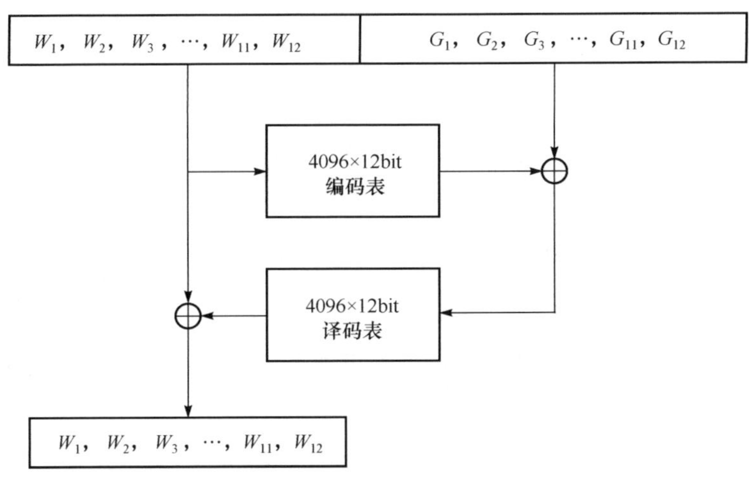

图 3-16　戈雷译码过程示意图

3.6　时频调制

时频调制(TFSK)是在频移键控(FSK)和时移键控(TSK)的基础上发展起来的,具有很强的抗信道衰落能力。在相同的信道条件下,由于其同时具有频率分集、时间分集和正交编码检错和纠错能力,其性能远优于 FSK 调制。

时频调制实际上是一种二维组合调制,每一个码元都用两个以上不同频率的载波来传送,且码元的持续时间分成几段,每段称为一个时隙,每一个时隙内安排一个频率。TFSK 的多频调制使其具有抗频率偏移的能力,因此,TFSK 在短波低速通信中一直得到广泛应用。

3.6.1　时频调制的基本原理

时频调制具有多种编码方式,不同的编码方式具有不同的性能。

(1) 对于传统 FSK 调制,设每个码元持续时间为 T_b,带宽为 BW,传输速率为 R。当发送 0 时用 f_1 表示;当发送 1 时用 f_2 表示,如图 3-17 所示。

显然传统 2FSK 调制,不具有频率分集效果。

(2) 现将每个码元持续时间 T_b 分成两个时隙 $T_1=T_2=\dfrac{T_b}{2}$。当发送 0 时用 f_1f_2 表示;当发送 1 时用 f_2f_1 表示,如图 3-18 所示。

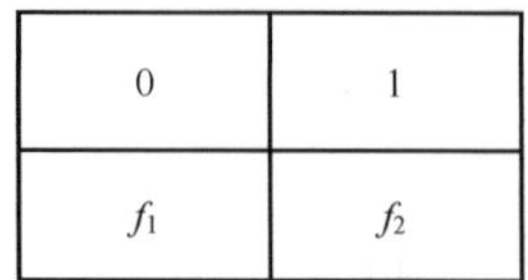

图 3-17 FSK 调制规则

0	1
f_1 f_2	f_2 f_1

图 3-18 一种 2 频率 TFSK 调制规则

可见和 2FSK 调制相比，在带宽不变的情况下，传输速率降低为 $R_1=\dfrac{R}{2}$，但具有二重频率分集效果。同样分析发现，在传输过程中会出现前码元的结束频率和后续码元的起始频率相同情况，当存在多径的情况时，这种编码方式不能克服由多径引起的码间串扰。

(3) 同样将每个码元持续时间 T_b 分成两个时隙 $T_1=T_2=\dfrac{T_b}{2}$。此时发送 0 时用 f_1f_3 表示；发送 1 时用 f_2f_4 表示，如图 3-19 所示。

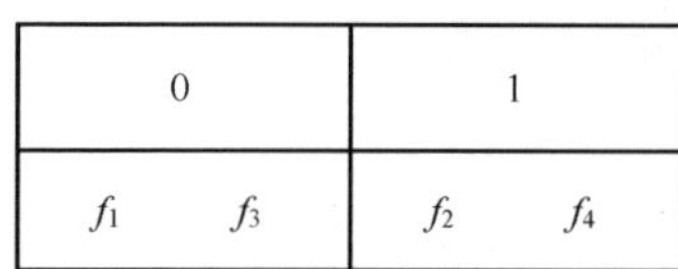

图 3-19 一种 4 频率 TFSK 调制规则

可见和 2FSK 调制相比，其带宽 2×BW，传输速率为 $R_2=\dfrac{R}{2}$。它不仅具有二重频率分集效果，而且传输过程中相继两个码元交替处不会出现相同的频率，所以这种编码方式可以克服由多径引起的码间串扰。

3.6.2 时频调制的设计原则

时频调制的设计原则如下：

(1) 要便于实现码元符号自同步。

由于时频调制用多个时隙、多个频率来代表所发送的符号，所以正确区分码元符号很关键。设计时要使得码元符号间有明显的区分，便于接收端实现码元符号自同步，减少错误扩散。

(2) 要最大限度发挥分集效果。

由于时频调制用多个时隙、多个频率的分集来提高其抗衰落能力，每个码元符号要尽可能遍历所有频率。

(3) 要尽可能减少码间串扰。

要尽可能使得前一码元的最后时隙频率和后续码元的起始时隙频率不同。这样可从设计角度减少多径信号对通信的影响。

(4) 保证各码元符号之间的正交性，提高检错和纠错能力。

下面以一种 4 时 4 频调制为实例，分析时频调制的性能，2 进制码元符号与时频顺序对应如表 3-3 所示。

表 3-3　2 进制码元符号与时频顺序对应表

2 进制码元符号	00	01	10	11
时频顺序	$f_1\ f_2\ f_3\ f_4$	$f_2\ f_4\ f_1\ f_3$	$f_3\ f_1\ f_4\ f_2$	$f_4\ f_3\ f_2\ f_1$

通过分析表 3-3 可知：

① 对于 4 时 4 频调制，当 2 进制码元符号为 00 时第一时隙为 f_1，以 1 递增；当 2 进制码元符号为 11 时第一时隙为 f_4，以 1 递减；2 进制码元符号为 01 和 10 时也有明显特征。通过分析频率的状态转移，就可以得到当前所传送的信道码元符号的位同步信息和当前时隙，所以它完全可以通过码元符号特征实现自同步。

② 每个码元都包含 $f_1 \sim f_4$ 频率，可以获得最佳频率分集效果。

③ 在 16 种状态转移中，除了 11→00，00→11，01→10，10→01 四种状态转移时存在由多径引起的码间串扰，其他情况不存在码间串扰，所以它具备一定的抗多径串扰能力。

④ 码元符号之间具有正交性，在完成码元同步后，即使受到部分干扰，也可以通过分析设计规则，填补缺损的频率，所以所设计的时频调制具有一定的纠错能力。

3.6.3　时隙同步建立和调整

在时频调制中，低信噪比条件下的同步建立是正确解调数据的前提。常在频域通过谱分析法实现其同步。

下面以一个实例分析建立同步的过程。主要参数如下：采样率 $f_s = 8000\text{Hz}$，码元宽度 $T = 40\text{ms}$，时隙宽度 $T_1 = T_2 = T_3 = T_4 = \dfrac{T_b}{4} = 10\text{ms}$，调制频率为 $f_1 = 1000\text{Hz}$，$f_2 = 1500\text{Hz}$，$f_3 = 2000\text{Hz}$，$f_4 = 2500\text{Hz}$，信道传输速率为 $R = 50\text{bps}$。

此时每个时隙有 80 个样点，可以通过 64 点 DFT 变换在频域实现同步。在低信噪比条件下的同步建立，要重点考虑 DFT 变换的栅栏效应对其性能的影响。下面分别对小频偏和大频偏情况进行分析。

3.6.3.1　小频偏单环路处理

通常情况下，时频信号的同步性能应优于其解调性能。但在低信噪比条件下，时频调制的时隙同步更为困难。主要原因是：低信噪比条件下，在 $\dfrac{T_b}{4}$ 时间内，用谱估计法提取时隙同步信息不再可靠，宜采用多时隙联合同步信息提取的方法。为保证同步性能比数据解调性能高，联合时隙数应大于 4。

对于采样率 $f_s = 8000\text{Hz}$，64 点 DFT 变换，DFT 变换分辨率为 $\Delta f = 125\text{Hz}$，

要保证谱分析的精度，其信号谱线和 DFT 分辨率最邻近谱线误差应小于$\frac{\Delta f}{4}=$ 31. 25Hz，此时在 64 点范围内，信号相移小于 90°，谱线幅度损失小于 9%。因此当信道频偏小于±31. 25Hz 时，可用单个环路进行单次频率试探处理。

采用连续的逐点滑动 DFT 运算可以精确提取时隙的同步信息，但其实数乘累加运算量巨大，事实上没有必要、也很少采用这种方法。下面给出一种基于波形特征的间隔滑动优化 DFT 变换方法，每次滑动 16 点，同步误差在±8 点以内，这样每个时隙做 5 次 DFT 变换，可保证在 80 点的时隙长度内，总有一次 64 点 DFT 变换的输入信号样本完全在本时隙内，所以其性能下降很少，但运算量仅为连续逐点滑动 DFT 变换运算的$\frac{1}{16}$。对于输入序列 $x(n)$，其 16 点滑动的 DFT 变换结果为

$$X(k,i)=\sum_{n=16i}^{N+16i-1}x(n)W_N^{k(n-16i)},\quad k=8,12,16,20,\quad i=0,1,2,\cdots \tag{3-74}$$

对 $X(k,i)$进行隔 5 点抽取，得到 5 个子序列

$$\begin{cases}X_1(k,i)=X(k,i), & k=8,12,16,20, & i=0,5,10,\cdots\\ X_2(k,i)=X(k,i), & k=8,12,16,20, & i=1,6,11,\cdots\\ X_3(k,i)=X(k,i), & k=8,12,16,20, & i=2,7,12,\cdots\\ X_4(k,i)=X(k,i), & k=8,12,16,20, & i=3,8,13,\cdots\\ X_5(k,i)=X(k,i), & k=8,12,16,20, & i=4,9,14,\cdots\end{cases} \tag{3-75}$$

当信号存在时，在 $X_1(k,i)\sim X_5(k,i)$中必然存在一个符合时隙同步的序列。由于进行频率状态转移所需运算量很小，完全可以对以上 5 个子序列分别进行时隙同步处理。首先通过对各子序列的 4 时 4 频调制频率转移状态搜索，在 5 个序列中，找出符合设计规则的子序列；再通过能量累加最大值比对，从多个符合设计规则的子序列中找出最可信序列，并获取时隙同步信息。由于收发时钟的偏差，时隙同步会发生偏移，通过 5 个并行子序列的实时跟踪和切换，可以完成对接收信号的连续同步跟踪和解调。

为了提高信号检测和同步性能，降低虚警概率，可以对多个信道符号进行联合估计，同时完成时频调制的信号检测、时隙同步建立调整和数据解调，具体算法在后面叙述。

3.6.3.2 大频偏多环路处理

通过上节分析可知，为了使谱线幅度损失小于 9%，单个频率环路只能处理小于±31. 25Hz 的频偏，两个环路可处理小于±62. 5Hz 的频偏，依此类推。由于短波通信系统的频偏指标是±75Hz，至少需要 3 个频率环路。按照等分准则，可以

确定频率环路为−50Hz，0Hz，+50Hz。此时，最大解调剩余频偏为 25Hz，即在 64 点内，信号相移小于等于 72°，谱线幅度损失小于 5%。

对于输入序列 $x(n)$，3 个环路的 16 点滑动 DFT 变换结果为

$$X(k,i,l)=\sum_{n=16i}^{N+16i-1}x(n)W_N^{k(n-16i)}\mathrm{e}^{2\pi n\mathrm{j}\frac{50\times(l-1)}{f_s}} \tag{3-76}$$

其中 $k=8,12,16,20$；$i=0,1,2,\cdots$；$l=0,1,2$。对 $X(k,i,l)$ 进行隔 5 点抽取，得到 15 个子序列。

此时，首先分别对 3 个环路的各子序列的 4 时 4 频调制频率转移状态进行搜索，在 15 个序列中，找出符合设计规则的子序列；再通过能量累加最大值比对，在可能存在的多个符合设计规则的子序列中找出最可信序列，获取时隙同步信息，同时得到合适的频率环路。

3.6.4 多符号联合解调

时频调制的传统解调方法是依据规则设计状态机，状态机解调法以当前状态为起始，采用类似维特比算法的“爬格”处理，通过状态转移跟踪解调数据，但其编程实现的复杂度较高。虽然可以通过减少剩余路径来降低复杂度，但会导致算法性能下降。

为此，我们提出了一种基于可能路径“能量和”比对的状态匹配多符号联合解调方法。采用滑动匹配法，按照设计规则，选取各个路径的能量总和进行对比，获得同步和解调数据，其复杂度与联合解调码元符号数 s 有关，匹配次数为 4^s。

为方便描述，用 $|f_k|^2$ 表示第 k 个频率的能量值，其中 $k=1,2,3,4$。取 $s=2$，即 2 个符号 8 个时隙联合估计。由表 3-4 计算得到 $Y(i)$，$i=0,1,2,\cdots,15$。

表 3-4 多符号联合解调序列对应表

2 进制符号(4bit)	本地序列	谱线模和
0000	12341234	$Y(0)=\|f_1\|^2+\|f_2\|^2+\|f_3\|^2+\|f_4\|^2+\|f_1\|^2+\|f_2\|^2+\|f_3\|^2+\|f_4\|^2$
0001	12342413	$Y(1)=\|f_1\|^2+\|f_2\|^2+\|f_3\|^2+\|f_4\|^2+\|f_2\|^2+\|f_4\|^2+\|f_1\|^2+\|f_3\|^2$
0010	12343142	$Y(2)=\|f_1\|^2+\|f_2\|^2+\|f_3\|^2+\|f_4\|^2+\|f_3\|^2+\|f_1\|^2+\|f_4\|^2+\|f_2\|^2$
0011	12344321	$Y(3)=\|f_1\|^2+\|f_2\|^2+\|f_3\|^2+\|f_4\|^2+\|f_4\|^2+\|f_3\|^2+\|f_2\|^2+\|f_1\|^2$
0100	24131234	$Y(4)=\|f_2\|^2+\|f_4\|^2+\|f_1\|^2+\|f_3\|^2+\|f_1\|^2+\|f_2\|^2+\|f_3\|^2+\|f_4\|^2$
0101	24132413	$Y(5)=\|f_2\|^2+\|f_4\|^2+\|f_1\|^2+\|f_3\|^2+\|f_2\|^2+\|f_4\|^2+\|f_1\|^2+\|f_3\|^2$
0110	24133142	$Y(6)=\|f_2\|^2+\|f_4\|^2+\|f_1\|^2+\|f_3\|^2+\|f_3\|^2+\|f_1\|^2+\|f_4\|^2+\|f_2\|^2$
0111	24134321	$Y(7)=\|f_2\|^2+\|f_4\|^2+\|f_1\|^2+\|f_3\|^2+\|f_4\|^2+\|f_3\|^2+\|f_2\|^2+\|f_1\|^2$

续表

2进制符号(4bit)	本地序列	谱线模和
1000	31421234	$Y(8)=\|f_3\|^2+\|f_1\|^2+\|f_4\|^2+\|f_2\|^2+\|f_1\|^2+\|f_2\|^2+\|f_3\|^2+\|f_4\|^2$
1001	31422413	$Y(9)=\|f_3\|^2+\|f_1\|^2+\|f_4\|^2+\|f_2\|^2+\|f_2\|^2+\|f_4\|^2+\|f_1\|^2+\|f_3\|^2$
1010	31423142	$Y(10)=\|f_3\|^2+\|f_1\|^2+\|f_4\|^2+\|f_2\|^2+\|f_3\|^2+\|f_1\|^2+\|f_4\|^2+\|f_2\|^2$
1011	31424321	$Y(11)=\|f_3\|^2+\|f_1\|^2+\|f_4\|^2+\|f_2\|^2+\|f_4\|^2+\|f_3\|^2+\|f_2\|^2+\|f_1\|^2$
1100	43211234	$Y(12)=\|f_4\|^2+\|f_3\|^2+\|f_2\|^2+\|f_1\|^2+\|f_1\|^2+\|f_2\|^2+\|f_3\|^2+\|f_4\|^2$
1101	43212413	$Y(13)=\|f_4\|^2+\|f_3\|^2+\|f_2\|^2+\|f_1\|^2+\|f_2\|^2+\|f_4\|^2+\|f_1\|^2+\|f_3\|^2$
1110	43213142	$Y(14)=\|f_4\|^2+\|f_3\|^2+\|f_2\|^2+\|f_1\|^2+\|f_3\|^2+\|f_1\|^2+\|f_4\|^2+\|f_2\|^2$
1111	43214321	$Y(15)=\|f_4\|^2+\|f_3\|^2+\|f_2\|^2+\|f_1\|^2+\|f_4\|^2+\|f_3\|^2+\|f_2\|^2+\|f_1\|^2$

利用3个频率环路处理得到的15个序列，按照表3-4所规定的准则，对两个码元符号16个状态，计算获得240个值，表示为$Z(x,y)$，其中$x=0,1,2,\cdots,14$，$y=0,1,2\cdots15$，从中可寻找最大值

$$A(x_1,y_1)=\max(Z(x,y)),\quad x_1\in\{0,1,2,\cdots,14\};y_1\in\{0,1,2,\cdots,15\} \tag{3-77}$$

则y_1为信道两个符号的4bit解调值，$\frac{x_1}{5}$得到的整数为频率环路值，余数为$k\in[0,4]$，表示同步起始位置为$16k$，如图3-20所示。

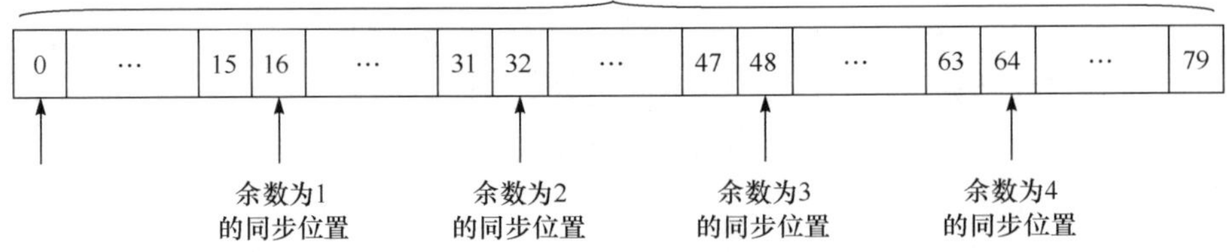

图3-20　余数与同步位置关系图

按照前面$X(k,i,l)$运算顺序，从x_1中可以方便提取时隙同步信息和试探频率环路。这里要说明通过多个码元符号的联合解调并不能提高数据解调的性能，但可以同时完成信号检测、同步建立、同步调整和信号解调，这对低信噪比条件下的信号处理具有重要的指导意义。

3.7 小　结

本章介绍了基于频移调制的传统低速数据传输基本原理；具体分析了时域解调和频域解调的实现方法；以数字信号处理理论为基础，对比分析了经典的 DFT 变换和 FFT 变换的特点和应用场合；分析了 FSK 波形的信号检测、同步和解调原理；以 8FSK 调制为例，研究了具体实现方法；设计了一种性能优越的时频调制波形，并提出了基于最大后验概率的时频调制信号检测、字同步和联合解调处理方法。

第 4 章　多载波并行数据传输

4.1 引　　言

第 3 章所提到的 FSK 调制，通过增大码元宽度降低多径干扰对数据传输的影响，但码元宽度增大意味着传输速率降低。为了提高数据传输的有效性，本章介绍一种多载波并行数据传输技术。

短波多载波并行调制解调的主要技术思路是通过延长码元宽度，降低多径对数据传输的影响；通过插入循环前缀尽可能隔离前后码元的码间串扰；通过对多个子载波并行调制，在有效带宽内实现高速数据传输。其本质是通过波形设计，适应多径信道条件。本章主要涉及频域的数字信号处理。

20 世纪 50 年代末，Mosie 等首先提出了多载波并行数据传输技术。1972 年，Chase 等提出了一种多载波并行数据传输方案。1984 年，美国 Harris 公司推出了高速短波调制解调器 RF-3466，将 3kHz 短波话音带宽划分成 39 个正交子载波，最高有效数据传输速率达到 2.4kbps。1992 年，美军以 RF-3466 为基础，颁布了 MIL-STD-188-110A 标准，其中附录 B 规定的 39 单音并行体制成为经典的短波数据传输波形。

本章以 MIL-STD-188-110A 标准为例，首先对多载波并行数据传输波形进行了分析，随后针对多载波并行传输特点给出了基于 IFFT/FFT 的调制解调实现结构，在此基础上研究了信号检测、同步、定时及频偏跟踪等关键技术，最后探讨了多载波并行数据传输中常用的 RS 编译码原理及实现方法。

4.2 多载波并行数据传输波形

在多载波并行数据传输中，子载波数量由可用带宽和子载波间隔决定；子载波间隔又限制了子载波的传输速率；子载波数、子载波传输速率、群同步方式、编码码率等因素共同决定了系统的最高传输速率。这些参数相互约束、相互依存，共同决定整个系统的波形和传输性能，其相互关系如图 4-1 所示。

4.2.1 码元宽度和子载波调制方式选择

数据传输系统的性能与码元宽度及调制方式密切相关。下面根据短波信道特点，分别对码元宽度和调制方式进行分析。

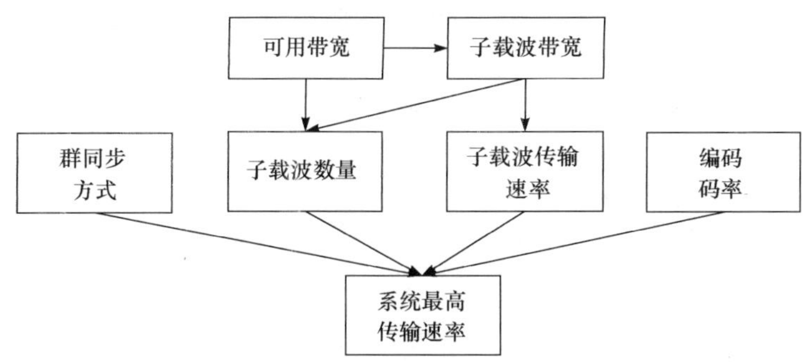

图 4-1　多载波并行数据传输参数关系图

4.2.1.1　码元宽度与抗频率选择性衰落

短波信道不仅存在时间选择性衰落，还存在频率选择性衰落。当多径时延 Δt 比传输码元宽度 T_b 小得多时，主要表现为时间选择性衰落，此时可以忽略频率选择性衰落；当 Δt 与 T_b 相比不满足上述条件时，除时间选择性衰落外，还会产生频率选择性衰落。

当传输码元符号足够宽时，从时间域看，各个子信道的码元符号传输速率较低，码元持续时间较长，同一码元中前后所受到的衰落程度有可能不同，即多径效应所形成的"时间选择性衰落"不可忽略。但从频率域上看，由于此时信号带宽小于信道相干带宽，且各子信道的载频相互靠得很近，因此可以认为各个子载波所受到的衰落是高度相关的，满足一致性，即"频率平坦衰落"。此时短波信道模型可简化为具有时间选择性、频率平坦性衰落的时变色散信道。

对短波信道的大量实测数据统计分析表明，其多径时延服从正态分布，且小于 5ms 的概率为 99.5%。当传输码元的宽度 $T_b=22.5$ms 时，可以满足 $\Delta t \ll T_b$ 的要求，这时由于多径而产生的频率选择性衰落出现的可能性较小，各子载波的传输性能基本保持一致。

4.2.1.2　调制方式对比

在多载波并行数据传输中，大多采用时间差分相位调制(TDPSK)和频率差分相位调制(FDPSK)两种调制方式。TDPSK 调制利用前后码元的差分信息来传输数据；FDPSK 调制则通过各相邻子载波差分信息来传输数据。

理论上，在时间选择性、频率平坦性衰落信道条件下，FDPSK 调制的性能优于 TDPSK 调制。但是，FDPSK 调制利用各个相邻子载波间的频率差分信息来传输数据，要求接收端在每帧进行帧内差分数据解调，因而，FDPSK 调制要求高度精确的帧同步定时。而实际系统中，收发端的采样时钟差异和时变多径信号的共同影响会导致帧同步误差，引起 FDPSK 解调性能的恶化。所以在实际短波通信系统中大多采用 TDPSK 调制。下面具体分析帧同步精度对这两种调制方式的影响。

1）帧同步精度对 FDPSK 差分调制的影响

对于采用相邻子载波四相差分相位调制，当收端和发端达到精确帧同步时，在收端通过 DFT 变换解调得到

$$X(k)=\sum_{n=0}^{N-1}x(n)W_N^{nk} \tag{4-1}$$

$$X(k+1)=\sum_{n=0}^{N-1}x(n)W_N^{n(k+1)} \tag{4-2}$$

当采用 FDPSK，利用相邻频点进行差分相位调制时，在接收端可得

$$X(k)\times X^*(k+1)=\mathrm{e}^{\mathrm{j}\frac{\pi}{4}m},\quad m=1,3,5,7 \tag{4-3}$$

可见在精确帧同步时，理论上可以完全恢复发端的数据调制信息。现假定帧同步误差为 a 点时，分析其解调结果。

$$\begin{aligned}X'(k)&=\sum_{n=0}^{N-1}x'(n)W_N^{nk}=\sum_{n=0}^{N-1}x(n+a)W_N^{nk}\\&=\sum_{n=0}^{N-1}x(n+a)W_N^{(n+a)k}\times W_N^{-ak}\\&=X(k)W_N^{-ak}\end{aligned} \tag{4-4}$$

同理可得

$$X'(k+1)=X(k+1)W_N^{-a(k+1)} \tag{4-5}$$

$$X'(k)\times X'^*(k+1)=\mathrm{e}^{\mathrm{j}\frac{\pi}{4}m}\times\mathrm{e}^{-\mathrm{j}\frac{a}{N}2\pi},\quad m=1,3,5,7 \tag{4-6}$$

通过以上推导可以看出：当存在帧同步误差时，FDPSK 解调会产生固定的误差相位 $\mathrm{e}^{-\mathrm{j}\frac{a}{N}2\pi}$，并随同步误差增大而增大，严重影响系统的解调性能。

2）TDPSK 差分调制性能优势分析

TDPSK 调制利用前后帧各个对应谱线上码元的差分相位信息来传输数据，即对前后帧中相同的子载波进行四相差分调制。在解调过程中，接收端仅需保证对前后帧固定间隔的采样样点进行 DFT 变换解调，即可获取调制差分相位信息。

当收端和发端达到精确帧同步时，在收端通过 DFT 变换解调得到

$$X_1(k)=\sum_{n=0}^{N-1}x_1(n)W_N^{nk} \tag{4-7}$$

$$X_2(k)=\sum_{n=0}^{N-1}x_2(n)W_N^{nk} \tag{4-8}$$

其中 $x_1(n)$ 为前帧序列；$x_2(n)$ 为后帧序列。

$$x_2(n)=x_1(n)\times\mathrm{e}^{\mathrm{j}\frac{\pi}{4}m} \tag{4-9}$$

通过差分相位调制得到

$$X_2(k)\times X_1^*(k)=\mathrm{e}^{\mathrm{j}\frac{\pi}{4}m},\quad m=1,3,5,7 \tag{4-10}$$

可见在收端和发端精确帧同步时，理论上可以完全恢复发端的数据调制信息。

现假定帧同步误差大小为 a 时，分析其解调结果。

$$X_1(k)=\sum_{n=0}^{N-1}x_1(n+a)W_N^{nk} \tag{4-11}$$

$$X_2(k)=\sum_{n=0}^{N-1}x_2(n+a)W_N^{nk} \tag{4-12}$$

由于前后序列起始点相对保持不变，同样由 TDPSK 调制特性有

$$x_2(n+a)=x_1(n+a)\times\mathrm{e}^{\mathrm{j}\frac{\pi}{4}m} \tag{4-13}$$

通过差分相位解调得到

$$X_2(k)\times X_1^*(k)=\mathrm{e}^{\mathrm{j}\frac{\pi}{4}m},\quad m=1,3,5,7 \tag{4-14}$$

可见，TDPSK 解调的结果不受帧同步误差的影响。

综上所述，FDPSK 解调只存在一个最佳同步点，偏离同步点时，解调性能下降。而 TDPSK 解调存在多点组成的同步区间，在偏离最佳同步点时，在同步区间内其解调性能无明显下降。由于帧同步问题是整个系统的一个主要难点，在多径时变信道中，要实现精确的帧同步非常困难，为了降低对帧同步的要求，保证稳定的传输性能，应采用 TDPSK 调制方式。

4.2.2　子载波数和时域多径保护间隔

4.2.2.1　子载波数

对于美军标 39 单音并行传输体制，以同步数据长交织传输方式为例，最高传输速率为 2400bps。采用有限域 GF(2^4)上的 RS(14,10)码，码率为 10/14；交织时间为 4.8s，则每个交织块为 2400×4.8=11512bit，共包含$\frac{11512}{4\times10}$=288 个 RS(14,10)码字，对应的交织深度为 288；每个交织块前插入用于群同步的 512bit m 序列，由于群同步序列不需要进行编码，所以在一个 4.8s 的交织块内共传输了 512+4×288×14=16640bit 数据，这样信道实际传输速率为

16640/4.8=3466.67bps

当子载波码元宽度 T_b=22.5ms 时，可以得到子载波的符号速率为 $1/T_b$=44.44 波特，各子载波均采用 4TDPSK 调制方式，则所需的子载波数为

3466.67/(44.44×2)=39 个

4.2.2.2　正交子载波频率间隔

奈奎斯特采样定理要求 $f_s\geqslant 2\times f_{max}$，其中 f_{max}表示采样信号的最高频率。由

于滤波器的阻带特性非理想，要求 $f_s > 2\times f_{max}$。同时，f_s 过大会增加后续信号处理的复杂度，所以取 $f_s = 2.4\times f_{max} = 7200\text{Hz}$。

在多载波并行数据传输中，可用 IFFT 和 FFT 方法有效实现信号的调制和解调，为保证发端输出为实序列，则进入 IFFT 运算的序列必须具有对称性。当子载波个数为 L 时，IFFT 和 FFT 点数 $N \geqslant 2\times L$，同时为了便于采用基-2 的 FFT 运算，要求 N 为 2 的幂次方。当 $L=39$ 时，取 $N=128$，即用 128 点 IFFT 和 FFT 完成信号的调制和解调。

当采样速率为 7200Hz 时，子载波频率间隔为 $\Delta f = 56.25\text{Hz}$。这里帧速率为 $1/T_b = 44.44\text{Hz}$，由于 $1/T_b < \Delta f$，可以满足各子载波正交性要求。

4.2.2.3　多径保护间隔

对于 $f_s = 7200\text{Hz}$ 采样速率，采用 128 点 IFFT 变换得到的调制信号持续时间为 128/7200=17.78ms，则用于前后码元隔离的循环前缀多径保护时间 $T_{CP} = 22.5-17.78=4.72\text{ms}$，相当于 34 个样点。即每帧信号由 162 点组成，其中 34 点用于多径保护，可有效隔离小于 34/7200=4.722ms 的多径串扰。

4.2.3　数据传输波形

4.2.3.1　子载波频率配置和数据传输格式

多载波并行数据传输中共使用了 40 个不同的子载波，如图 4-2 所示，其第 7 个子载波为多普勒校正跟踪音，用于载波同步跟踪及频差校正；第 12 到第 50 个子载波用于传输数据，称为数据音；第 11 个子载波对应的位置用于同步跟踪参考。39 个数据音，每个携带 2bit 信息，每帧含 78bit 信息，各单音间距为 56.25Hz。

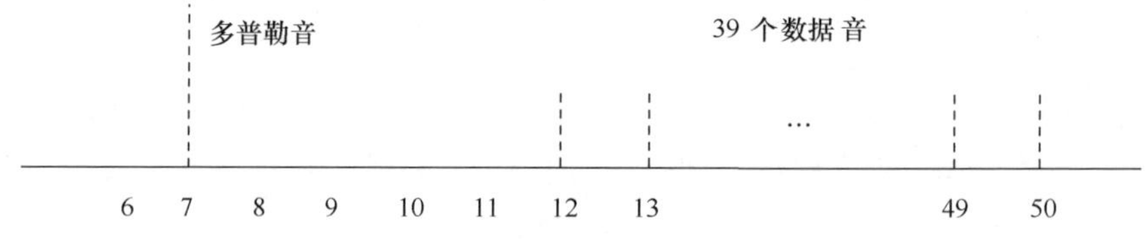

图 4-2　子载波频率配置图

多载波并行数据传输的信号格式如图 4-3 所示，由同步头序列、群同步序列、数据码块、填充数据及结尾序列(EOM)组成。

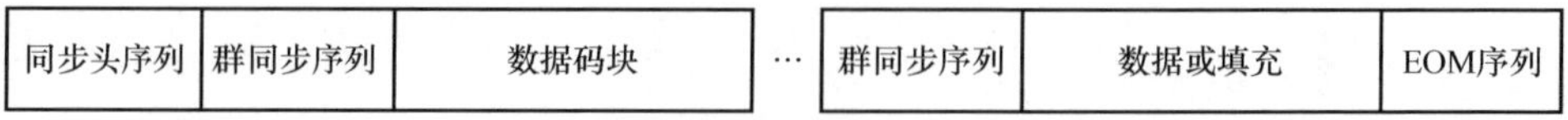

同步头序列	群同步序列	数据码块	…	群同步序列	数据或填充	EOM序列

图 4-3　数据传输格式

4.2.3.2　同步头结构

同步头序列用于检测信号存在并提取频偏估值、帧同步信息及参考相位信息，包括三个组成部分，如图 4-4 所示。

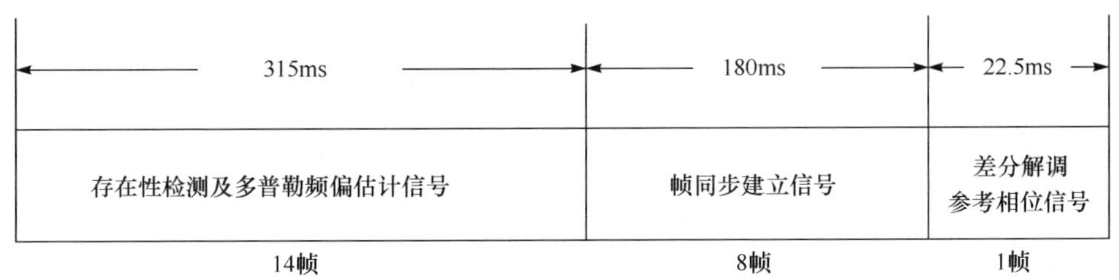

图 4-4　同步头结构

(1) 存在性检测及多普勒频偏估计信号(4 音帧)：由 787.5Hz、1462.5Hz、2137.5Hz 和 2812.5Hz 四个等幅、未经调制的数据音(归一化幅度为 3)组成，发送 14 帧，前后帧间相位连续。由于四个多普勒音在传输带宽上等间隔均匀分布，接收端可以更加有效准确估计出频率偏差及判别信号是否存在。

(2) 帧同步建立信号(3 音帧)：由 1125.0Hz、1800.0Hz 和 2475.0Hz 三个已调数据音(归一化幅度均为 4)组成，发送 8 帧，前后帧相位反转。

(3) 差分解调参考相位信号：由 39 个数据音(归一化幅度为 1)和多普勒校正音(归一化幅度为 2)组成，发送 1 帧，为收端信号解调提供起始相位值。后续数据传输波形同参考相位信号一致。

4.2.3.3　群同步 *m* 序列

在数据传输阶段，交织块前插入 *m* 序列作为群同步序列，接收端利用该序列确定交织块的边界，群同步序列长度由数据速率和交织度决定，如表 4-1 所示。其中，插入间隔是指在一定数据速率和交织度情况下，间隔多少个交织块插入一个群同步序列。

表 4-1　群同步序列长度

数据速率 /bps	交织度	插入间隔		群同步序列长度 /bit
		交织块个数	数据比特个数	
75	1	567	15876	252
75	4	234	26208	416
75	12	75	25200	400
75	36	16	16128	256

续表

数据速率/bps	交织度	插入间隔		群同步序列长度/bit
		交织块个数	数据比特个数	
150	1	576	16128	256
150	9	100	25200	400
150	25	36	25200	400
150	81	8	18144	288
300	1	567	15876	252
300	17	54	25704	408
300	47	18	23688	376
300	153	4	17136	272
600	1	567	15876	252
600	33	30	27720	440
600	99	10	27720	440
600	297	2	16632	264
1200	1	567	15876	252
1200	63	14	24696	394
1200	189	6	31752	504
1200	567	1	15876	252
2400	1	144	8064	256
2400	9	16	8064	256
2400	18	12	12096	384
2400	27	9	13608	432
2400	36	7	14112	448
2400	72	3	12096	384
2400	144	1	8064	256
2400	288	1	16128	512

产生群同步序列的本原多项式为 $f(x)=x^9+x^7+x^6+x^4+1$，可采用如图 4-5 所示的反馈移位寄存器结构实现。

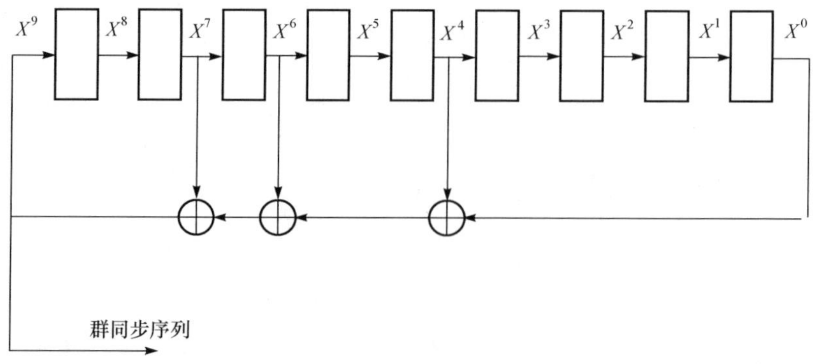

图 4-5 群同步序列反馈移位寄存器发生器

4.2.3.4　前向纠错编码和交织器

并行数据传输采用的编译码为 RS(14,10)和 RS(7,3)码，都是有限域 GF(2^4)上 RS(15,11)的截短码，其本原多项式为 $f(x)=x^4+x+1$，生成多项式为

$$g(x)=x^4+\alpha^{13}x^3+\alpha^6x^2+\alpha^3x+\alpha^{10} \tag{4-15}$$

当数据速率为 2400bps 时，截短为 RS(14,10)码，其他数据速率下截短为 RS(7,3)码。

编码后的数据经过交织和调制后发送到信道，其交织方式如表 4-2 所示，当数据速率为 2400bps 时，可采用 8 种不同的交织度，其他数据速率下可采用 4 种不同的交织度。

表 4-2　数据速率与可选交织度

数据速率/bps	75	150	300	600	1200	2400	
交织度	1	1	1	1	1	1	36
	4	9	17	33	63	9	72
	12	25	47	99	189	18	144
	36	81	153	297	567	27	288

4.2.4　39 音并行调制解调器主要技术参数

依据上面的分析，可以得到下列的典型并行数据传输方式技术参数：

(1) 信道速率：3466bps。

(2) 数据速率：2400，1200，600，300，150，75bps。

(3) FEC 编码：在 2400bps 时采用 RS(14，10)码，小于 2400bps 时采用 RS(7,3)码。

(4) 分集方式：1200bps 时，$f_{12}\sim f_{18}$与 $f_{44}\sim f_{50}$两重频率分集；
300bps 时，两重时间分集；
150bps 时，四重时间分集；
75bps 时，八重时间分集。

(5) 调制：TDPSK 调制，采用 IFFT 变换完成多载波信号合路。
2400bps，1200bps 时采用 4TDPSK 调制；
600bps-75bps 时采用 2TDPSK 调制。

(6) 解调：采用 FFT 变换完成多载波信号分路。

(7) 采样速率和定时精度：采样速率 $f_s=7200$Hz，定时精度$\leqslant 1\times10^{-6}$。

(8) 帧速率：44.44 帧/s。

(9) 码元长度：22.5ms。

(10) 多径保护时间:4.72ms。

(11) 收端有效 FFT 信号累积时间:17.78ms。

(12) 信号检测和载波同步:通过 14 帧 4 音信号在 315ms 内完成信号检测和载波同步,最大校正频偏为±75Hz。

(13) 多普勒跟踪:在通信过程中可自动跟踪多普勒频移,最大频偏跟踪速率为 3.5Hz/s。

(14) 帧同步建立和调整:起始同步通过 8 帧三个单音在 180ms 内建立,自动跟踪主要克服信号采样时钟差异造成的帧同步偏离,每 48 帧调整一次。

(15) 白噪声性能:在 2400bps 速率条件下,SNR=8dB 时,误码率小于 10^{-4};
在 1200bps 速率条件下,SNR=6dB 时,误码率小于 10^{-4}。

4.3 并行调制解调的 IFFT/FFT 实现

4.3.1 多载波并行数据传输结构

4.3.1.1 IFFT 变换的多载波信号合路数据调制结构

图 4-6 给出了基于 IFFT 变换的多载波信号合路数据调制结构。在发送端,首先发送 14 帧相位连续的四音帧信号,用于收端进行信号存在检测和多普勒频偏估计;随后,发送 8 帧用于同步建立的三音帧信号,前后帧的相位反转;之后,发送 1 帧差分解调参考相位信号;最后,发送经过 RS 编码和交织的用户数据。用户数据由 39 音数据帧携带,前后帧间采用 4TDPSK 调制,在数据传输阶段需要同时发送多普勒音。由组帧控制按次序发送不同的信号帧,并通过基于 IFFT 的多音并行调制得到实际的信道传输信号。为了提高性能,在发送前需进行最优峰平比调整。

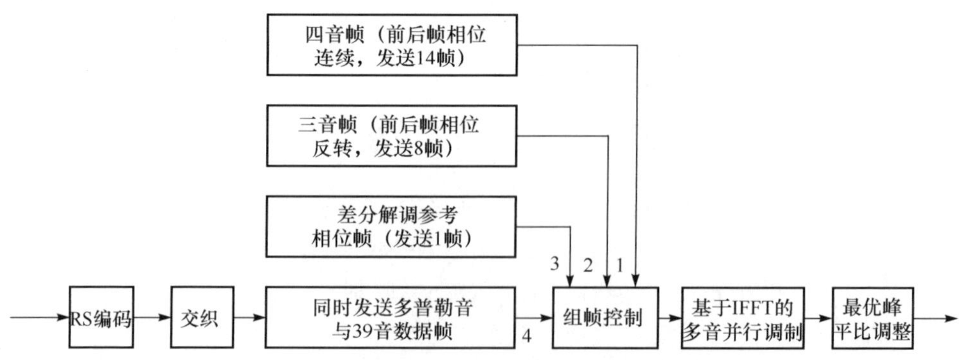

图 4-6 基于 IFFT 变换的多载波信号合路数据调制结构

4.3.1.2　多径保护循环前缀信号帧构造

在信号合路过程中，由 IFFT 变换得到 128 点实数，而每帧 22.5ms 时间对应的采样点数为 162 点，因此将本帧的前 34 点移位合并到本帧最后，可得到用于多径保护的循环前缀，通过这种拼接，构造得到由 162 点组成的传输帧，如图 4-7 所示。由于各子载波在 128 点内是周期信号，所以在拼接处是相位连续的，只有在帧与帧之间才可能出现相位突变。

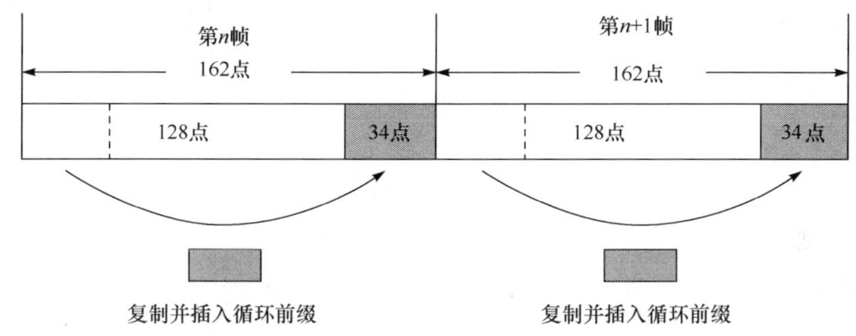

图 4-7　多径保护循环前缀信号帧构造图

4.3.1.3　基于 FFT 变换的多载波信号分路数据解调结构

图 4-8 给出了基于 FFT 变换的多载波信号分路数据解调结构。接收信号在通过 AGC 调整信号幅度后，送入希尔伯特变换模块，得到复数形式的解析信号。

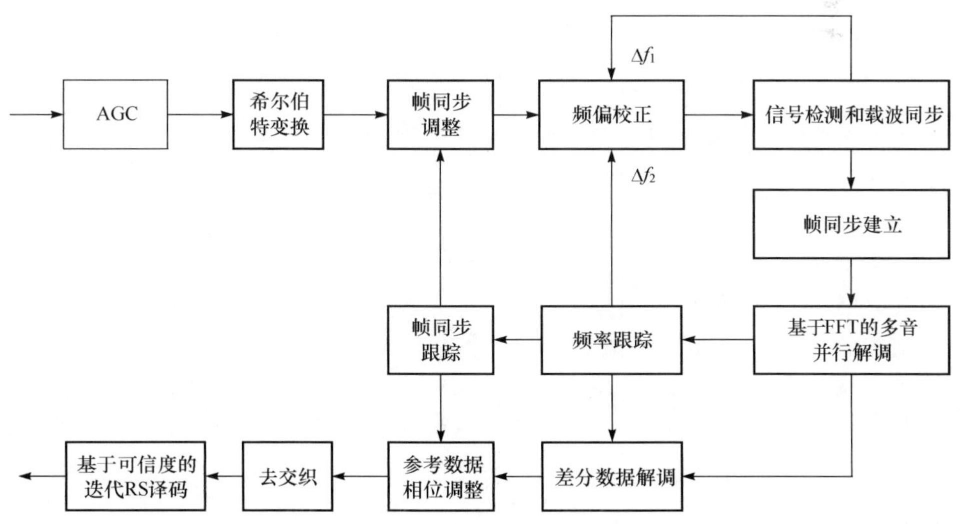

图 4-8　基于 FFT 变换的多载波信号分路数据解调结构

帧同步跟踪模块除了为帧同步调整模块提供具体的调整信息外，同时还提供参考相位调整信息。频偏校正分为两个部分：一是同步捕获，在信号检测和初始载波同步时，提供大范围的频偏校正；二是同步跟踪，在数据解调过程中，受频率跟踪模块的控制，对频率偏移进行小范围的跟踪。

4.3.2　偶对称拓展 IFFT 调制

4.3.2.1　单帧多载波调制

设第 k 个子信道的载波频率为 f_k，ϕ_k 为该子载波上所对应的 QPSK 调制角度。若共有 L 个子信道，则调制输出信号的复数表达式为

$$S(t)=\sum_{k=0}^{L-1}A_k\mathrm{e}^{\mathrm{j}2\pi f_k t}\cdot\mathrm{e}^{\mathrm{j}(\theta_k+\phi_k)} \tag{4-16}$$

$$A_k=\begin{cases}1, & \text{调制频率}\\0, & \text{其他位置}\end{cases}$$

其中 θ_k 为第 k 个子信道的初始相位；对于 L 个子信道，存在 L 个子信道初始相位。通过计算机辅助设计，对 L 个子信道的初始相位进行优化设计，可以达到最优的输出峰平比。

4.3.2.2　基于 IFFT 变换的多载波差分正交相位调制

若子载波间隔为 B(Hz)，那么合成信号 $S(t)$的带宽约为 $L\times B$(Hz)，则

$$\omega_k=2\pi k\cdot B,\quad k=0,1,\cdots,L-1 \tag{4-17}$$

为了保证不失真采样，设采样频率

$$f_s=NB\geqslant 2\cdot LB \tag{4-18}$$

$$t=nT=\frac{n}{f_s} \tag{4-19}$$

当采用 IFFT 方式实现多载波信号的合路时，取 $N=2^n$(n 为正整数)，则有

$$S(n)=\sum_{k=0}^{N-1}A_k\mathrm{e}^{\mathrm{j}(\theta_k+\phi_k)}\cdot\mathrm{e}^{\mathrm{j}\frac{2\pi}{N}kn}=\sum_{k=0}^{N-1}A_k\mathrm{e}^{\mathrm{j}(\theta_k+\phi_k)}\cdot W^{-kn} \tag{4-20}$$

$$W=\mathrm{e}^{-\mathrm{j}\frac{2\pi}{N}} \tag{4-21}$$

由上式可见，对于长度为 N 的信号帧，当采用 N 点的 IFFT 运算完成多载波信号的调制和合路，各子载波的起始相位包含各子载波的调制信息。

多载波并行采用 $N=128$ 点 IFFT 完成信号调制，为方便说明，下面以 $N=64$ 点 IFFT 为例展开分析。图 4-9 给出了 f_2，f_4 为调制音时，IFFT 变换的幅度和相位示意图。

4.3.2.3　数据频域调制的共轭偶对称拓展

对后续的 D/A 而言，输入的调制合路信号必须为一个实数序列，现对 $S(k)$序

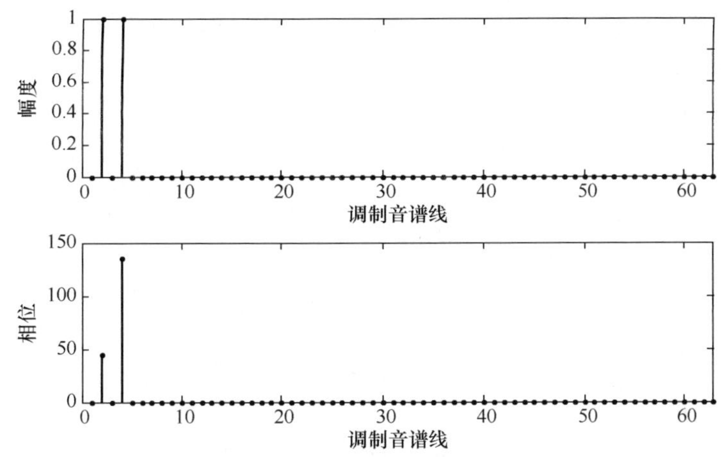

图 4-9　频域调制信号示意图

列进行共轭偶对称拓展，得到 $X(k)$序列

$$X(k)=\begin{cases} S(k), & 0\leqslant k<\dfrac{N}{2} \\ S^*(N-k), & \dfrac{N}{2}\leqslant k<N \end{cases} \tag{4-22}$$

其 IFFT 变换序列为

$$y(n)=\text{IFFT}(X(k)) \tag{4-23}$$

由 IFFT 变换性质可知 $y(n)$为一个 N 点的实序列。

这样对 $X(k)$进行 N 点的 IFFT 运算，可以得到调制合路实数序列输出。图 4-10为 $N=64$ 共轭偶对称拓展的情况。

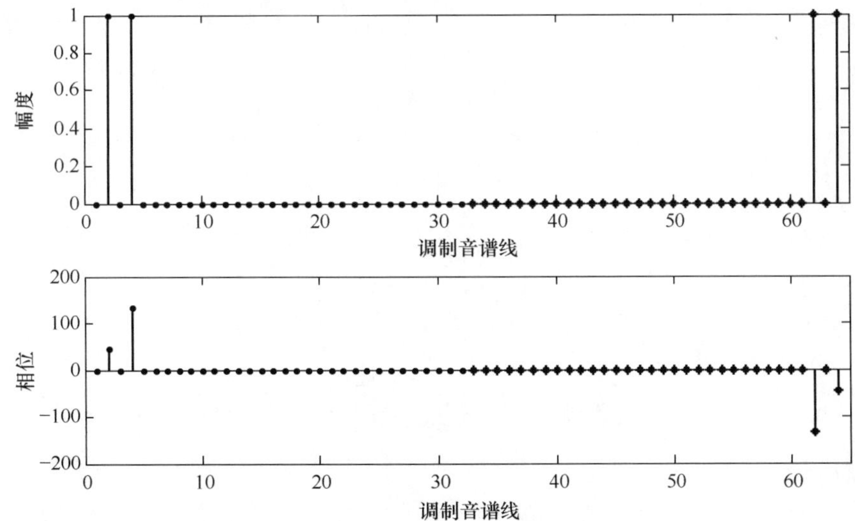

图 4-10　共轭偶对称拓展后调制信号示意图

图 4-11 给出了对共轭偶对称拓展信号进行 $N=64$ 点 IFFT 运算,取实部作为输出调制信号的结果。

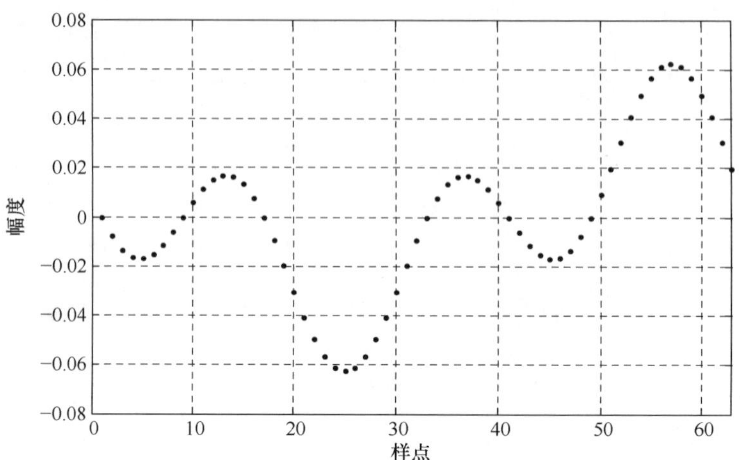

图 4-11　$N=64$ 点 IFFT 变换实部输出信号

4.3.2.4　基于预处理的 $\frac{N}{2}$ 点优化 IFFT 运算

对应于 N 点 IFFT 变换的输入调制信号,有 $X(k)=S(k)$,显然当 $k\geqslant\frac{N}{2}$ 时有

$$X(k)=0,\quad k=\frac{N}{2},\frac{N}{2}+1,\cdots,N-1 \tag{4-24}$$

此时在 $0\leqslant k<\frac{N}{2}$ 范围内,对 $X(k)$ 分别进行类似的共轭偶对称实部拓展和共轭奇对称虚部拓展,得到 $\frac{N}{2}$ 点序列,其过程如下:

由于在 $0\leqslant k<\frac{N}{2}$ 时,$X(k)=S(k)$,令

$$\begin{cases} X_1(0)=X(0) \\ X_1(k)=\dfrac{1}{2}\left[X(k)+X^*\left(\dfrac{N}{2}-k\right)\right], \quad k=1,2,\cdots,\dfrac{N}{2}-1 \end{cases} \tag{4-25}$$

$$\begin{cases} X_2(k)=X(0) \\ X_2(k)=\dfrac{1}{2\mathrm{j}}\left[X(k)-X^*\left(\dfrac{N}{2}-k\right)\right], \quad k=1,2,\cdots,\dfrac{N}{2}-1 \end{cases} \tag{4-26}$$

则可以得到

$$X(k)=X_1(k)+X_2(k)\cdot W_N^k,\quad k=0,1,\cdots,\frac{N}{2}-1 \tag{4-27}$$

结合前面的例子，图 4-12 给出了经预处理后的序列。

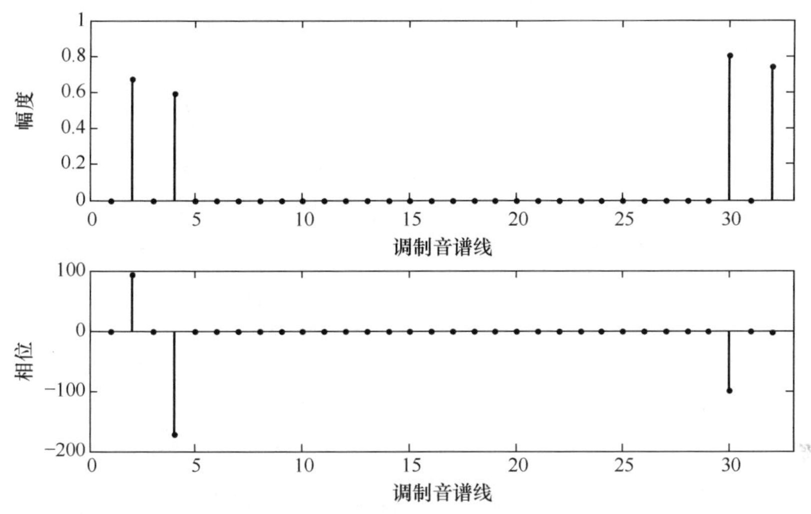

图 4-12　预处理后$\frac{N}{2}=32$调制信号示意图

对 $N=64$ 调制数据进行预处理得到$\frac{N}{2}=32$序列，然后再进行$\frac{N}{2}=32$点 IFFT 变换。此时其变换运算结果的虚部不再为零，并且实部为偶数点样值，虚部为奇数点样值，如图 4-13 所示。其中实部信号用 • 表示，虚部用 * 表示。不难发现其结果与图 4-11 完全一致，但运算量节省约一半。

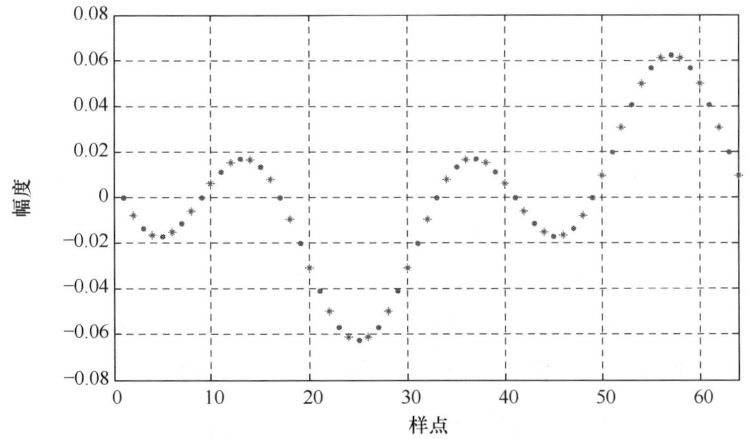

图 4-13　$\frac{N}{2}=32$点 IFFT 变换输出信号

对于 39 音多载波并行数据传输，在数据传输阶段的调制频谱如图 4-14 所示。

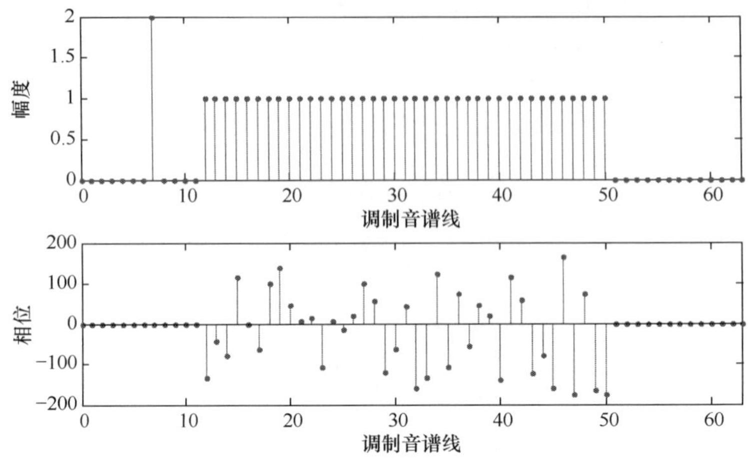

图 4-14 数据传输阶段调制频谱示意图

其对应的长度为 22.5ms，包含 162 样点的时域数据如图 4-15 所示。

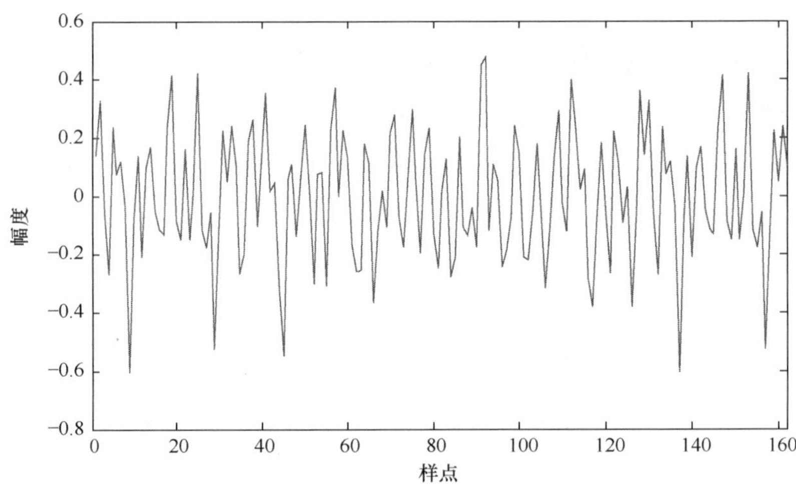

图 4-15 数据传输阶段时域信号示意图

4.3.3 基于希尔伯特变换的 FFT 解调算法

希尔伯特变换是通信信号处理的重要变换方法。在多载波并行解调接收端，A/D 采样所得到的实信号序列 $x(n)$，可通过希尔伯特变换建立实部和虚部之间的联系，得到对应的复数形式解析信号，由于仅包含正频率成分，所以理论上其采样速率可降低为$\frac{f_s}{2}$。

4.3.3.1　希尔伯特变换

假定 $x(t)$为一连续信号，则希尔伯特变换 $\hat{x}(t)$定义为

$$\hat{x}(t) = x(t) * \frac{1}{\pi t} = \frac{1}{\pi}\int_{-\infty}^{\infty} \frac{x(\tau)}{t-\tau}\mathrm{d}\tau \tag{4-28}$$

这里 $*$ 表示卷积，由于$\frac{\mathrm{j}}{\pi t}$的傅里叶变换为符号函数 $\mathrm{sgn}(\Omega)$，因此希尔伯特变换的频率响应为

$$H(\mathrm{j}\Omega) = -\mathrm{j}\,\mathrm{sgn}(\Omega) = \begin{cases} -\mathrm{j}, & \Omega > 0 \\ \mathrm{j}, & \Omega < 0 \end{cases} \tag{4-29}$$

在以上连续时间信号希尔伯特变换的基础上，可以导出离散时间信号的希尔伯特变换。

由连续信号希尔伯特变换的性质，以及 $H(\mathrm{e}^{\mathrm{j}\omega})$与 $H(\mathrm{j}\Omega)$关系，可得到

$$H(\mathrm{e}^{\mathrm{j}\omega}) = \begin{cases} -\mathrm{j}, & 0 < \omega < \pi \\ \mathrm{j}, & -\pi < \omega < 0 \end{cases} \tag{4-30}$$

因此

$$h(n) = \frac{1}{2\pi}\int_{-\pi}^{\pi} H(\mathrm{e}^{\mathrm{j}\omega})\mathrm{e}^{\mathrm{j}\omega n}\mathrm{d}\omega \tag{4-31}$$

则

$$h(n) = \begin{cases} 0, & n \text{ 为偶数} \\ \dfrac{2}{n\pi}, & n \text{ 为奇数} \end{cases} \tag{4-32}$$

设离散时间信号为 $x(n)$，其希尔伯特变换为 $\hat{x}(n)$，则

$$\hat{x}(n) = x(n) * h(n) \tag{4-33}$$

构成的解析信号为

$$Z(n) = x(n) + \mathrm{j}\hat{x}(n) \tag{4-34}$$

4.3.3.2　多载波信号分路中的希尔伯特变换

在多载波解调中，通过对 A/D 采样信号进行希尔伯特变换，得到一个复数序列解析信号，从而可以将采样速率下降为$\frac{f_s}{2}$，即原来需要 N 点 FFT 解调，现在可用$\frac{N}{2}$点 FFT 实现多载波信号解调，具体过程如图 4-16 所示。

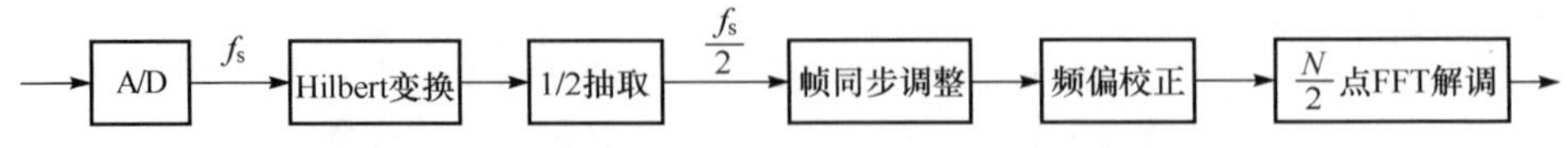

图 4-16　基于希尔伯特变换多载波信号分路原理框图

当采样速率为 7200Hz，输入频率为 225Hz 时，同样为方便说明，这里 N 取 64 点，其实数序列 FFT 结果如图 4-17 所示，从图中可以看出，225Hz 位于 FFT 的第 2 谱线处，同时，在第 62 谱线处存在镜像频率，也就是通常所说的“负频”。

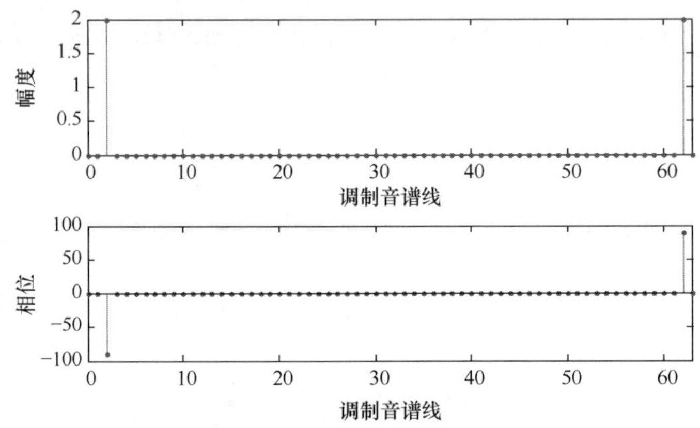

图 4-17　实数序列的 $N=64$ 点 FFT 结果

对希尔伯特变换后得到的复数解析序列直接进行 $N=64$ 点的 FFT 变换得到图 4-18 所示结果。从图中可以看出，大于$\frac{N}{2}$时谱线的值为零，即不存在镜像频率。

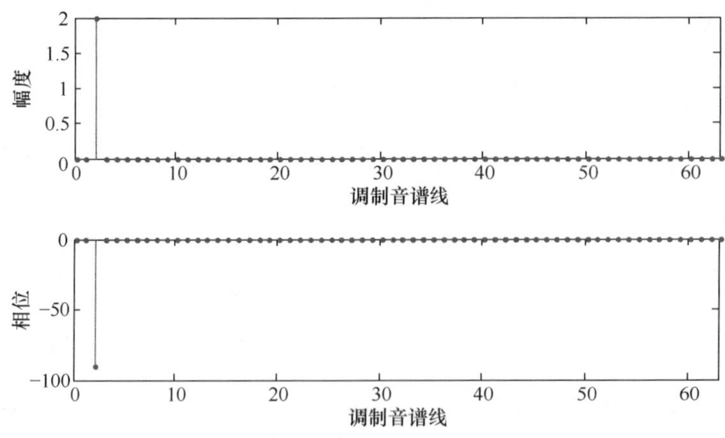

图 4-18　复数解析序列的 $N=64$ 点 FFT 结果

图 4-19 给出了对复数解析序列进行$\frac{1}{2}$抽取后，采用$\frac{N}{2}=32$ 点 FFT 得到的结果，与图 4-18 所示结果一致。

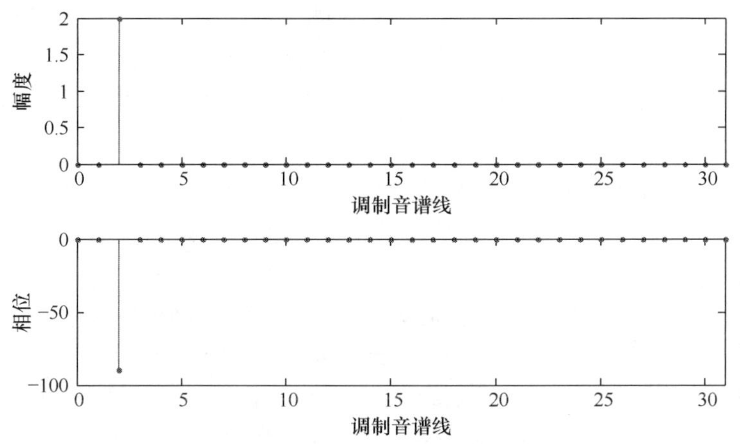

图 4-19　复数解析序列$\frac{1}{2}$抽取后，$\frac{N}{2}=32$ 点 FFT 结果

为了更好地理解希尔伯特变换特性，将存在镜像频率的 N 点实数序列 FFT 结果中的 $f_k>\frac{N}{2}$的频谱分量置零，经 IFFT 变换后也可以得到与希尔伯特变换结果相同的解析复数序列。

从上述分析可知，对于 128 点实数序列的 FFT 变换可以分为三步：首先通过希尔伯特变换得到接收解析信号，然后进行$\frac{1}{2}$抽取，最后通过 64 点的复数 FFT 变换完成数据解调。从而可以有效降低信号分路和解调的运算量。

4.4　信号检测与同步技术

4.4.1　基于谱线位置及能量的信号检测

4.4.1.1　频率分集和时间分集相结合的频谱能量检测

在 39 音并行数据传输中，专门有 14 帧四音帧用于信号检测，具体配置为 $f_{14}=787.5\text{Hz}$，$f_{26}=1462.5\text{Hz}$，$f_{38}=2137.5\text{Hz}$ 和 $f_{50}=2812.5\text{Hz}$。四音之间的频率间隔为 675Hz，实际上，可以看作联合的四重频率分集信号。

对四音帧进行信号存在性检测的方法有很多种，主要有时域检测、频域检测和时频域联合检测三大类，从本质来讲都是从能量角度对信号存在性进行检测。由于后续的数据解调采用基于 FFT 变换的方法，对四音帧的存在性检测在频域完成更为合理。

信号存在检测部分的四音信号为连续相位调制，所以在同步帧持续的 315ms 时间内截取的任意 128 点均为周期信号，可以通过 128 点 FFT 变换，在频域上精确分析四音信号的存在。当采样速率为 7200Hz 时，128 点 FFT 对应的信号累积时间为 17.78ms。

能量累积时间直接决定了信号检测的性能。在时不变信道条件下，一般要求能量累积时间尽可能长，从而提高信号检测的性能。随着能量累积时间的增长，可以采用阶数更高的 FFT 变换，使得频谱分辨率更加精细，谱线能量估计更准确。

在通信系统中，一般要求信号检测性能优于数据解调性能 3dB 以上。尽管短波信道是时变信道，但其快衰落速率典型值为 5Hz/s，在 256 点 FFT 对应的 35.56ms 内，其参数可以认为近似不变。考虑以上因素，可以将信号累积时间延长一倍，即采用 256 点 FFT 对信号进行分析。需要注意的是，采用 256 点 FFT 变换后，四音信号对应的谱线序号为原谱线的 2 倍，分别用 $f_{14\times2}$、$f_{26\times2}$、$f_{38\times2}$、$f_{50\times2}$表示。

以上信号存在性检测可归纳为：四重频率分集，大于等于 8 重时间分集的基于 256 点 FFT 变换的频谱能量检测。

4.4.1.2　基于谱线相对位置的自适应门限信号检测

信号存在性检测可采用固定门限和自适应门限等方法。所谓固定门限是指：通过大量试验结果，选择一个固定能量门限值 K。根据信号谱线能量是否大于 K，判别信号是否存在。这种方法存在以下问题：

(1) 选取合适的 K 值困难，需要考虑短波信道出现的各种情况。

(2) 当信号功率过小或噪声功率过大时会影响检测性能。

(3) 当存在大的频偏时，会导致信号谱线移位，使得检测性能大大下降。

为了克服上述问题，在多载波并行数据传输中，我们提出了一种基于自适应门限的高分辨率 FFT 变换频谱能量检测方法，其基本步骤如下：

(1) 选定信号谱线作为测量对象。以 7200Hz 对接收信号进行采样，采用 256 点 FFT 变换时对应的谱线分辨率为 7200Hz/256＝28.125Hz。系统的最大频偏误差是±75Hz，则频偏范围为 150Hz，覆盖 5 根谱线。因此，需测量标准信号谱线及左右偏移两根的谱线，从这 5 根谱线中取最大值作为信号检测音的谱线能量。对于四音帧对应的谱线 $f_{14\times2}$、$f_{26\times2}$、$f_{38\times2}$、$f_{50\times2}$，在存在频偏的情况下，将其能量最大值记为 $\max(\hat{f}_{14\times2})$、$\max(\hat{f}_{26\times2})$、$\max(\hat{f}_{38\times2})$ 和 $\max(\hat{f}_{50\times2})$，对应的位置估计值记为 $\mathrm{max\_addr}(\hat{f}_{14\times2})$、$\mathrm{max\_addr}(\hat{f}_{26\times2})$，$\mathrm{max\_addr}(\hat{f}_{38\times2})$ 和 $\mathrm{max\_addr}(\hat{f}_{50\times2})$。

对每个检测单音对应的 5 根谱线能量进行求和，记为 $\sum \text{power}(\hat{f}_{14\times2})$、$\sum \text{power}(\hat{f}_{26\times2})$、$\sum \text{power}(\hat{f}_{38\times2})$、$\sum \text{power}(\hat{f}_{50\times2})$。

(2) 选定噪声谱线作为相对门限的比较对象。为使噪声谱线和信号最大值谱线的间距最大，根据 $f_{14\times2}$、$f_{26\times2}$、$f_{38\times2}$、$f_{50\times2}$ 信号谱线的实际位置估计值 max_addr($\hat{f}_{14\times2}$)、max_addr($\hat{f}_{26\times2}$)、max_addr($\hat{f}_{38\times2}$)、max_addr($\hat{f}_{50\times2}$)，动态选取 addr($\hat{f}_{20\times2}$)、addr($\hat{f}_{32\times2}$)、addr($\hat{f}_{44\times2}$) 谱线作为噪声谱线。分别对噪声谱线及其左右两根谱线共 5 根谱线能量进行求和记为 $\sum \text{power}(\hat{f}_{20\times2})$、$\sum \text{power}(\hat{f}_{32\times2})$、$\sum \text{power}(\hat{f}_{44\times2})$。

(3) 计算信噪比，得到自适应门限的表示式为

$$\text{SNR}(n) = \frac{\sum \text{power}(f_{14\times2}) + \sum \text{power}(\hat{f}_{26\times2}) + \sum \text{power}(\hat{f}_{38\times2}) + \sum \text{power}(\hat{f}_{50\times2})}{\left(\sum \text{power}(\hat{f}_{20\times2}) + \sum \text{power}(\hat{f}_{32\times2}) + \sum \text{power}(\hat{f}_{44\times2})\right)} \tag{4-35}$$

(4) 统计分析最近 8 次样本的信噪比和最大值谱线间距值完成信号检测。

上述基于自适应门限的高分辨率 FFT 变换频谱能量检测，通过频率分集对抗信道频率选择性衰落；通过时间分集对抗时间选择性衰落；通过延长信号累积时间，采用高分辨率的 FFT 变换提高系统抗白噪声干扰的性能；通过扩展的信号谱线测量，降低系统频偏对信号检测的影响；通过有效的信噪比测量方法提高对复杂信道的适应能力。

4.4.2　系统频偏的最大似然估计

载波同步是接收信号处理的一个重要环节。对于差分相位调制，接收方通过前后符号的相位值获取解调信息，一般情况下无需精确的载波同步。但在本系统中，一方面码元宽度 T_b 特别大，一个符号内由频偏引起的差分相位误差不可忽略；另一方面由于系统采用 FFT 变换解调，当存在频偏时会导致信号谱线偏移，形成谱线互扰，影响解调性能。所以在多载波并行传输系统中载波同步同样重要。

在并行多载波调制解调体制中，各个单音相互正交，可以实现并行数据传输。而当接收端与发送端的载波存在频偏时，接收端各个单音之间的正交性会受到破坏，那么每个单音上的数据都将遭受其余单音携带数据的干扰，使解调性能大大恶化，因此精确的频偏估计是提高传输性能的前提。

这里要说明的是，在具体实现中，信号检测和多普勒频偏的估计是同时完成的，为了方便分析，下面分开论述。

4.4.2.1　基于 DFT 的频偏最大似然估计

数字通信系统常用数字锁相环路完成载波同步。数字锁相环路常采用反馈迭

代法使本地载波逐步逼近接收信号载波。由于短波信道是时间选择性时变衰落信道，存在严重的噪声干扰，常常使得相位误差暂时判别出错，导致环路反向调整，此时数字锁相环路需要更长时间才能趋于锁定，严重影响载波同步性能。

为此，我们提出了一种基于最大似然估计的载波同步方法，通过多样本联合估计，提取频偏信息，可以改善时间选择性衰落信道条件下的性能。该方法等效为对信号的长时间积分，可有效抑制噪声，提高抗干扰能力。参与联合估计的四音帧信号持续时间为 315ms，采样速率为 7200Hz 时，可进行 8 次 256 点 FFT 运算。

对于四音帧信号，设其中某一单音的频率为 f，由于采用连续相位调制，则发送的单音信号序列可表示为

$$S(n)=A\cos\left(2\pi n\frac{f}{f_s}+\theta\right) \tag{4-36}$$

接收信号可表示为

$$R(n)=A\cos\left(2\pi n\frac{f}{f_s}+\theta\right)+W(n) \tag{4-37}$$

其中 $W(n)$ 为信道中的加性高斯白噪声；f_s 为采样率。

通过希尔伯特变换构造的解析信号为

$$Z(n)=R(n)+\mathrm{j}\hat{R}(n) \tag{4-38}$$

其中 $\hat{R}(n)=\hat{S}(n)+\hat{W}(n)=A\sin(2\pi n\frac{f}{f_s}+\theta)+\hat{W}(n)$。

对于 N 点的接收样本，Z 的联合概率分布可表示为

$$F(z,f)=\left(\frac{1}{2\pi\sigma^2}\right)^N\exp\left\{-\frac{1}{2\sigma^2}\sum_{n=0}^{N-1}\left[(R(n)-S(n))^2+(\hat{R}(n)-\hat{S}(n))^2\right]\right\} \tag{4-39}$$

对 f 的估值问题可归结为 $F(z,f)$ 求最大值问题，令

$$L_x=-\frac{1}{N}\sum_{n=0}^{N-1}\left[(R(n)-S(n))^2+(\hat{R}(n)-\hat{S}(n))^2\right] \tag{4-40}$$

则 $F(z,f)$ 求最大值问题又可简化为对式(4-40)求最大值问题。

将式(4-40)展开，在高斯白噪声情况下，$\sum_{n=0}^{N-1}R^2(n)$ 和 $\sum_{n=0}^{N-1}\hat{R}^2(n)$ 可看作常量项，省略后得到

$$\begin{aligned}L_x&=\frac{2}{N}\sum_{n=0}^{N-1}(R(n)S(n)+\hat{R}(n)\hat{S}(n))-\frac{1}{N}\sum_{n=0}^{N-1}(S^2(n)+\hat{S}^2(n))\\&=\frac{2}{N}\mathrm{Re}\left(\sum_{n=0}^{N-1}Z(n)\cdot A\cdot\exp\left(-\mathrm{j}2\pi n\frac{f}{f_s}-\mathrm{j}\theta\right)\right)-A^2\\&=2A\cdot\mathrm{Re}[A(f)\exp(-\mathrm{j}\theta)]-A^2\end{aligned} \tag{4-41}$$

其中 $A(f)=\frac{1}{N}\sum_{n=1}^{N-1}Z(n)\cdot\exp\left(-\mathrm{j}2\pi n\frac{f}{f_{\mathrm{s}}}\right)$。

这样 $F(Z,f)$最大值问题又可进一步简化为取 f 的估值 $\hat{f}$ 使$|A(f)|$最大，这时 $\hat{f}$ 为 f 的最大似然估值。

频偏的最大似然估值算法可以通过离散傅里叶变换得到，接收信号 Z 的离散傅里叶变换为

$$A_k=\frac{1}{N}\sum_{n=0}^{N-1}Z(n)\cdot\exp\left(-\mathrm{j}2\pi n\frac{k}{N}\right),\quad k=0,1,\cdots,N-1 \tag{4-42}$$

将式(4-41)、式(4-42)相比较，对比$\frac{k}{N}$和$\frac{f}{f_{\mathrm{s}}}$可知，选取合适的 N 和 k 值，可以由 DFT 结果直接求得频移的最大似然估值。

4.4.2.2　利用线性插值法提高频偏估计精度

在多载波并行数据传输中，采用 256 点 FFT 变换时，分析谱线间距为 $B=28.125\mathrm{Hz}$，结果为离散值。为了准确估计实际频偏，可用插值的方法来求得更精确的频偏值。假设发送端某一信号检测音的谱线位置为 c，在接收端，首先确定最大能量谱线对应的复数模值 a_1 和偏移谱线位置 c_1，然后在 c_1 谱线相邻的两个谱线中找到次最大值谱线，其复数模值为 a_2，位置为 c_2。则此时的频偏值可用线性插值法确定，如图 4-20 所示。

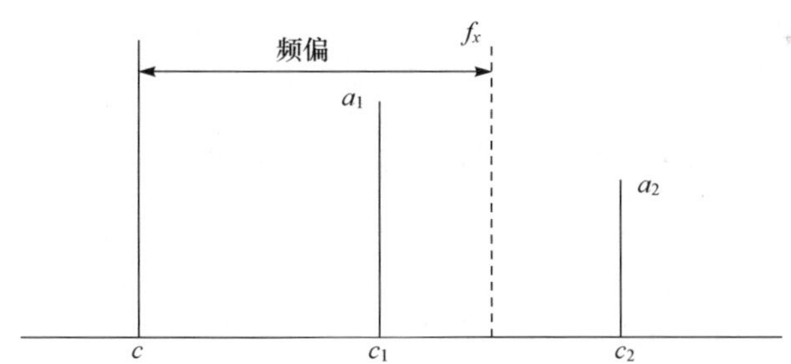

图 4-20　基于线性插值法的频偏估计示意图

由式(4-43)可以计算接收端实际对应信号检测音的频率点 f_x 位置，进而得到更精确的频偏估计值。

$$\hat{f}_x=(c_1-c)+(c_2-c_1)\frac{a_2}{a_1+a_2} \tag{4-43}$$

其中$(c_2-c_1)=\pm B$，为相邻两谱线的间隔。

对于第 3 章中的栏栅效应，也可以采用这种线性插值方法提高 FFT 分析精度。

4.4.2.3　低信噪比条件下基于预先偏离的频偏估计

对于谱线没有正好落在 FFT 分辨率谱线的时域信号,进行 FFT 变换会导致频谱扩展现象,而且还存在一个频谱模糊区。在分析谱线间距 $B=28.125\text{Hz}$ 的情况下,对于均匀分布在某一范围内的频偏值,在各分辨率谱线附近 5Hz 范围内存在频谱模糊现象。

其主要原因是:当所要估计信号的谱线位于 FFT 分辨率谱线附近时,其相邻一根谱线频谱泄漏大,但另一根谱线的频谱泄漏很小,尤其在噪声比较严重时,泄漏较小谱线的强度主要由噪声功率和运算误差所决定,此时用插值方法进行频偏估计会带来较大误差,如图 4-21 所示。

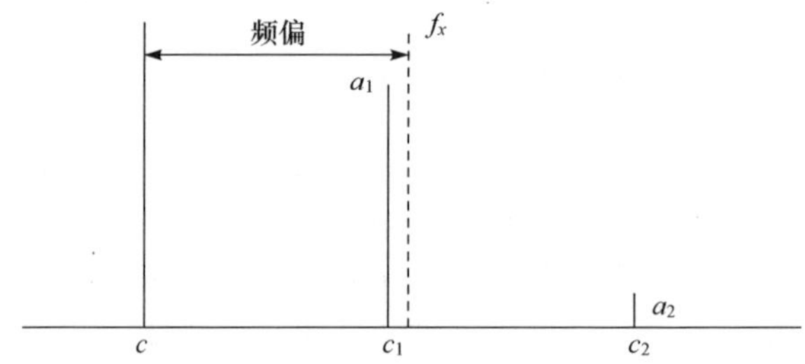

图 4-21　在频谱模糊区线性插值法的频偏估计示意图

当所要估计信号的谱线位于 FFT 分辨率谱线中间附近时,相邻两个谱线的频谱泄漏均较大,即使在噪声比较严重时,其谱线功率还是主要由信号功率决定,此时通过插值方法可以得到相对准确的频偏估计。

所以当出现频谱模糊现象时,可以对输入的时域信号预先增加$\frac{B}{2}$频率偏移,使得输入信号谱线脱离 FFT 变换频偏估计的模糊区,如图 4-22 所示。

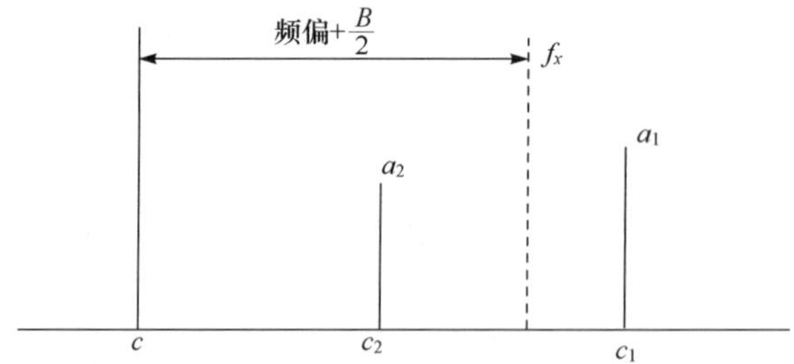

图 4-22　预先增加$\frac{B}{2}$频率偏移后线性插值法的频偏估计示意图

此时的频偏估计值可由式(4-44)得到

$$\hat{f}_x=(c_1-c)+(c_2-c_1)\frac{a_2}{a_1+a_2}-\frac{B}{2} \tag{4-44}$$

4.4.2.4　一种用于插值计算的低复杂度复数模求解方法

在插值计算中需要计算复数模，对于复数 $z=x+\mathrm{j}\cdot y$，复数模一般通过以下运算得到：

$$|z|=\sqrt{x^2+y^2} \tag{4-45}$$

在 DSP 数字信号处理芯片中，求和及平方运算可以在一个指令周期内完成，但$\sqrt{\ }$无法直接完成，只能通过逐次逼近法进行开根号运算，编程复杂，运算量较大。为了降低运算量，这里提出了一种低复杂度复数模近似值计算方法。

令 $l=\max(|x|,|y|)$，$s=\min(|x|,|y|)$，则

$$|z|=\sqrt{l^2+s^2} \tag{4-46}$$

$$|z|=l\times\sqrt{1+\left(\frac{s}{l}\right)^2} \tag{4-47}$$

由泰勒级数展开，可得

$$|z|=l\times\left(1+\frac{1}{2}\left(\frac{s}{l}\right)^2-\frac{1}{8}\left(\frac{s}{l}\right)^4+\frac{1}{16}\left(\frac{s}{l}\right)^6-\cdots+(-1)^n\frac{(2n-1)!!}{(2n)!!}\left(\frac{s}{l}\right)^n\right) \tag{4-48}$$

$$|z|\approx l+\frac{1}{2}\frac{s^2}{l}-\frac{1}{8}\frac{s^4}{l^3} \tag{4-49}$$

当 $|l|>4|s|$ 时，可以取 $|z|=|l|$。其他情况下，$|z|$ 的近似求解方法如下：

$$|z|\approx l+\frac{1}{2}s-\frac{1}{8}l=0.5\times s+0.875\times l \tag{4-50}$$

近似求解方法的近似误差分别如图 4-23 所示。

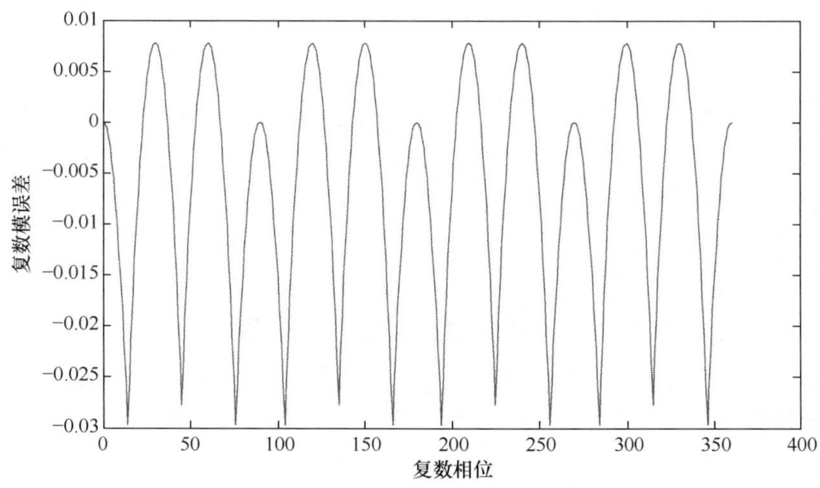

图 4-23　$|z|=0.5\times s+0.875\times l$ 时的近似误差

由上面的分析可知，采用低复杂度的求复数模近似方法可以大幅度降低运算量，其误差小于 3×10^{-2}，满足基于插值的频偏估计算法对计算精度的要求。

4.4.3 双 DFT 变换内积帧同步建立

在多载波并行数据传输中，专门发送三音帧信号用于帧同步，其目的是在接收信号中区分每个 22.5ms 帧的起始位置。针对多载波并行数据传输中帧同步信号的特点，设计了一种性能可靠的帧同步建立方案，即双内积同步法。双内积同步法建立在最大后验概率准则（MAP 准则）基础之上，采用了基于前后窗的滑动 DFT 变换，在频域上计算某谱线上相位突变的内积值。

4.4.3.1 最佳帧同步位置

理论上，最佳帧同步位置在本帧起始第 17 点处，如图 4-24 所示。这是因为在无多径干扰情况下，在最佳同步位置偏移±17 点范围内，均可获得 128 点本帧信号，完成数据音分路解调。

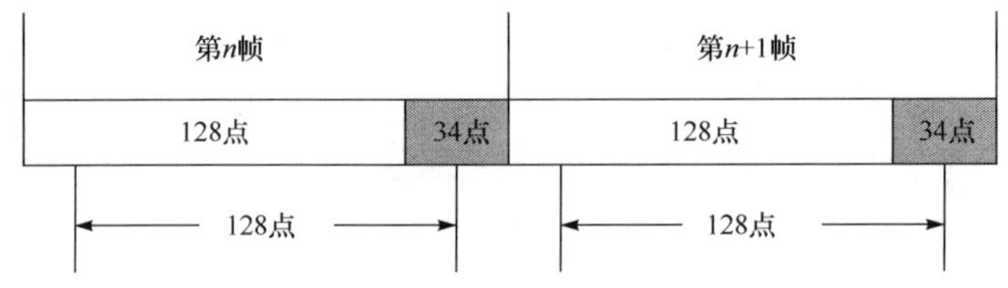

图 4-24　最佳同步位置示意图

在实际信道中，多径会引起码间串扰，从而严重影响同步性能。而在最佳同步位置，码间串扰最小。因此，当多径时延小于 $\frac{17}{7200}$s，即 2.36ms 时，在最佳同步位置可完全隔离码间串扰。

这里需要说明的是，最佳同步位置是动态的，因此在接收机中，可利用信道估计来确定多径的分布情况，并通过最佳同步位置的前移或后移，获得更大的码元间多径隔离度，提高系统的抗多径能力。

4.4.3.2 周期信号的滑动 DFT 算法

最佳同步位置的确定，需要将移位后的信号进行多次 DFT 运算，为了减少运算量，对时域周期信号可以采用滑动 DFT 算法完成。

设时域离散信号序列为 $x(n)$，其中 $n=0,1,2,\cdots$。对于第 k 个子载波，当前时刻的 DFT 变换为

$$X_0(k) = \sum_{n=0}^{N-1} x(n) W_N^{kn} \tag{4-51}$$

滑动一点后，其 DFT 变换为

$$\begin{aligned} X_1(k) &= \sum_{n=0}^{N-1} x(n+1) W_N^{kn} \\ &= \sum_{n=0}^{N-1} x(n) W_N^{kn} \cdot W_N^{-k} - x(0) W_N^{-k} + x(N) W_N^{k(N-1)} \end{aligned} \tag{4-52}$$

当 $x(n)$ 是周期为 N 的时域序列时，有

$$x(n) = x(n+N), \quad 且\ W_N^{k(N-1)} = W_N^{-k} \tag{4-53}$$

则当 $n=1$ 时，有

$$X_1(k) = (X_0(k) + x(N) - x(0)) W_N^{-k} \tag{4-54}$$

当 n 为其他值时，有

$$X_n(k) = (X_{n-1}(k) + x(N+1) - x(1)) W_N^{-k} \tag{4-55}$$

从上面的分析可以看出，对于周期时域序列，通过滑动 DFT 算法可以大大节省计算量。

4.4.3.3　帧同步信号起止时刻判别和回退处理

多载波并行体制中，为了对抗信道的时间选择性衰落，发送 14 帧四音信号专门用于存在性检测，发送 8 帧三音信号专门用于帧同步建立，1 帧用于参考相位，后续数据帧用于传输用户数据。和其他通信系统不同之处在于，在有噪声环境下，以上各阶段无法明显区分，这是系统实现中的难题之一，也是决定系统性能的关键。从统计角度判别三音帧同步信号起止时刻，可以很好地找到帧同步位置。

上述的信号存在性检测采用 256 点 FFT 变换分析频谱，其中 $f_{14\times2}$、$f_{26\times2}$、$f_{38\times2}$、$f_{50\times2}$ 为信号谱线对应位置，$f_{20\times2}$、$f_{32\times2}$、$f_{44\times2}$ 为噪声谱线对应位置，不难发现，所选取的噪声谱线正好位于三音帧同步信号所处位置。由于在未实现帧同步时，经 FFT 变换后，三音帧同步信号对应的谱线处会出现频谱泄漏情况。通过公式(4-35)计算的信噪比，已经包含了主谱线和相邻谱线，对三音帧同步信号的存在性检测同样有效。

完成信号检测后，当连续 k 次出现信噪比小于门限时，则表明已经出现三音帧同步信号，一般选取 $k=2$。为了提高系统帧同步性能，要尽可能利用全部三音帧同步信号进行处理。为此要回退 k 帧，再进行帧同步建立处理。由于三音帧同步信号共 8 帧，后续是参考相位帧，考虑到三音帧同步信号起止时刻判别有可能存在一帧滞后，帧同步处理迭代 7 次并获取最佳帧同步位置后，要立即对数据帧参考相位进行解调。

4.4.3.4 基于双滑动 DFT 的内积帧同步

对于三音帧同步信号，前后帧之间的相位存在反转。由于对应的谱线位置 f_{20}、f_{32}和 f_{44}的序号都能被 4 整除，则可用$\frac{128}{4}=32$ 点实数序列 DFT 完成频谱分析。

如前所述，通过希尔伯特变换，已将实数输入序列转换成复数序列，则可用 16 点复数序列 DFT 实现对三音帧同步信号的频谱分析。

内积帧同步通过前后窗双 DFT 变换值内积提取相位突跳信息，获得同步位置。前后窗间隔选取要考虑以下因素：所选间隔 L 太大时，对于时变信道，会导致前后接收序列传播特性变化，造成基于内积值最小判别的同步可信度下降；所选间隔 L 太小时，由于前后两次 DFT 会用到接收复数序列的重叠部分，也会造成基于内积值最小判别的同步可信度下降。

前后窗间隔为 $L=16$ 个复数点是完成处理所要求的最小 DFT 点数，同时也保证了前后窗 16 点 DFT 变换选取不同的复数序列，提高基于内积值(DOT)最小判别同步的可信度。三音帧同步信号包含了 3 个单音，可通过 3 重的频率分集改善低信噪比条件下的同步性能。

$$X_0(k)=\sum_{n=0}^{15}x(n)W_N^{kn},\quad k=20,32,44 \tag{4-56}$$

$$X_{16}(k)=\sum_{n=0}^{15}x(n+16)W_N^{kn},\quad k=20,32,44 \tag{4-57}$$

$$\mathrm{DOT}(0)=X_0(20)\times X_{16}^*(20)+X_0(32)\times X_{16}^*(32)+X_0(44)\times X_{16}^*(44) \tag{4-58}$$

由 DFT 的特性可知，当 $x(n)$与 $x(n+16)$分别属于前后两帧时，DOT 出现最小值。因此，通过逐点滑动，进行以上运算，直到相邻的两点各属于前后两帧时，可得到帧同步位置。

$$X_n(k)=X_{n-1}(k)W_N^{-k}-x(n-1)W_N^{-k}+x(n+16)W_N^{k(N-1)} \tag{4-59}$$

其中 $k=20,32,44$。此时有 $W_N^{-k}=W_N^{k(N-1)}$，则上式可以化简为

$$X_n(k)=[X_{n-1}(k)+x(n+16)-x(n-1)]\cdot W_N^{-k} \tag{4-60}$$

则有

$$\mathrm{DOT}(n)=X_n(20)\times X_{n+16}^*(20)+X_n^*(32)\times X_{n+16}^*(32)+X_n(44)\times X_{n+16}^*(44) \tag{4-61}$$

其中 $n=1,2,\cdots,80$。帧同步值为满足 $\min(\mathrm{DOT}(n))$的 n 值。

4.5　定时与频偏跟踪技术

4.5.1　基于最小频谱泄漏的同步跟踪

初始帧同步建立后，在进行数据传输过程中，由于收发两端采样时钟的差异性，会逐步偏离原先的最佳同步位置。如不采用同步跟踪，最终会导致失步。在无特殊要求情况下，目前调制解调器中常用自动温度补偿晶振，其时钟精度的典型值为 1×10^{-6}。对于多载波并行数据传输体制，采样速率为 7200Hz，考虑收发双方正频偏和负频偏的最坏情况，估算可知大约经过 69s 就可能产生 1 个样点的同步偏移，可见在通信过程中必须进行同步跟踪。

4.5.1.1　基于最小频谱泄漏的帧同步估计

在多载波并行数据传输中，39 音所对应的载波频率为 $f_{12},f_{13},\cdots,f_{50}$。在载波同步基础上，对帧内信号进行 DFT 变换时，由于各数据调制子载波相位连续，在邻近的 f_{11} 和 f_{51} 载波上，泄漏能量很小。而当帧同步存在误差时，各子载波受调制数据影响，可能出现相位突跳，从而在 f_{11} 和 f_{51} 邻近子载波上出现较大的频谱泄漏。

由于多载波并行数据传输中循环前缀为 17 个复数样点，前后窗间隔可取 17。现假定本帧信号起始点为 0，对 f_{11} 和 f_{51} 子载波进行 DFT 运算可得

$$X_1(k)=\sum_{n=0}^{N-1}x(n)\cdot W_N^{kn},\quad \text{其中 } k=11 \text{ 和 } 51 \tag{4-62}$$

$$X_2(k)=\sum_{n=0}^{N-1}x(n+17)\cdot W_N^{kn},\quad \text{其中 } k=11 \text{ 和 } 51 \tag{4-63}$$

$$\mathrm{SUB}(k)=X_1(k)\cdot X_1^*(k)-X_2(k)\cdot X_2^*(k),\quad \text{其中 } k=11 \text{ 和 } 51 \tag{4-64}$$

SUB 值调整规则如下：

$$\mathrm{SUB}\begin{cases}>0, & \text{向后调整计数 count}+1\\ =0, & \text{不计数}\\ <0, & \text{向前调整计数 count}-1\end{cases} \tag{4-65}$$

在准确同步时，count 值维持在 0 附近较小的数据范围内。

由前面分析可知，在 $\frac{69}{0.0225}=3066$ 帧可能产生 1 个样点的同步偏移，即一般大约经过 3066 帧时，才需要调整一个样点。可见，可以设定一个较大的调整门限，如在 SUB>32 时，向后调整一个样点。当 SUB<−32 时，向前调整一个样点。

4.5.1.2　帧同步调整对参考相位的影响

通过上述的帧同步估计调整 n 个复数样点后，后续帧将在新的同步位置进行

解调,并且以当前帧作为参考相位。显然当前帧和后续帧的间隔不再是 $F_l=81$ 个复数样点,变化为 F_l+n,其中向后调整 n 为正值,向前调整 n 为负值。后续第一帧进行差分解调时会暂时引入相位误差,但在后续第二帧会自动消除。

为保证系统性能,必须对作为后一帧参考相位的当前帧的各复数谱线进行相位校正,同时由于各子载波频率不同,其相位误差也不同,需逐个校正,其校正值如下:

$$\theta_k=\frac{\pi k}{N}\times n, \quad N=64, \quad k=12,13,\cdots,50 \tag{4-66}$$

4.5.2 信号迟入同步

当接收端错过了用于同步建立的同步头信号,或者在通信过程中被强干扰中断后,可以依据数据帧特征来建立同步,实现通信的接续,这称为迟入同步,也称为“慢同步”技术。

4.5.2.1 基于数据帧多普勒音的信号捕获技术

当采用 256 点 FFT 变换进行四音帧存在性检测时,对应的频率分辨率为 $\frac{7200}{256}=28.125\text{Hz}$。此时,多普勒音位于 $f_{7\times2}$,而信道最大频偏为 ±75Hz 时,则收端多普勒音可能出现在 $f_{7\times2}$ 谱线左右偏移各 3 个范围内。

假定数据传输阶段每帧的归一化功率输出为 1,则多普勒音所占用的能量为 $\frac{2^2}{1\times39+2^2}=\frac{4}{43}$,而前面专门发送四音帧信号的归一化总功率为 $\frac{4\times3^2}{43}=\frac{36}{43}$,并且连续发送了 14 帧信号,可进行 8 次 256 点 FFT 变换。由此,可以得到,要达到与初始同步相当的信号检测性能,至少需要对 $9\times8=72$ 帧以上数据信号进行联合处理。

通过 256 点 FFT 运算,可以得到 $f_{11},f_{12},\cdots,f_{17}$ 的谱线能量 $X(k)$,其中 $k=14$ 为无频偏时的多普勒音谱线位置。为了对多帧信号进行联合处理,可通过一阶 IIR 滤波器得到当前时刻平滑后的谱线能量值 $Y(k)$,IIR 滤波器的传输函数为

$$F_n(f_k)=F_{n-1}\cdot(1-a_1)+a_1\cdot \text{power}(f_k) \tag{4-67}$$

其中 a_1 由联合处理帧数决定,可取 $a_1=0.015$,$k=11,12,\cdots,17$。由此可以求得信噪比及其对应的谱线位置

$$\text{SNR}_{f_7}(n)=\frac{\max(F_n(f_k))}{\min(F_n(f_k))} \tag{4-68}$$

$$\text{ADDR}_{f_7}(n)=\text{max\_addr}(F_n(f_k)) \tag{4-69}$$

通过对信噪比和最大值位置进行统计分析，初步判别信号是否存在，然后用插值法计算频偏。这里只能完成对信号存在的初步判别，存在较大的虚警概率，还要借助后续的帧同步信息进一步确认信号是否存在。在白噪声信道条件下，当频偏为-28.25Hz，SNR$=-6$dB 时，通过 84 帧联合处理，得到的仿真结果如图 4-25 所示。从图中可以看出，可以估计出频偏为-28.25Hz。

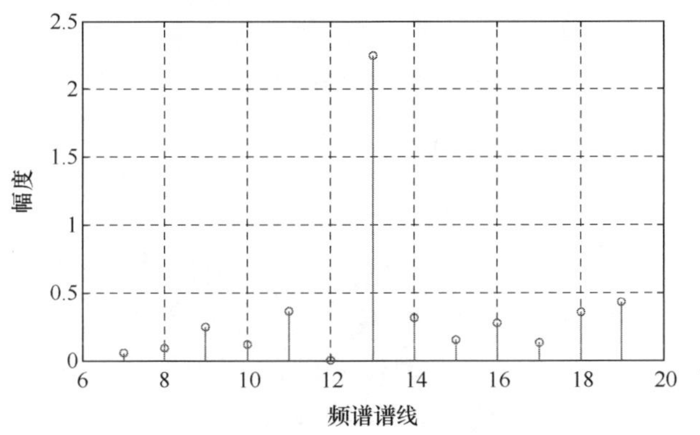

图 4-25　84 帧联合处理的 FFT 运算结果

4.5.2.2　基于最少试探次数的迟入帧同步

如前所述，多载波信号在数据传输阶段，由 40 个子载波组成。其中 f_7 为连续相位单音，称之为多普勒音，并且其归一化幅度是其他 39 数据音幅度的 2 倍，f_{12}，f_{13}，…，f_{50}等 39 音用于数据传输，要在数据传输过程中建立同步，只能从以上 40 音中，提取信号及同步信息。

显然，由于多普勒音为连续相位单音，无相位突跳引起的频谱扩展，可以用于信号检测和载波同步，但无法从中提取帧同步信息，故只能设法从数据音 f_{12}，f_{13}，…，f_{50}中提取帧同步信息。

通过对多载波信号帧结构分析可知，可以在当前 2 帧接收序列中通过滑动 DFT 方法对 f_{11}频谱泄漏情况进行分析，从而找到同步位置。

只有当所进行 DFT 变换的接收序列全部落在一帧内时，处理的接收序列无相位跳变，f_{11}上的频谱泄漏才能最小。分析可知，当滑动间隔为 $d=17$ 时，需要的试探次数最少，仅需 4 次 DFT 运算就可找到同步位置，并且其同步误差小于 8，满足在小运算量代价情况下慢同步的要求。在转入正常数据解调后，再消除剩余的同步误差。

联合本帧和上一帧信号，做 4 次 64 点复数 DFT，分析 f_{11}的频谱泄漏情况

$$X_0(k)=\sum_{n=0}^{N-1}x(n)W_N^{kn} \tag{4-70}$$

$$X_d(k) = \sum_{n=0}^{N-1} x(n+d) W_N^{kn} \tag{4-71}$$

$$X_{2d}(k) = \sum_{n=0}^{N-1} x(n+2d) W_N^{kn} \tag{4-72}$$

$$X_{3d}(k) = \sum_{n=0}^{N-1} x(n+3\times d) W_N^{kn} \tag{4-73}$$

则 $F_{\text{addr}}(n) = \text{min\_addr}(X_0(k), X_d(k), X_{2d}(k), X_{3d}(k))$。通过统计分析 $F_{\text{addr}}(n)$ 在 $0, d, 2d, 3d$ 的分布情况，就能够判别是否存在数据音，并且完成帧的初步同步。

4.5.2.3 频偏预先校正迟入帧同步

当频偏小于－28.125Hz时，如频偏为－56.25Hz时，f_{12}数据音频谱已偏移到f_{11}载频上。这样，通过分析f_{11}频谱泄漏获取帧同步信息的性能将急剧下降。为此，在迟入帧同步时，应首先对多普勒音进行载波频偏估计，对当前帧进行频偏校正后，再对f_{11}频谱泄漏进行分析，可获得较好的性能。在频偏为－28.25Hz，SNR＝＋6dB条件下，由于频偏的存在，无预先校频情况下在f_{11}无法提取帧同步信息，其仿真结果如图4-26所示。

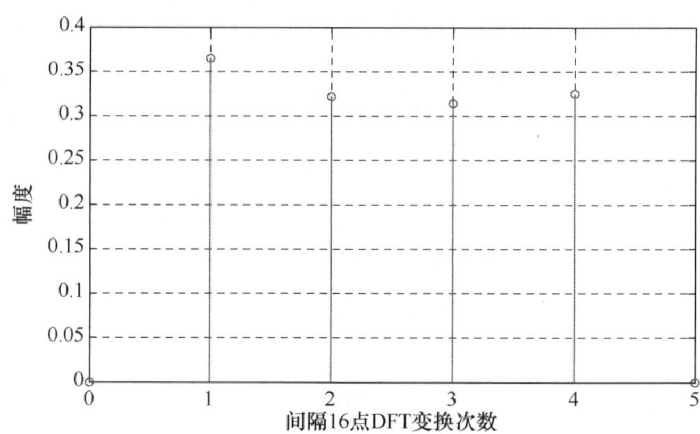

图4-26　无预先频偏校正DFT结果

图4-27给出了有预先频偏校正时的DFT结果，从图中可以看出，在第3次DFT变换时，在f_{11}上的泄漏能量最小，并且与其他相比差异较大。此时可以提取帧同步信息，即帧同步位置位于3×17＝51的复数序列位置。

图4-28给出了迟入同步的原理框图。

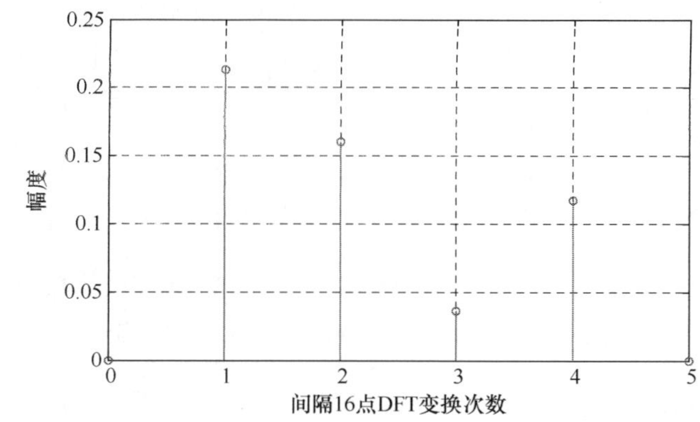

图 4-27　有预先校正频偏 DFT 结果

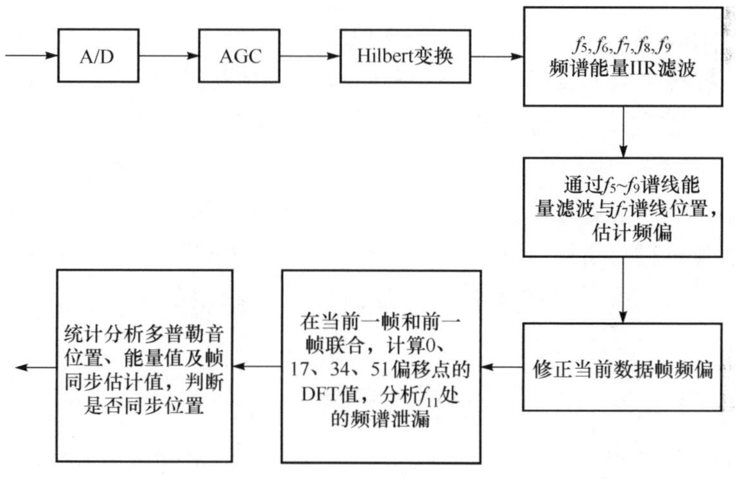

图 4-28　迟入同步原理框图

4.5.3　基于谱线能量和数据辅助的多普勒频移跟踪

在短波通信中，由收发双方时钟漂移、通信双方处于相对运动、电离层的快速运动、反射层高度的快速变化及传播路径的不断变化等造成的通信频率偏移现象，称为多普勒频移，其典型值通常小于 3.5Hz/s。

在通信过程中，需要及时校正频率漂移，否则前后帧差分解调时，会产生较大的相位误差，严重时会影响判决结果，导致错误。例如，在多载波并行数据传输中，对于 1Hz 的频偏，可造成各子信道前后帧差分解调相位偏移 8.1°。

在多载波并行数据传输中，通过专门的多普勒音 f_7 跟踪信道的多普勒频移。显然 f_7 宜采用连续相位调制，减少频谱泄漏，从而确保一定的跟踪性能。另外，相对其他 39 个数据音，系统还将多普勒音 f_7 的谱线幅度提高一倍，进一步提高抗干扰能力和快速频偏跟踪性能。为了论述方便，定义接收信噪比 SNR＜0dB 时为低信噪比信道；0dB≤SNR＜6dB 时为中信噪比信道；SNR≥6dB 时为高信噪比信道。不同信噪比条件下，所采用的跟踪算法也有所区别。

4.5.3.1 低信噪比下基于长时信号积分的可靠频偏估计

在多载波并行数据传输中，利用四音帧估计初始频偏，后续数据传输过程中再利用多普勒音进行频偏跟踪，初始的频偏估计和后续的频偏跟踪性能应相当。

在基于四音帧的频偏估计中，4 音功率共占全部信号功率的 $\frac{36}{43}$，而用多普勒音 f_7 进行频偏估计时，由于 f_7 音功率仅占全部信号功率的 $\frac{4}{43}$，在低信噪比时，仅在一帧内进行频偏估计，性能不佳。

信号处理理论表明，信号积分时间越长，信号估计越准确，因此可以通过长时信号积分来实现可靠的频偏估计。例如，选定 16 帧信号进行联合估计，由于 f_7 是连续相位调制，可采用 $N=16\times64=1024$ 点的 DFT 变换，分析 f_7 频谱和其相邻谱线。

1024 点 DFT 变换的频率分辨率为 3.515625Hz，积分时间为 360ms。由于要求的多普勒频偏跟踪指标为 3.5Hz/s，所积分时间内频率偏移最大值为 1.26Hz，小于 3.515625Hz，可见频率偏移可以通过连续 3 根谱线 $k=111,112,113$ 进行估计。

$$X(k)=\sum_{n=0}^{N-1}x(n)W_N^{kn} \tag{4-74}$$

为了降低占用的内存，当 $n=0$ 时，令 $X_{-1}(0)=0$，可利用下式进行递推运算：

$$X_n(k)=X_{n-1}(k)+x(n)W_N^{kn} \tag{4-75}$$

然后依据对 $k=111,112,113$ 谱线测量的结果，利用插值法更精确地估计频偏。对于前面所提的“频谱模糊现象”，考虑到噪声的统计独立特性和信号的前后关联特性，通过长时间积分可以有效抑制噪声。当剩余频偏小于 0.1Hz 时，对解调相位最多引入 0.81°的误差，在低信噪比时可以忽略。

当信噪比为−6dB，系统剩余频偏为 1.5Hz 时，采用 64 点 DFT 变换的结果如图 4-29 所示，由于信噪比低，信号积分时间过短，谱线最大值在第 8 根音处，其频偏估计值为 33Hz，导致频偏估计值完全出错，误差很大。

采用 1024 点 DFT 变换的结果如图 4-30 所示。从图中可以看出，长时信号积分有效抑制了噪声的影响，其频偏估计值为 1.54Hz，在低信噪比条件下，可以满足性能要求。

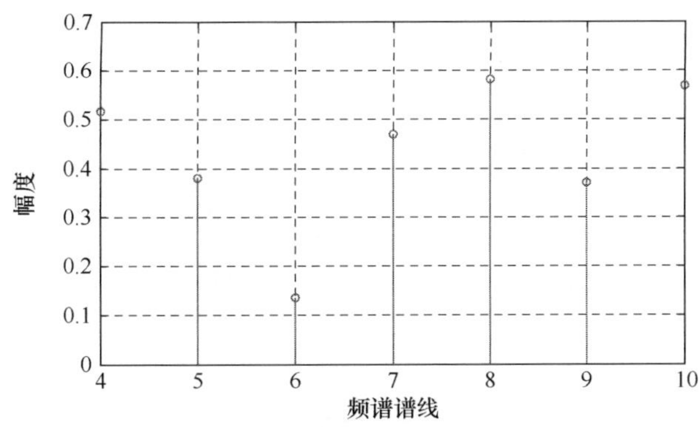

图 4-29　信噪比为－6dB,剩余频偏为 1.5Hz 时 64 点 DFT 变换结果

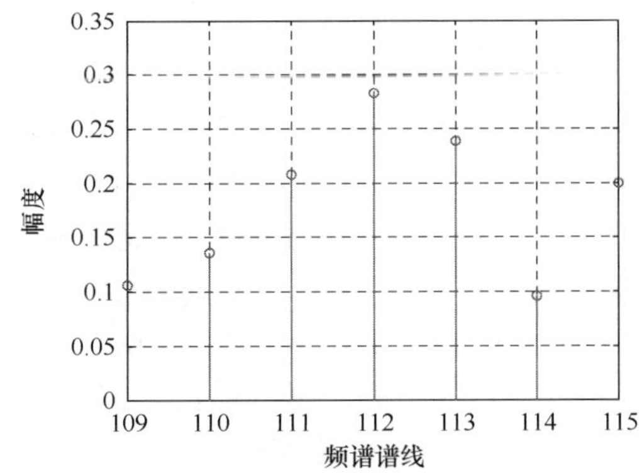

图 4-30　信噪比为－6dB,剩余频偏为 1.5Hz 时 1024 点 DFT 变换结果

4.5.3.2　中信噪比下步进式频偏跟踪

通过前一节的分析,低信噪比的长时信号积分可靠频偏估计虽然具有很好的性能,但存在一个问题,即在 16 帧积分时间窗内无法对频偏进行实时估计和校正。

当接收信噪比 SNR＞0dB 时,64 点 DFT 变换结果可以基本反映多普勒音的频谱偏移情况,因而可以利用多普勒音相邻谱线的频谱泄漏估计多普勒频偏,进而对频偏进行实时跟踪。

利用 64 点 FFT 变换信号分路时得到的 f_7 谱线及其相邻谱线 f_6 和 f_8,通过频谱泄漏估计多普勒频偏。当信噪比为 0dB,系统剩余频偏为 1.5Hz 时,采用 64 点 FFT 变换的结果如图 4-31 所示。

从图 4-31 中可以看出,当 SNR＞0dB,f_6 和 f_8 谱线可以基本反映出多普勒音泄漏的程度。通过适当延长观测时间,可使得 f_6 和 f_8 谱线更加精确的反映多普勒音能量泄漏的程度,通过逐步逼近的方法不断调整频偏估计值。

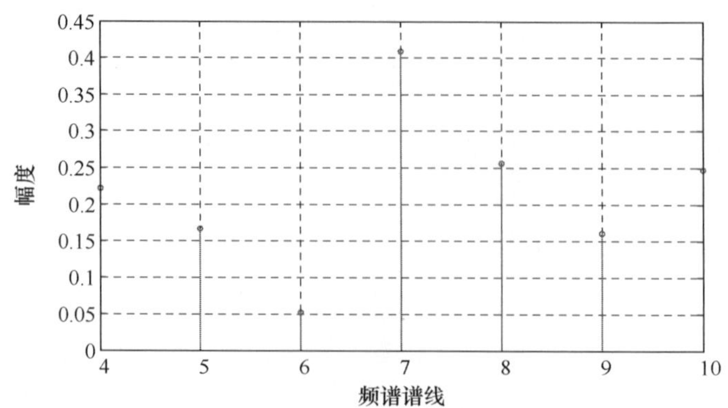

图 4-31 信噪比为 0dB,剩余频偏为 1.5Hz 时 64 点 DFT 变换结果

4.5.3.3 高信噪下数据辅助的快速频偏跟踪

上述步进式频偏跟踪算法仍具有一定的滞后性,当多普勒频偏快速变化时,会导致跟踪调整速度跟不上频偏变化,造成解调相位偏移,影响解调性能,并且其所累积的剩余频偏会越来越大,当采用 4TDPSK 调制时影响更为明显。当系统剩余频偏达到 5.5Hz 时,相位偏移 45°,即使在无噪声时,也可造成误判,为此需要一种快速有效的估计调整方法。

在 SNR>6dB 时,可以从接收数据中提取频偏跟踪辅助信息,实现快速频偏跟踪。在相位差分解调中,前帧作为参考相位,表示为 $Z_{n-1}(k)$,当前帧表示为 $Z_n(k)$,其中 $k=12,13,14,\cdots,50$。若无频偏,忽略噪声的影响时,则有

$$Z_n(k)\times Z_{n-1}^*(k)=\mathrm{e}^{\mathrm{j}\frac{\pi}{4}m} \tag{4-76}$$

对于子载波 f_k,当频偏为 Δf_k 时,有

$$Z_n(k)\times Z_{n-1}^*(k)=\mathrm{e}^{\mathrm{j}\frac{\pi}{4}m}\cdot \mathrm{e}^{\frac{2\pi\Delta f_k\times F_L}{f_s}} \tag{4-77}$$

其中 F_L 为数据帧长度,$m=1,3,5,7$。

与星座图对比,对相位差分解调数据进行判决后,统计分析其实际值与判决值的一致偏离值,可以从中提取频偏的统计值 $\Delta\hat{f}_k$。

在高信噪比条件下,各数据音的解调相位具有偏离一致性,并且在理论上偏离值相同,均为

$$\Delta\hat{f}=\frac{1}{39}\times\sum_{k=12}^{50}\Delta\hat{f}_k \tag{4-78}$$

当系统剩余频偏 $\Delta f=1.5\text{Hz}$ 时,由差分解调所得到的数据信息向一个方向发生相位转动,理论上的偏移角度为 $\Delta\theta=\dfrac{360\times\Delta f\times F_l}{f_s}=12.15°$,其中 F_l 为帧数据

长度。当信噪比为 6dB，系统剩余频偏为 1.5Hz 时，仿真结果如图 4-32 所示。

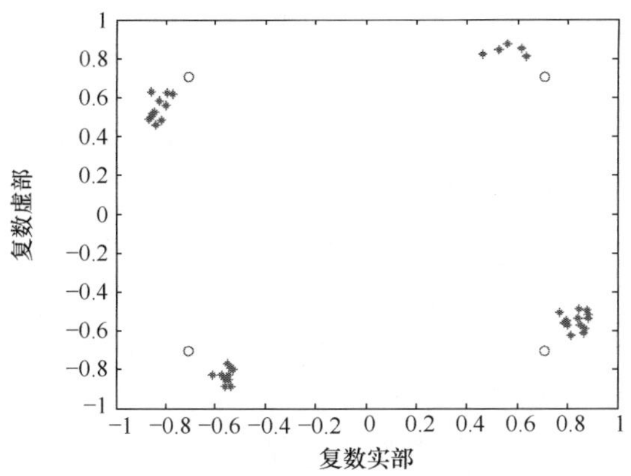

图 4-32　剩余频偏 $\Delta f=1.5\text{Hz}$ 时差分解调结果分布图

4.6　分组纠错编码技术

4.6.1　RS 编码的基本原理

下面以多载波并行波形为例，分析 RS 码的基本原理和编译码实现。

4.6.1.1　有限域运算

RS 码是多进制码，其运算一般要符合有限域运算规则。在有限域中，其运算规则由本原多项式决定。假定 $f(x)$ 为本原多项式，则 $f(x)$ 是本原元素不可约多项式。不可约是指对于 m 次 $f(x)$ 多项式，不能被任何次数小于 m 且大于 0 的多项式除尽。

令 α 为本原多项式 $f(x)$ 的根，即 $f(\alpha)=0$，则 α 可作为有限域 GF(2^k) 的生成元。有限域 GF(2^k) 的集合可表示为$(0,1,\alpha^1,\alpha^2,\cdots,\alpha^{2^k-2})$。

对于 $k=3$ 时，当 GF(2^3) 有限域的本原多项式 $f(x)=x^3+x+1$ 时，有限域元素与多项式及对应 2 进制编码间的关系可用表 4-3 表示。

表 4-3　GF(2^3) 元素关系对应表

α^j	多项式	对应 2 进制编码
0	0	000=0
α^0	1	001=1
α^1	x	010=2

续表

α^j	多项式	对应2进制编码
α^2	x^2	100=4
α^3	$x^3=x+1$	011=3
α^4	x^2+1	110=6
α^5	$x^3+x^2=x^2+x+1$	111=7
α^6	$x^3+x^2+x=x^2+1$	101=5
α^7	$x^3+x=1$	001=1

由上面的运算规则，显然有

$$2\oplus 3=x+x^3=1$$

$$2\oplus 4=\alpha^1\cdot\alpha^2=\alpha^3=3$$

4.6.1.2 RS纠错码的构造

RS码是一类有很强纠错能力的多进制BCH码。BCH码是一种可纠正多个随机错误的循环码，它可以用生成多项式$g(x)$的根描述。BCH码的纠错能力很强，特别在中等码长下，其性能接近理论值，且构造工整简单。一个码的纠错能力完全由它的最小汉明距$d_{\min}$决定，BCH码的$d_{\min}$则完全由生成多项式$g(x)$的根决定。

RS码的定义如下：GF(q)，且$q\neq 2$上，码长$N=q-1$的本原BCH码。RS码是码元符号和根域一致的BCH码。

RS码的基本设计方法如下：

长度为$N=q-1$，码距离为δ的RS码，其生成多项式可表示为

$$g(x)=(x+\alpha^{m_0})(x+\alpha^{m_0+1})\cdots(x+\alpha^{m_0+\delta-2}) \tag{4-79}$$

对应的RS码校验矩阵为

$$\boldsymbol{H}=\begin{bmatrix} (\alpha^{m_0})^{n-1} & (\alpha^{m_0})^{n-2} & \cdots & (\alpha^{m_0})^1 & 1 \\ (\alpha^{m_0+1})^{n-1} & (\alpha^{m_0+1})^{n-2} & \cdots & (\alpha^{m_0+1})^1 & 1 \\ \vdots & \vdots & & \vdots & \vdots \\ (\alpha^{m_0+2t-1})^{n-1} & (\alpha^{m_0+2t-1})^{n-2} & \cdots & (\alpha^{m_0+2t-1})^1 & 1 \end{bmatrix} \tag{4-80}$$

通常可取$m_0=1$，则有

$$g(x)=(x+\alpha^1)(x+\alpha^2)\cdots(x+\alpha^{\delta-1}) \tag{4-81}$$

RS码的设计码距δ和实际码距D是一致的。例如，当码符号取自GF(8)中的元素时，有$\alpha\in$GF(8)，且α为GF(8)的本原元素，它是本原多项式$f(x)=x^3+x+1$的根。此时，构造$D=5$的RS码，则对应的生成多项式为$g(x)=(x+\alpha^1)\cdot(x+\alpha^2)\cdots(x+\alpha^4)$，根为$\alpha,\alpha^2,\alpha^3,\alpha^4$，对生成多项式展开，可以得到

$$g(x)=x^4+\alpha^3x^3+x^2+\alpha x+\alpha^3 \tag{4-82}$$

由此可以得到 GF(8)上的 8 进制 RS(7,3,5)码，其码长 $n=7$，信息位 $k=3$，码距 $D=5$。

4.6.2 RS 编码原理和实现

以有限域 GF(16)上 RS(15,11,5)码为例。其所包含的码元符号 $x\in$ GF(16)，可用 4bit 数表示，对应的 16 进制数为 $x\in\{0,1,2,3,4,5,6,8,9,A,B,C,D,E,F\}$。

4.6.2.1 有限域元素的映射关系

在有限域 GF(16)上，本原多项式为 $f(x)=x^4+x^3+1$，该有限域上各元素与 16 进制数间的对应关系由表 4-4 所示，其中从有限域元素到 16 进制数的对应关系表示为 alpha_to(x)，而 16 进制数到有限域元素的对应关系表示为 index_of(x)。

表 4-4　有限域元素与 16 进制数映射表

alpha_to(x)		index_of(x)	
α^j	16 进制数	16 进制数	α^j
		0	−1
0	1	1	0
1	2	2	1
2	4	3	4
3	8	4	2
4	3	5	8
5	6	6	5
6	C	7	10
7	B	8	3
8	5	9	14
9	A	A	9
10	7	B	7
11	E	C	6
12	F	D	13
13	D	E	11
14	9	F	12
15	0		

4.6.2.2 生成多项式系数展开方法

一般地,RS 码的生成多项式可表示为

$$g(x)=(x+\alpha^{m_0})(x+\alpha^{m_0+1})\cdots(x+\alpha^{m_0+2t}) \tag{4-83}$$

其中 t 为 RS 码纠错个数。在进行编码运算时,需要得到具体多项式系数。在实际中,可以通过下面的算法对生成多项式进行展开运算:

```
g(0)=alpha_to[m0]
g(1)=1
for i=2,3,…,n-k
  {
    g(i)=1;
    for j=i-1,i-2,…,1
      if (g(j)! =0)
        g(j)=g(j-1)bitand alpha_to(mod((index_of(g(j))+i+m0-1),n))
      else
        g(j)=g(j-1)
    g(0)=alpha_to(mod((index_of(g(0))+i+m0-1),n))
  }
  for i=0,1,…,n-k
    g(i)=index_of(g(i))
```

其中 bitand 为比特与操作;mod 为取模操作。

以 $m_0=1,2t+1=5$ 的 RS(15,11,5)码为例,其生成多项式为

$$g(x)=(x+\alpha)(x+\alpha^2)(x+\alpha^3)(x+\alpha^4) \tag{4-84}$$

利用上面的算法可以计算得到,$g(0)=10,g(1)=3,g(2)=6,g(3)=13,g(4)=1$,即其生成多项式为

$$g(x)=x^4+\alpha^{13}x^3+\alpha^6x^2+\alpha^3x+\alpha^{10} \tag{4-85}$$

4.6.2.3 RS 编码实现

RS 编码实现框图如图 4-33 所示,其中 $g_0\sim g_4$ 为生成多项式的系数。当编码输出信息元时,K_1 闭合,K_2 处于信息元位置;当编码输出监督元时,K_1 打开,K_2 处于监督元位置,依次输出 S_{r-1} 到 S_0。

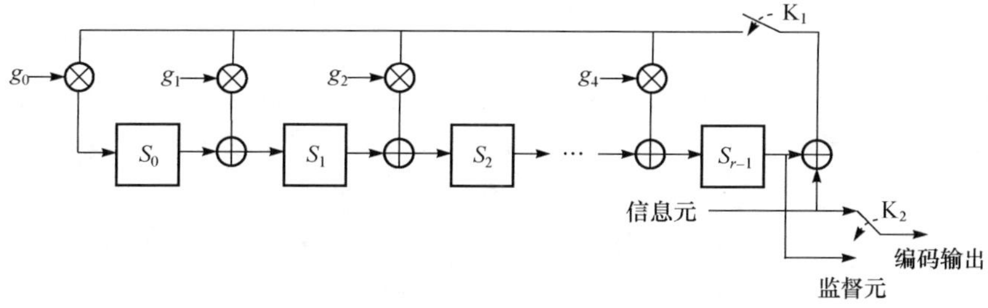

图 4-33　RS 编码实现框图

具体编码过程可以采用下面的算法：

```
for i=0,1,…,2t-1
  b(i)=0
for i=k-1,k-2,…,0
  {
  feedback=index_of(data(i) bitxor b(n-k-1))
  if (feedback ! =- 1)
    {
    for j=n-k-1,n-k-2,…,1
      if (g(j) ! =-1)
        b(j)=b(j-1) bitxor alpha_to(mod((g(j)+feedback),n))
      else
        b(j)=b(j-1)
      b(0)=alpha_to(mod((g(0)+feedback),n))
    }
    else
    {
    for j=n-k-1,n-k-2,…,1
      b(j)=b(j-1)
      b(0)= 0
    }
  }
```

其中 bitxor 为比特异或操作。

以 RS(15,11,5)码为例，当输入信息元为 $k(0)\sim k(10)=0,1,2\cdots,9,A$ 时，编码输出如下，其中 $h(0)\sim h(3)$ 为监督元。

$h(0)$	$h(1)$	$h(2)$	$h(3)$	$k(0)$	$k(1)$	$k(2)$	$k(3)$	$k(4)$	$k(5)$	$k(6)$	$k(7)$	$k(8)$	$k(9)$	$k(10)$
1	C	2	9	0	1	2	3	4	5	6	7	8	9	A

4.6.2.4 RS编码的截短处理

RS码在使用时，可以进行截短处理，但使用的生成多项式不变，码率以截短后的码长进行计算。在并行数据传输中，对RS(15,11,5)进行截短，得到RS(14,10,5)码和RS(7,3,5)码。对于RS(14,10,5)码，在输入信息中补一个0后，按RS(15,11,5)编码，当输入信息元为$k(0)\sim k(9)=0,1,2,\cdots,9$时，编码输出如下：

$h(0)$	$h(1)$	$h(2)$	$h(3)$	$k(0)$	$k(1)$	$k(2)$	$k(3)$	$k(4)$	$k(5)$	$k(6)$	$k(7)$	$k(8)$	$k(9)$	$k(10)$
5	A	D	0	0	1	2	3	4	5	6	7	8	9	0

在信道上，实际不传输补0数据，即编码输出为：

$h(0)$	$h(1)$	$h(2)$	$h(3)$	$k(0)$	$k(1)$	$k(2)$	$k(3)$	$k(4)$	$k(5)$	$k(6)$	$k(7)$	$k(8)$	$k(9)$
5	A	D	0	0	1	2	3	4	5	6	7	8	9

对于RS(7,3,5)码，在输入信息中补8个0后，按RS(15,11,5)编码，当输入信息元为$k(0)\sim k(2)=0,1,2$时，编码输出如下：

$h(0)$	$h(1)$	$h(2)$	$k(3)$	$k(0)$	$k(1)$	$k(2)$	$k(3)$	$k(4)$	$k(5)$	$k(6)$	$k(7)$	$k(8)$	$k(9)$	$k(10)$
A	9	4	6	0	1	2	0	0	0	0	0	0	0	0

同样，补"0"数据不需要在信道上传输，因此实际传输的数据为：

$h(0)$	$h(1)$	$h(2)$	$h(3)$	$k(0)$	$k(1)$	$k(2)$
A	9	4	6	0	1	2

4.6.3 RS译码原理和实现

4.6.3.1 RS译码的基本原理

令传输码字为$C(X)=c_0+c_1X+\cdots+c_{n-1}X^{n-1}$，对应的接收多项式为$R(X)=r_0+r_1X+\cdots+r_{n-1}X^{n-1}$，则信道引入的错误可用下面的错误多项式表示：

$$E(X)=R(X)-C(X)=e_0+e_1X+\cdots+e_{n-1}X^{n-1} \tag{4-86}$$

由伴随式$\boldsymbol{S}$的定义可知

$$\boldsymbol{S}^{\mathrm{T}}=\boldsymbol{HR}^{\mathrm{T}}=\boldsymbol{H}\ (\boldsymbol{UG}+\boldsymbol{E})^{\mathrm{T}}=\boldsymbol{HG}^{\mathrm{T}}\boldsymbol{U}^{\mathrm{T}}+\boldsymbol{HE}^{\mathrm{T}}=\boldsymbol{HE}^{\mathrm{T}} \tag{4-87}$$

从上式可以看出伴随式$\boldsymbol{S}$和实际传输的信息元$\boldsymbol{U}$无关，仅和信道引入的错误有关。伴随式也可以用$2t$个方程组的方式表示，即

$$S_i=C(\alpha^{m_0+i})+E(\alpha^{m_0+i}),\quad i=1,2,\cdots,2t \tag{4-88}$$

其中，由编码特性可以得到$C(\alpha^{m_0+i})=0$，则

$$S_i=E(\alpha^{m_0+i}),\quad i=1,2,\cdots,2t \tag{4-89}$$

在可以正确译码的情况下，$S_i=E(\alpha^{m_0+i})$ 中大部分值为 0，只存在零散的非零值。

现令 t 个错误的位置为

$$x_1=\alpha^{i_1},x_2=\alpha^{i_2},\cdots,x_t=\alpha^{i_t},\quad i_x\in[0,n-1] \tag{4-90}$$

每个错误位置上对应的错误值为

$$Y_1=\alpha^{j_1},Y_2=\alpha^{j_2},\cdots,Y_t=\alpha^{j_t},\quad j_x\in[0,n-1] \tag{4-91}$$

则伴随式 $\boldsymbol{S}$ 可简化为

$$\begin{bmatrix} Y_1x_1^{m_0} & Y_2x_2^{m_0} & \cdots & Y_tx_t^{m_0} \\ Y_1x_1^{m_0+1} & Y_2x_2^{m_0+1} & \cdots & Y_tx_t^{m_0+1} \\ \vdots & \vdots & & \vdots \\ Y_1x_1^{m_0+2t-1} & Y_2x_2^{m_0+2t-1} & \cdots & Y_tx_t^{m_0+2t-1} \end{bmatrix}=\begin{bmatrix} S_{m_0} \\ S_{m_0+1} \\ \vdots \\ S_{m_0+2t-1} \end{bmatrix} \tag{4-92}$$

对上面的 $2t$ 个方程进行求解，可以求得 t 个错误位置和 t 个错误值。由于直接求解上述方程组比较困难，一般采取分步骤处理方法。

另外对于 RS 码，全零码总是其中的一个码字。因此，在译码程序调试中，一种简单可行的方法是针对全零码设置小于等于 t 个非零值错误，测试译码程序能否将 t 个错误全部纠正。这样不仅可以方便调试，而且可以隔离编码过程和译码过程。

设定 R 为全零码，现假定有 t 个错，并且取 $m_0=1$。对于 RS(14,10,5)截短码，可以纠正 2 个错误。设接收码字为

$$R_{14}=(0,0,0,0,6,0,D,0,0,0,0,0,0,0) \tag{4-93}$$

首先对其进行填充，得到的 RS(15,11,5)码为

$$R_{15}=(0,0,0,0,6,0,D,0,0,0,0,0,0,0,0) \tag{4-94}$$

下面以此为例，按步骤分析译码过程。

4.6.3.2　计算伴随式

由伴随式定义得到：$\boldsymbol{S}^{\mathrm{T}}=\boldsymbol{HR}^{\mathrm{T}}$。计算伴随式可采用下面的算法，其中 alpha_to(x)和 index_of(x)的取值参见表 4-4。

```
for i=1,2,…,2t
  {
   s(i)=0;
   for j=0,1,…,n-1
     if (recd(j)! =0)
       s(i)=s(i) bitxor alpha_to(mod((index_of(recd(j))+(i+m0-1)* j),n))
  if (s(i)! =0)
    syn_error=1
  s(i)=index_of(s(i))
}
```

当 $m_0=1$,接收码字为 $R_{15}=(0,0,0,0,6,0,D,0,0,0,0,0,0,0,0)$时,其伴随式为

$$S_1=\alpha^{14},\quad S_2=\alpha^9,\quad S_3=\alpha^5,\quad S_4=\alpha^{10} \tag{4-95}$$

4.6.3.3 求解错误位置多项式

现引入错误多项式 $\sigma(x)=(1-x_1x)(1-x_2x)\cdots(1-x_tx)=1+\sigma_1x+\cdots+\sigma_tx^t$,该多项式的 t 个根 $x_1^{-1},x_2^{-1},\cdots,x_t^{-1}$ 为错误位置的倒数。令 x_k 为接收码字中的错误位置,则有

$$\sigma(x_k^{-1})=1+\sigma_1x_k^{-1}+\cdots+\sigma_tx_k^{-t}=0,\quad k=1,2,\cdots,t \tag{4-96}$$

将上式的两边同时乘以 $Y_kx_k^{t+j}$,得到

$$Y_kx_k^{j+t}+\sigma_1Y_kx_k^{j+t-1}+\cdots+\sigma_tY_kx_k^j=0 \tag{4-97}$$

其中 $k=1,2,\cdots,t;j=m_0,m_0+1,\cdots,m_0+t-1$。下面,对 k 求和,得到

$$\sum_{k=1}^{t}Y_kx_k^{j+t}+\sigma_1\sum_{k=1}^{t}Y_kx_k^{j+t-1}+\cdots+\sigma_t\sum_{k=1}^{t}Y_kx_k^j=0 \tag{4-98}$$

仔细分析上式,可以得到

$$S_{j+t}=\sum_{k=1}^{t}Y_kx_k^{j+t},S_{j+t-1}=\sum_{k=1}^{t}Y_kx_k^{j+t-1},\cdots,S_j=\sum_{k=1}^{t}Y_kx_k^j \tag{4-99}$$

即

$$S_{j+t}+\sigma_1S_{j+t-1}+\sigma_2S_{j+t-2}+\cdots+\sigma_tS_j=0 \tag{4-100}$$

其中 $j=m_0,m_0+1,\cdots,m_0+t-1$。

上式展开后可得到

$$\begin{bmatrix} S_{m_0+t-1} & S_{m_0+t-2} & \cdots & S_{m_0} \\ S_{m_0+t} & S_{m_0+t-1} & \cdots & S_{m_0+1} \\ \vdots & \vdots & & \vdots \\ S_{m_0+2t-2} & S_{m_0+2t-3} & \cdots & S_{m_0+t-1} \end{bmatrix}\begin{bmatrix}\sigma_1\\ \sigma_2\\ \vdots\\ \sigma_t\end{bmatrix}=\begin{bmatrix}S_{m_0+t}\\ S_{m_0+t+1}\\ \vdots\\ S_{m_0+2t-1}\end{bmatrix} \tag{4-101}$$

通过上面的 $2t$ 个方程组,可以求解错误位置多项式 $\sigma(x)$的 t 个系数。在实际中,常采用 Berlekamp-Massey 迭代算法,快速求解多项式 $\sigma(x)$。

对于 t 值较小的情况也可以直接对以上方程组进行求解,对 RS(14,10,5)截短码,$t=2$,具体求解方法如下:

$$\begin{bmatrix}S_2 & S_1\\ S_3 & S_2\end{bmatrix}\begin{bmatrix}\sigma_1\\ \sigma_2\end{bmatrix}=\begin{bmatrix}S_3\\ S_4\end{bmatrix} \tag{4-102}$$

若$\begin{bmatrix}S_2 & S_1\\ S_3 & S_2\end{bmatrix}\neq0$,则意味着接收码字中存在两个错,要求解两个错误位置 σ_1 和 σ_2,得到错误位置多项式 $\sigma(x)=1+\sigma_1x+\sigma_2x^2$。

根据接收码字,可以求得:$S_1=\alpha^{14},S_2=\alpha^9,S_3=\alpha^5,S_4=\alpha^{10}$,则

$$\begin{bmatrix} \alpha^9 & \alpha^{14} \\ \alpha^5 & \alpha^9 \end{bmatrix} \begin{bmatrix} \sigma_1 \\ \sigma_2 \end{bmatrix} = \begin{bmatrix} \alpha^5 \\ \alpha^{10} \end{bmatrix} \tag{4-103}$$

由于$\begin{bmatrix} S_2 & S_1 \\ S_3 & S_2 \end{bmatrix} = \begin{bmatrix} \alpha^9 & \alpha^{14} \\ \alpha^5 & \alpha^9 \end{bmatrix} = \alpha^{18} + \alpha^{19} = \alpha^3 + \alpha^4 = \alpha^7 \neq 0$，则接收码字中包含 2 个错误。

通过求解得到

$$\sigma_1 = \alpha^{12}, \sigma_2 = \alpha^{10} \tag{4-104}$$

则错误位置多项式为

$$\sigma(x) = 1 + \alpha^{12} x + \alpha^{10} x^2$$

若$\begin{bmatrix} S_2 & S_1 \\ S_3 & S_2 \end{bmatrix} = 0$，则接收码字中的错误小于 2，可以利用 $S_1\sigma_1 = S_2$ 求解 σ_1，此时 $\sigma_2 = 0$。

4.6.3.4　求解错误位置多项式的根

求解错误多项式 $\sigma(x)$ 的根可用 Chien 搜索。对于码长为 n 的码字，其可能错误位置为：$0,1,\cdots,n-1$，对应 $\sigma(x)$ 的根为：$\alpha^{n-1},\alpha^{n-2},\cdots,\alpha^0$。

令 $\sigma(x) = 1 + \alpha^{12} x + \alpha^{10} x^2 = 0$，通过 Chien 搜索，可以得到根为：$\beta_1 = \alpha^9$ 和 $\beta_2 = \alpha^{11}$，对应的错误位置为 $x_1 = \alpha^{n-9} = \alpha^6$ 和 $x_2 = \alpha^{n-11} = \alpha^4$，即在 6 和 4 处出错。显然通过 chien 搜索正确地找到了错误位置。

4.6.3.5　纠正错误位置的错误

在找到错误位置后，对于多进制码还需要确定该错误位置上的差错值。利用下面的方程组可以求得错误值：

$$\begin{bmatrix} x_1^{m_0} & x_2^{m_0} & \cdots & x_t^{m_0} \\ x_1^{m_0+1} & x_2^{m_0+1} & \cdots & x_t^{m_0+1} \\ \vdots & \vdots & & \vdots \\ x_1^t & x_2^t & \cdots & x_t^t \end{bmatrix} \begin{bmatrix} Y_1 \\ Y_2 \\ \vdots \\ Y_t \end{bmatrix} = \begin{bmatrix} S_1^{m_0} \\ S_2^{m_0} \\ \vdots \\ S_t^{m_0} \end{bmatrix} \tag{4-105}$$

$[x]$矩阵是范德蒙矩阵，只有当 $x_1 \neq x_2 \neq \cdots \neq x_t$，且不为 0 时，上式有解。

对应上面的例子，所需求解的方程组为

$$\begin{bmatrix} x_1 & x_2 \\ x_1^2 & x_2^2 \end{bmatrix} \begin{bmatrix} Y_1 \\ Y_2 \end{bmatrix} = \begin{bmatrix} S_1 \\ S_2 \end{bmatrix} \tag{4-106}$$

代入错误位置值，可以得到

$$\begin{bmatrix} \alpha^6 & \alpha^4 \\ (\alpha^6)^2 & (\alpha^4)^2 \end{bmatrix} \begin{bmatrix} Y_1 \\ Y_2 \end{bmatrix} = \begin{bmatrix} \alpha^{11} \\ \alpha^9 \end{bmatrix} \tag{4-107}$$

求解上面的方程组，可得到错误值 $Y_1=\alpha^{13}$ 和 $Y_2=\alpha^5$，即在位置 6 处的错误值为 α^{13}，对应 16 进制数为 D；而位置 4 处的错误值为 α^5，对应 16 进制数为 6。此时的译码输出为全零码，从而完成了整个译码过程。

4.6.4 截短 RS 码的改进译码算法

在并行数据传输中采用了两种 RS(15,11,5)码的截短码，当传输速率为 2400bps 时使用 RS(14,10,5)码，传输速率为 2400bps 以下时使用 RS(7,3,5)码。下面以 RS(7,3,5)为例，分析如何在译码过程中进一步提升性能。

4.6.4.1 纠错编码的截短处理

对于 RS(7,3,5)截短码，其输入信元为 $u_3=(k_0,k_1,k_2)$，编码输出可表示为 $C_7=(h_0,h_1,h_2,h_3,k_0,k_1,k_2)$。从编码原理上看，首先将其补成 $u_{11}=(k_0,k_1,k_2,0,0,0,0,0,0,0,0)$。由于后续补充码字为全 0，在编码过程中可以跳过运算，从而节约运算量。但如果在输入信元前补充 0，则得到 $u_{11}=(0,0,0,0,0,0,0,0,k_0,k_1,k_2)$，这时不能跳过补充码字，编码运算量就会增加。

4.6.4.2 截短码译码时的附加纠错判别

RS(7,3,5)系统码可表示为 $C_7=(h_0,h,h_2,h_3,k_0,k_1,k_2)$，其中 h_0,h_1,h_2,h_3 为校验元，k_0,k_1,k_2 为信息元。对于全 0 码，可表示为

$$\begin{matrix} & h_0 & h_1 & h_2 & h_3 & k_0 & k_1 & k_2 \\ C_7= & (0 & 0 & 0 & 0 & 0 & 0 & 0) \end{matrix} \tag{4-108}$$

令信道引入 3 个错误，假设接收码字为

$$\begin{matrix} & h_0 & h_1 & h_2 & h_3 & k_0 & k_1 & k_2 \\ R_7= & (1 & 1 & 3 & 0 & 0 & 0 & 0) \end{matrix} \tag{4-109}$$

在译码时，首先对接收码字补 8 个 0，组成完整的 RS(15,11,5)码后，再进行译码，补 0 后的码字为

$$\begin{matrix} & h_0 & h_1 & h_2 & h_3 & k_0 & k_1 & k_2 & & & & & & & & \\ C_{15}= & (1 & 1 & 3 & 0 & 0 & 0 & 0 & 0 & 0 & 0 & 0 & 0 & 0 & 0 & 0) \end{matrix} \tag{4-110}$$

经过译码后输出为

$$\begin{matrix} & h_0 & h_1 & h_2 & h_3 & k_0 & k_1 & k_2 & & & & & & & & \\ C_{15}= & (1 & 1 & 3 & 0 & 2 & 0 & 0 & 0 & 0 & 0 & 3 & 0 & 0 & 0 & 0) \end{matrix} \tag{4-111}$$

从上面的译码结果可以看出，接收码字中虽然存在 3 个错误，但信息元 k_0,k_1，

k_2 没有出现错误，不译码也可以正确输出信息元。但通过译码后，反而在信息元 k_0 处引入错误，因此要进行判别处理。

对于 RS(7,3,5)截短码，在编码时补充 8 个 0 后进行 RS(15,11,5)编码，相应的，在接收端也补充 8 个 0 后进行译码。而实际信道传输时，补 0 部分不需要传输，所以补 0 处不允许出错。进一步分析上面的译码结果，当译码所指出的错误位置出现在补 0 处，并且能顺利进行纠错译码时，由于码距 $D=5$，使得纠错结果变成另一码字，则会在原来 3 个错误基础上，通过译码过程“错误”地引入了 2 个差错，导致译码结果中包含 5 个错误，使译码性能恶化。

附加纠错判别指的是，当发现错误位置在补 0 处时，不再进行纠错处理，直接输出系统码的信息元。

4.7　小　结

本章介绍了经典的多载波并行数据传输的基本原理，通过延长码元宽度，设置多径隔离间隔有效对抗多径影响；以短波多径信道的典型参数为依据，分析了关键参数设计及相互约束关系；基于 FFT/IFFT 变换的调制解调架构，提出了多种 N 点到 $\frac{N}{2}$ 点变换的优化处理方法；提出了基于谱线位置及能量的信号检测、系统频偏的最大似然估计、双 DFT 变换内积帧同步建立等在时变衰落信道条件下的信号检测与同步技术；研究了基于信噪比准则的多载波信号频偏和同步跟踪技术；给出了 RS 码的多进制分组编码的实现方案，针对截短 RS 码研究了一种用于提高性能的改进译码算法。

第 5 章　单载波串行数据传输

5.1 引　　言

第 3 章所提到的 FSK 调制，其传输性能与多径时延和衰落深度有关，传输速率一般小于 125bps，即码元的宽度 $T_b > \Delta t$，可保证码元之间仅仅产生部分的码间串扰。第 4 章所提到的多载波并行数据传输技术，通过设计循环前缀使多径保护时间 t_{CP} 与 Δt 相当，从而隔离前后码元的码间串扰，减少多径信号对通信的影响。从本质上讲以上两种方法都是采用“被动保护”的方法，通过波形设计去适应多径信道，提高通信质量。

与 FSK 和多载波并行传输波形不同，单载波串行数据传输波形，通过信道估计和信道均衡“主动抵消”码间串扰；通过交织技术对抗短波信道时间选择性衰落；通过自适应信道均衡技术对抗短波信道频率选择性衰落，实现在多径信道条件下的高速数据传输。

从时频域角度而言，第 4 章中讨论的并行数据传输主要是在频域对信号进行分析，本章主要是在时域对信号进行处理。本章以 MIL-STD-188-110A 标准为例，首先对单载波串行数据传输波形进行了分析，根据信道带宽和数据传输速率要求确定合适的传输波形，随后针对单载波串行传输特点，研究了同步捕获与跟踪、时域均衡、多符号联合数据解调等关键技术，最后探讨了单载波串行数据传输中常用的卷积编译码原理及实现方法。

5.2 单载波串行数据传输波形设计

单载波串行数据传输一般要求在短波话音频段 300～3300Hz 范围，3kHz 带宽内实现最高速率不低于 2400bps 的数据传输。与多载波并行数据传输波形设计时各参数相互依赖不同，单载波串行数据传输波形各参数设计相对独立，可以分别进行优化设计，实现整体性能的提升。

5.2.1 调制方式和成形滤波

调制方式、码元符号速率和载波频率是数据传输系统最基本的波形参数，它们决定了整个系统的基本传输性能，在单载波串行数据传输中常采用相位调制。

5.2.1.1　PSK 调制性能分析

为方便分析，现以 2PSK 调制为例，分析其解调性能。

假设发端采用 2PSK 调制，码元宽度为 T_b，考虑一个符号周期内采 k 个样点，符号速率为 $R=\frac{f_s}{k}$ 波特，则有

$$x(n)=A_i\cos(\omega_c n) \tag{5-1}$$

其中 $\omega_c=2\pi\frac{f_c}{f_s}$ 为归一化载波角频率；$n=0,1,2,\cdots$；一个码元所对应的 k 个样点内 A_i 为相同值，$A_i=\pm1$，发 0 时 $A_i=1$，发 1 时 $A_i=-1$。

在均值为 0，方差为 σ_n^2 的高斯白噪声信道条件下，通过带宽为 $\frac{2}{T_b}$ 的理想矩形带通滤波器后，得到的接收序列 $y(n)$ 可表示为

$$y(n)=A_i\cos(\omega_c n)+n_c\cos(\omega_c n)-n_s\sin(\omega_c n) \tag{5-2}$$

其中 n_c，n_s 都是均值为零的高斯随机变量。

当本地载波为 $\mathrm{e}^{\mathrm{j}[(\omega_c+\Delta\omega)n+\Delta\varphi]}$ 时，有

$$\begin{aligned} y_1(n)&=y(n)\times \mathrm{e}^{\mathrm{j}[(\omega_c+\Delta\omega)n+\Delta\varphi]}\\ &=(A_i\cos(\omega_c n)+n_c\cos(\omega_c n)-n_s\sin(\omega_c n))\times\cos((\omega_c+\Delta\omega)n+\Delta\varphi)\\ &\quad+\mathrm{j}\times(A_i\cos(\omega_c n)+n_c\cos(\omega_c n)-n_s\sin(\omega_c n))\times\sin((\omega_c+\Delta\omega)n+\Delta\varphi)\\ &=(A_i+n_c-jn_s)\mathrm{e}^{\mathrm{j}[\Delta\omega n+\Delta\varphi]}+(A_i+n_c+\mathrm{j}n_s)\mathrm{e}^{\mathrm{j}[(2\omega_c+\Delta\omega)n+\Delta\varphi]} \end{aligned} \tag{5-3}$$

通过理想低通后得到

$$y_2(n)=(A_i+n_c-\mathrm{j}n_s)\mathrm{e}^{\mathrm{j}[\Delta\omega n+\Delta\varphi]} \tag{5-4}$$

当 $\Delta\omega n+\Delta\varphi$ 很小时有

$$y_2(n)\approx A_i+n_c-\mathrm{j}n_s \tag{5-5}$$

对于 2PSK 解调，需要取实部后进行判决，即

$$\begin{aligned} y_3(n)&=\mathrm{Re}(A_i+n_c-\mathrm{j}n_s)\\ &=A_i+n_c \end{aligned} \tag{5-6}$$

随后选择合适的判决起始点 $n=n_0$（如 $n_0=\frac{k}{2}$），并以此为基准，每间隔 k 点取出一个样值，逐个判决解调数据。在高信噪比时，$y_3(n)$ 的一维概率分布服从高斯分布，在最佳判决点时，可以导出

$$P_e=\frac{1}{2}\mathrm{erfc}\left(\sqrt{\frac{1}{\sqrt{2}\sigma_n}}\right) \tag{5-7}$$

显然，当 $\Delta\omega n+\Delta\varphi$ 不可忽略，即存在剩余频偏和相位误差时，会影响接收性能，严重时会出现反向判决。即使不考虑噪声的影响，如当 $\Delta\omega=0$，$\Delta\varphi=\pi$ 时，也会

出现 0 和 1 完全反向判决的情况，而且此时载波同步环路检测不到反向判决的出现，无法调整。

对于 2DPSK 则不会出现以上情况，在采用前后码元比较的方法(极性比较法)解调数据时有

$$\begin{aligned} y_4(n) &= y_2(n) \times y_2^*(n-k) \\ &= (A_i + n_c - \mathrm{j}n_s)\mathrm{e}^{\mathrm{j}(\Delta\omega n + \Delta\varphi)} \times \mathrm{conj}((A_{i-1} + n_c - \mathrm{j}n_s)\mathrm{e}^{\mathrm{j}[\Delta\omega(n-k)+\Delta\varphi]}) \end{aligned} \tag{5-8}$$

其中 conj 表示取共轭。当 $\Delta\omega n + \Delta\varphi$ 很小时，在高信噪比条件下，其解调误码率性能为

$$P'_e \approx 2 \times P_e = \mathrm{erfc}\left(\sqrt{\frac{1}{\sqrt{2}\sigma_n}}\right) \tag{5-9}$$

为了方便分析频偏和相位误差对 2DPSK 解调的影响，在不考虑噪声影响时有

$$\begin{aligned} y_4(n) &= (A_i)\mathrm{e}^{\mathrm{j}(\Delta\omega n + \Delta\varphi)} \times A_{i-1}\mathrm{e}^{-\mathrm{j}[(\Delta\omega(n-k)+\Delta\varphi)]} \\ &= A_i \times A_{i-1}\mathrm{e}^{-\mathrm{j}\Delta\omega k} \end{aligned} \tag{5-10}$$

此时只要保证 $\Delta\omega k$ 足够小，可得到

$$y_5(n) = \mathrm{Re}(y_4(n)) = A_i \times A_{i-1} \tag{5-11}$$

这样，通过判别极性可得到解调数据，从式(5-10)中看出，$\Delta\varphi$ 对判决结果无影响。

对比式(5-7)与式(5-9)可知，PSK 相干解调性能优于 DPSK 差分解调性能，因此单载波串行体制选择 PSK 调制。但是 PSK 调制受剩余频偏和剩余相位误差影响较大，所以要求精准的载波同步。

5.2.1.2 码元符号速率和成形滤波

码元符号速率选择的原则是尽可能利用全部的信道带宽，即调制速率尽可能高。

数据经 PSK 调制后，一般需要进行成形滤波，一方面可以使信号能量集中在有效带宽内；另一方面可以降低信号通过带限信道时引起的码间串扰。

常用的成形滤波方式为升余弦滚降，其时域冲激响应为

$$h(t) = \mathrm{Sa}(2\pi W_1 t) \cdot \frac{\cos(2\pi\alpha W_1 t)}{1-(4\alpha W_1 t)^2} \tag{5-12}$$

对应的基带信号带宽为

$$B = (1+\alpha)W_1 = \frac{1+\alpha}{2} f_\mathrm{b} \tag{5-13}$$

其中 $f_\mathrm{b} = \frac{1}{T_\mathrm{b}}$，进行载频为 f_c 的双边带调制后，带宽为

$$\mathrm{BW} = (1+\alpha) f_\mathrm{b} \tag{5-14}$$

在实际应用中，当带宽和信道符号速率已知时，可以通过式(5-14)选择合适的滚降系数 α。例如，当带宽为 3kHz，选定的信道符号速率为 2400 波特时，可取

$\alpha=0.25$。在选定 α 后，另一个需要确定的参数是载波频率，通常选取载波频率位于短波话音频段 300～3300Hz 范围的中间，如载波 $f_c=1800\text{Hz}$。

5.2.1.3　位同步精度与成形滤波

保证无码间串扰的前提是相邻码元在采样点的串扰为零，其前提是建立精确的位同步。实际系统中，一般采用 4 倍的符号采样率，即 4 倍内插。当 $\alpha=0.25$，$f_s=\dfrac{4}{T_b}$时，接收端常用成形滤波器的时频域特性如图 5-1 和图 5-2 所示。从图中可以看出，其时域冲激响应呈现单峰特性。当后续信号处理采用 4 倍抽取时，可以采样到峰值附近的样点，其性能最佳，但前提条件是必须具有精确的位同步定时和跟踪。

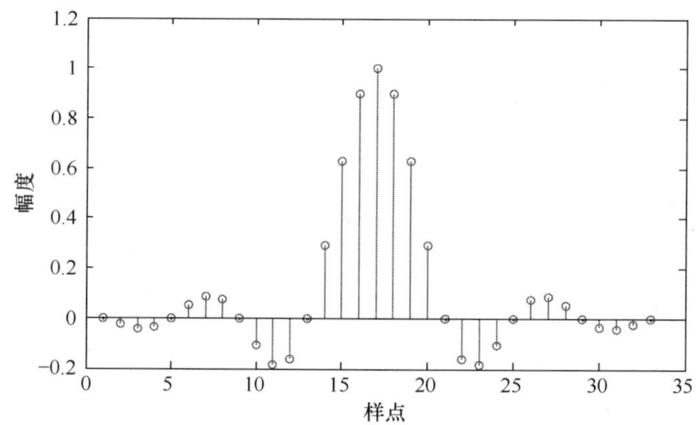

图 5-1　常用 4 倍内插成形滤波器时域冲激响应图

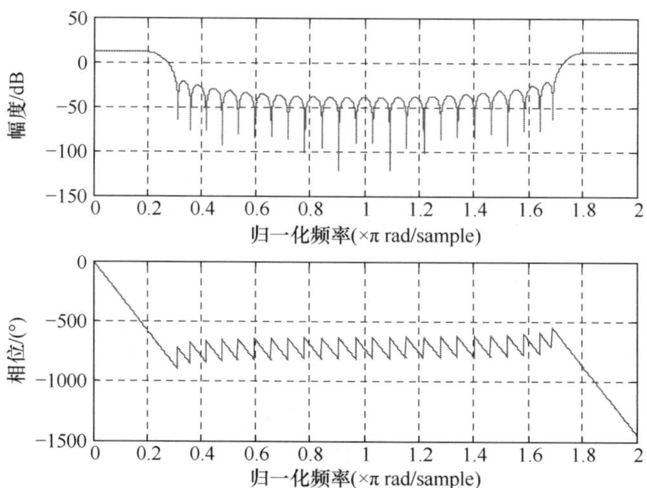

图 5-2　常用 4 倍内插成形滤波器频域特性图

考虑到短波信道是时变多径信道，位同步不仅受到收发两端时钟精度影响，同时也随多径的变化而变化，很难保证位同步的精度。当接收端采用 2 倍抽取时，由图 5-1 可以看出，上述常用的成形滤波器最大性能损失可达 10%。

为了降低对同步精度的要求，在特殊的应用场合，可以设计一种新的接收成形滤波器，其时频域性能如图 5-3、图 5-4 所示。从图中可以看出，它具有双峰滤波系数特点，当后续信号处理采用 2 倍抽取时，总能采样到双峰之间的样点，此时采样幅度不会明显下降，但这种成形滤波方式会引入少量的码间串扰，所以它适合于后续 2 倍采样，采用分数间隔信道均衡器工作在情况下。显然在达到精确位同步时，其性能比不上 4 倍成形滤波，但它对位同步偏差不敏感，在时变信道下性能更加稳健。

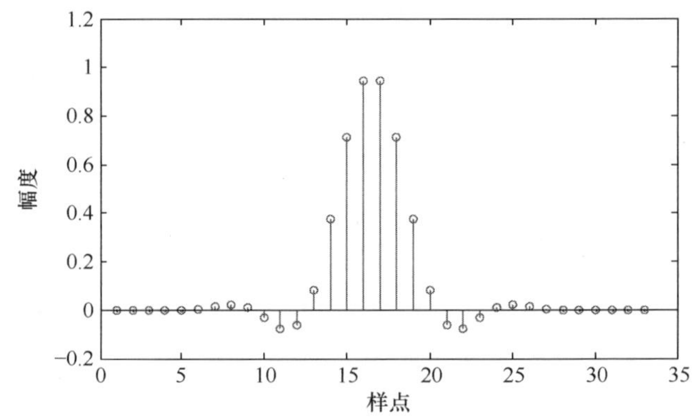

图 5-3　新型 4 倍内插成形滤波器时域冲激响应图

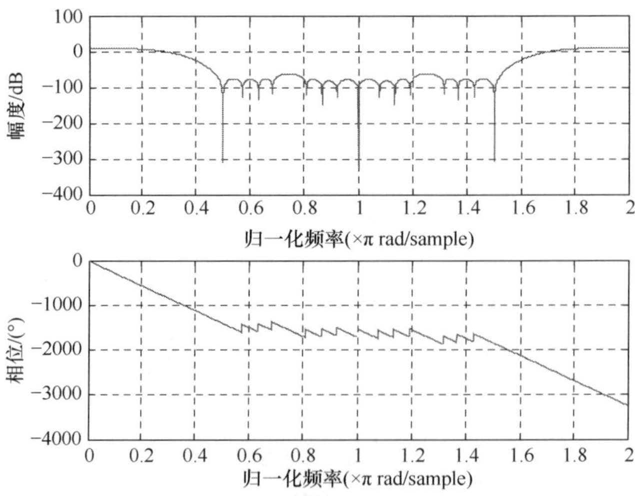

图 5-4　新型 4 倍内插成形滤波器频域特性图

可见成形滤波的选择要考虑后续信号处理的具体方法和信道的传输条件，需要在最优和稳健之间进行平衡。

5.2.2　数据帧设计

5.2.2.1　已知数据帧长

单载波串行数据传输时，数据帧分为已知数据帧和未知数据帧。其中已知数据帧也称为训练序列，用于对信道的实时估计，获取时变信道特征，以便完成对后续未知数据帧的正确解调。

训练序列长度 L_t 是整体设计的关键。当增大 L_t 时，可以提高信道估计性能，但会导致有效数据传输速率下降；当减小 L_t 时，可以提高有效数据传输速率，但信道估计性能下降，解调性能随之下降。

由于短波信道多径时延 Δt 典型值范围为 2～5ms，而串行数据传输波形的信道符号速率为 2400 波特，码间串扰可跨越 5～12 个码元，当选取已知数据帧长 L_t 为 16 个信道符号时，可隔离 6.66ms 的多径串扰。

因此，串行单载波数据传输波形中，当传输速率为 4800bps 和 2400bps 时，选取 L_t 为 16 个信道符号；而当传输速率低于 2400bps 时，为了进一步提高在低信噪比情况下的信道估计精度，将已知数据帧长 L_t 增大为 20 个信道符号。

5.2.2.2　未知数据帧长

未知数据帧越长，传输速率越高，但未知数据帧的解调，依赖于利用已知数据帧对信道进行准确的估计。由于短波信道是时变信道，存在多普勒频移和幅度衰落，其多普勒频移变化速率可达 3.5Hz/s，衰落速率可达 5Hz，这就决定了未知数据帧不能太长。

当传输速率为 4800bps 和 2400bps 时，选取未知数据帧长 L_d 为 32 个信道符号；当传输速率低于 2400bps 时，选取未知数据帧长 L_d 为 20 个信道符号。

下面以传输速率 2400bps 为例进行分析。此时其数据帧长为 $L_f=L_t+L_d=48$ 个信道符号，持续时间为 20ms。当多普勒频移为 3.5Hz/s 时，总的相位偏移为 25.2°。考虑通过已知数据可以估计出未知数据中间位置的相位偏移，在 32 个数据符号期间，多普勒频移引起的最大相位偏差为 $\pm\dfrac{32}{(32+16)}\times\dfrac{1}{2}\times 25.2=\pm 8.4^\circ$。同时其幅度衰落大约为 $\gamma=\cos\left(\dfrac{5\times 360^\circ\times 48}{2400}\right)=\cos(36^\circ)=81\%$。

5.2.3　单载波串行数据传输系统结构

图 5-5 给出了单载波串行数据传输的发送框图，发送数据控制根据波形传输

顺序依次发送用户数据、用于编码和交织的全零填充比特以及结束序列，经过编码和交织后，通过改进的格雷编码进行数据映射。在一次数据传输中，帧控制模块首先发送同步报头数据，随后按波形设计规则轮流发送格雷编码输出数据和已知训练数据，对于同步头数据和用户数据分别使用不同的扰码，最后用 1800Hz 的载波进行 8PSK 调制。

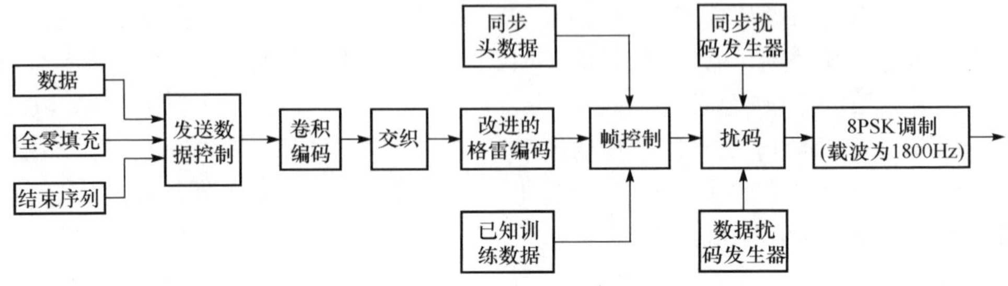

图 5-5　串行数据发送框图

图 5-6 给出了单载波串行数据传输的接收框图，接收信号经过 AGC 调整幅度后进行载波解调，由信号检测与同步模块搜索同步报头，并根据搜索的结果对频偏和位同步进行校正，利用已知训练数据对信道特征进行估计，采用自适应均衡消除多径的影响，同时完成位同步和频率跟踪，自适应均衡的输出送入 8PSK 解调模块，得到解调软值，最后由维特比译码得到发送的用户数据。

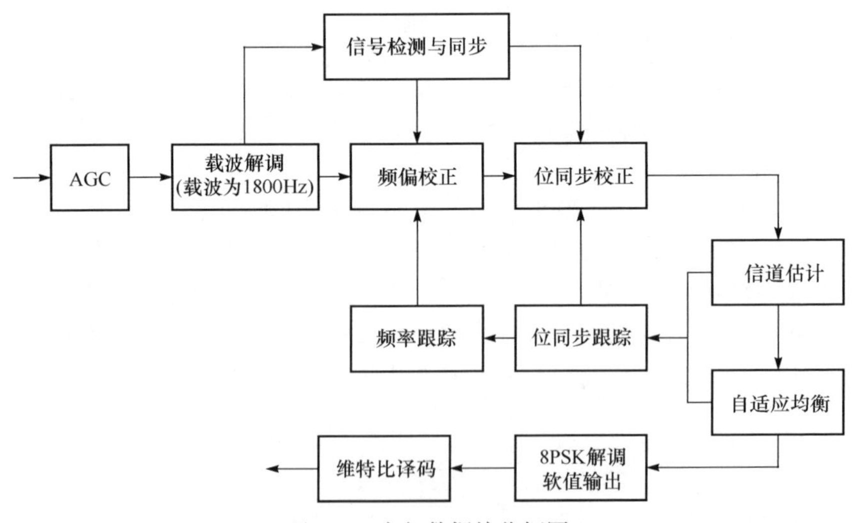

图 5-6　串行数据接收框图

5.2.4　数据传输格式

5.2.4.1　同步头和数据调制

MIL-STD-188-110A 标准附录 A 中对单载波串行数据传输波形进行了定义，如图 5-7 所示，串行数据传输帧由四部分组成，分别是同步报头序列、数据、报文结束序列和编码交织刷新比特。

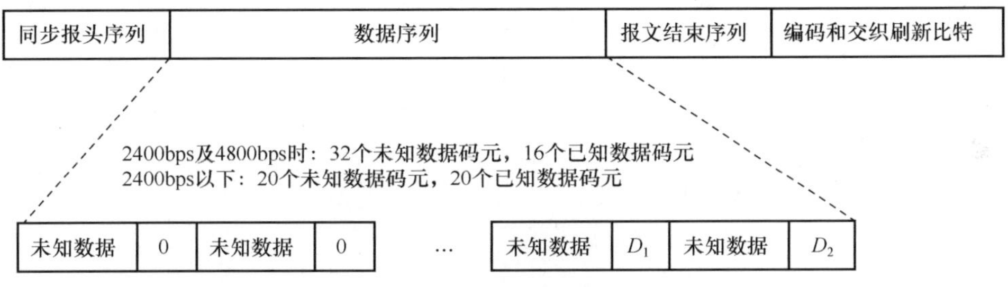

图 5-7　串行数据传输帧格式

单载波串行数据传输中，交织方式分为零交织、短交织和长交织三种，在零交织和短交织情况下同步报头序列的长度为 0.6s，在长交织情况下为 4.8s。同步报头由基本同步报头序列多次重复得到，基本同步报头序列的长度为 200ms，传输内容为：0，1，3，0，1，3，1，2，0，D_1，D_2，C_1，C_2，C_3，0，其中 D_1 和 D_2 为接收端指示了当前业务的传输速率及交织方式，具体配置值如表 5-1 所示。

表 5-1　D_1 和 D_2 配置表

传输速率 bit/s	短交织		长交织	
	D_1	D_2	D_1	D_2
4800	7	6	—	—
2400(数字话音)	7	7	—	—
2400(数据)	6	4	4	4
1200	6	5	4	5
600	6	6	4	6
300	6	7	4	7
150	7	4	5	4
75	7	5	5	5

C_1,C_2,C_3 为计数值,指示了当前接收到的基本同步报头在整个同步报头序列中所处的位置。在零交织和短交织情况下,包含 3 个基本同步报头,因而从 2 开始计数,并依次递减至 0;在长交织情况下,包含 24 个基本同步报头,从 23 开始计数,其 6bit 二进制表示为“010111”,将“010111”分配到 C_1,C_2 和 C_3,同时将这 3 个计数值的最高位均置为 1,则 $C_1=101$,$C_2=101$,$C_3=111$。

在信道上实际发送的同步报头序列是按照表 5-2 将每个 8 进制数映射为 32 个 8PSK 码元,则长度为 15 的基本同步报头序列映射后得到 480 个 8PSK 码元。

表 5-2 同步报头序列码元映射规则表

8 进制数	映射 8PSK 码元
0	(0000 0000) 重复 4 次
1	(0404 0404) 重复 4 次
2	(0044 0044) 重复 4 次
3	(0440 0440) 重复 4 次
4	(0000 4444) 重复 4 次
5	(0404 4040) 重复 4 次
6	(0044 4400) 重复 4 次
7	(0440 4004) 重复 4 次

已知数据帧的具体内容与数据传输速率有关。在一个交织块中,最后 2 个已知数据帧分别发送 D_1 和 D_2,其余均发送全 0 序列(零交织与短交织相同)。在接收端可以利用已知数据帧中携带的 D_1 和 D_2 提取同步信息,完成迟入同步。

5.2.4.2 PSK 调制星座图

数据阶段先将发送数据映射为 8PSK 码元,不同数据传输速率下采用的映射规则有所区别。当传输速率为 4800bps 和 2400bps 时,每次提取 3bit,映射得到 1 个 8PSK 码元;当传输速率为 1200bps 时,每次提取 2bit 进行映射;而传输速率为 75～600bps 时,每次提取 1bit 进行映射。在完成未知数据的映射后,对所有 8PSK 码元进行格雷映射,随后用 1800Hz 载波进行 8PSK 调制,表 5-3 给出了具体的映射规则。

表 5-3　不同传输速率下用户数据映射规则表

数据传输速率	比特	格雷映射前码元	格雷映射后码元
2400～4800bps	000	0	0
	001	1	1
	010	2	3
	011	3	2
	100	4	6
	101	5	7
	110	6	5
	111	7	4
1200bps	00	0	0
	01	2	3
	10	4	6
	11	6	5
75～600bps	0	0	0
	1	4	6

图 5-8 分别给出了未进行格雷映射和进行格雷映射后的 8PSK 调制星座图。

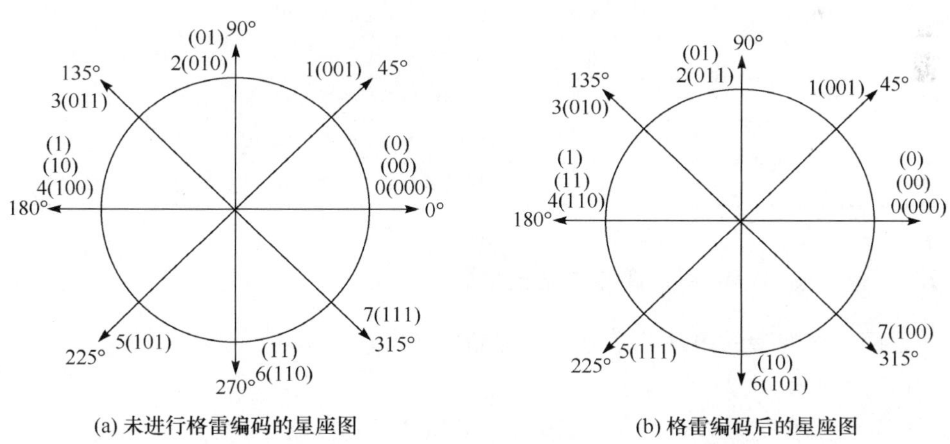

(a) 未进行格雷编码的星座图　　(b) 格雷编码后的星座图

图 5-8　8PSK 调制星座图

5.2.4.3 卷积码前向纠错编码设计

单载波串行数据传输采用卷积码完成前向纠错，编码器结构如图 5-9 所示。

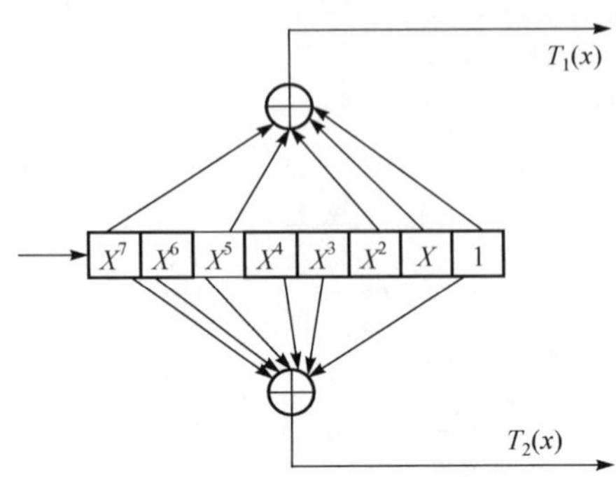

图 5-9 卷积编码器结构图

不同传输速率下的编码方式如表 5-4 所示。

表 5-4 传输速率与差错控制编码

数据速率/bps	编码效率	差错编码方式
4800	无编码	无编码
2400	1/2	编码率为 1/2 的卷积码
1200	1/2	编码率为 1/2 的卷积码
600	1/2	编码率为 1/2 的卷积码
300	1/4	编码率为 1/2 的卷积码(重复 2 次)
150	1/8	编码率为 1/2 的卷积码(重复 4 次)
75	1/16	编码率为 1/2 的卷积码(重复 8 次)

5.2.5 单载波串行调制解调器主要技术参数

下面给出典型的单载波串行数据传输方式参数：

(1) 码元速率：2400 波特。

(2) 数据速率：4800，2400，1200，600，300，150，75 bps。

(3) FEC 编码：(2，1，7)卷积码。

(4) 交织长度：短交织 0.6s，长交织 4.8s。

(5) 分集方式：300bps 时，2 重时间分集；
150bps 时，4 重时间分集；
75bps 时，8 重时间分集。

(6) 调制:8PSK 调制。

(7) 采样速率和定时精度:采样速率 $f_s=9600\text{Hz}$,定时精度$\leqslant 1\times 10^{-6}$。

(8) 白噪声性能:在 2400bps 速率条件下,SNR=8 dB 时,误码率小于 10^{-4};在 1200bps 速率条件下,SNR=6dB 时,误码率小于 10^{-4}。

5.3　同步捕获与跟踪技术

5.3.1　载波位同步联合信号检测

在数字通信系统中,通常信号检测、载波同步和位同步是分步骤完成的。信号检测一般采用能量检测法判别信号是否存在;随后通过数字锁相环路完成载波同步;最后利用 m 序列或巴克码完成位同步。这种方法非常经典,但需要较长的同步时间,在时变短波信道中性能不佳。因此,在短波通信中,为了提高在复杂时变信道下的检测和同步性能,可利用同一接收样本联合完成信号检测、载波同步和位同步。

5.3.1.1　基于时域相关的联合信号检测

在接收处理时,同步是数据正确解调的前提,因此一般要求其性能比最低传输速率下的性能高 3dB 以上,而同步性能的提高要求采用较长的同步序列进行捕获。

对长序列的捕获会大幅度地增加总运算量。同时为了保证捕获性能,要求在一个同步码内由频偏引起的相位偏移足够小,如控制在 90°以内。这就需要增加频偏试探次数,将频偏限制在较小的范围内,但会导致运算量进一步增加。

单载波串行数据传输的同步报头序列为(0,1,3,0,1,3,1,2,0,D_1,D_2,C_1,C_2,C_3,0),其中 D_1,D_2,C_1,C_2,C_3 的值不断变化,因此只能利用(0,1,3)符号序列进行同步,由 5.2.4.1 节规定的映射规则可知,0,1,3 符号序列对应的 8PSK 码元个数为 $N=96$ 个。

当采样率为 $f_s=9600\text{Hz}$,符号速率为 $R_b=2400$ 波特时,每个码元持续 $m_b=4$ 个样点,若接收信号中存在同步序列,连续滑动$\dfrac{9600}{2400}\times 15\times 32=1920$ 点,肯定会出现 2 个相关峰值,并且 2 个相关峰值间隔 384 或 1536 个样点。

无频偏时的滑动相关输出可表示为

$$y(n)=\left|\sum_{i=0}^{N-1}\widetilde{x}(n-m_b\times i)\cdot x^*(i)\right| \tag{5-15}$$

其中 $\widetilde{x}(n)$为接收信号;$x^*(i)$为本地同步序列 $x(i)$的共轭。

在 DSP 中,考虑复数乘和加法运算,利用同步报头序列中的(0,1,3)符号序列进行同步的单次实数乘累加运算量为 $L=4N$，则总的运算量约为 $L_1=4N\times f_s\approx$ 3.7MIPS，其中 MIPS 表示每秒一百万条指令。

实际上当最大频偏为±75Hz 时，在 96 个信道符号内最大会引起±1080°的相位旋转，当试探次数为 $t_n=33$，试探频率步进为 $\Delta f=4.6875\text{Hz}$ 时，可保证在 96 个符号内的总相位偏差小于 33.75°。此时，最大剩余频偏为±2.34375Hz，需要利用相邻频差的插值法更加准确的估计频差。

在进行频差试探时，滑动相关可表示为

$$y(n,k)=\left|\sum_{i=0}^{N-1}\tilde{x}(n-m_b\times i)\cdot e^{j2\pi\times m_b\times i\times\frac{\Delta f\times k}{f_s}}\cdot x^*(i)\right| \tag{5-16}$$

其中 $k\in\left(-\frac{(t_n-1)}{2},\frac{(t_n-1)}{2}\right)=\{-16,-15,\cdots,0,\cdots,15,16\}$。

若在 (n_c,k_j) 时出现峰值，则可以利用 $y(n_c,k_j-1)$、$y(n_c,k_j)$ 和 $y(n_c,k_j+1)$，通过插值法得到更加精确的频偏估计值，即

$$b=\max(y(n_c,k_j-1),y(n_c,k_j+1)) \tag{5-17}$$

$$\Delta\hat{f}_1=\alpha\frac{b}{b+y(n_c,k_j)}\times\Delta f \tag{5-18}$$

其中当 $y(n_c,k_j-1)<y(n_c,k_j+1)$ 时 $\alpha=1$，当 $y(n_c,k_j-1)>y(n_c,k_j+1)$ 时 $\alpha=-1$。

上述算法实数乘累加总运算量 $L_2=4N\times f_s\times t_n\approx 121.6$MIPS，需要占用一个 DSP 芯片（如 TMS320C55-200MHz）的大部分运算能力。在保证基本性能的前提下，可对以上算法进行适当简化，降低运算量。

由于接收序列已经过成形滤波，在进行滑动相关运算时，可以先进行 $\frac{1}{2}$ 抽取得到 $f_s'=4800\text{Hz}$ 的接收样点序列，表示为

$$y'(n,k)=\left|\sum_{i=0}^{N-1}\tilde{x}\left(n-\frac{m_b}{2}i\right)\cdot e^{j2\pi\times\frac{m_b}{2}i\times\frac{\Delta f}{f_s}}\cdot x^*(i)\right| \tag{5-19}$$

其中 $k\in\left(-\frac{(t_n-1)}{2},\frac{(t_n-1)}{2}\right)=\{-16,-15,\cdots,0,\cdots,15,16\}$。这样，同步捕获算法的实数乘累加总运算量约为 $L_3=\frac{L_2}{2}=4N\times f_s\times t_n/2\approx 60.8$MIPS，相当于 $\frac{1}{3}$ 个 DSP 的运算能力。

当系统最大频偏为±75Hz 时，对于连续 $l_\Delta=8$ 个符号，最大相位偏移为 90°，此时相关峰值幅度仅损失 9%。因此可将连续 8 个符号的相位偏移近似为同一值，则可采用下式进行滑动相关：

$$y(n,s)=\sum_{i=l_\Delta\cdot s}^{l_\Delta\cdot(s+1)-1}\tilde{x}\left(n-\frac{m_b}{2}i\right)\cdot x^*(i) \tag{5-20}$$

其中 $s=0,1,\cdots,\dfrac{N}{l_\Delta}-1$，可以得到 $N_\Delta=\dfrac{N}{l_\Delta}$ 点复数序列。

下面进行频率试探，令

$$y'(n,k)=\left|\sum_{i=0}^{N_\Delta-1}y(n,i)\cdot \mathrm{e}^{\mathrm{j}2\pi\times\frac{m_b\cdot l_\Delta}{2}i\times\frac{\Delta f}{f_s}}\right| \tag{5-21}$$

其中 $k\in\left(-\dfrac{t_n-1}{2},\dfrac{t_n-1}{2}\right)=\{-16,-15,\cdots,0,\cdots,15,16\}$。此时，同步捕获算法的实数乘累加总运算量约为 $L_4=t_n\times 4N_\Delta\times\dfrac{f_s}{2}\approx 7.6\text{MIPS}$。通过上述简化，可以在保证基本性能的前提下，大幅度降低运算量。

5.3.1.2　变换域联合信号检测

由数字信号处理理论可知，N 点信号的时域相关可通过 N 点 FFT 变换等效为频域各复数值的点乘，再通过 N 点 IFFT 变换，得到时域滑动相关所对应的所有 N 点结果。

对于接收序列 $\tilde{x}(n)$，其中 $n=0,1,\cdots,N-1$，其 FFT 变换结果为

$$\widetilde{X}(k)=\mathrm{FFT}(\tilde{x}(n)) \tag{5-22}$$

其中 $k=0,1,\cdots,N-1$。

现假定本地同步序列为 $x(n)$。对应的 FFT 结果为 $X(k)=\mathrm{FFT}(x(n))$，其中 $k=0,1,\cdots,N-1$。则时域相关可以用下面的频域处理方式完成，即

$$y(n)=\mathrm{IFFT}(\mathrm{FFT}(x(n))\cdot \mathrm{conj}(\mathrm{FFT}(\tilde{x}(n)))) \tag{5-23}$$

如前所述，当接收序列 $\tilde{x}(n)$ 为所期望的同步序列时会出现相关峰值，其相关峰值同样受系统频偏影响，为此也需要进行基于试探的频偏估计。经过分析可知，当频偏值等于 FFT 分辨率的整数倍时，会造成谱线循环移位。所以可以通过 $\widetilde{X}(k)$ 的谱线循环移动，完成整数倍频偏的试探。对于经 FFT 分辨率整除后的剩余频偏，可以利用 $\widetilde{X}(k)$ 结果，在频域上进行复数相乘完成频偏试探，因而可以节约运算量。

这里需要注意的是，在未知同步位置时，该方法仅仅适用于至少有 l 点部分循环的同步序列，并且为保证不错过信号检测，由循环部分长度决定处理间隔，取处理间隔为 l。当序列完全重复，即 $l=N$ 时，则处理间隔可以取最大值 N，N 要求为 2 的指数。

对于两个连续发送的基本同步报头序列，有

$0,1,3,0,1,3,1,2,0,D_1,D_2,C_1,C_2,C_3,0,0,1,3,0,1,3,1,2,0,D_1,D_2,C_1,C_2,C_3,0$

由于以上序列中有{0,0,1,3,0}，可以取 $N=32\times4=128$ 点，本地序列为{0,

0,1,3}。此时,存在一个 0,即$\frac{N}{4}$长度的循环重叠。信号检测时需要对 $N=128$ 个信道符号进行处理,并且每收到 32 个符号时,都要按照上述方法处理一次。

对于±75Hz 系统频偏,在 128 个信道符号内最大会引起±1440°的相位偏差,如前所述,同样需要进行 33 次试探,以保证 128 个信道符号内的相位误差小于 45°。与前面方法相比,由于联合了 $N=128$ 个符合进行同步,同步性能提高,但运算量有所降低。

5.3.2 基于序列频偏估计的频偏跟踪

在通信过程中,受多种因素的影响,会导致频率漂移和多普勒展宽。通过前面分析可知相干 PSK 解调需要精确的载波同步,因此快速准确的频偏跟踪非常重要。

频偏跟踪一般采用数字锁相环路完成,在信道接收码元上提取相位误差,选择合适的调整步进,通过微调的方式逐步逼近信号载频,但在低信噪比或时变信道条件下表现欠佳。下面分析当已知序列长度为 L_t 时,如何基于已知序列进行频偏估计。

对于接收序列 $\tilde{x}(n)$,在建立同步基础上,当抽取后的速率为 4800Hz 时,每个码元持续 $m_b=2$ 个样点,可以假设 $n_0=\frac{m_b L_t}{2}$为上一个已知训练序列 $x_1(i)$的起始位置,其中 $i=0,1,\cdots,L_t-1$,则 $n_1=n_0+m_b L_t$ 为未知数据序列起始位置,而下一个已知训练序列 $x_2(i)$的起始位置为 $n_2=n_1+m_b L_d$。

前一个已知训练序列滑动相关结果为

$$y_1(n)=\sum_{k=0}^{L_t-1} x_1{}^*(k)\tilde{x}(n-m_b k) \tag{5-24}$$

其中 $n=0,1,\cdots,2(L_t-1)$;$x_1^*(k)$为本地已知训练序列 $x_1(k)$的共轭。

后一个训练序列滑动相关结果为

$$y_2(n)=\sum_{k=0}^{L_t-1} x_2^*(k)\tilde{x}(n+n_2-m_b k) \tag{5-25}$$

其中 $n=0,1,\cdots,2(L_t-1)$;$x_2^*(k)$为本地已知训练序列 $x_2(k)$的共轭。

由 $y_1(n)$和 $y_2(n)$,可计算得到

$$y=\sum_{k=0}^{m_b L_t-1} y_1^*(k)y_2(k) \tag{5-26}$$

$$\hat{D}=360\times\text{angle}(y) \tag{5-27}$$

其中 $\hat{D}$ 为角度偏移,反映了前后两序列在 $m_b(L_d+L_t)$样点内的角度偏移值。当 $L_t=16$,$L_d=32$,采样速率为 4800Hz 时,得到的估计频差为

$$\Delta\hat{f}=\frac{\hat{D}}{7.2}\mathrm{Hz} \tag{5-28}$$

5.3.3 迟入同步技术

5.3.3.1 迟入同步建立的可行性分析

在单载波串行数据传输过程中，可以通过已知数据帧来检测信号并提取同步信息。由传输波形结构可知，在传输速率为 4800bps 和 2400bps 时，以 $N_1=48$ 个信道符号为周期插入已知数据帧，在传输速率低于 2400bps 时以 $N_2=40$ 个信道符号为周期插入。由于接收端不知道发端的实际传输速率，在迟入同步时需要对两种帧结构做并行处理。同时每个交织块(无交织时同短交织情况)的最后两个已知训练数据非常特殊，其中传输的 D_1 和 D_2 包含了速率和交织方式信息，对其正确接收是迟入同步的基础。

5.3.3.2 双周期相关迟入同步建立

已知训练数据由扰码产生，在无交织和短交织时其循环周期为 $L_r=160$，重复 9 次；在长交织时，重复 72 次。所以交织块尾部有一个完整的周期为 L_r 的扰码，即在交织阵的后面部分，对于无交织、短交织和长交织的情况都一样，可以采用相同的方式处理。假定扰码重复 9 次得到的序列为 $r(k)$，其长度为 N_r。

根据系统处理能力选取合适的联合相关处理次数 m，一般取 $m=4$，即相当于做 64 点的卷积运算。当传输速率为 4800bps 和 2400bps 时，捕获处理有

$$f_1(n,k)=\left|\sum_{i=0}^{16-1}\tilde{x}(n-k\cdot(N_1-2)+i)\cdot x^*(N_r-k\times(N_1-2)+i)\right| \tag{5-29}$$

其中 $n=0,1,\cdots,N_1-1;k=0,1,\cdots,m-1$。

对 m 个 $f_1(n,k)$，当在同一 n 值处出现最大值时，可以判为信号存在。然后在当前接收样本序列中通过试探，获取载波频偏估计值。

当传输速率低于 2400bps 时，捕获处理有

$$f_2(n,k)=\sum_{i=0}^{20-1}\tilde{x}(n-k\cdot(N_2-2)+i)\cdot x^*(N_r-k\times(N_2-2)+i) \tag{5-30}$$

其中 $n=0,1,\cdots,N_2-1;k=0,1,\cdots,m$。同样对 m 个 $f_2(n,k)$，当同一 n 值处出现最大值时，可以判为信号存在。

5.4 时域均衡逐符号数据解调

5.4.1 基于卡尔曼算法的时域均衡基本原理

自适应均衡的基本原理是实时校正信道产生的幅度和相位失真来抵消信道传输引起的码间串扰,其本质是时变传输信道的反向滤波。如果传输信道是频率选择性的,那么均衡器将补偿衰落大的频谱部分,使接收信号各频率分量的衰落趋于平坦,相位趋于线性。

Godard 最早将 Kalman 滤波理论应用到自适应均衡中,提出了卡尔曼自适应均衡算法。该算法是一种递推最小二乘(RLS)算法,具有收敛快、精度高和一定的跟踪时变信道的能力。

卡尔曼算法有着出色的跟踪性能,但是该算法对递推运算引起的累积舍入噪声敏感,会引起算法的不稳定。平方根卡尔曼算法则针对运算稳定性问题进行了改进,利用协方差因式分解来保证卡尔曼算法中误差矩阵的数字对称结构,具有对舍入误差不敏感的优点。

现假定输入序列为 X,判决数据为$\tilde{\boldsymbol{I}}_k$,C 为均衡器估计得到的信道冲激响应。平方根卡尔曼滤波算法具体步骤如下:

(1) $\varepsilon(k)=\tilde{\boldsymbol{I}}_k-\sum_{j=1}^{N}x_j c_j$

(2) $f_1=x_1^*,\ f_j=\sum_{i=1}^{j-1}\mu_{ij}x_i^*+x_j^*,\ j=2,3,\cdots,N$

(3) $g_j=d_j(k-1)f_j,\ j=1,2,\cdots,N$

(4) $\alpha_1=\xi+g_1f_1^*,\ \alpha_j=\alpha_{j-1}+g_jf_j^*,\ j=2,3,\cdots,N$

(5) $h_q=1+q,\ h_t=\alpha_N q$

(6) $\gamma=\dfrac{1}{\alpha_1+h_t}$

(7) $d_1(k)=d_1(k-1)h_q(\xi+h_t)\gamma$

(8) for $j=2,3,\cdots,N$

$\beta=\alpha_{j-1}+h_t$

$\lambda_j=-f_j\gamma$

$\gamma=\dfrac{1}{\alpha_j+h_t}$

$d_j(k)=d_j(k-1)h_q\beta\gamma$

for $i=1,2,\cdots,j-1$

$\beta_1=\mu_{ij}$

$\mu_{i,j}=\beta_1+g_i^*\lambda_j$

$g_i=g_i+g_j\beta_1^*$

end

end

(9) $e=\varepsilon(k)\cdot\gamma$

(10) $c_j=c_j+g_i\cdot e, j=1,2,3,\cdots,N$

其中 * 表示复数取共轭运算。

这里，ξ 和 q 的选择决定了该算法的性能。ξ 的取值范围一般为 $0.001\leqslant\xi\leqslant1$，当 ξ 取值较大时，算法性能稳定但跟踪速度慢。在短波信道上，q 值选取与信道的衰落深度有关。大量实验表明，当 N 取 20 时，q 的典型值为 0.04；当 N 取 24 时，q 的典型值为 0.02。

5.4.2 主径位置对线性均衡器的影响

均衡器的收敛特性受到输入向量的影响，本节重点分析信道冲激响应主径的位置对均衡器的影响。令 $\boldsymbol{x}(n)$ 为发送序列，经短波信道后，接收序列为

$$\boldsymbol{r}(n)=\boldsymbol{H}\cdot\boldsymbol{x}(n)+\boldsymbol{v}(n) \tag{5-31}$$

假设多径信道时延为 L 个符号。$\boldsymbol{v}(n)$ 是零均值，方差为 δ_v^2 的白噪声。假设均衡器的抽头个数为 M 个，通常情况下 $M\geqslant2L$，信道 $\boldsymbol{H}$ 为 $M\times M$ 的矩阵，如下式所示。信道自相关矩阵 $\boldsymbol{R}=\boldsymbol{H}\cdot\boldsymbol{H}'$ 是一个对称的 $M\times M$ 矩阵。

$$\boldsymbol{H}=\begin{bmatrix} h[0] & 0 & \cdots & 0 \\ h[1] & h[0] & 0 & 0 \\ \vdots & \vdots & \vdots & \vdots \\ h[L-1] & h[L-2] & \vdots & 0 \\ 0 & h[L-1] & \vdots & 0 \\ \vdots & \vdots & \vdots & \vdots \\ 0 & 0 & 0 & h[0] \end{bmatrix} \tag{5-32}$$

由于短波信道的时变性，要求均衡器必须具有自适应能力，自动调整均衡器系数补偿信道特性。常用的自适应均衡器设计准则主要包括峰值失真最小化、最小均方误差等，下面以 LMS 算法及 RLS 算法为例，具体分析信道主径位置对两种算法性能的影响。

LMS 算法的关键点在于梯度 $\nabla(k)$ 的计算以及收敛因子 μ 的选择。其基本流程如下。

(1) 初始化：

$$\boldsymbol{W}(0)=0$$

$$\boldsymbol{R}(0)=\boldsymbol{I}$$

(2) 选择 μ：

μ 的取值范围为 $0<\mu<\frac{1}{\lambda_{\max}}$，其中 $\lambda_{\max}$ 为自相关矩阵的最大特征值。

(3) 递推计算均衡器系数。

均衡器系数递推计算公式为

$$\boldsymbol{W}(k)=\boldsymbol{W}(k-1)+2\mu[x(k)-\boldsymbol{W}^{\mathrm{T}}(k-1)\boldsymbol{X}(k)]\boldsymbol{X}(k) \tag{5-33}$$

其中 $k=1,2,\cdots,n$；$\boldsymbol{W}$ 为均衡器抽头系数，反映了信道特征。可见，LMS 算法的收敛性能与 μ 密切相关，当 μ 较大时，收敛速度提高，但均衡器的误差将增大；反之，收敛速度较慢，但均衡器误差较小。

LMS 算法中梯度向量的真值是由数据直接得到的估计值来近似，算法的优点在于计算简单，然而代价在于收敛缓慢。为了得到更快的收敛速度，RLS 算法以时间平均而不是统计平均来解决算法收敛问题。其基本流程如下。

(1) 初始化：

$$\boldsymbol{W}(0)=\boldsymbol{0}$$

$$\boldsymbol{R}(0)=\boldsymbol{I}$$

(2) 递推计算均衡器系数。

均衡器系数递推计算公式为

$$\boldsymbol{e}(k)=\boldsymbol{X}(k)-\boldsymbol{X}^{\mathrm{T}}(k)\boldsymbol{W}(k-1) \tag{5-34}$$

$$\boldsymbol{R}^{-1}(k)=\boldsymbol{R}^{-1}(k-1)-\frac{\boldsymbol{R}^{-1}(k-1)\boldsymbol{X}(k)\boldsymbol{X}^{\mathrm{T}}(k)\boldsymbol{R}^{-1}(k-1)}{1+\boldsymbol{X}^{\mathrm{T}}(k)\boldsymbol{R}^{-1}(k-1)\boldsymbol{X}(k)} \tag{5-35}$$

$$\boldsymbol{W}(k)=\boldsymbol{W}(k-1)+\boldsymbol{R}^{-1}(k)\boldsymbol{X}^{\mathrm{T}}(k)\boldsymbol{e}(k) \tag{5-36}$$

其中 $k=1,2,\cdots,n$。

可见，无论是 RLS 算法还是 LMS 算法，其性能均与接收信号的自相关矩阵 $\boldsymbol{R}$ 有直接关系。考虑到信号特征的确定性，主要考虑信道自相关矩阵对均衡器性能的影响。

假设短波信道时延为 2ms，符号速率为 2400 波特，信道冲激响应为 $h_k=[h_0,0,0,0,0,h_5]$。当均衡器的抽头个数为 $M=11$ 时，由推导可知自相关矩阵 $\boldsymbol{R}$ 是一个对称的 11×11 矩阵。自相关矩阵 $\boldsymbol{R}$ 的一般表达式为

$$\boldsymbol{R}=\begin{bmatrix} h_0^2 & 0 & \cdots & h_0h_5 & 0 & \cdots & \cdots & 0 \\ 0 & h_0^2 & 0 & \cdots & h_0h_5 & 0 & \cdots & 0 \\ \vdots & \vdots & \vdots & \vdots & \vdots & \vdots & \vdots & 0 \\ h_0h_5 & \cdots & 0 & h_0^2+h_5^2 & 0 & \cdots & 0 & h_0h_5 \\ 0 & h_0h_5 & 0 & \cdots & h_0^2+h_5^2 & 0 & \cdots & 0 \\ 0 & \vdots & \vdots & \vdots & \vdots & 0 & \cdots & 0 \\ 0 & 0 & \cdots & h_0h_5 & \cdots & 0 & 0 & h_0^2+h_5^2 \end{bmatrix} \tag{5-37}$$

对于归一化的输入信号，有 $h_0^2+h_5^2=1$。自相关矩阵的最大特征值与最小特

征值分别为 λ_{max}，λ_{min}，特征值扩散度 $\chi(\boldsymbol{R})=\frac{\lambda_{max}}{\lambda_{min}}$，当 h_0，h_5 的值发生变化时，特征值扩散度的变化如表 5-5 所示。其中 P_0，P_5 分别表示两条多径的能量。

表 5-5　特征值扩散度与多径能量分布关系表

	$P_0 \gg P_5$	$P_0 = P_5$	$P_0 \ll P_5$
h_0	0.9	0.7071	0.44
h_5	0.44	0.7071	0.9
λ_{max}	1.5161	1.6235	1.4577
λ_{min}	0.3861	0.0993	0.006
$\chi(\boldsymbol{R})=\frac{\lambda_{max}}{\lambda_{min}}$	3.9261	16.394	224.86

通过上述分析可以看出，当 $P_0 \gg P_5$，即主径在前时，特征值扩散度较小，RLS 算法可以较快收敛；当 $P_0 \ll P_5$ 时，特征值扩散度很大，RLS 算法根本无法收敛。图 5-10 给出了 BPSK 调制下，以上三种情况的仿真图。从图 5-10 中可以看出，当 $P_0 \gg P_5$，即主径在前时，均衡器能够正常收敛，与直接解调相比，误比特率性能有一定的提升。当 $P_0 = P_5$ 时，即主次径相当，此时信道出现了严重频率选择性衰落，均衡器的性能下降较大；而当 $P_0 \ll P_5$ 时，线性均衡器已经无法收敛。

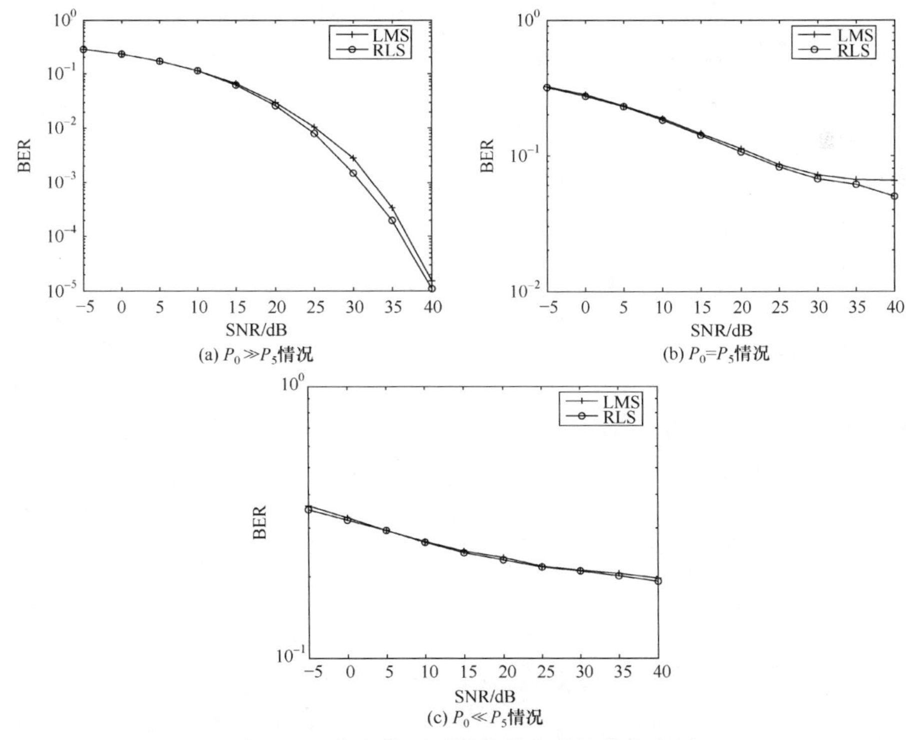

图 5-10　主径位置对线性均衡器性能仿真图

在单载波串行数据传输中,均衡器可以完成载波的相位同步,所以在无多径情况下,可以通过均衡器消除由带限信道引起的码间串扰,并完成载波的相位同步。图 5-11 给出了信噪比为 23dB、无多径干扰时,采用平方根卡尔曼算法的线性均衡器所得到的信道冲激响应和判决相位误差仿真结果。从中可以看出,此时接收符号中存在的相位误差小于 0.9°,对数据判决结果的影响很小。

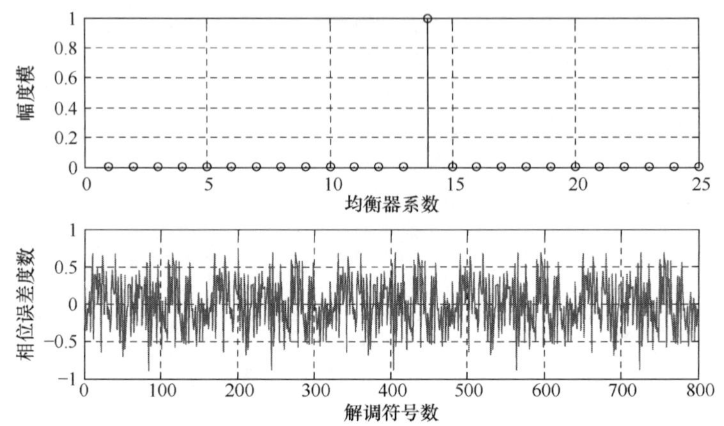

图 5-11　无多径情况下线性均衡器收敛系数及接收符号相位误差

5.4.3　深度衰落信道下的均衡方法

当信道中主径与次径的幅度相近时,会出现深度衰落,在均衡器抽头长度不变的情况下,均衡性能会严重下降。此时,可以通过增加均衡器抽头个数来提高性能,但复杂度会急剧上升。为了方便分析,下面分两种情况讨论深度衰落时均衡器的性能,即滞后次径(主径在前)和超前次径(主径在后)。

5.4.3.1　滞后次径信道下的判决反馈自适应非线性均衡方法

由上一节的分析可知,当信道中存在滞后次径,并且主径的能量远远大于次径时,采用传统的线性均衡器就可以达到系统要求。但短波信道上,多径分布状况很复杂,存在两径能量相近的情况,如图 5-12 所示,此时采用线性均衡器的性能较差,需要采用判决反馈均衡器。

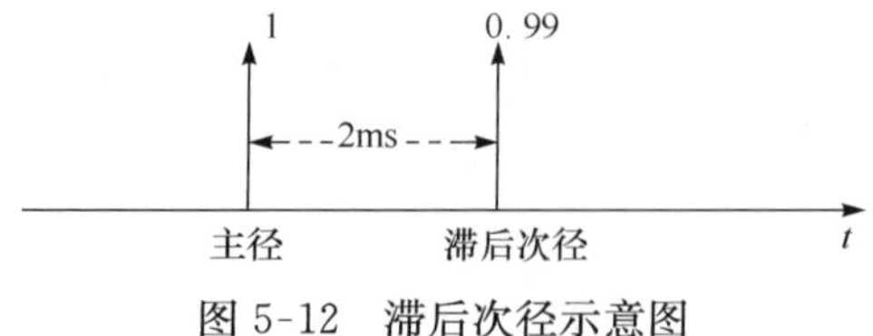

图 5-12　滞后次径示意图

判决反馈均衡器(DFE)的基本思路是一旦一个信息符号被解调并被判决后，就可以在解调后续符号之前消除由这个信息符号带来的码间干扰。判决反馈均衡器既可以直接由横向滤波器实现，也可以由格型滤波器实现。

判决反馈均衡器由两节组成，如图5-13所示。第一节为前馈节，由一个前馈滤波器构成(FFF)。第二节为反馈节，由一个判决器和一个反馈滤波器(FBF)共同构成。前馈和反馈两个滤波器的抽头间隔均为码元的波特间隔，前馈节的输入信号是接收信号序列，前馈滤波器等同于线性横向均衡器。

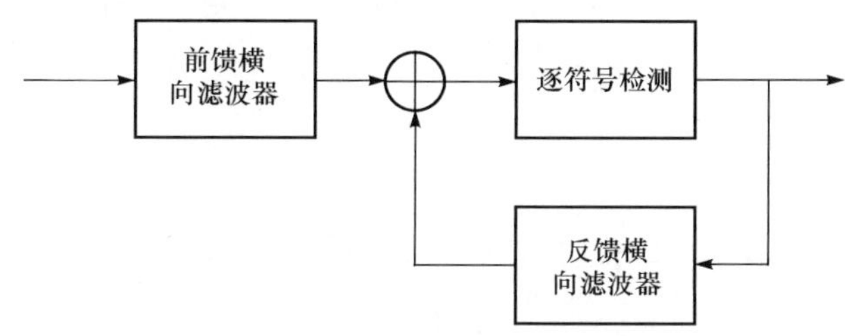

图5-13　判决反馈均衡器结构图

假设均衡器在前馈有(K_1+1)个抽头，在反馈有K_2个抽头，并令$\{c_{-K_1},\cdots,c_{-1},c_0\}$为前馈横向滤波器的抽头系数，$\{c_1,\cdots,c_{K_2}\}$为反馈横向滤波器的抽头系数，则由图5-13可知，判决反馈均衡器的输出为

$$\hat{I}_k=\sum_{j=-K_1}^{0}c_j v_{k-j}+\sum_{j=1}^{K_2}c_j\tilde{I}_{k-j} \tag{5-38}$$

其中$\hat{I}_k$表示第k个信息符号的估计；$\{\tilde{I}_{k-1},\cdots,\tilde{I}_{k-K_2}\}$代表前面已检测出的符号。

如果不采用判决反馈自适应均衡，则会导致码间串扰。当信噪比为23dB，滞后次径如图5-12所示情况时，平方根卡尔曼算法线性均衡器的仿真结果如图5-14所示。

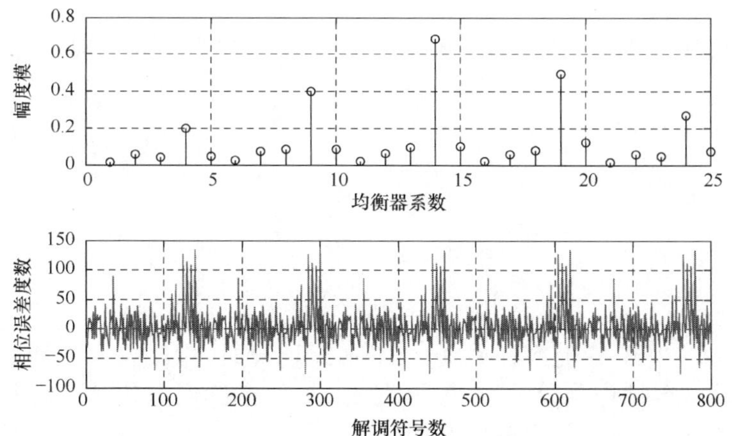

图5-14　滞后次径条件下线性均衡器系数及接收符号相位误差

从图 5-14 可以看出，接收符号存在很大的相位误差，甚至超过 100°。8PSK 解调要求相位误差小于 22.5°才能正确判决，而此时多径导致的相位误差远远大于解调要求。因此需要采用判决反馈均衡来消除滞后次径的干扰。

在相同仿真条件下，采用判决反馈自适应均衡的仿真结果如图 5-15 所示，从中可以看出，通过判决反馈，有效消除了滞后次径的递推影响。在深度衰落时，其相位误差小于 1.5°，可以正确解调数据。

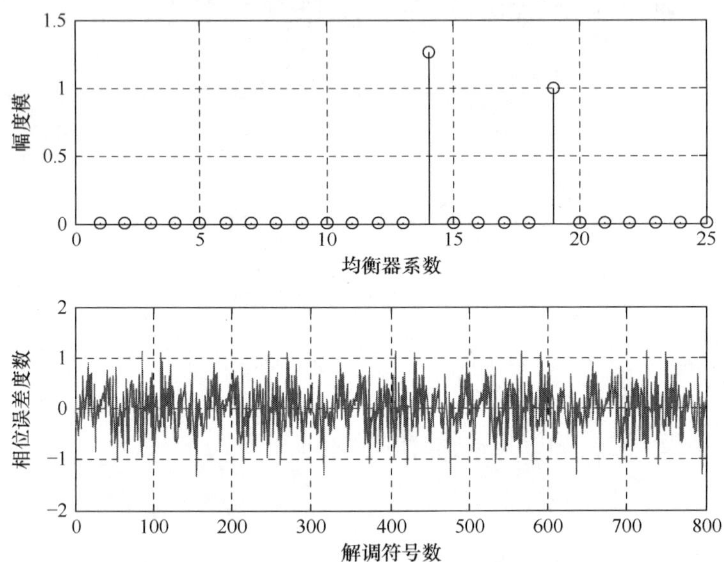

图 5-15 滞后次径条件下判决反馈均衡器系数及接收符号相位误差

5.4.3.2 针对超前次径的均衡分析

与滞后次径相反，超前次径是指信号最强的次径在主径之前到达的情况，如图 5-16所示。

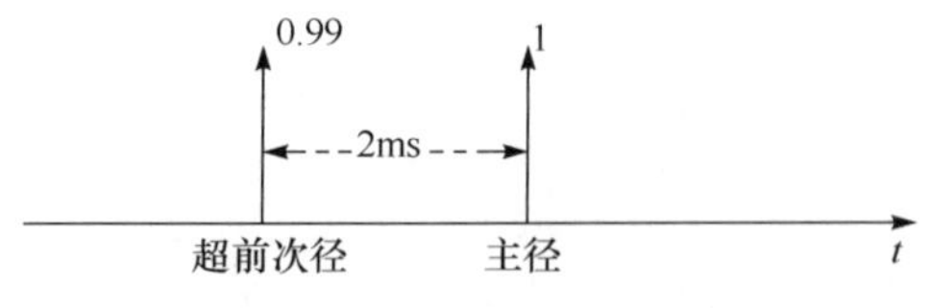

图 5-16 超前次径示意图

信噪比为 23dB，超前次径如图 5-16 所示情况时，判决反馈均衡仿真结果如图 5-17所示。此时均衡器完全不能收敛，导致相位误差很大，无法正确解调数据。

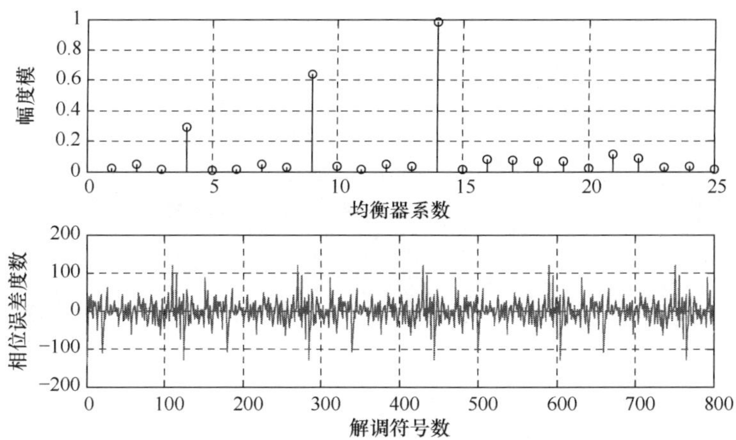

图 5-17　不调整同步位置时判决反馈均衡器的输出结果

在这种情况下，可通过将同步位置调整到次径位置，相当于将超前次径调整为主径，再通过判决反馈方式消除主径的影响。图 5-18 给出的调整同步位置后，判决反馈均衡的仿真结果。从中可以看出，有效地减小了接收符号的相位误差，此时相位误差小于 1.5°。

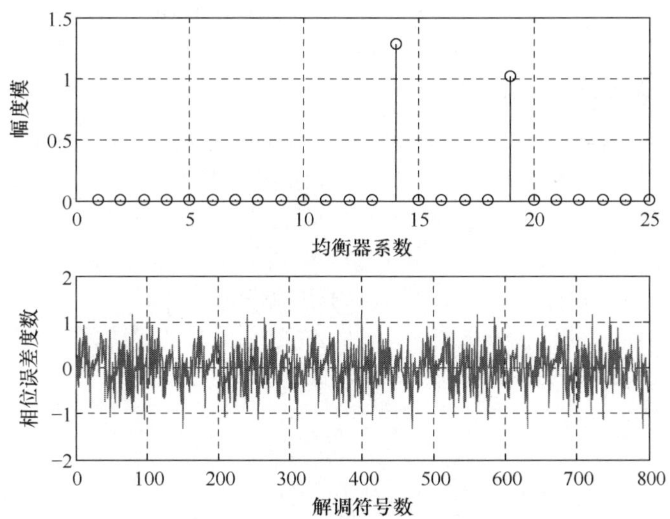

图 5-18　调整同步位置后判决反馈均衡器的输出结果

本质上，上述调整方法在主次径能量相当时，可保证较好的性能，但在主径能量远大于次径能量时，采用同步位置调整的方法会抵消正常主径的信号，由于此时在信号强度较小的次径上进行数据解调，性能会严重下降，因此在实际中很少使用该方法。基于数据块的多符号联合数据解调可以解决深度衰落信道下超前次径、滞后次径以及两者同时存在的问题，详细分析见 5.5 节。

5.5 基于数据块的迭代解调

5.4 节主要讨论了基于单个符号解调的自适应均衡器结构，本节重点讨论基于数据块的解调结构，其原理框图如图 5-19 所示。在成形滤波、信号抽取、频偏校正后，进行信道估计、信号重构来实现基于数据块的多符号联合数据解调。

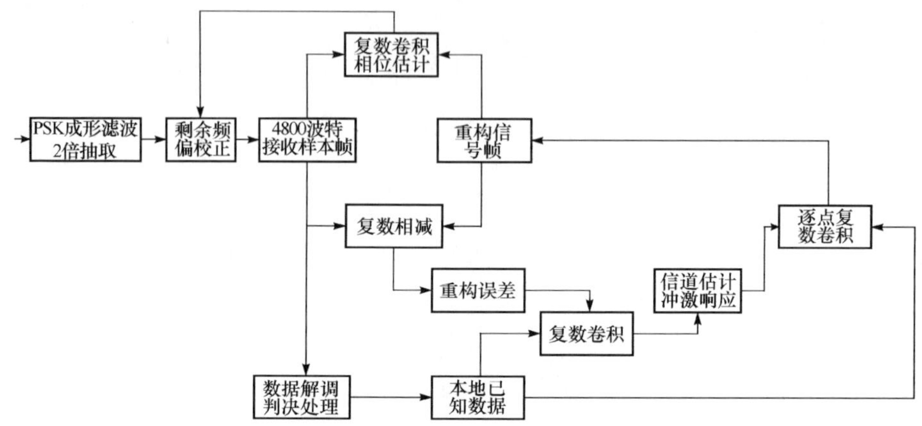

图 5-19 基于数据块的多符号联合数据解调框图

5.5.1 基于数据块的解调原理

Hsu 在 1985 年提出了非线性直接数据估计(NDDE)，理论分析和仿真表明，NDDE 技术可以较好地应对深度衰落短波信道。由于单载波串行数据传输波形设计时，在未知数据中周期地插入训练序列，接收时可以按照 NDDE 数据块方式处理，依靠训练序列获取可靠的信道估计，实现信道跟踪，并且可以防止相邻信息块的相互干扰，实现数据块的单独处理，有效减少错误传播。

数据的帧结构与块结构如图 5-20 所示，根据等效的离散时间基带信号模型，数据块符号通过码间串扰信道后，其接收信号可表示为

$$y_k = \sum_{l=0}^{L-1} h_k(l) x_{k-l} + n_k \tag{5-39}$$

其中 $h_k(l)(0 \leqslant l \leqslant L-1)$是信道的时变冲激响应(CIR)；$x_k, y_k$ 分别是发送和接收符号；n_k 为加性高斯白噪声。数据块在通过 ISI 信道后，未知信息符号仅受到数据块两端训练序列和噪声的影响。

在慢时变信道条件下，每个传输块内的信道基本保持稳定不变，即 $h_k(l) = h(l)$，则在接收端，接收向量可以表示为

$$\boldsymbol{y} = \boldsymbol{H}_1\boldsymbol{B} + \boldsymbol{H}_2\boldsymbol{A}_1 + \boldsymbol{H}_3\boldsymbol{A}_2 + \boldsymbol{n} \tag{5-40}$$

其中 $\boldsymbol{y}^{\mathrm{T}} = [y_0, y_1, \cdots, y_{M+L-2}]$为接收向量，上标 T 表示转置；$\boldsymbol{A}_1^{\mathrm{T}} = [a_{N-L}, a_{N-L+1}, \cdots, a_{N-1}]$，$\boldsymbol{A}_2^{\mathrm{T}} = [a_N, a_{N+1}, \cdots, a_{N+L-1}]$分别表数据块中两端的训练序列；$\boldsymbol{B}^{\mathrm{T}} = [b_0,$

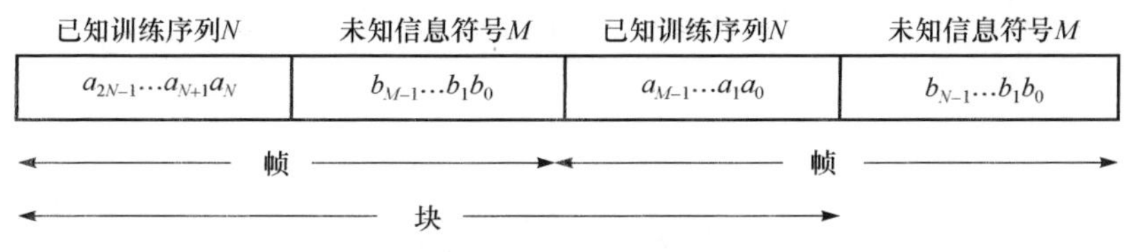

图 5-20　帧结构与块结构

$b_1,\cdots,bM-1$]表示块中间的信息符号;$\boldsymbol{n}$ 为高斯白噪声序列。式(5-40)表明,接收向量是由已知训练序列和未知信息符号及噪声项共同组成的。式中的 $\boldsymbol{H}_1$,$\boldsymbol{H}_2$,$\boldsymbol{H}_3$ 是表征信道的三个矩阵,矩阵中的元素由等效信道冲击响应决定,具体如下:

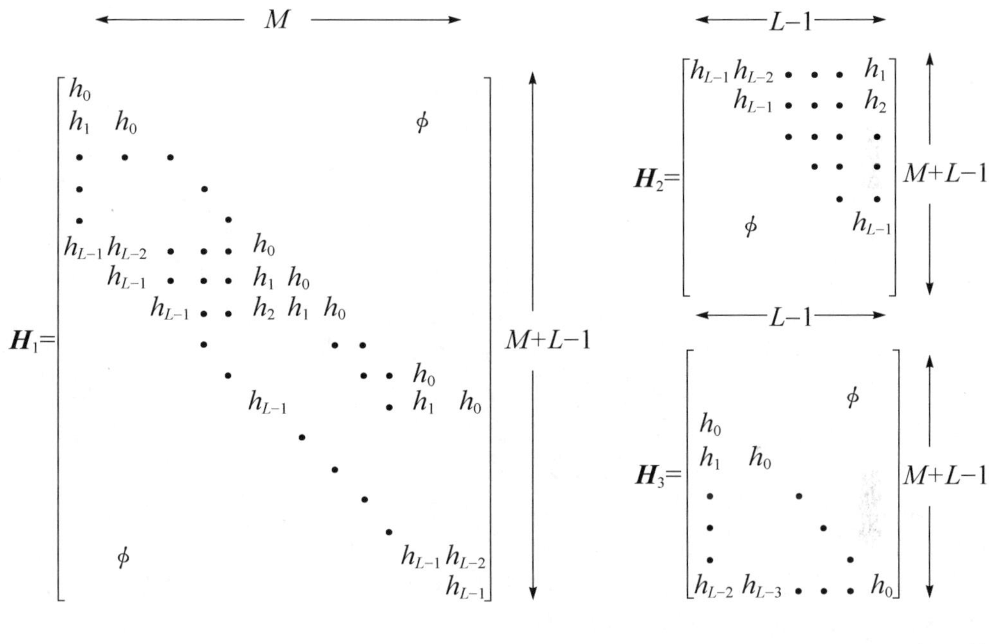

(5-41)

通过在接收向量 y 中逐行减去两端已知训练序列对中间信息符号的干扰,得到只与发送信息符号有关的向量 $\boldsymbol{C}$

$$\boldsymbol{y}-\boldsymbol{H}_2\boldsymbol{A}_1-\boldsymbol{H}_3\boldsymbol{A}_2=\boldsymbol{H}_1\boldsymbol{B}+\boldsymbol{n}=\boldsymbol{C} \tag{5-42}$$

利用最小均方误差(MSE)准则:$\xi^2=(\boldsymbol{H}_1\hat{\boldsymbol{B}}-\boldsymbol{C})^{\mathrm{H}}(\boldsymbol{H}_1\hat{\boldsymbol{B}}-\boldsymbol{C})$,上标 H 表示共轭转置,得到信息符号的整体估计值

$$\hat{\boldsymbol{B}}=(\boldsymbol{H}_1^{\mathrm{H}}\boldsymbol{H}_1)^{-1}\boldsymbol{H}_1^{\mathrm{H}}\boldsymbol{C} \tag{5-43}$$

这种估计方法称为线性数据直接估计(LDDE)。在 LDDE 中,最终得到的估计信息符号为 $\hat{\boldsymbol{B}}_M^{\mathrm{T}}=[\hat{b}_0,\hat{b}_1,\cdots,\hat{b}_{M-1}]$。由于头尾两侧数据符号的先验信息较充分,因此其估计的均方误差要明显小于中间符号,图 5-21 给出了 $M=32$,$N=16$ 时数据符号的均方误差曲线,呈现中间高、两端低、关于中心对称的特点。

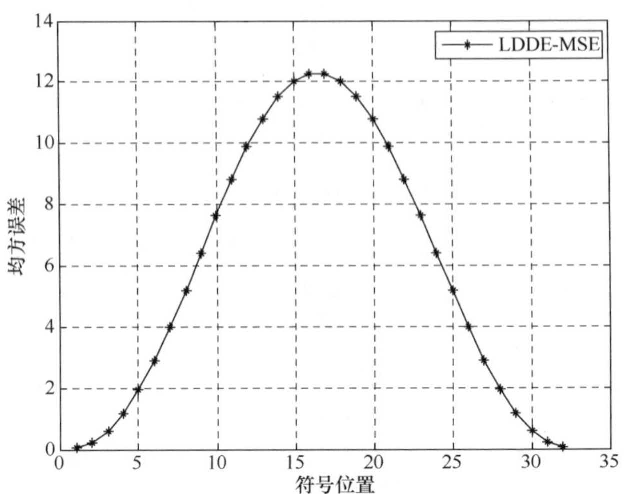

图 5-21 LDDE 的各符号均方误差（SNR＝20dB）

针对以上问题，非线性直接数据估计（NDDE）技术在每次进行估计时，只保留头尾两个符号的估计，并将估计符号作为已知信息，然后针对减短后的数据块，继续估计头尾两个符号。如：首先估计 $\hat{b}_0$ 和 $\hat{b}_{M-1}$，抛弃剩余符号 $\hat{b}_1\sim\hat{b}_{M-2}$。然后将 $\hat{b}_0$ 和 $\hat{b}_{M-1}$ 两个符号从 $\boldsymbol{H}_1\boldsymbol{B}$ 中消除掉，得到新的信道方程

$$\boldsymbol{H}_1^{(M-2)}\boldsymbol{B}_{M-2}+\boldsymbol{n}^{(M-2)}=\boldsymbol{C}_{M-2} \tag{5-44}$$

重新对上式进行最小均方误差估计，得到 $\hat{B}_{M-2}^{\mathrm{T}}=[\hat{b}'_1,\hat{b}'_2,\cdots,\hat{b}'_{M-2}]$，同样还是只保留 $\hat{b}'_1$ 和 $\hat{b}'_{M-2}$。重复上述过程，经过 M 次估计，就能将全部 M 个信息符号估计出来。

以 $M=32$，$N=16$ 为例，数据符号估计示意图如图 5-22 所示，通过 16 个已知符号的插入，可以认为已经隔离前后帧未知数据间的相互多径串扰，数据解调仅跟当前帧的接收信号有关。在信道冲激响应已知情况下，可以用递推方法消除接收符号间的多径串扰。其具体实现过程如下：

(1) 对于滞后多径，可以用判决出的接收数据消除后续接收符号中存在的干扰，即前信号对后续信号的多径影响。由于前 16 个符号已知，可以通过估计的信道冲激响应和 16 个已知符号复数卷积，消除其多径对第 1 个未知数据的影响。在消除第 1 个未知数据受前 16 个符号多径影响后，将第 1 个数据转化为已知数据，再进行后续计算，重复 32 次，消除滞后多径的干扰。

(2) 对于超前多径，即后续信号对前信号的多径影响。由于后 16 个符号已知，可以通过估计的信道冲激响应和后面的 16 个已知符号进行复数卷积来消除它们对第 32 个未知数据的影响。在消除第 32 个未知数据受后 16 个符号的多径影响后，第 32 个未知数据转化为已知数据，再进行后续计算，重复 32 次，消除超前多径的干扰。

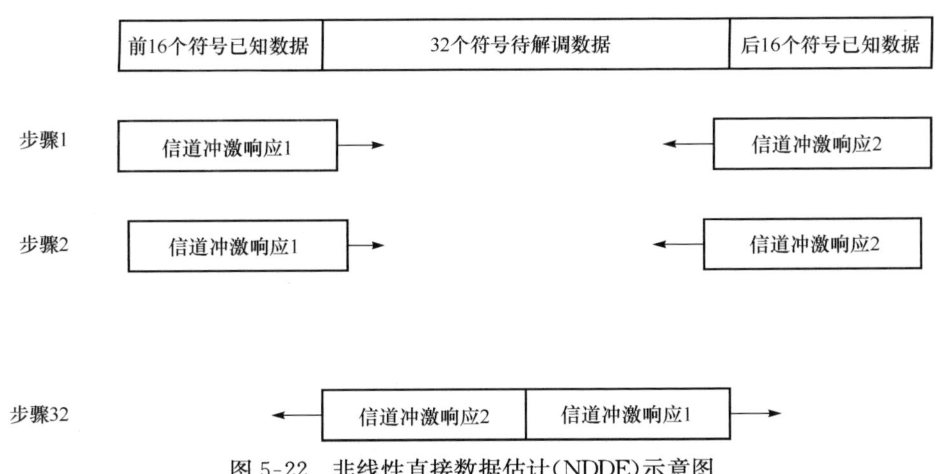

图 5-22　非线性直接数据估计(NDDE)示意图

下面对 LDDE 算法与 NDDE 算法的性能进行仿真比较。仿真条件如下:数据块结构参数为 $M=32$,$N=16$,信道冲激响应为 $f=[0.5,1,0.5]$,采用 BPSK 调制,符号速率为 2400 波特,误码率曲线如图 5-23 所示。可以看出,LDDE 的性能很差,而 NDDE 则可以较好地完成数据均衡,当信噪比为 15dB 时,未编码情况下的误码率为 4×10^{-4}。

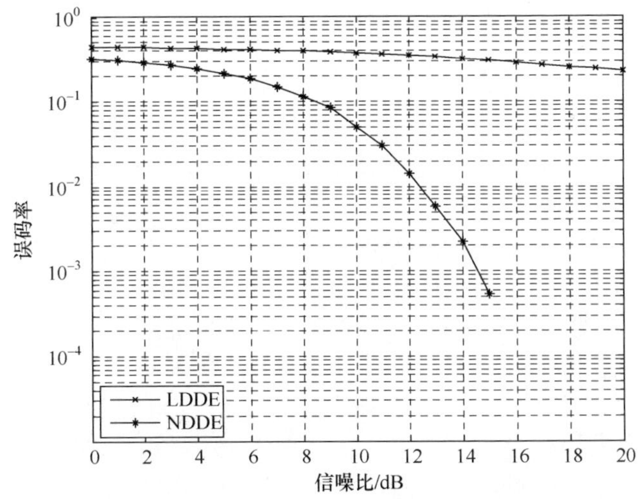

图 5-23　NDDE 与 LDDE 的误码率性能

图 5-24 给出了信噪比为 20dB 情况下的 NDDE 逐符号均方误差图,从中可以看出,与 LDDE 相比,均方误差分布完全不同,整体下降近两个数量级,且分布两端高,中间低。

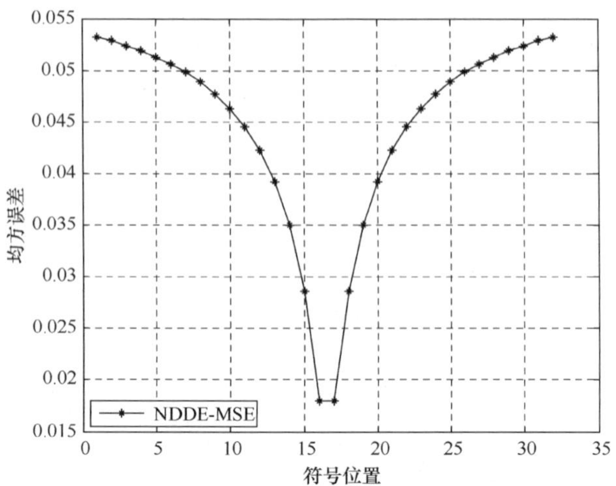

图 5-24　NDDE 的各符号均方误差(SNR=20dB)

5.5.2　基于信号重构的信道估计

上节所述数据块解调算法是建立在对信道的准确估计基础上的。根据已知序列可以对信道进行估计,并利用信道估计的结果重构信号,然后计算接收信号与重构信号的误差,对信道估计结果进行修正。

5.5.2.1　信号抽取和数据帧截取

一般情况下,按照每个符号抽取一个样点,就可以实现数据的正确解调,但它需要精确的位同步,否则有可能采到两个符号的过渡带,大大影响解调性能。

当每个符号抽取四个样点时,对同步位置不敏感,可提高解调性能,但抽取样点数越多,后续处理复杂度会按指数增大。

为实现复杂度与性能之间的优化,采用 5.2.1.3 节中的成形滤波,按照每个符号抽取两个样点的处理方法获得接收样本。从其时域冲激响应可以看出,两倍的抽取可以接近最佳采样位置。

在单载波串行数据传输中,传输速率为 2400bps 时,已知训练序列长度为 16 个信道符号,未知数据长度为 32 个信道符号。当信道多径时延小于 8/2400=0.0033s 时,多径的影响在 8 个信道符号以内。我们设计的数据块截取方法如图 5-25所示,此时,未知数据符号仅受已知训练序列的影响,与前后的用户数据符号无关。

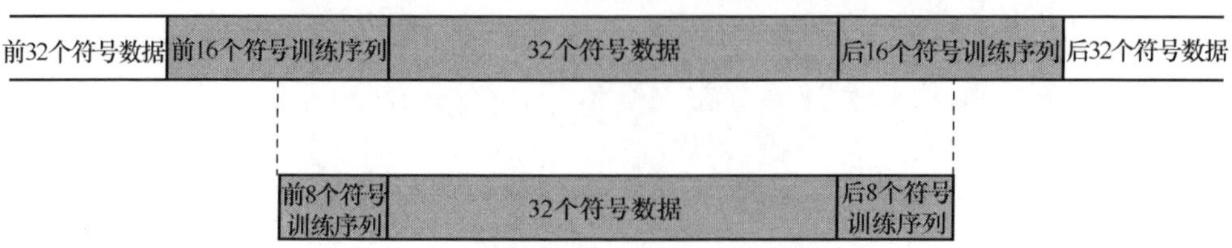

图 5-25　数据传输阶段数据块截取示意图

当采样速率为信道符号速率的 2 倍时，每帧 48 个信道符号抽样后得到 96 个信号样点，记为 $\tilde{x}(n)$，$n=0,1,\cdots,95$，最佳采样位置可能出现在奇数样点，也可能出现在偶数样点，因此必须对奇数样点和偶数样点分别进行处理。

完成当前帧数据解调后，用已解调数据填充该帧的 32 个符号数据，用于后续的迭代信道估计。截取的数据块记为 $d(n)$，$n=0,1,\cdots,L_f-1$，其中 $L_f=L_t+L_d=16+32=48$，L_f、L_t、L_d 分别为帧长、训练序列长度及未知数据长度。

在信号同步的初始阶段，传输数据已知，也可以按上面方法对探测报头进行截取，如图 5-26 所示。

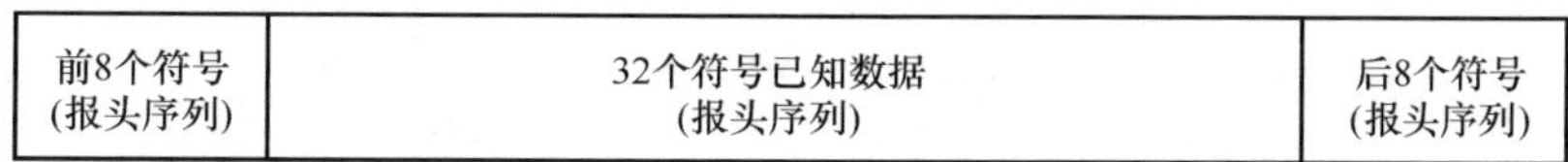

图 5-26　信号报头探测阶段数据块截取示意图

5.5.2.2　信号重构和剩余频偏估计

由于已知训练序列长度为 $L_t=16$ 个信道符号，可取信道冲激响应长度为 $L_t+1=17$ 个信道符号。考虑到采用 2 倍的信道符号采样，信道冲激响应可表示 $h(n)$，$n=0,1,\cdots,33$，其中包含奇数样点和偶数样点的冲激响应，重构信号记为 $\hat{x}(n)$，$n=0,1,\cdots,96$。

偶数点的重构信号为

$$\hat{x}_{\mathrm{e}}(n)=\sum_{j=0}^{L_t} d(n+j)\times h(2(L_t-j)),\quad n=0,1,\cdots,L_f-1 \tag{5-45}$$

奇数点的重构信号为

$$\hat{x}_{\mathrm{o}}(n)=\sum_{j=0}^{L_t} d(n+j)\times h(2(L_t-j)+1),\quad n=0,1,\cdots,L_f-1 \tag{5-46}$$

总的重构信号为

$$\hat{x}(n)=\begin{cases}\hat{x}_{\mathrm{e}}\left(\dfrac{n}{2}\right), & n=0,2,4,\cdots,2L_f-2\\ \hat{x}_{\mathrm{o}}\left(\dfrac{n-1}{2}\right), & n=1,3,5,\cdots,2L_f-1\end{cases} \tag{5-47}$$

通过对重构信号和信道接收样本的复数卷积求和得到复数 Z_f，其相位即为剩余频偏所对应的数据帧平均相位误差值。

$$Z_f=\sum_{j=0}^{2L_f-1}\hat{x}(j)\times x^{*}(j)/(2L_f) \tag{5-48}$$

5.5.2.3　基于重构误差的信道估计

将接收信号减去重构信号，得到重构误差

$$e(n)=\tilde{x}(n)-\hat{x}(n),\quad n=0,1,\cdots,2L_f-1 \tag{5-49}$$

其偶数点冲激响应修正如下：

$$h_e(k)=h_e(k)+\sum_{j=0}^{L_f-1}d^*(L_t-k+j)\times e_o(2j),\quad k=0,1,2,\cdots,L_t \tag{5-50}$$

奇数点冲激响应修正如下：

$$h_o(k)=h_o(k)+\sum_{j=0}^{L_f-1}d^*(L_t-k+j)\times e_o(2j+1),\quad k=0,1,2,\cdots,L_t \tag{5-51}$$

那么，信道总的冲激响应可以描述为

$$h(n)=\begin{cases}h_e\left(\dfrac{n}{2}\right), & n=0,2,4,\cdots,2L_t\\ h_o\left(\dfrac{n-1}{2}\right), & n=1,3,5,\cdots,2L_t+1\end{cases} \tag{5-52}$$

上式给出的信道冲激响应修正结果可以用于后续的数据迭代解调。

5.5.3　信道估计与数据均衡联合迭代

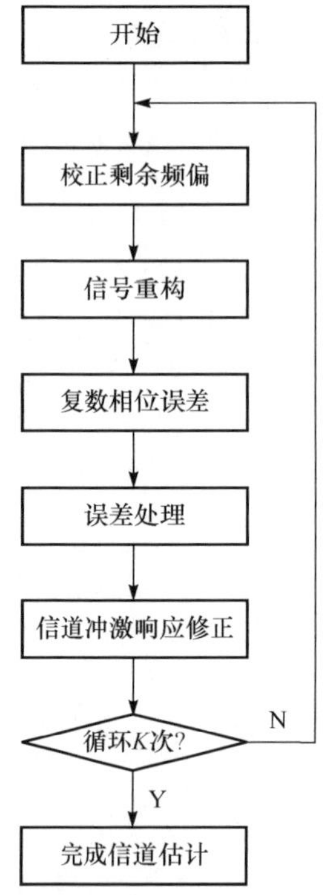

图 5-27　迭代信道估计流程图

在同步初始建立阶段，可以用全部已知数据组成数据帧，估计出信道冲激响应；在数据传输过程中，可以用已解调的数据填充未知数据组成数据帧，对信道冲激响应进行适当修正。

在非线性直接数据估计算法中，利用已估计的信道冲激响应，通过递推方式直接计算出未知数据符号。为提高估计准确性，可以通过多次迭代，对信道冲激响应进行逐步逼近。

图 5-27 给出了基于信号重构、多次迭代的信道估计流程，其中同步头初始训练时 K 值一般取 20 左右，数据解调阶段 K 值一般取 5。

考虑如图 5-28 所示的深度衰落多径信道模型，主径为 1，前径与主径的时间间隔为 4 个信道符号持续时间，后径也与主径的时间间隔也为 4 个信道符号的持续时间，前径和后径的幅度均为 0.9。

通过 PSK 成形滤波后得到的 4800 波特数据帧信号和重构信号分别如图 5-29 和图 5-30 所示。从图中可以看出，在准确进行信道估计的前提下，接收数据帧信号和重构信号具有很好的相似性。

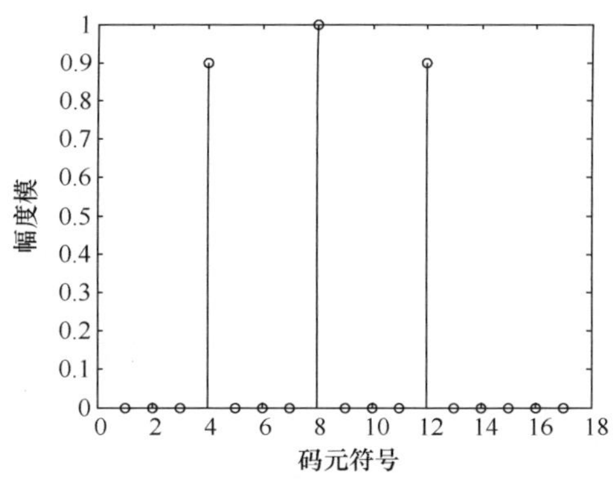

图 5-28　深度衰落多径分布示意图

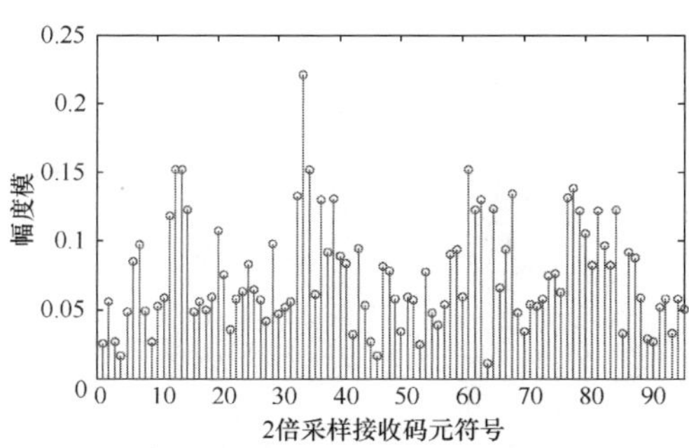

图 5-29　4800 波特采样率数据帧信号

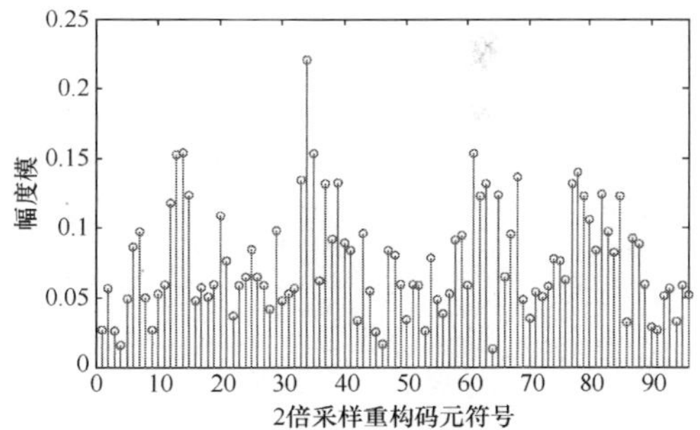

图 5-30　4800 波特采样率的重构信号

信道冲激响应估计值的奇数样点和偶数样点如图 5-31 所示。从图中可以看出，此时的最佳抽取位置在奇数点，其信道参数估计值与图 5-28 的信道参数基本一致。

由于在 4800Hz 采样率上进行信道估计，所以对位同步误差几乎无要求，因此适用于时变多径信道。而 5.4 节中所述的时域均衡逐符号数据解调，则需要在精确位同步前提下才能得到好的解调效果。

为了进一步提高数据解调性能，可以将信道估计与基于非线性直接数据估计的数据均衡进行联合，通过大循环迭代，逐次逼近最佳的数据均衡效果。

图 5-32 给出了联合迭代信道估计与数据均衡的流程图。该联合迭代过程适用于超前次径与滞后次径同时存在的情况。由于单次直接数据估计得到的未知数据可能存在较大误差，通过多次联合迭代运算（一般为 5 次），可以得到更为精确的未知数据解调结果。

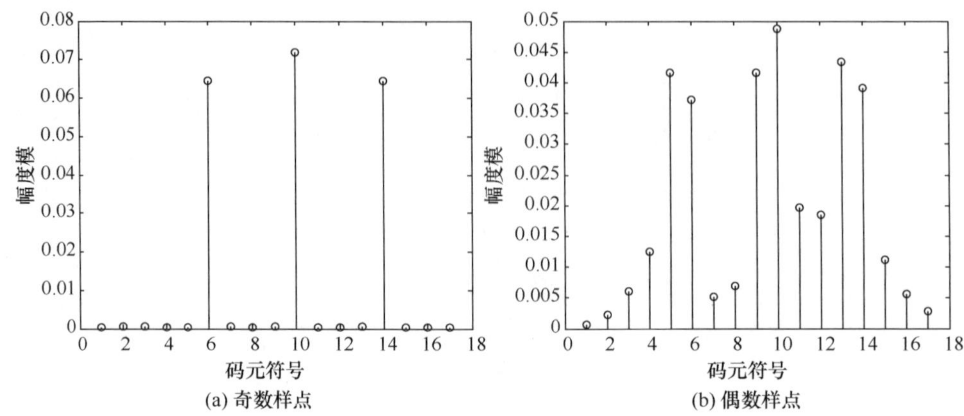

图 5-31 信道冲激响应估计值

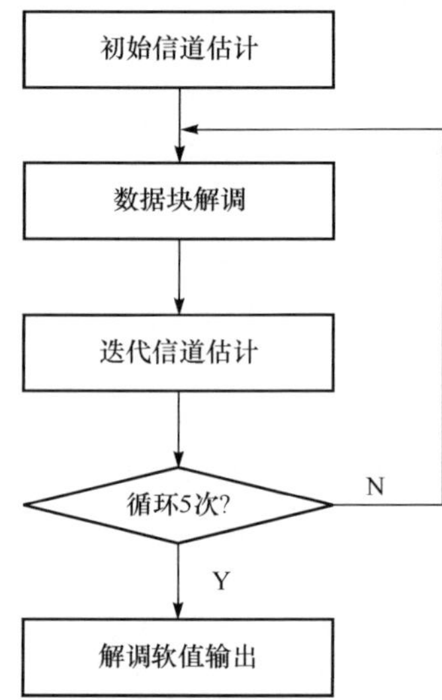

图 5-32 信道估计与数据均衡联合迭代流程图

5.6 卷积码编译码技术

下面以单载波串行数据传输中的卷积码为例，分析其原理和编译码实现。

5.6.1 卷积码的编码

卷积码在进行前向纠错编码时，每输入 1bit，通过如图 5-33 所示的编码器结构输出 2 比特 T_1 和 T_2，其中 T_1 在前，T_2 在后。

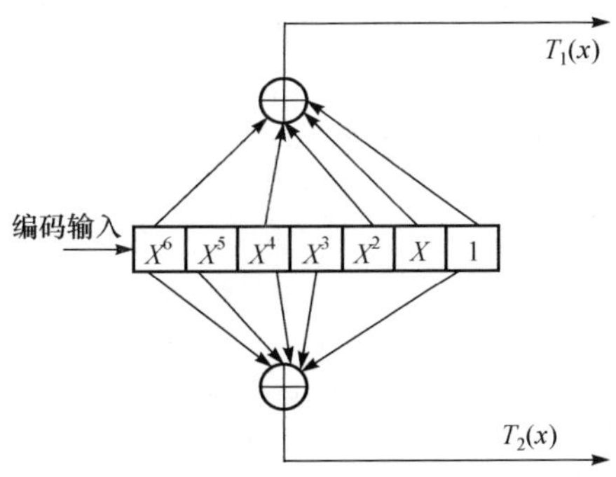

图 5-33　卷积编码器结构图

从图中可以看出，该卷积码元约束度 $v=7$，生成多项式为

$$\begin{aligned} T_1:&\quad x^6+x^4+x^3+x^1+1 \\ T_2:&\quad x^6+x^5+x^4+x^3+1 \end{aligned} \tag{5-53}$$

5.6.1.1　按比特逐位编码

按比特逐位编码是最常见的卷积编码方式，其编码过程如下。

首先编码缓存区清零

$$h(k)=0,\quad k=0,1,\cdots,6$$

按照图 5-33 给出的编码结构，可以得到两个编码生成抽头系数

$$\boldsymbol{f}_1=[f_1(0),f_1(1),\cdots,f_1(6)]=[1,1,0,1,1,0,1] \tag{5-54}$$

$$\boldsymbol{f}_2=[f_2(0),f_2(1),\cdots,f_2(6)]=[1,0,0,1,1,1,1] \tag{5-55}$$

输入序列为 $x(n)$，可通过以下循环逐位进行卷积编码：

$$\begin{cases} h(i)=h(i+1),\quad i=0,1,2,\cdots,v-1 \\ h(v)=x(n) \\ T_1=\sum\limits_{i=0}^{v} f_1(i)h(v-i) \\ T_2=\sum\limits_{i=0}^{v} f_2(i)h(v-i) \end{cases} \tag{5-56}$$

卷积编码需要注意以下问题：

(1) 由于卷积码译码从全零状态开始，所以在卷积码的编码过程中，起始时的 $h(k)$ 编码缓存区清零非常必要，可以保证编码也从全零状态开始。

(2) 在输入全部信息元后，需要插入长度大于等于 v 的全零刷新比特参与编码，这样接收端在译码时可以保证最后数比特信息元的译码性能。

(3) 当接收端采用维特比译码时，存在译码延时，需要增加约 $5(v-1)$ 个附加

全零比特参与编码，以保证全部信息元能够译码输出。

采用按比特逐位编码，每编码一比特的实数乘累加运算量大约为 $L=3v=21$ 次。此时，即使考虑到 $\boldsymbol{f}_1$ 和 $\boldsymbol{f}_2$ 中 0 值不参与运算，也只能减少 4 次运算。

5.6.1.2　按字快速编码

下面讨论一种按字(16bit)为单位的快速编码技术，分析 T_1 支路的编码规则可以得到如图 5-34 所示的按字快速编码示意图。

X0	X1	X2	X3	X4	X5	X6	X7	X8	X9	X10	X11	X12	X13	X14	X15
		X0	X1	X2	X3	X4	X5	X6	X7	X8	X9	X10	X11	X12	X13
			X0	X1	X2	X3	X4	X5	X6	X7	X8	X9	X10	X11	X12
					X0	X1	X2	X3	X4	X5	X6	X7	X8	X9	X10
						X0	X1	X2	X3	X3	X5	X6	X7	X8	X9
							a	b	c	d					

图 5-34　按字快速编码示意图

从图 5-34 中可以发现，在 a 位置，$T_1(a)=x^0+x^1+x^3+x^4+x^6$；在 b 位置，$T_1(b)=(x^0+x^1+x^3+x^4+x^6)x$，为后一比特的编码结果，依此类推，可以得到 16bit 的编码结果，即通过左移和异或运算就可完成编码。

记 16bit 为 W_{16}，32 比特为 $W_{32}=(W_{16}(n-1)\ll 16)+W_{16}(n)$，其中≪表示左移运算，若左移 i 位，记为 $W_{32}^{-i}=W_{32}\ll i$。通过以下循环可按字进行卷积编码：

$$\begin{cases} W_{32}(n)=(W_{16}(n-1)\ll 16)+W_{16}(n) \\ T_{1w}=(W_{32})\oplus(W_{32}^{-2})\oplus(W_{32}^{-3})\oplus(W_{32}^{-5})\oplus(W_{32}^{-6}) \\ T_{2w}=(W_{32})\oplus(W_{32}^{-1})\oplus(W_{32}^{-2})\oplus(W_{32}^{-3})\oplus(W_{32}^{-6}) \end{cases} \tag{5-57}$$

其中 $W_{16}(-1)=0$；$n=0,1,2,3,\cdots$。依据上述计算公式，计算出的 T_{1w} 和 T_{2w} 长度为 32 比特，其中第 8～23bit 为 16bit 编码输出，输出时从高位到低位交替，共得到 32bit 编码结果。上述方法的实数乘累加运算量为 $L=9$，即等效为编码一比特需要 $\frac{9}{16}$ 次运算，运算效率提高很多。

5.6.2　译码软值获取算法

卷积码译码的常用方法为维特比译码，采用软判决输入取代硬判决输入可大大提高译码性能。在 8PSK 调制星座图基础上，对均衡器输出的解调复数值，通过坐标轴旋转变换，可分别得到 2PSK、4PSK 和 8PSK 调制所对应的比特软值输出。

1）2PSK 解调比特软值输出

2PSK 调制对应的星座图如图 5-35 所示，其比特软值输出较为直观，可表示为

$$\hat{Y}_{2psk}(1)=\mathrm{Re}(X) \tag{5-58}$$

图 5-36 给出了 2PSK 解调软值输出与接收符号在复平面上对应复数角度间的关系。

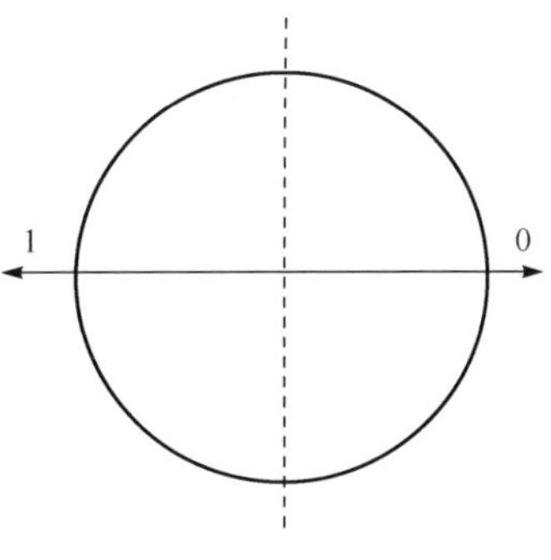

图 5-35　2PSK 调制对应星座图

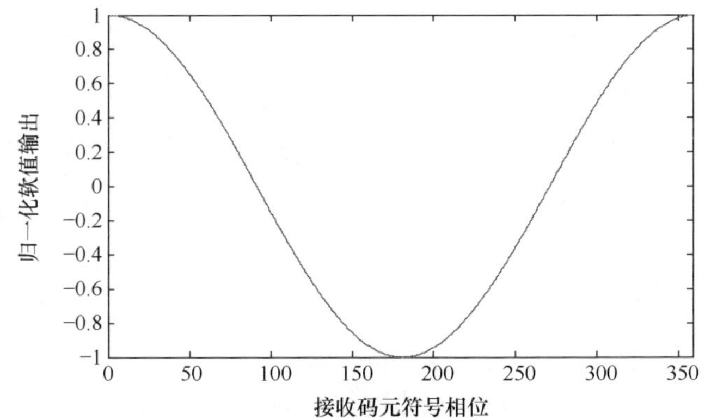

图 5-36　2PSK 解调软值输出与接收符号对应复数角度关系图

2）4PSK 解调比特软值输出

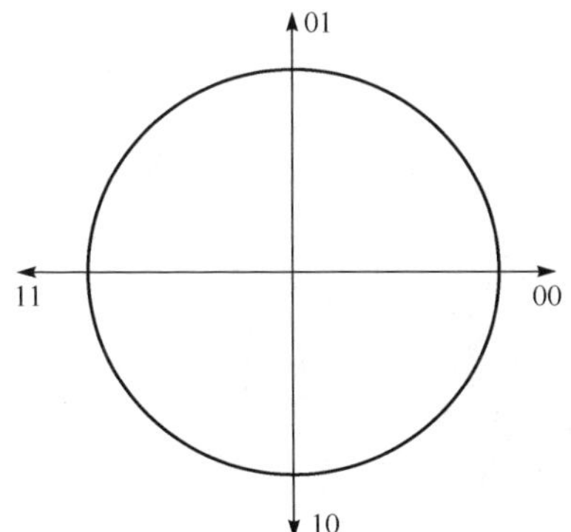

图 5-37　4PSK 调制对应星座图

4PSK 调制对应的星座图如图 5-37 所示，由于每个符号对应 2bit 数据，在解调时需要分别给出每个比特的接收软值。

其中第一比特软值为

$$\hat{Y}_{4psk}(1)=\mathrm{Re}(X\times \mathrm{e}^{-\mathrm{j}2\pi\frac{45}{360}}) \tag{5-59}$$

即将接收符号的坐标顺时针旋转 45°，取其实部为第一比特的软值，如图 5-38 所示。

观察图 5-38(a)，不难发现，第一比特发送的数据“0”和“1”关于虚线对称，该虚线与 x 轴的夹角为 135°，将其顺时针旋转 45°可得到 5-38(b)，对应于式(5-57)中将接收符号的坐标旋转−45°。

考虑几个特例，当接收符号的坐标位于 A 点处，即$\left(\frac{\sqrt{2}}{2},\frac{\sqrt{2}}{2}\right)$时，第一比特为“0”的可

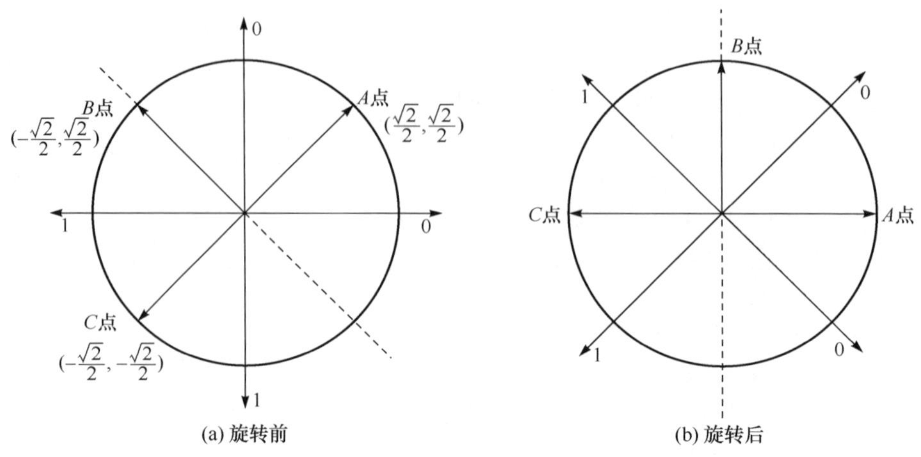

图 5-38 4PSK 解调第一比特星座图旋转示意图

信度最大，为“1”的可信度最小，将其坐标顺时针旋转 45°，得到的比特软值为 1。当接收符号的坐标位于 B 点处，即$\left(-\frac{\sqrt{2}}{2},\frac{\sqrt{2}}{2}\right)$时，第一比特为“0”和为“1”的可信度相同，对应的比特软值为 0。当接收符号的坐标位于 C 点处，即$\left(-\frac{\sqrt{2}}{2},-\frac{\sqrt{2}}{2}\right)$时，第一比特为“1”可信度最大，为“0”的可信度最小，对应的比特软值为−1。

图 5-39 给出了 4PSK 解调第一比特软值输出与复数角度关系。

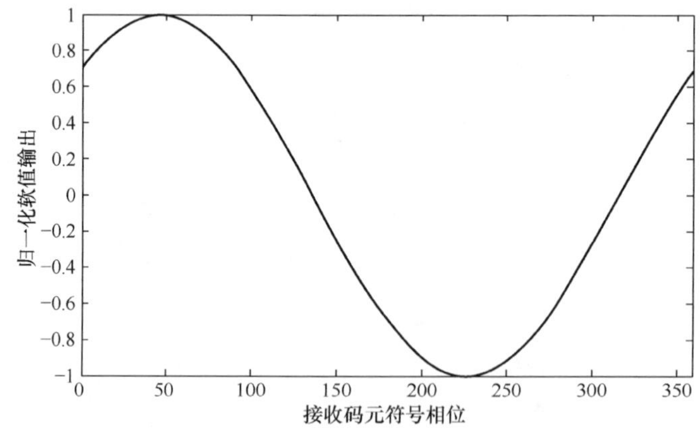

图 5-39 4PSK 解调第一比特软值输出与接收符号对应复数角度关系图

同样的，对于第二比特软值也可以通过旋转坐标轴的方法得到，如图 5-40 所示，第二比特发送的数据“0”和“1”也关于一条虚线对称，而该虚线与 x 轴的夹角为 45°，因此需要将坐标逆时针旋转 45°，即可得到第二比特软值

$$\hat{Y}_{4psk}(2)=\mathrm{Re}(X\times e^{j2\pi\frac{45}{360}}) \tag{5-60}$$

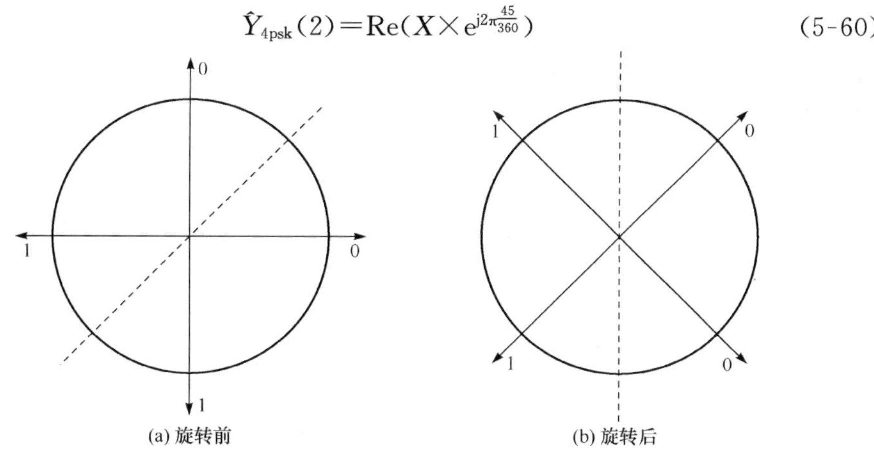

图 5-40　4PSK 解调第二比特星座图旋转示意图

图 5-41 给出了 4PSK 解调第二比特软值输出与复数角度关系。

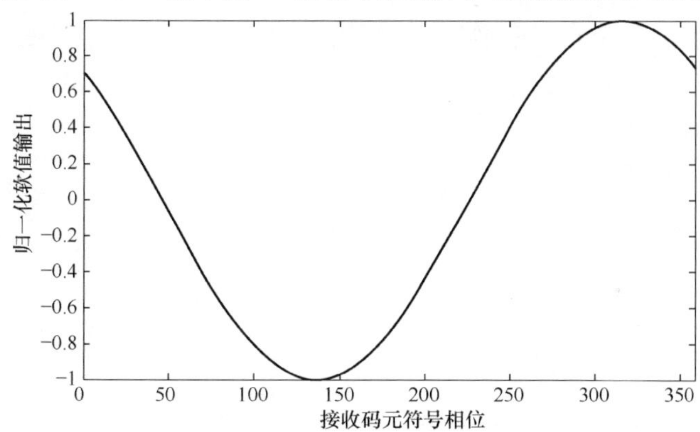

图 5-41　4PSK 解调第二比特软值输出与复数角度关系图

3) 8PSK 解调比特软值输出

8PSK 调制对应的星座图如图 5-42 所示，由于每个符号对应 3bit 数据，在解调时需要分别给出每个比特的接收软值。

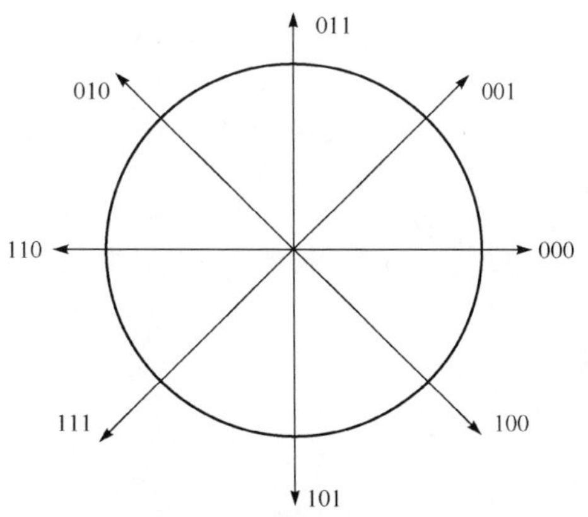

图 5-42　8PSK 调制星座图

观察图 5-42，不难发现，第一比特发送数据关于图 5-43(a) 中的虚线对称，该虚线于 x 轴的夹角为 22.5°，则将接收符号坐标逆时针旋转 22.5°，如图 5-43(b)所示，可以得到第一比特软值为

$$\hat{Y}_{8psk}(1)=\mathrm{Im}(X\times e^{j2\pi\frac{22.5}{360}})\tag{5-61}$$

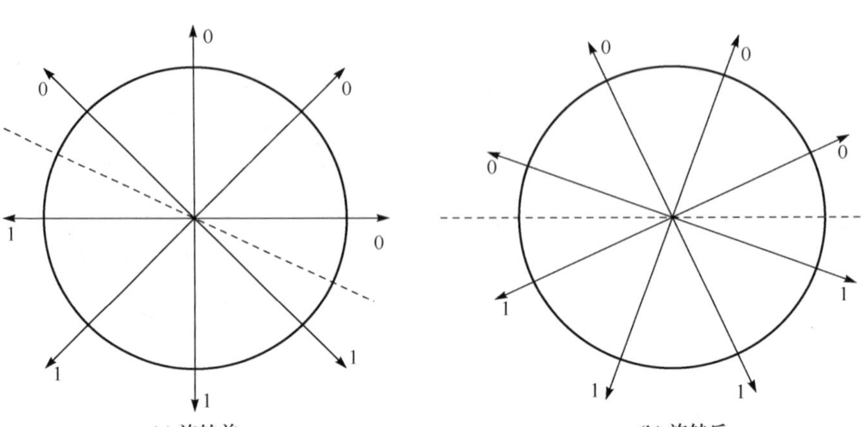

图 5-43　8PSK 解调第一比特星座图旋转示意图

图 5-44 给出了 8PSK 解调第一比特软值输出与复数角度的关系。

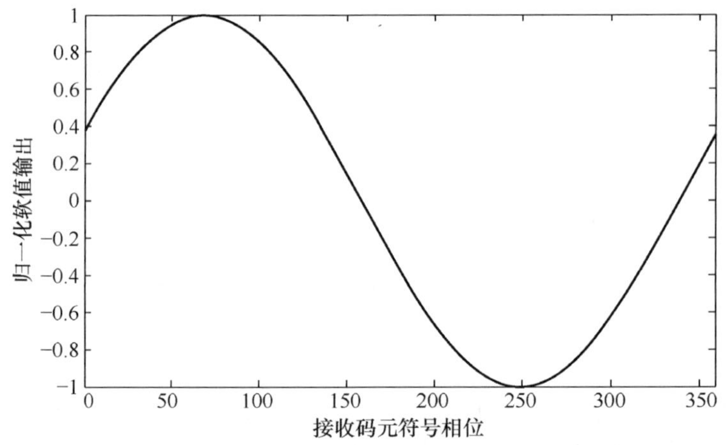

图 5-44　8PSK 解调第一比特软值输出与复数角度关系图

同理，观察图 5-45 可以发现第二比特发送数据的对称线与 y 轴的夹角为 22.5°，则将接收符号坐标逆时针旋转 22.5°，可以得到第二比特软值为

$$\hat{Y}_{8psk}(2)=\mathrm{Re}(X\times e^{j2\pi\frac{22.5}{360}})\tag{5-62}$$

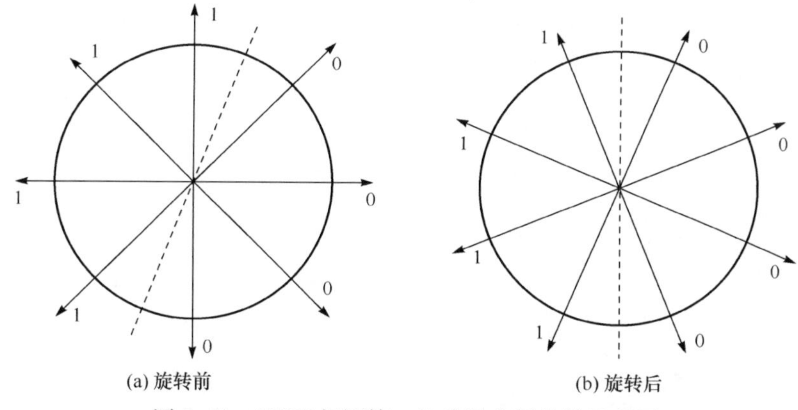

图 5-45　8PSK 解调第二比特星座图旋转示意图

图 5-46 给出了 8PSK 解调第二比特软值输出与复数角度的关系。

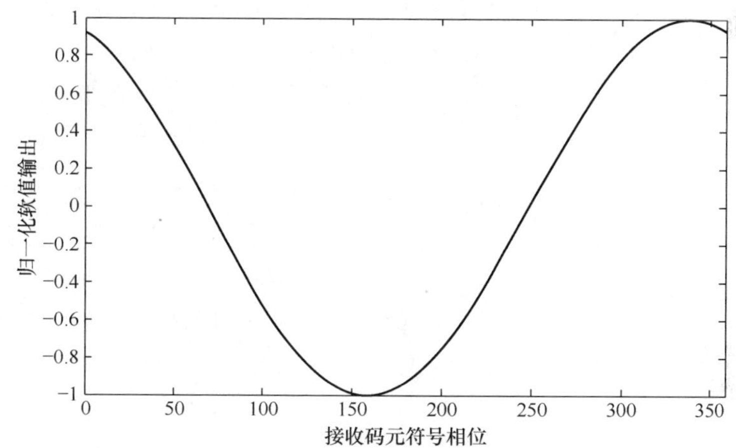

图 5-46　8PSK 解调第二比特软值输出与复数角度关系图

对于第三比特软值，观察图 5-47，我们发现难以像前面所分析那样用一条虚线在复平面上划分开来，也就是说比特“0”和比特“1”间的最大距离要小于第一比特和第二比特中的最大距离，即按当前的格雷编码规则，第三比特的最大可信度会减小。

对于第三比特软值，可以首先将解调星座图关于 y 轴折叠，如图 5-48(a)所示，再关于 x 轴折叠，如图 5-48(b)所示，这时数据“0”和“1”关于图 5-48(b)中的虚线对称，该虚线与 x 轴的夹角为 45°。

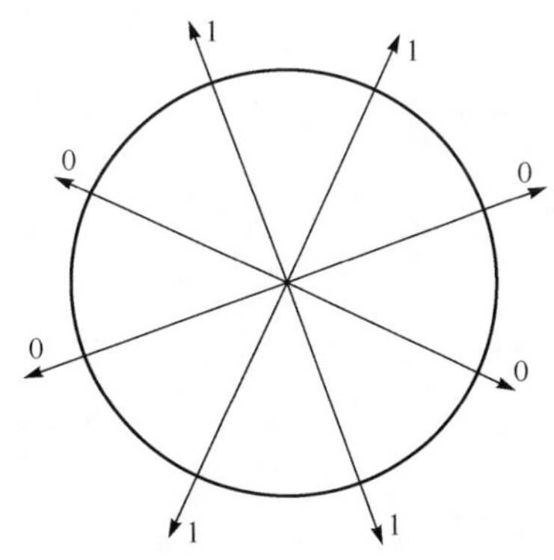

图 5-47　8PSK 解调第三比特星座图

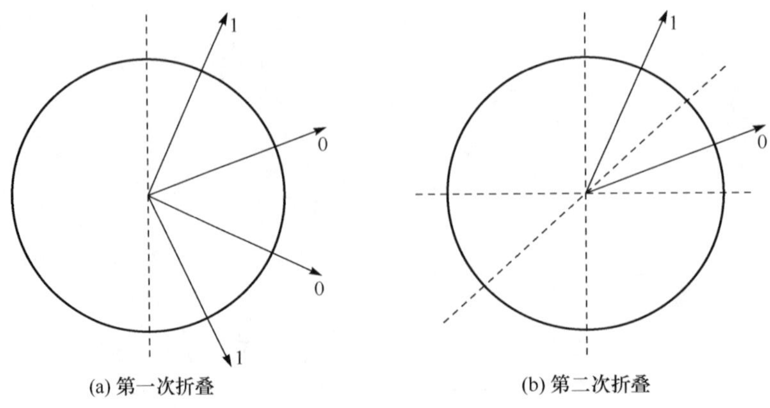

(a) 第一次折叠　　(b) 第二次折叠

图 5-48　8PSK 解调星座图折叠示意图

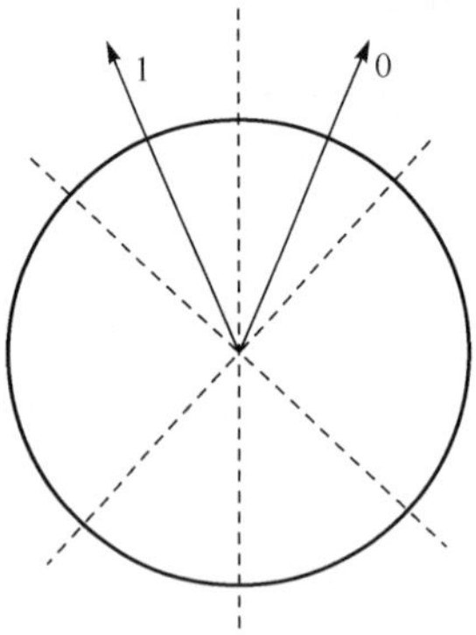

图 5-49　8PSK 解调第三比特星座图旋转示意图

如图 5-49 所示，将图 5-48(b)逆时针旋转 45°，可使比特“1”与比特“0”的对称线与 y 轴重叠，此时可计算得到第三比特的软值。

根据上面的分析，具体计算步骤如下：

$$Y_1 = X \times e^{j2\pi\frac{22.5}{360}} \tag{5-63}$$

$$Y_2 = \mathrm{abs}(\mathrm{Re}(Y_1)) \tag{5-64}$$

$$Y_3 = \mathrm{abs}(\mathrm{Im}(Y_1)) \tag{5-65}$$

$$\hat{Y}_{8\mathrm{psk}}(3) = \mathrm{Re}((Y_2 + \mathrm{j} \cdot Y_3) e^{j2\pi\frac{45}{360}}) \tag{5-66}$$

图 5-50 给出了 8PSK 解调第三比特软值输出与复数角度的关系，从中可以看出，第三比特的最大输出软值为 0.7071。

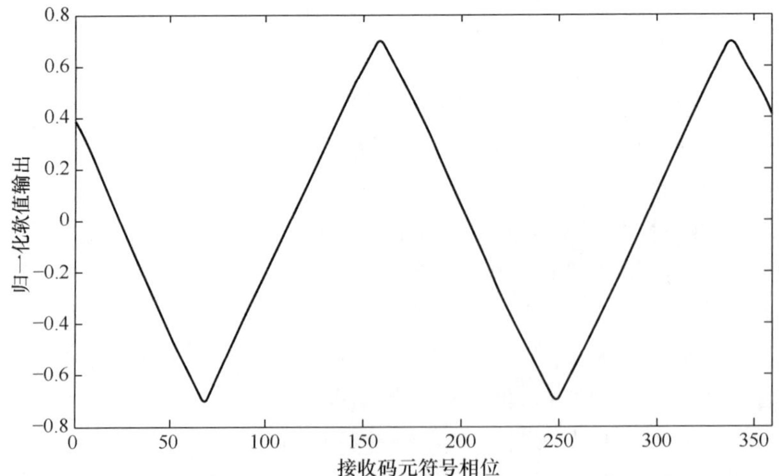

图 5-50　8PSK 解调第三比特软值输出与复数角度关系图

以上通过坐标轴变化获取解调比特软值的方法，其软值不仅包含了解调复数数据的角度信息，还包含对应模信息。这样，角度信息可用于 8PSK 的数据解调判决，而模信息代表着该符号的接收信号强度。

5.6.3　卷积码的维特比译码

编码器的约束度决定了维特比译码的状态数，维特比译码对当前状态往下一状态的转移进行路径度量、比较和更新，将比较的结果作为译码输出。

对于约束度为 v 的$\frac{1}{2}$卷积码，状态数为 2^{v-1}。当 $v=7$ 时，共有 $N=64$ 个状态，分别为(000000，000001，…，111111)，可用二进制状态(b_5,b_4,b_3,b_2,b_1,b_0)表示，其下一个状态可表示为(b_6,b_5,b_4,b_3,b_2,b_1)，其中 b_x 取值为'0'或'1'。

图 5-51 给出了译码状态转移示意图，当前状态 S_{2J} 和 S_{2J+1} 分别向 S_J 或 $S_{J+\frac{N}{2}}$ 状态转移。

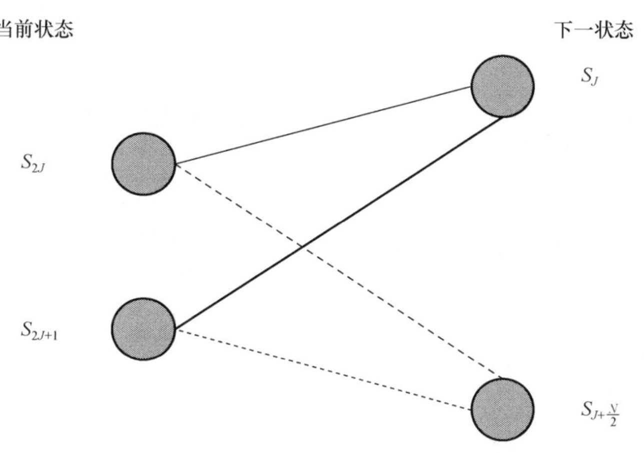

图 5-51　卷积码译码状态转移示意图

为了方便分析，下面将 S_J 的下标 J 用二进制形式表示，则译码可能的状态转移如下：

	编码约束	(T_1,T_2)	前状态	现状态	译码输出
$P0$:	0000000	$T(00)=00$	S_{000000}	S_{000000}	0
	1000000	$\bar{T}(00)=11$	S_{000000}	S_{100000}	1
	0000001	$T(00)=00$	S_{000001}	S_{000000}	0
	1000001	$\bar{T}(00)=11$	S_{000001}	S_{100000}	1

$P1$:	0000010	$T(01)=10$	S_{000010}	S_{000001}	0
	1000010	$\bar{T}(01)=01$	S_{000010}	S_{100001}	1
	0000011	$T(01)=01$	S_{000011}	S_{000001}	0
	1000011	$\bar{T}(01)=10$	S_{000011}	S_{100001}	1
$P2$:	0000100	$T(02)=00$	S_{000100}	S_{000010}	0
	1000100	$\bar{T}(02)=11$	S_{000100}	S_{100010}	1
	0000101	$T(02)=00$	S_{000101}	S_{000010}	0
	1000101	$\bar{T}(02)=11$	S_{000101}	S_{100010}	1
	⋮				
$P31$:	0111110	$T(31)=11$	S_{111110}	S_{011111}	0
	1111110	$\bar{T}(31)=00$	S_{111110}	S_{111111}	1
	0111111	$T(31)=11$	S_{111111}	S_{011111}	0
	1111111	$\bar{T}(31)=00$	S_{111111}	S_{111111}	1

以上译码过程很有规律，不同之处仅在于状态间的转移方式，记为 $M(T_1,T_2,J)$，$J=0,1,2\cdots,\dfrac{N}{2}-1$，下面导出 $M(T_1,T_2,J)$。

根据图 5-33 所示的卷积码编码规则，有 $\boldsymbol{f}_1=[f_1(0),f_1(1),\cdots,f_1(6)]=[1,1,0,1,1,0,1]$，$\boldsymbol{f}_2=[f_2(0),f_2(1),\cdots,f_2(6)]=[1,0,0,1,1,1,1]$。则 $M(T_1,T_2,J)$ 可由如下过程得到：

$$\begin{cases} x=\left\lfloor \dfrac{n}{2} \right\rfloor \\ x=x\times 2 \\ X=[x_0\ x_1\ \ \cdots\ \ x_6] \\ y_1=\sum\limits_{i=0}^{6} f_1(i)x_{v-i} \\ y_2=\sum\limits_{i=0}^{6} f_2(i)x_{v-i} \\ y_3=\dfrac{n}{2} \\ M(T_1,T_2,J)=[y_1,y_2,y_3] \\ n=n+2 \end{cases} \tag{5-67}$$

其中 n 的初始值为 0；$\lfloor \cdot \rfloor$表示向下取整；X 为数值 x 的二进制格式表示。

以上循环 32 次可得到所有的 $M(T_1,T_2,J)$，其中 $J=0,1,2,\cdots,31$，并用于译

码，具体过程如下。

(1) 译码输入处理。

设输入译码器的 2bit 软值为 $r_1(n), r_2(n) \in [-128, 128]$，即对输入比特软值进行了 8bit 量化。可得到分支度量值 $m(j), j=0,1,2,3$，即

$$m(j)=\begin{cases} r_1(n)+r_2(n), & \text{若 } M(0,0,j) \\ r_1(n)-r_2(n), & \text{若 } M(0,1,j) \\ -r_1(n)+r_2(n), & \text{若 } M(1,0,j) \\ -r_1(n)-r_2(n), & \text{若 } M(1,1,j) \end{cases} \tag{5-68}$$

(2) 维特比译码。

$w_n(j)$ 表示第 n 个时刻，第 j 个状态的路径累积度量，有

$$\begin{cases} \text{add}=w_n(2j)+m(j) \\ \text{sub}=w_n(2j)-m(j) \\ \begin{cases} \text{if}\quad \text{add}>\text{sub}\quad w_{n+1}(j)=\text{add}\quad y(64n+2j)='0' \\ \text{if}\quad \text{add}<\text{sub}\quad w_{n+1}(j+32)=\text{sub}\quad y(64n+2j)='1' \end{cases} \\ \text{add}=w_n(2j+1)+m(j) \\ \text{sub}=w_n(2j+1)-m(j) \\ \begin{cases} \text{if}\quad \text{add}>\text{sub}\quad w_{n+1}(j)=\text{add}\quad y(64n+2j+1)='0' \\ \text{if}\quad \text{add}<\text{sub}\quad w_{n+1}(j+32)=\text{sub}\quad y(64n+2j+1)='1' \end{cases} \end{cases} \tag{5-69}$$

以上循环 32 次可得到一比特的译码输出。

(3) 译码输出。

译码输出比特序列为 $y(i), i=0,1,2,\cdots,64n-1$。维特比译码在一定的译码深度下，才能够使得各幸存路径合并，保证译码输出性能。经验表明，当译码深度大于 $l=5(v-1)=30$ 时，各幸存路径才能基本合并，因此取 $l=48$。

当 $i>l$ 时，译码输出 1bit，表示为 $\text{out}(i)=y(64i), i=0,1,2,\cdots,n-l$。要使得译码输出 k bit，需要编码输入 $k+l$ 个信息比特。

同时，为了避免 $w_n(j)$ 值溢出，要对其进行比例缩减。例如，可判别当 n 为 128 的倍数时取

$$w_n(j)=\frac{w_n(j)}{2},\quad j=0,1,2,\cdots,63 \tag{5-70}$$

这样对于 $r_1(n), r_2(n) \in [-128, 128]$，可保证 $w_n(j) \in [-16384, 16384]$。

5.7　小　　结

本章介绍了在多径信道条件下，基于主动多径抵消处理的先进单载波高速传输体制的基本原理；以多径信道的典型参数为依据，设计了其关键的波形参数，并

分析了参数间相互关系；提出了载波位同步联合信号检测、基于已知数据的位同步跟踪、基于序列频偏估计的频偏跟踪和单载波串行数据传输迟入同步等信号捕获与跟踪技术；给出了逐符号数据解调时域均衡器结构，并分析了其在深度衰落信道条件下主径位置对均衡器的影响，提出了解决思路；对于深度衰落信道条件下逐符号均衡器的不足，设计了基于数据块的迭代解调的实现结构，提出了基于最小误差准则的信号重构、基于非线性直接数据块估计、基于直接数据迭代信道估计和基于信道冲激响应的递推数据块解调算法；最后针对基于卷积码的编码方案，提出了一种基于字单位高效快速编码方法，并给出了维特比译码中基于状态转移的具体译码方法。

第 6 章　正交扩频数据传输

6.1 引　　言

第 4 章所提到的多载波并行波形通过设置循环前缀来隔离多径引起的码间串扰,第 5 章所提到的单载波串行波形通过周期插入训练序列进行信道估计消除多径影响,它们都以降低数据传输效率为代价。显然,无需循环前缀和训练序列的数据传输波形可进一步提高数据传输性能。

从设计一个性能优异的数据传输波形角度来看,其研究目标应是:在给定信道带宽和数据传输速率条件下,使其可靠传输所需信噪比尽可能低。根据数字通信理论可知,现有调制方式中,多进制正交信号在进制数趋于无穷大时可获得逼近于 Shannon 极限信噪比的性能。串行 PSK 调制和并行 4TDPSK 调制并不符合这一条件,虽然多进制 FSK 调制属于正交信号,但进制数的增加是以带宽的增大为代价的,现有的短波信道带宽并不适合采用这样的高进制数调制方式。而另一种多进制正交信号——多进制正交扩频则适用于短波中低速数据传输,它不仅能避免带宽对进制数的限制,而且不必额外插入循环前缀或训练序列。

本章重点研究高阶正交扩频调制解调,主要围绕以下三个问题展开:

一是如何设计高阶正交扩频调制结构,使正交扩频码携带更多比特数,尽可能提高传输效率。为此,在研究正交扩频及复合差分相位调制的基础上,进一步提出了双正交扩频及双正交扩频复合差分相位调制,并延伸拓展至多码正交扩频调制。

二是如何对各种调制方式进行有效解调,特别是获取比特级解调软值,便于后续译码采用软判决译码处理,获得更高的编码增益。为此,针对正交扩频和双正交扩频以及复合调制,分别提出了基于最大后验概率(MAP)准则的比特软值解调算法,并推导了适用于多码正交扩频的最大似然检测算法,从而使解调误码性能得到整体提升。

三是如何将正交扩频数据传输技术应用于短波信道,实现多径衰落信道下的有效接收。为此,分别针对正交扩频、双正交扩频等波形,设计了用于分集接收的 RAKE 结构,并详细评估了典型短波多径衰落信道下的误比特率性能。

6.2 正 交 扩 频

与二进制扩频方式不同,正交扩频波形主要采用多进制正交扩频技术,扩频码字本身携带信息,根据多个比特组合,从给定的正交扩频码集合中选出一个码字进行传输。正交码集合越大,可选的正交码个数越多,那么每个正交码所携带的比特数也相应增加。在多进制正交扩频的基础上,可以结合相位调制,形成复合调制方式,携带更多的比特。由于多进制正交扩频具有比传统二进制扩频更高的传输效率,因此应用也比较广泛。

6.2.1 正交扩频调制

6.2.1.1 单纯正交扩频调制

如图 6-1 所示,N 进制正交扩频调制(N-ary Orthogonal spread spectrum,简写为 NOrth)结构中,K_N 比特用于从正交扩频码集合中选择一个码字,经过成形滤波得到基带发送信号,正交扩频码通常选用 Walsh-Hadamard 序列,码字相当于 Hadamard 矩阵的行或列。

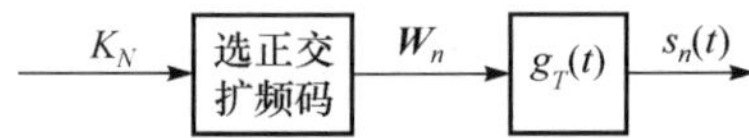

图 6-1 正交扩频(NOrth)调制结构

设正交扩频码数目为 N,码长为 L,则 $L \geqslant N$,比特数 $K_N = \log_2 N$。令第 n 个扩频符号周期内选用码字为$\boldsymbol{W}_n$,w_n^l 表示第 l 个码片,$g_T(t)$为成形滤波器冲激响应,那么第 n 个扩频码的发送信号表达式为

$$s_n(t) = \sum_{l=0}^{L-1} w_n^l g_T(t - nT_s - lT_c) \tag{6-1}$$

其中 T_s 为符号周期;$T_c = T_s/L$ 为码片周期。整个发送信号为 $s(t) = \sum_{n=-\infty}^{\infty} s_n(t)$ 。

6.2.1.2 正交扩频复合差分相位调制

正交扩频调制通过选择码字的序号来携带比特信息,一旦码字选定,码片值随之确定。除此之外,码字相位上也可携带比特信息,形成复合调制,进一步提高带宽效率,此时相位调制方式决定码片值,可采用 MPSK 或 MDPSK 调制。为便于区分不同比特信息,前者可称为正交比特,后者称为相位比特或差分比特。

如图 6-2 所示,将 N 进制正交扩频和 MDPSK 调制相结合,构成正交扩频复合差分相位调制,简写为 NOrth-MDPSK。与图 6-1 单纯正交扩频结构相比,增加了 MDPSK 调制模块,除 $K_N = \log_2 N$ 比特确定正交扩频码外,$K_M = \log_2 M$ 比特进行差分相位映射,将相位叠加到扩频码上,因此,每个码字可携带 $K_N + K_M$ 比特信息。设第 n 个与第 $n-1$ 个扩频码的相位差为 $\Delta\theta_m = 2\pi m/M, m \in \{0, 1, \cdots, M-1\}$,$\theta_{n-1}$为第 $n-1$ 个扩频码的相位,则第 n 个扩频码的发送信号表达式为

$$s_n(t)=\sum_{l=0}^{L-1} w_n^l g_T(t-nT_s-lT_c)\exp(\mathrm{j}\theta_{n-1}+\mathrm{j}2\pi m/M) \tag{6-2}$$

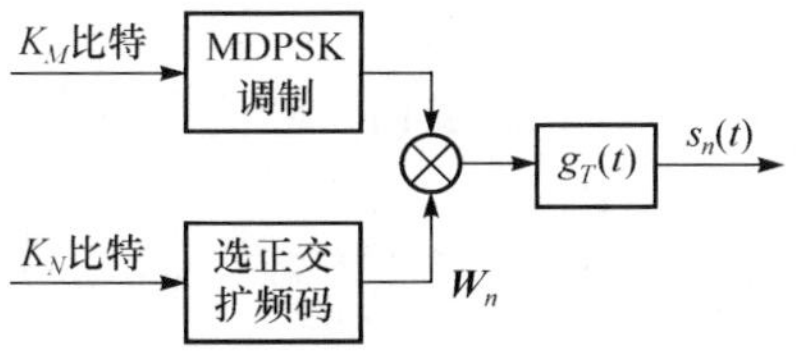

图 6-2　正交扩频复合差分相位(NOrth-MDPSK)调制结构

差分相位采用格雷映射，如图 6-3 所示。

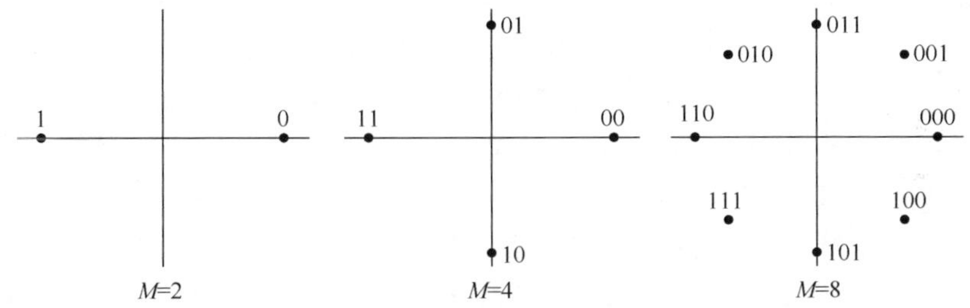

图 6-3　MDPSK 差分相位映射图

6.2.2　最大后验概率软值解调

上述两种调制结构中，NOrth 仅涉及正交扩频解调，而 NOrth-MDPSK 还包括差分相位解调，尽管可采用传统硬判决方式，但考虑到实际系统中译码通常采用软判决译码处理，为了使系统获得更高的编码增益，软判决解调是十分必要的。

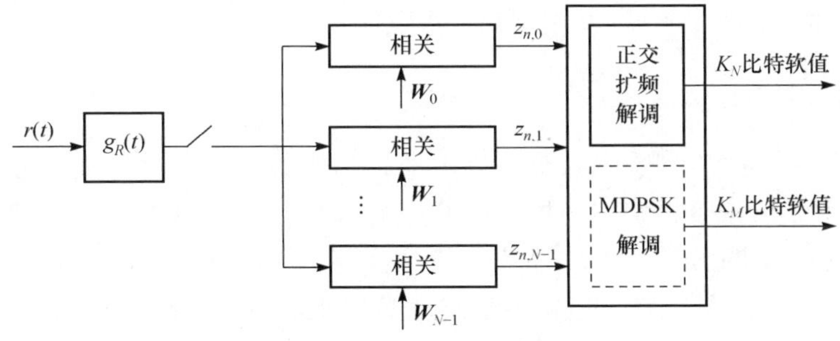

图 6-4　NOrth-MDPSK 解调结构

图 6-4 给出了 NOrth-MDPSK 解调结构，接收信号 $r(t)$ 首先通过码片滤波器 $g_R(t)$ 后，以码片速率进行抽样，然后与本地每个正交扩频码进行相关，最后利用这些相关值分别进行正交扩频解调和 MDPSK 解调，最终获取 K_N+K_M 个比特软

值，用于后续统一的译码处理。NOrth 可作为 NOrth-MDPSK 特例看待。值得说明的是，作为实际系统中常用的软值类型，比特软值可与软判决卷积码、二进制 Turbo 迭代译码或 LDPC 迭代译码配合使用。当然，除比特软值外，也可获取符号级软值，这主要用于 NOrth 与多进制编译码相结合的系统中，如 RS 码、多进制卷积码、多进制 Turbo 码或 LDPC 码。

假设 AWGN 信道，接收端已知最佳采样时刻，满足无码间串扰条件，那么第 n 个扩频符号周期内采样序列$\boldsymbol{R}_n$ 可表示为

$$\boldsymbol{R}_n=\boldsymbol{W}_n\exp(\mathrm{j}\phi+\mathrm{j}\theta_n)+\boldsymbol{n} \tag{6-3}$$

其中 ϕ 表示载波随机相位，服从均匀分布，概率密度函数 $p(\phi)=1/2\pi, 0\leqslant\phi<2\pi$；$\boldsymbol{n}$ 为复高斯噪声向量，由 L 个相互独立、均值为零、方差为 N_0 的复高斯随机变量组成。N_0 为噪声功率谱密度，θ_n 表示第 n 个扩频码的相位，$\theta_n=\theta_{n-1}+\mathrm{j}2\pi m/M$，对于单纯正交扩频 NOrth，无差分相位调制，$m=0, \theta_n=\theta_{n-1}$。

定义正交码集合 $\boldsymbol{W}=\{\boldsymbol{W}_0, \boldsymbol{W}_1, \cdots, \boldsymbol{W}_{N-1}\}$，采样序列$\boldsymbol{R}_n$ 与本地第 i 个扩频码的相关值为 $z_{n,i}=\boldsymbol{R}_n\cdot\boldsymbol{W}_i, 0\leqslant i<N$，所有相关值构成矢量$\boldsymbol{Z}_n=[z_{n,0}\ z_{n,1}\cdots\ z_{n,N-1}]$。若发送扩频码序号为 $u, u\in\{0,\cdots,N-1\}$，则

$$z_{n,i}=z_{n,i}^c+\mathrm{j}z_{n,i}^s=\begin{cases}n_{n,i}^c+L\cos(\phi+\theta_n)+\mathrm{j}[n_{n,i}^s+L\sin(\phi+\theta_n)], & i=u\\ n_{n,i}^c+\mathrm{j}n_{n,i}^s, & i\neq u\end{cases} \tag{6-4}$$

其中 $z_{n,i}^c, z_{n,i}^s$分别为 $z_{n,i}$的实部和虚部；$n_{n,0}^c, n_{n,0}^s, \cdots, n_{n,N-1}^c, n_{n,N-1}^s$是均值为零、方差 $\sigma^2=L\cdot N_0/2$ 的高斯随机变量。值得说明的是，若采用 Hadamard 矩阵作为正交码集合，可以采用快速 Hadamard 变换(FHT)来执行相关运算，提高运算效率和速度。

下面分别针对正交比特软值、差分比特软值解调，推导了基于最大后验概率(MAP)准则的软值解调算法，并探讨了与现有算法的关系；为降低 MAP 算法实现复杂度，提出了简化算法，获得了接近 MAP 算法的性能。

6.2.2.1 正交比特软值

对于多进制正交扩频解调，可利用本地扩频码集合直接进行相干或非相干运算，通过选取最大值来确定正交扩频码的序号，再转换为对应比特，这就是传统的符号级硬判决解调方法，称为单最大值法。考虑到常用编码方式，如卷积码、Turbo 或LDPC 码，其比特软值输入是实现高性能软判决译码的前提条件，硬判决译码会使性能大大受限。因此，下面推导基于最大后验概率准则的正交比特软值解调算法。

MAP 准则的基本思想是利用当前符号内所得相关值 $\boldsymbol{Z}_n=\{z_{n,0}, z_{n,1}, \cdots, z_{n,N-1}\}$，逐比特计算对数似然比值，即比特软值。对于第 n 个扩频符号周期内第 k 个正交比特 $b_{n,k}$，其比特软值定义为

$$\Lambda(b_{n,k})=\log\frac{P(b_{n,k}=1/\boldsymbol{Z}_n)}{P(b_{n,k}=0/\boldsymbol{Z}_n)},\quad k=1,2,\cdots,K_N \tag{6-5}$$

根据 K_N 比特调制数据中的第 k 比特为“0”还是为“1”，将扩频序列集 $\boldsymbol{W}$ 分为两个子集 $\boldsymbol{W}_k^-$，$\boldsymbol{W}_k^+$，两子集内扩频序列的序号集合分别记为 S_k^-，S_k^+。以 8 进制正交扩频为例，即 $N=8$，$K_N=3$，按比特顺序选出扩频码，如 $(011)\to\boldsymbol{W}_3$，$(101)\to\boldsymbol{W}_5$。当计算第 1 比特软值(即 $k=1$)时，按比特为“0”和“1”，分出两个正交码集合与序号集合，如表 6-1 所示。

表 6-1 根据比特区分正交码集合

	调制的 3 比特数据	扩频码集合	序号集合
第 1 比特为“0”	(000)，(001)，(010)，(011)	$\boldsymbol{W}_1^-$	$S_2^-=\{0,1,2,3\}$
第 1 比特为“1”	(100)，(101)，(110)，(111)	$\boldsymbol{W}_1^+$	$S_2^+=\{4,5,6,7\}$

假定发送比特是相互独立同分布，那么选择任意正交扩频码的概率相同，令第 n 个扩频符号周期内发送序号为 i 的扩频码 $\boldsymbol{W}_{n,i}$，则 $P(W_{n,i})=1/N$，$i\in\{0,\cdots,N-1\}$，根据全概率公式，式(6-5)可表示为

$$\Lambda(b_{n,k})=\log\left(\frac{\sum_{i\in S_k^+}p(\boldsymbol{Z}_n/\boldsymbol{W}_{n,i})}{\sum_{i\in S_k^-}p(\boldsymbol{Z}_n/\boldsymbol{W}_{n,i})}\right) \tag{6-6}$$

上式需要知道条件概率密度函数 $p(\boldsymbol{Z}_n/\boldsymbol{W}_{n,i})$，这可以通过将概率密度函数 $p(\boldsymbol{Z}_n/\boldsymbol{W}_{n,i},\phi)$ 对随机相位 ϕ 求平均得到，即

$$p(\boldsymbol{Z}_n/\boldsymbol{W}_{n,i})=\int_0^{2\pi}p(\boldsymbol{Z}_n/\boldsymbol{W}_{n,i},\phi)p(\phi)\mathrm{d}\phi \tag{6-7}$$

而 $p(\boldsymbol{Z}_n/\boldsymbol{W}_{n,i},\phi)$ 表示所有相关值的联合分布，即各个边缘分布的概率的乘积，利用式(6-4)可得

$$p(\boldsymbol{Z}_n/\boldsymbol{W}_{n,i},\phi)=\left(\frac{1}{\sqrt{2\pi}\sigma}\right)^{2N}\exp\left(-\frac{1}{2\sigma^2}\left[(z_{n,i}^c-L\cos(\phi+\theta_n))^2+(z_{n,i}^s-L\sin(\phi+\theta_n))^2\right]\right)$$
$$\times\exp\left(-\frac{1}{2\sigma^2}\sum_{k=0,k\neq i}^{N-1}((z_{n,k}^c)^2+(z_{n,k}^s)^2)\right) \tag{6-8}$$

将 $p(\phi)=1/2\pi$ 代入式(6-7)，有

$$p(\boldsymbol{Z}_n/\boldsymbol{W}_{n,i})=\left(\frac{1}{\sqrt{2\pi}\sigma}\right)^{2N}\exp\left(-\frac{1}{2\sigma^2}\left(\sum_{k=0}^{N-1}|z_{n,k}|^2+L^2\right)\right)$$
$$\times\frac{1}{2\pi}\int_0^{2\pi}\exp\left(\frac{L}{\sigma^2}(z_{n,i}^c\cos(\phi+\theta_n)+z_{n,i}^s\sin(\phi+\theta_n))\right)\mathrm{d}\phi \tag{6-9}$$

上式中前一项与 i 无关，参见附录 6.7 节，积分项用第一类零阶贝塞尔函数 $I_0(\cdot)$

表示为

$$\frac{1}{2\pi}\int_0^{2\pi}\exp\left(\frac{L}{\sigma^2}(z_{n,i}^c\cos(\phi+\theta_n)+z_{n,i}^s\sin(\phi+\theta_n))\right)\cdot \mathrm{d}\phi = I_0\left(\frac{L\,|z_{n,i}|}{\sigma^2}\right) \tag{6-10}$$

将式(6-9) 代入式(6-6),可得

$$\Lambda(b_{n,k})=\log\left[\frac{\sum_{i\in S_k^+} I_0(L\,|z_{n,i}|/\sigma^2)}{\sum_{i\in S_k^-} I_0(L\,|z_{n,i}|/\sigma^2)}\right] \tag{6-11}$$

考虑到第一类零阶贝塞尔函数与指数函数变化趋势一致,而指数函数之和主要由最大指数项决定,因此,第一类零阶贝塞尔函数求和也主要由最大参数项决定,同时利用近似式 $\log(I_0(x)/I_0(y))\approx x-y$,可得基于MAP准则的比特软值计算式

$$\Lambda(b_{n,k})\approx\frac{L}{\sigma^2}\left(\max_{i\in S_k^+}|z_{n,i}|-\max_{i\in S_k^-}|z_{n,i}|\right) \tag{6-12}$$

在实际比特软值计算过程中,模平方运算比模运算更易实现,系数也可归一化,因此,比特软值计算简化为

$$\Lambda(b_{n,k})=\max_{i\in S_k^+}|z_{n,i}|^2-\max_{i\in S_k^-}|z_{n,i}|^2 \tag{6-13}$$

式(6-13) 即为正交比特软值解调常用的双最大值算法。

6.2.2.2　差分比特软值

1) 差分解调算法

差分解调是 MDPSK 最为传统和典型的解调算法,对于 NOrth-MDPSK 差分比特软值计算,需要利用前后两个正交码解扩后的相关值进行差分运算,获得比特软值,在此称为**差分解调算法**。

假设前后两个正交码序号分别为 i,j,选出与序号对应的相关值 $z_{n-1,i},z_{n,j}$,那么两者可视为 MDPSK 前后两个符号值,进行差分相位匹配计算。考虑所有可能的差分相位$\{\Delta\theta_0,\cdots,\Delta\theta_{M-1}\}$,根据 MDPSK 调制 K_M 个差分比特中第k 比特$d_{n,k}$ 为“1”还是为“0”,将其分为两个子集 $\Delta\theta_k^1$ 和 $\Delta\theta_k^0$,则比特软值可表示为

$$\Lambda(d_{n,k})=\max_{\Delta\theta_m\in\Delta\theta_k^1}\{\mathrm{Re}(z_{n-1,i}\cdot z_{n,j}^*\cdot\exp(\mathrm{j}\Delta\theta_m))\}-\max_{\Delta\theta_m\in\Delta\theta_k^0}\{\mathrm{Re}(z_{n-1,i}\cdot z_{n,j}^*\cdot\exp(\mathrm{j}\Delta\theta_m))\} \tag{6-14}$$

其中 Re(·) 表示取实部;$\Delta\theta_m$ 为可能的差分相位。图 6-5 给出了 NOrth-MDPSK 的差分比特软值解调框图。对于 NOrth-BDPSK,比特软值计算则退化为 $\mathrm{Re}(z_{n-1,i}\cdot z_{n,j}^*)$。

差分解调算法比较简单,但完全依赖于前后两个正交扩频码解调结果,当任何一个发生错误时,差分解调结果都会以较高概率出错,导致比特软值可信度不够

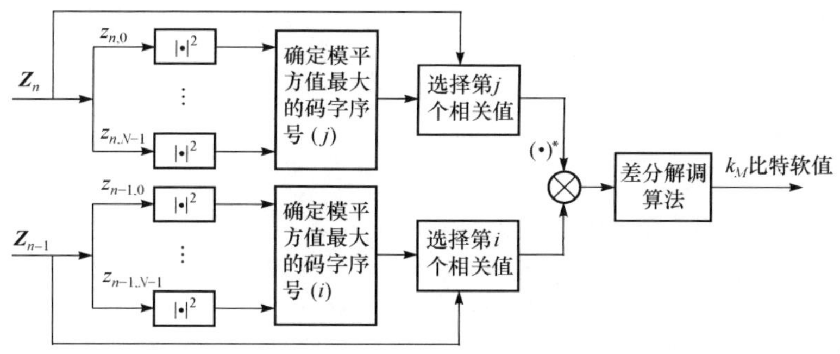

图 6-5　NOrth-MDPSK 差分比特软值解调图

高。因此下面基于最大后验概率(MAP) 准则，讨论如何获得差分比特软值。

2) 最大后验概率(MAP) 算法

MAP 算法的基本思想是利用前后两个扩频符号的一系列相关值来计算差分比特软值。假设$\boldsymbol{Z}_{n-1}$,$\boldsymbol{Z}_n$ 分别为第 $n-1$ 和 n 个扩频符号周期的相关值矢量，根据 MAP 准则，比特 $d_{n,k}$ 的软值定义为

$$\Lambda(d_{n,k}) = \log\frac{P(d_{n,k}=1/\boldsymbol{Z}_n,\boldsymbol{Z}_{n-1})}{P(d_{n,k}=0/\boldsymbol{Z}_n,\boldsymbol{Z}_{n-1})} = \log\frac{P(d_{n,k}=1,\boldsymbol{Z}_n,\boldsymbol{Z}_{n-1})}{P(d_{n,k}=0,\boldsymbol{Z}_n,\boldsymbol{Z}_{n-1})} \tag{6-15}$$

根据全概率公式有

$$\Lambda(d_{n,k}) = \log\frac{\sum\limits_{0\leqslant i,j<N,\Delta\theta_m\in\Delta\theta_k^1} p(\boldsymbol{W}_{n-1,i},\boldsymbol{W}_{n,j},\Delta\theta_m,\boldsymbol{Z}_{n-1},\boldsymbol{Z}_n)}{\sum\limits_{0\leqslant i,j<N,\Delta\theta_m\in\Delta\theta_k^0} p(\boldsymbol{W}_{n-1,i},\boldsymbol{W}_{n,j},\Delta\theta_m,\boldsymbol{Z}_{n-1},\boldsymbol{Z}_n)} \tag{6-16}$$

其中$\boldsymbol{W}_{n-1,i}$,$\boldsymbol{W}_{n,j}$ 分别表示前后两个符号周期内序号为i,j 的扩频码。假定发送比特相互独立且同分布，那么 $P(\boldsymbol{W}_{n-1,i},\boldsymbol{W}_{n,j},\Delta\theta_m)=1/(MN^2)$，上式可进一步表示为

$$\Lambda(d_{n,k}) = \log\frac{\sum\limits_{0\leqslant i,j<N,\Delta\theta_m\in\Delta\theta_k^1} p(\boldsymbol{Z}_{n-1},\boldsymbol{Z}_n/\boldsymbol{W}_{n-1,i},\boldsymbol{W}_{n,j},\Delta\theta_m)}{\sum\limits_{0\leqslant i,j<N,\Delta\theta_m\in\Delta\theta_k^0} p(\boldsymbol{Z}_{n-1},\boldsymbol{Z}_n/\boldsymbol{W}_{n-1,i},\boldsymbol{W}_{n,j},\Delta\theta_m)} \tag{6-17}$$

式(6-17) 表明，差分比特软值需要知道概率密度函数 $p(\boldsymbol{Z}_{n-1},\boldsymbol{Z}_n/\boldsymbol{W}_{n-1,i},\boldsymbol{W}_{n,j},\Delta\theta_m)$，而这可以将概率密度函数$p(\boldsymbol{Z}_{n-1},\boldsymbol{Z}_n/\boldsymbol{W}_{n-1,i},\boldsymbol{W}_{n,j},\Delta\theta_m,\phi)$ 对随机相位ϕ求平均得到，即

$$p(\boldsymbol{Z}_{n-1},\boldsymbol{Z}_n/\boldsymbol{W}_{n-1,i},\boldsymbol{W}_{n,j},\Delta\theta_m) = \frac{1}{2\pi}\int_0^{2\pi} p(\boldsymbol{Z}_{n-1},\boldsymbol{Z}_n/\boldsymbol{W}_{n-1,i},\boldsymbol{W}_{n,j},\Delta\theta_m,\phi)\mathrm{d}\phi \tag{6-18}$$

在已知发送扩频码和相位的情况下，利用式(6-4) 和式(6-8)，可得

$$p(\boldsymbol{Z}_{n-1},\boldsymbol{Z}_n/\boldsymbol{W}_{n-1,i},\boldsymbol{W}_{n,j},\Delta\theta_m,\phi) = \left(\frac{1}{\sqrt{2\pi}\sigma}\right)^{4N}\exp\left\{-\frac{1}{2\sigma^2}\left[(z_{n-1,i}^{\mathcal{L}} - L\cos(\phi+\theta_{n-1}))^2\right.\right.$$

$$+(Z_{n-1,2}^{c}-L\sin(\phi+\theta_{n-1}))^2+(z_{n,j}^{c}-L\cos(\phi+\theta_{n-1}+\Delta\theta_m))^2$$
$$+(z_{n,j}^{s}-L\sin(\phi+\theta_{n-1}+\Delta\theta_m))^2+\sum_{k=0,k\neq i}^{N-1}((z_{n-1,k}^{c})^2+(z_{n-1,k}^{s})^2)$$
$$+\sum_{k=0,k\neq j}^{N-1}((z_{n,k}^{c})^2+(z_{n,k}^{s})^2)\Big]\Big\} \tag{6-19}$$

将上式及 $p(\phi)=1/2\pi$ 代入式(6-18)，有

$$p(\boldsymbol{Z}_{n-1},\boldsymbol{Z}_n/\boldsymbol{W}_{n-1,i},\boldsymbol{W}_{n,j},\Delta\theta_m)$$
$$=\left(\frac{1}{\sqrt{2\pi\sigma}}\right)^{4N}\exp\left(-\frac{1}{2\sigma^2}\left(\sum_{k=0}^{N-1}((z_{n-1,k}^{c})^2+(z_{n-1,k}^{s})^2+(z_{n,k}^{c})^2+(z_{n,k}^{s})^2)+2L^2\right)\right)$$
$$\times\frac{1}{2\pi}\int_0^{2\pi}\exp\left(\frac{L}{\sigma^2}(z_{n-1,n}^{c}\cos(\phi+\theta_{n-1})+z_{n-1,n}^{s}\sin(\phi+\theta_{n-1}))\right)\cdot\mathrm{d}\phi \tag{6-20}$$

其中

$$\begin{cases}z_{n-1,n}^{c}=z_{n-1,i}^{c}+z_{n,j}^{c}\cos(\Delta\theta_m)+z_{n,j}^{s}\sin(\Delta\theta_m)=\mathrm{Re}\{z_{n-1,i}+z_{n,j}\cdot\exp(-\mathrm{j}\Delta\theta_m)\}\\ z_{n-1,n}^{s}=z_{n-1,i}^{s}-z_{n,j}^{c}\sin(\Delta\theta_m)+z_{n,j}^{s}\cos(\Delta\theta_m)=\mathrm{Im}\{z_{n-1,i}+z_{n,j}\cdot\exp(-\mathrm{j}\Delta\theta_m)\}\end{cases} \tag{6-21}$$

Im(·)表示取虚部。式(6-20)中前一项与 i,j 无关，积分项用第一类零阶贝塞尔函数表示为

$$\frac{1}{2\pi}\int_0^{2\pi}\exp(\cdot)\mathrm{d}\phi=I_0\left(\frac{L\,|\,z_{n-1,i}+z_{n,j}\cdot\exp(-\mathrm{j}\Delta\theta_m)\,|}{\sigma^2}\right) \tag{6-22}$$

这样，式(6-17)计算可得

$$\Lambda(d_{n,k})=\log\frac{\sum\limits_{0\leqslant i,j<N,\Delta\theta_m\in\Delta\boldsymbol{\theta}_k^1}I_0(L\,|\,z_{n-1,i}+z_{n,j}\cdot\exp(-\mathrm{j}\Delta\theta_m)\,|/\sigma^2)}{\sum\limits_{0\leqslant i,j<N,\Delta\theta_m\in\Delta\boldsymbol{\theta}_k^0}I_0(L\,|\,z_{n-1,i}+z_{n,j}\cdot\exp(-\mathrm{j}\Delta\theta_m)\,|/\sigma^2)} \tag{6-23}$$

与上节式(6-12)类似，利用第一类零阶贝塞尔函数特性，上式进一步近似为

$$\Lambda(d_{n,k})\approx\frac{L}{\sigma^2}\Big(\max_{0\leqslant i,j<N,\Delta\theta_m\in\Delta\boldsymbol{\theta}_k^1}|\,z_{n-1,i}+z_{n,j}\cdot\exp(-\mathrm{j}\Delta\theta_m)\,|$$
$$-\max_{0\leqslant i,j<N,\Delta\theta_m\in\Delta\boldsymbol{\theta}_k^0}|\,z_{n-1,i}+z_{n,j}\cdot\exp(-\mathrm{j}\Delta\theta_m)\,|\Big) \tag{6-24}$$

式(6-24)即为基于最大后验概率(MAP)准则的差分比特软值计算公式。

在实际应用中，为了计算便捷，可以利用模平方作为模值运算，并对系数进行归一化；同时，为了兼顾差分比特软值幅度与正交扩频比特的一致性，除以 2 作为修正。因此，式(6-24)可以简写为

$$\Lambda(d_{n,k})=\frac{1}{2}\Big(\max_{0\leqslant i,j<N,\Delta\theta_m\in\Delta\boldsymbol{\theta}_k^1}|\,z_{n-1,i}+z_{n,j}\cdot\exp(-\mathrm{j}\Delta\theta_m)\,|^2$$

$$-\max_{0\leqslant i,j<N,\Delta\theta_m\in\Delta\boldsymbol{\theta}_k^0}|z_{n-1,i}+z_{n,j}\cdot\exp(-\mathrm{j}\Delta\theta_m)|^2)\tag{6-25}$$

值得说明的是,计算式(6-25)至少需要求 $M\cdot N^2$ 次复数模值,并搜索最大值,运算量较大,因此有必要对 MAP 算法进行简化,使之更加实用化。

3) 简化 MAP 算法

简化 MAP 算法主要思想是降低 MAP 算法中搜索最大值的范围,将前后两符号所有相关的模平方值按从大到小顺序选出 N' 个相关值 $z'_{n,0},\cdots,z'_{n,N'-1}$ 和 $z'_{n-1,0},\cdots,z'_{n-1,N'-1}$,代入式(6-25),可得

$$\Lambda(d_{n,k})=\frac{1}{2}(\max_{0\leqslant i,j<N',\Delta\theta_m\in\Delta\boldsymbol{\theta}_k^1}|z'_{n-1,i}+z'_{n,j}\cdot\exp(-\mathrm{j}\Delta\theta_m)|^2$$

$$-\max_{0\leqslant i,j<N',\Delta\theta_m\in\Delta\boldsymbol{\theta}_k^0}|z'_{n-1,i}+z'_{n,j}\cdot\exp(-\mathrm{j}\Delta\theta_m)|^2)\tag{6-26}$$

由式(6-26)可见,只需计算 $2N'^2+2N$ 次模平方值,且搜索最大值范围降为 N'^2,显然,当 N' 较小时,运算量会大大降低。

考虑到极端情况 $N'=1$,假设前后两个符号周期扩频码解调序号为 u,v,对应相关值 $z_{n-1,u},z_{n,v}$,则差分比特 $d_{n,k}$ 的软值为

$$\begin{aligned}\Lambda(d_{n,k})&=\frac{1}{2}(\max_{\Delta\theta_m\in\Delta\boldsymbol{\theta}_k^1}|z_{n-1,u}+z_{n,v}\cdot\exp(-\mathrm{j}\Delta\theta_m)|^2-\max_{\Delta\theta_m\in\Delta\boldsymbol{\theta}_k^0}|z_{n-1,u}+z_{n,v}\cdot\exp(-\mathrm{j}\Delta\theta_m)|^2)\\&=\max_{\Delta\theta_m\in\Delta\boldsymbol{\theta}_k^1}\{\mathrm{Re}(z_{n-1,u}\cdot z_{n,v}^*\cdot\exp(\mathrm{j}\Delta\theta_m))\}-\max_{\Delta\theta_m\in\Delta\boldsymbol{\theta}_k^0}\{\mathrm{Re}(z_{n-1,u}\cdot z_{n,v}^*\cdot\exp(\mathrm{j}\Delta\theta_m))\}\end{aligned}\tag{6-27}$$

比较式(6-27)和式(6-14)可见,两者是一致的,这表明:在正交扩频硬判决解调情况下,简化 MAP 算法退化为差分解调算法。

6.2.3　波形设计与性能评估

本节以短波数据传输为例,设计了正交扩频波形,并进行了计算机仿真和性能评估。波形参数如下:信号带宽为 3kHz,码片速率为 2400 码片/s;编码采用码率为 2/3 的 Turbo 乘积码,由两个相同的扩展 Hamming 码(32,26)构成,实际码率为 $(26/32)^2\approx0.66$,译码时基于比特软值进行迭代译码,迭代次数为 8 次;信道交织采用长度为 2048 的循环移位交织。

正交扩频码为长度 $L=32$ 的 Hadamard 序列,采用 $N=32$ 的 32Orth 调制,每个扩频码携带 5bit 信息。此时数据传输速率为 $(2400/32)\times5\times(2/3)=250$bps。正交扩频复合差分相位调制采用 32Orth-MDPSK,$M=2,4,8$ 时每个扩频码分别携带 6,7,8bit 信息,对应的数据传输速率分别为 300、350、400bps。

下面仿真了 AWGN 信道条件下不同波形的编码误比特率(BER)性能曲线,正交比特软值采用双最大值算法,差分比特软值采用 MAP 算法、简化 MAP 算法

以及差分算法。

图 6-6 针对 32Orth 和 32Orth-QDPSK，给出了不同软值解调算法的误比特率和比特信噪比(E_b/N_0)性能对比曲线，可以看出：

(1) 正交扩频复合差分相位调制性能优于单纯正交扩频。当误比特率为 1×10^{-5}时，32Orth-QDPSK 比特信噪比改善 1dB。

(2) MAP 算法性能均优于差分解调算法。在误比特率为 1×10^{-5}时，比特信噪比优势约 0.3～0.4dB。

(3) 随着相关值搜索范围的增加，简化 MAP 算法逐步逼近于 MAP 算法；$N'=3$ 时两者性能基本接近，但简化 MAP 算法运算量大大降低。因此，简化 MAP 算法具有较高的实用价值。

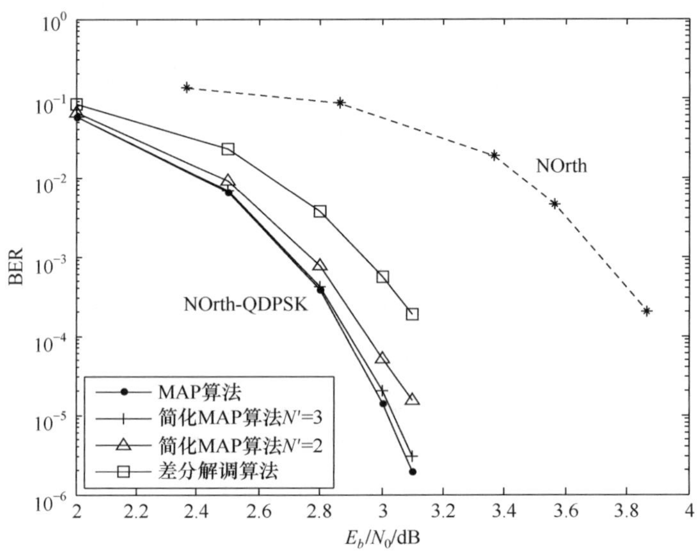

图 6-6 32Orth-QDPSK 的编码性能曲线

图 6-7 给出了不同波形误比特率与码片信噪比(E_c/N_0)的关系曲线，差分比特软值采用 MAP 算法。可见：

(1) 随着 MDPSK 进制数的增加，数据传输速率随之增加，误比特率性能逐步下降，当 $M=8$ 时，性能迅速恶化。究其原因，主要是 8DPSK 差分比特软值的可靠性下降，而且差分比特在扩频码携带比特中所占比例越来越大，使系统性能逐渐由差分比特性能决定，并随之恶化。因此，复合调制中 MDPSK 进制数不宜超过 4。

(2) 对于数据传输速率 250、300、350bps，误比特率为 1×10^{-5}时所需码片信噪比分别为－5.8、－5.7 和－5.4dB。这表明正交扩频结合 BDPSK 和 MDPSK

调制时，以较低的信噪比损失换取了数据速率的明显提升，因此，在正交扩频基础上复合差分相位调制是值得的。

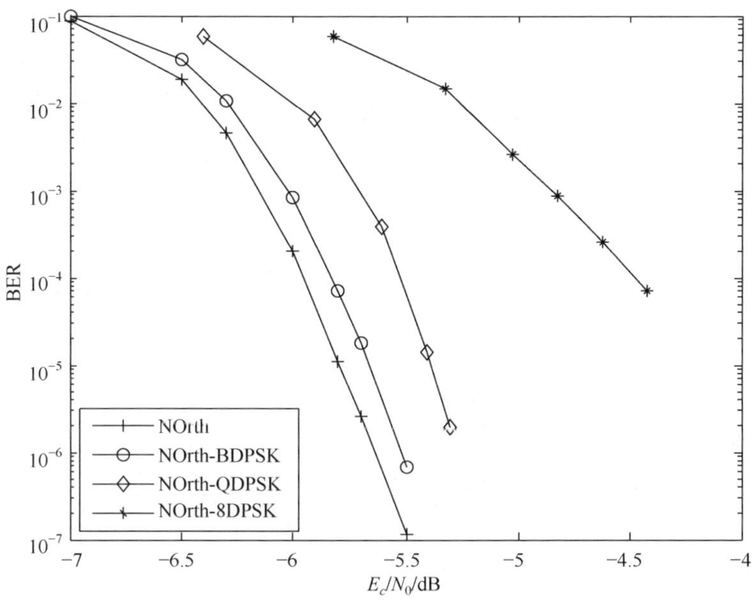

图 6-7　码片信噪比下的编码性能曲线

(3) 对比前几章中 FSK、并行、串行数据传输技术，正交扩频复合差分相位调制技术的性能指标提升明显，当数据传输速率为 300bps 时，码片信噪比要好 5dB 以上。若取扩频码长为 64，则 32Orth-BDPSK 对应的速率为 150bps，性能提升可达 6dB 以上。因此正交扩频复合差分相位调制在中低速数据传输时具有明显的优势。

6.3　双正交扩频

正交扩频波形通过正交扩频码序号及相位携带比特信息，带宽效率大大高于二进制扩频。若进一步提高带宽效率，就需要研究如何在一个扩频符号周期内传输更多比特。考虑到相位调制进制数大于 8 后性能下降明显，不适合调制过多比特，因此，可从正交扩频码着手，将单路码字提升为两路，分别放在同相(I)和正交(Q)支路上同时传输，形成双正交扩频调制，使得正交比特数目增加一倍；双正交扩频也可叠加相位调制，构成复合调制方式。这就是本节双正交扩频波形的基本思想。

6.3.1 双正交扩频调制

6.3.1.1 单纯双正交扩频调制

双多进制正交扩频(Dual N-ary Orthogonal spread spectrum,DNOrth)调制结构如图 6-8 所示,两路 $K_N=\log_2 N$bit 各自从不同正交扩频码集合中选择一个码字,分别作为 I、Q 支路的扩频序列,经过成形滤波后形成调制信号,每个扩频符号周期可传输 $2K_N$bit。需要说明的是,为了便于形成同相和正交支路,扩频码应为实数,两个正交扩频码集合之间也相互正交,此时码长 $L\geqslant 2N$。以 32×32 维数 Hadamard 矩阵为例,一分为二得到两个集合,每个集合包含 16 个长度为 32 的正交扩频码,传输 8bit。

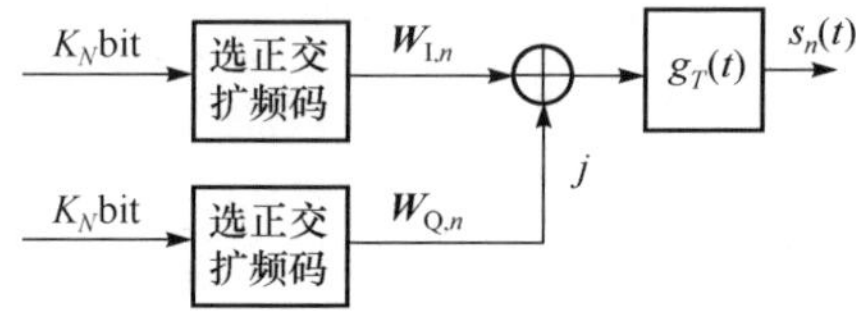

图 6-8 双多进制正交扩频(DNOrth)调制结构

设第 n 个符号周期内发送的一对扩频码为$\boldsymbol{W}_{\mathrm{I},n}$和 $\boldsymbol{W}_{\mathrm{Q},n}$,$w_{\mathrm{I},n}^l w_{\mathrm{Q},n}^l$表示第 l 个码片,则第 n 对扩频码的发送信号表达式为

$$s_n(t)=\sum_{l=0}^{L-1}(w_{\mathrm{I},n}^l+\mathrm{j}w_{\mathrm{Q},n}^l)g_T(t-nT_{\mathrm{s}}-lT_{\mathrm{c}}) \tag{6-28}$$

整个发送信号为 $s(t)=\sum_{n=-\infty}^{\infty}s_n(t)$ 。

6.3.1.2 双正交扩频复合差分相位调制

如图 6-9 所示,将两路 N 进制正交扩频与 MDPSK 调制相结合,可构成双正交扩频复合差分相位调制,简写为 NOrth-MDPSK。除 $2K_N$ 比特确定两路正交扩频码外,K_M 比特进行差分相位格雷映射,将相位统一叠加到扩频码上,每个扩频符号周期传输 $2K_N+K_M$ 比特。设第 n 个与第 $n-1$ 个扩频符号周期的相位差为 $\Delta\theta_m=2\pi m/M$,$m\in\{0,\cdots,M-1\}$,θ_{n-1}为第 $n-1$ 个扩频码的相位,$\theta_n=\theta_{n-1}+\mathrm{j}2\pi m/M$,则第 n 对扩频码的发送信号表达式为

$$s_n(t)=\sum_{l=0}^{L-1}(w_{\mathrm{I},n}^l+\mathrm{j}w_{\mathrm{Q},n}^l)g_T(t-nT_{\mathrm{s}}-lT_{\mathrm{c}})\exp(\mathrm{j}\theta_{n-1}+\mathrm{j}2\pi m/M) \tag{6-29}$$

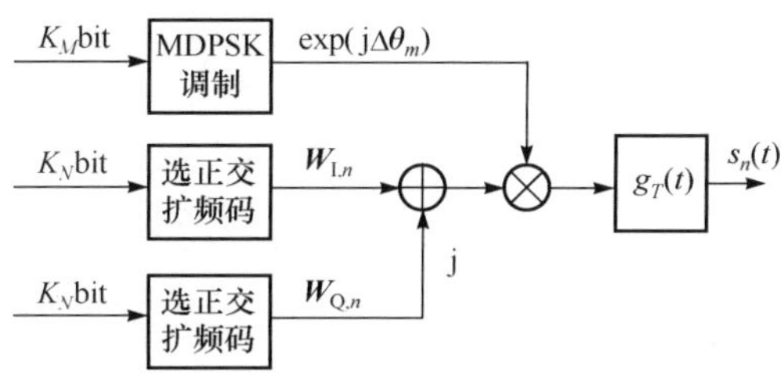

图 6-9　双正交扩频复合差分相位调制(DNOrth-MDPSK)结构

6.3.2　最大后验概率软值解调

图 6-10 给出了 DNOrth-MDPSK 的相关解扩和比特软值解调结构,接收信号首先通过码片滤波器,以码片速率进行采样,采样序列再与本地每个可能的正交码进行相关,最后利用这些相关值进行双正交扩频解调和 MDPSK 解调,从而获得 $2K_N+K_M$ 比特软值。

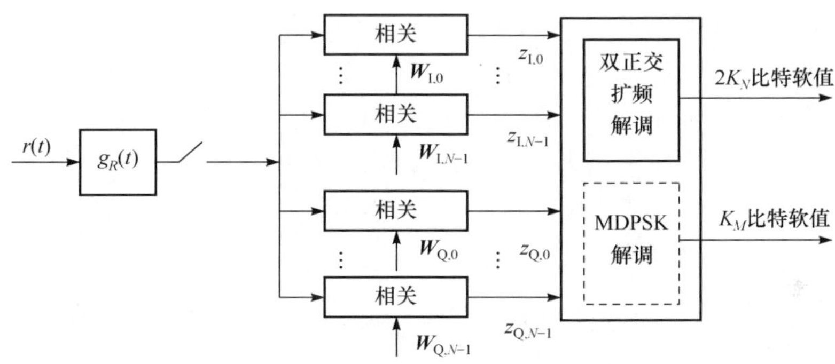

图 6-10　双多进制正交扩频解调结构

假设接收端已实现码片同步,并在最佳采样时刻采样,考虑信道为 AWGN 信道,则第 n 个扩频符号周期内采样序列表示如下:

$$\boldsymbol{R}_n=(\boldsymbol{W}_{I,n}+\mathrm{j}\,\boldsymbol{W}_{Q,n})\exp(\mathrm{j}\phi+\mathrm{j}\theta_n)+\boldsymbol{n} \tag{6-30}$$

其中 ϕ 表示载波引入的随机相位,服从均匀分布,$\boldsymbol{n}$ 为复高斯噪声向量;θ_n 表示第 n 个扩频周期的相位,$\theta_n=\theta_{n-1}+\mathrm{j}2\pi m/M$。对于单纯双正交扩频 DNOrth,无差分相位调制,$m=0$,$\theta_n=\theta_{n-1}$。

定义两个正交扩频码集合 $\boldsymbol{W}_I=\{\boldsymbol{W}_{I,0},\boldsymbol{W}_{I,1},\cdots,\boldsymbol{W}_{I,N-1}\}$ 和 $\boldsymbol{W}_Q=\{\boldsymbol{W}_{Q,0},\boldsymbol{W}_{Q,1},\cdots,\boldsymbol{W}_{Q,N-1}\}$,采样序列$\boldsymbol{R}_n$ 与本地两路所有可能的正交扩频码相关,可得到相关值及其平方值。

$$z_{I,i}=\boldsymbol{R}_n\cdot\boldsymbol{W}_{I,i}\quad z_{Q,i}=-\mathrm{j}\cdot\boldsymbol{R}_n\cdot\boldsymbol{W}_{Q,i},\quad 0\leqslant i<N \tag{6-31}$$

$$E_{I,i}=|z_{I,i}|^2,\quad E_{Q,i}=|z_{Q,i}|^2,\quad 0\leqslant i<N \tag{6-32}$$

定义相关值矢量$\boldsymbol{Z}_{\mathrm{I}}=\{z_{\mathrm{I},0},z_{\mathrm{I},1},\cdots,z_{\mathrm{I},N-1}\}$和$\boldsymbol{Z}_{\mathrm{Q}}=\{z_{\mathrm{Q},0},z_{\mathrm{Q},1},\cdots,z_{\mathrm{Q},N-1}\}$，以及模平方值矢量$\boldsymbol{E}_{\mathrm{I}}=\{E_{\mathrm{I},0},E_{\mathrm{I},1},\cdots,E_{\mathrm{I},N-1}\}$和$\boldsymbol{E}_{\mathrm{Q}}=\{E_{\mathrm{Q},0},E_{\mathrm{Q},1},\cdots,E_{\mathrm{Q},N-1}\}$。

设 I、Q 支路发送的扩频码分别为$\boldsymbol{W}_{\mathrm{I},u}$和$\boldsymbol{W}_{\mathrm{Q},v}$，结合式(6-4)，相关值可表示为

$$z_{\mathrm{I},k}=z_{\mathrm{I},k}^{c}+\mathrm{j}z_{\mathrm{I},k}^{s}=\begin{cases}n_{\mathrm{I},k}^{c}+L\cos(\phi+\theta_n)+\mathrm{j}(n_{\mathrm{I},k}^{s}+L\sin(\phi+\theta_n)), & k=u\\ n_{\mathrm{I},k}^{c}+\mathrm{j}n_{\mathrm{I},k}^{s}, & k\neq u\end{cases} \tag{6-33}$$

$$z_{\mathrm{Q},k}=z_{\mathrm{Q},k}^{c}+\mathrm{j}z_{\mathrm{Q},k}^{s}=\begin{cases}n_{\mathrm{Q},k}^{c}+L\cos(\phi+\theta_n)+\mathrm{j}(n_{\mathrm{Q},k}^{s}+L\sin(\phi+\theta_n)), & k=v\\ n_{\mathrm{Q},k}^{c}+\mathrm{j}n_{\mathrm{Q},k}^{s}, & k\neq v\end{cases} \tag{6-34}$$

下面将分别针对双正交比特软值和差分比特软值两部分进行讨论。

6.3.2.1 正交比特软值

1）双最大值算法

对于双正交扩频比特，最直接的解调思路是将 I、Q 支路分开考虑，视为两个独立的正交扩频调制，可直接利用双最大值算法获取比特软值。

双正交扩频波形中 I、Q 支路各包含 K_N 个正交比特，分别表示为$b_{\mathrm{I},k}$，$b_{\mathrm{Q},k}$，$1\leqslant k\leqslant K_N$，按所有模平方值序号的第 k 比特为“1”和“0”分为两子集，记序号集合为$S_{\mathrm{I},k}^{+}$，$S_{\mathrm{I},k}^{-}$ | $S_{\mathrm{Q},k}^{+}$，$S_{\mathrm{Q},k}^{-}$，则双最大值算法的比特软值表示为

$$\Lambda(b_{\mathrm{I},k})=\max_{i\in S_{\mathrm{I},k}^{+}}\{E_{\mathrm{I},i}\}-\max_{i\in S_{\mathrm{I},k}^{-}}\{E_{\mathrm{I},i}\},\quad \Lambda(b_{\mathrm{Q},k})=\max_{i\in S_{\mathrm{Q},k}^{+}}\{E_{\mathrm{Q},i}\}-\max_{i\in S_{\mathrm{Q},k}^{-}}\{E_{\mathrm{Q},i}\} \tag{6-35}$$

上述比特软值计算式只涉及本支路相关值，并没进行两支路的联合检测，性能会受到一定的限制。下面将讨论如何利用 I、Q 支路联合检测获得比特软值。

2）最大后验概率(MAP)算法

不妨以 I 路为例，根据 MAP 准则，I 支路第 k 比特$b_{\mathrm{I},k}$的软值表示为

$$\Lambda(b_{\mathrm{I},k})=\log\left(\frac{P(b_{\mathrm{I},k}=1\mid \boldsymbol{Z}_{\mathrm{I}},\boldsymbol{Z}_{\mathrm{Q}})}{P(b_{\mathrm{I},k}=0\mid \boldsymbol{Z}_{\mathrm{I}},\boldsymbol{Z}_{\mathrm{Q}})}\right) \tag{6-36}$$

根据全概率公式有

$$\Lambda(b_{\mathrm{I},k})=\log\left(\frac{\sum\limits_{u\in S_{\mathrm{I},k}^{+},v\in\{0,\cdots,N-1\}}P(\boldsymbol{W}_{\mathrm{I},u},\boldsymbol{W}_{\mathrm{Q},v},\boldsymbol{Z}_{\mathrm{I}},\boldsymbol{Z}_{\mathrm{Q}})}{\sum\limits_{u\in S_{\mathrm{I},k}^{-},v\in\{0,\cdots,N-1\}}P(\boldsymbol{W}_{\mathrm{I},u},\boldsymbol{W}_{\mathrm{Q},v},\boldsymbol{Z}_{\mathrm{I}},\boldsymbol{Z}_{\mathrm{Q}})}\right) \tag{6-37}$$

假定发送比特相互独立且同分布，则各扩频码发送概率相等，均为 $1/N$，可得

$$\Lambda(b_{\mathrm{I},k})=\log\left(\frac{\sum\limits_{u\in S_{\mathrm{I},k}^{+},v\in\{0,\cdots,N-1\}}p(\boldsymbol{Z}_{\mathrm{I}},\boldsymbol{Z}_{\mathrm{Q}}\mid \boldsymbol{W}_{\mathrm{I},u},\boldsymbol{W}_{\mathrm{Q},v})}{\sum\limits_{u\in S_{\mathrm{I},k}^{-},v\in\{0,\cdots,N-1\}}p(\boldsymbol{Z}_{\mathrm{I}},\boldsymbol{Z}_{\mathrm{Q}}\mid \boldsymbol{W}_{\mathrm{I},u},\boldsymbol{W}_{\mathrm{Q},v})}\right) \tag{6-38}$$

而 $p(\boldsymbol{Z}_{\rm I},\boldsymbol{Z}_{\rm Q}|\boldsymbol{W}_{{\rm I},u},\boldsymbol{W}_{{\rm Q},v})$ 通过将 $p(\boldsymbol{Z}_{\rm I},\boldsymbol{Z}_{\rm Q}|\boldsymbol{W}_{{\rm I},u},\boldsymbol{W}_{{\rm Q},v},\phi)$ 对随机相位 ϕ 求平均得到。利用式(6-33)和式(6-34)，可得

$$p(\boldsymbol{Z}_{\rm I},\boldsymbol{Z}_{\rm Q}|\boldsymbol{W}_{{\rm I},u},\boldsymbol{W}_{{\rm Q},v},\phi)=\left(\frac{1}{\sqrt{2\pi}\sigma}\right)^{4N}\exp\Bigg(-\frac{1}{2\sigma^2}\Big[(z^c_{{\rm I},u}-L\cos(\phi+\theta_n))^2+(\boldsymbol{Z}^s_{{\rm I},u}-L\sin(\phi+\theta_n))^2+(z^c_{{\rm Q},v}-L\cos(\phi+\theta_n))^2+(z^s_{{\rm Q},v}-L\sin(\phi+\theta_n))^2+\sum_{k=0,k\neq u}^{N-1}((z^c_{{\rm I},k})^2+(z^s_{{\rm I},k})^2)+\sum_{k=0,k\neq v}^{N-1}((z^c_{{\rm Q},k})^2+(z^s_{{\rm Q},k})^2)\Big]\Bigg) \tag{6-39}$$

那么

$$\begin{aligned}p(\boldsymbol{Z}_{\rm I},\boldsymbol{Z}_{\rm Q}\mid\boldsymbol{W}_{{\rm I},u},\boldsymbol{W}_{{\rm Q},v})&=\frac{1}{2\pi}\int_0^{2\pi}p(\boldsymbol{Z}_{\rm I},\boldsymbol{Z}_{\rm Q}\mid\boldsymbol{W}_{{\rm I},u},\boldsymbol{W}_{{\rm Q},v},\phi)\,{\rm d}\phi\\&=\left(\frac{1}{\sqrt{2\pi}\sigma}\right)^{4N}\exp\left(-\frac{1}{2\sigma^2}\left(\sum_{k=0}^{N-1}((z^c_{{\rm I},k})^2+(z^s_{{\rm I},k})^2+(z^c_{{\rm Q},k})^2+(z^s_{{\rm Q},k})^2)+2L^2\right)\right)\\&\quad\cdot\frac{1}{2\pi}\int_0^{2\pi}\exp\left(\frac{L}{\sigma^2}(\cos(\phi+\theta_n)(z^c_{{\rm I},u}+z^c_{{\rm Q},v})+\sin(\phi+\theta_n)(z^s_{{\rm I},u}+z^s_{{\rm Q},v}))\right){\rm d}\phi\end{aligned} \tag{6-40}$$

式(6-40)中前一项与 u,v 无关，积分项用第一类零阶贝塞尔函数表示为

$$\begin{aligned}&\frac{1}{2\pi}\int_0^{2\pi}\exp\left(\frac{L}{\sigma^2}(\cos(\phi+\theta_n)(z^c_{{\rm I},u}+z^c_{{\rm Q},v})+\sin(\phi+\theta_n)(z^s_{{\rm I},u}+z^s_{{\rm Q},v}))\right){\rm d}\phi\\&=I_0\left(\frac{L\,|z_{{\rm I},u}+z_{{\rm Q},v}|}{\sigma^2}\right)\end{aligned} \tag{6-41}$$

将式(6-40)代入式(6-38)，可得

$$\Lambda(b_{{\rm I},k})=\log\left(\frac{\sum\limits_{u\in S^+_{{\rm I},k},v\in\{0,\cdots,N-1\}}I_0(L\,|z_{{\rm I},u}+z_{{\rm Q},v}|/\sigma^2)}{\sum\limits_{u\in S^-_{{\rm I},k},v\in\{0,\cdots,N-1\}}I_0(L\,|z_{{\rm I},u}+z_{{\rm Q},v}|/\sigma^2)}\right) \tag{6-42}$$

与式(6-12)类似，考虑到第一类零阶贝塞尔函数求和主要由最大参数决定，以及 $\log(I_0(x)/I_0(y))\approx x-y$，定义 (u,v) 序号对

$$(m_1,k_1)=\mathop{\rm argmax}_{\substack{u\in S^+_{{\rm I},k}\\v\in\{0,\cdots,N-1\}}}|z_{{\rm I},u}+z_{{\rm Q},v}|,\quad(m_2,k_2)=\mathop{\rm argmax}_{\substack{u\in S^-_{{\rm I},k}\\v\in\{0,\cdots,N-1\}}}|z_{{\rm I},u}+z_{{\rm Q},v}| \tag{6-43}$$

那么，I 支路比特软值近似为

$$\Lambda(b_{{\rm I},k})\approx\frac{L}{\sigma^2}(|z_{{\rm I},m_1}+z_{{\rm Q},k_1}|-|z_{{\rm I},m_2}+z_{{\rm Q},k_2}|) \tag{6-44}$$

实际计算中模平方运算更易实现，且系数可归一化，因此，比特软值计算简化为

$$\Lambda(b_{{\rm I},k})=|z_{{\rm I},m_1}+z_{{\rm Q},k_1}|^2-|z_{{\rm I},m_2}+z_{{\rm Q},k_2}|^2 \tag{6-45}$$

Q 支路比特软值可同理推导得到。

3) 简化 MAP 算法

简化 MAP 算法主要思想是缩小 MAP 算法中搜索最大值的范围，其步骤是：首先分别计算出 I 和 Q 支路各相关值的模平方值，并按其从大到小选出模平方值对应的 N' 个相关值 $z'_{\mathrm{I},0}, z'_{\mathrm{I},1}, \cdots, z'_{\mathrm{I},N'-1}$ 和 $z'_{\mathrm{Q},0}, z'_{\mathrm{Q},1}, \cdots, z'_{\mathrm{Q},N'-1}$，然后联合求出 $E_{u,v}=|z'_{\mathrm{I},u}+z'_{\mathrm{Q},v}|^2$。可见，只有 N'^2 个组合，搜索范围大大降低。将 $E_{u,v}$ 按 I/Q 支路第 k 比特为"0"和"1"分为两个子集，分别记为 $\boldsymbol{E}^1_{\mathrm{I},k}, \boldsymbol{E}^0_{\mathrm{I},k} | \boldsymbol{E}^1_{\mathrm{Q},k}, \boldsymbol{E}^0_{\mathrm{Q},k}$，那么第 k 比特的软值可表示为

$$\Lambda(b_{\mathrm{I},k})=\max_{E_{u,v}\in \boldsymbol{E}^1_{\mathrm{I},k}}\{E_{u,v}\}-\max_{E_{u,v}\in \boldsymbol{E}^0_{I,k}}\{E_{u,v}\},\quad \Lambda(b_{\mathrm{Q},k})=\max_{E_{u,v}\in \boldsymbol{E}^1_{\mathrm{Q},k}}\{E_{u,v}\}-\max_{E_{u,v}\in \boldsymbol{E}^0_{\mathrm{Q},k}}\{E_{u,v}\} \tag{6-46}$$

需要说明的是，在实际应用中，按"0"、"1"划分的子集可能出现空集，此时需要进行适当修正。以 I 路为例，其比特软值重新表述为

$$\Lambda(b_{\mathrm{I},k})=\begin{cases}\max\limits_{E_{u,v}\in \boldsymbol{E}^1_{\mathrm{I},k}}\{E_{u,v}\}-\max\limits_{E_{u,v}\in \boldsymbol{E}^0_{\mathrm{I},k}}\{E_{u,v}\}, & E^1_{\mathrm{I},k}\notin \Phi \text{ 且} E^0_{\mathrm{I},k}\notin \Phi \\ (2\hat{b}_{\mathrm{I},k}-1)(\max\{E_{u,v}\}-\min\{E_{u,v}\}), & \text{其他}\end{cases} \tag{6-47}$$

其中 Φ 表示空集；$\hat{b}_{\mathrm{I},k}\in\{0,1\}$ 表示硬判决值。

6.3.2.2 差分比特软值

1) 最大后验概率(MAP)算法

MAP 算法利用前后两个符号的一系列相关值来计算 MDPSK 解调软值。为区分前后扩频符号周期，令 $\boldsymbol{Z}_{n,\mathrm{I}}, \boldsymbol{Z}_{n,\mathrm{Q}}, \boldsymbol{Z}_{n-1,\mathrm{I}}, \boldsymbol{Z}_{n-1,\mathrm{Q}}$ 表示第 n 和 $n-1$ 个扩频符号周期内的相关值矢量，那么 MDPSKK_M 比特中第 k 比特 $d_{n,k}$ 的软值定义为

$$\Lambda(d_{n,k})=\log\frac{p(d_{n,k}=1|\boldsymbol{Z}_{n,\mathrm{I}},\boldsymbol{Z}_{n,\mathrm{Q}},\boldsymbol{Z}_{n-1,\mathrm{I}},\boldsymbol{Z}_{n-1,\mathrm{Q}})}{p(d_{n,k}=0|\boldsymbol{Z}_{n,\mathrm{I}},\boldsymbol{Z}_{n,\mathrm{Q}},\boldsymbol{Z}_{n-1,\mathrm{I}},\boldsymbol{Z}_{n-1,\mathrm{Q}})} \tag{6-48}$$

根据 $d_{n,k}$ 为"1"还是为"0"，将所有可能差分相位 $\{\Delta\theta_0,\cdots,\Delta\theta_{M-1}\}$ 分为两个子集 $\Delta\boldsymbol{\theta}^1_k$ 和 $\Delta\boldsymbol{\theta}^0_k$。那么

$$\Lambda(d_{n,k})=\log\frac{\sum\limits_{0\leqslant u,v,i,j<N,\Delta\theta_m\in\Delta\boldsymbol{\theta}^1_k} p(\boldsymbol{Z}_{n,\mathrm{I}},\boldsymbol{Z}_{n,\mathrm{Q}},\boldsymbol{Z}_{n-1,\mathrm{I}},\boldsymbol{Z}_{n-1,\mathrm{Q}}\mid \boldsymbol{W}^n_{\mathrm{I},u},\boldsymbol{W}^n_{\mathrm{Q},v},\boldsymbol{W}^{n-1}_{\mathrm{I},i},\boldsymbol{W}^{n-1}_{\mathrm{Q},j},\Delta\theta_m)}{\sum\limits_{0\leqslant u,v,i,j<N,\Delta\theta_m\in\Delta\boldsymbol{\theta}^0_k} p(\boldsymbol{Z}_{n,\mathrm{I}},\boldsymbol{Z}_{n,\mathrm{Q}},\boldsymbol{Z}_{n-1,\mathrm{I}},\boldsymbol{Z}_{n-1,\mathrm{Q}}\mid \boldsymbol{W}^n_{\mathrm{I},u},\boldsymbol{W}^n_{\mathrm{Q},v},\boldsymbol{W}^{n-1}_{\mathrm{I},i},\boldsymbol{W}^{n-1}_{\mathrm{Q},j},\Delta\theta_m)} \tag{6-49}$$

其中 $\boldsymbol{W}^n_{\mathrm{I},u},\boldsymbol{W}^n_{\mathrm{Q},v},\boldsymbol{W}^{n-1}_{\mathrm{I},i},\boldsymbol{W}^{n-1}_{\mathrm{Q},j}$ 表示发送的正交扩频码。参考 NOrth-MDPSK 差分比特软值以及 DNOrth 正交比特软值推导过程，经推导可得

$$\begin{aligned}
&p(\boldsymbol{Z}_{n,\mathrm{I}},\boldsymbol{Z}_{n,\mathrm{Q}},\boldsymbol{Z}_{n-1,\mathrm{I}},\boldsymbol{Z}_{n-1,\mathrm{Q}} \mid \boldsymbol{W}_{\mathrm{I},u}^{n},\boldsymbol{W}_{\mathrm{Q},v}^{n},\boldsymbol{W}_{\mathrm{I},i}^{n-1},\boldsymbol{W}_{\mathrm{Q},j}^{n-1},\Delta\theta_m)\\
&=\frac{1}{2\pi}\int_0^{2\pi} p(\boldsymbol{Z}_{n,\mathrm{I}},\boldsymbol{Z}_{n,\mathrm{Q}},\boldsymbol{Z}_{n-1,\mathrm{I}},\boldsymbol{Z}_{n-1,\mathrm{Q}} \mid \boldsymbol{W}_{\mathrm{I},u}^{n},\boldsymbol{W}_{\mathrm{Q},v}^{n},\boldsymbol{W}_{\mathrm{I},i}^{n-1},\boldsymbol{W}_{\mathrm{Q},j}^{n-1},\Delta\theta_m,\phi)\mathrm{d}\phi\\
&=\left(\frac{1}{\sqrt{2\pi}\sigma}\right)^{8N}\exp\left(-\frac{1}{2\sigma^2}\left(\sum_{k=0}^{N-1}(|z_{\mathrm{I},k}^{n}|^2+|z_{\mathrm{Q},k}^{n}|^2+|z_{\mathrm{I},k}^{n-1}|^2+|z_{\mathrm{Q},k}^{n-1}|^2)+4L^2\right)\right)\\
&\quad\cdot I_0(L\,|z_{\mathrm{I},i}^{n-1}+z_{\mathrm{Q},j}^{n-1}+(z_{\mathrm{I},u}^{n}+z_{\mathrm{Q},v}^{n})\cdot\exp(-\mathrm{j}\Delta\theta_m)|/\sigma^2)
\end{aligned}\tag{6-50}$$

其中 $z_{\mathrm{I},k}^{n},z_{\mathrm{Q},k}^{n},z_{\mathrm{I},k}^{n-1},z_{\mathrm{I},k}^{n-1}$ 分别表示第 n 和 $n-1$ 个扩频符号周期内的 I/Q 支路相关值。将上式代入式(6-49)可得

$$\Lambda(d_{n,k})=\log\frac{\displaystyle\sum_{0\leqslant u,v,i,j<N,\Delta\theta_m\in\Delta\boldsymbol{\theta}_k^1} I_0(L\,|z_{\mathrm{I},i}^{n-1}+z_{\mathrm{Q},j}^{n-1}+(z_{\mathrm{I},u}^{n}+z_{\mathrm{Q},v}^{n})\cdot\exp(-\mathrm{j}\Delta\theta_m)|/\sigma^2)}{\displaystyle\sum_{0\leqslant u,v,i,j<N,\Delta\theta_m\in\Delta\boldsymbol{\theta}_k^0} I_0(L\,|z_{\mathrm{I},i}^{n-1}+z_{\mathrm{Q},j}^{n-1}+(z_{\mathrm{I},u}^{n}+z_{\mathrm{Q},v}^{n})\cdot\exp(-\mathrm{j}\Delta\theta_m)|/\sigma^2)}\tag{6-51}$$

利用第一类零阶贝塞尔函数特性，并考虑实际计算便捷性，上式可近似为

$$\begin{aligned}
\Lambda(d_{n,k})=\frac{1}{2}\Big[&\max_{0\leqslant u,v,i,j<N,\Delta\theta_m\in\Delta\boldsymbol{\theta}_k^1}\{|z_{\mathrm{I},i}^{n-1}+z_{\mathrm{Q},j}^{n-1}+(z_{\mathrm{I},u}^{n}+z_{\mathrm{Q},v}^{n})\cdot\exp(-\mathrm{j}\Delta\theta_m)|^2\}\\
&-\max_{0\leqslant u,v,i,j<N,\Delta\theta_m\in\Delta\boldsymbol{\theta}_k^0}\{|z_{\mathrm{I},i}^{n-1}+z_{\mathrm{Q},j}^{n-1}+(z_{\mathrm{I},u}^{n}+z_{\mathrm{Q},v}^{n})\cdot\exp(-\mathrm{j}\Delta\theta_m)|^2\}\Big]
\end{aligned}\tag{6-52}$$

2）简化 MAP 算法

简化 MAP 算法首先计算 $|z_{\mathrm{I},i}^{n-1}+z_{\mathrm{Q},j}^{n-1}|^2$ 和 $|z_{\mathrm{I},u}^{n}+z_{\mathrm{Q},v}^{n}|^2$，并按从大到小排列，选出对应的前 N' 个相关值组合，用于计算比特软值，这相当于缩小了式(6-52)中 u,v,i,j 的取值范围。在极端情况下取 $N'=1$，即利用双正交扩频码的硬判决结果来解调，简化 MAP 算法退化为差分解调算法。不妨设 u,v,i,j 的硬判结果为 u',v',i',j'，那么差分比特软值为

$$\begin{aligned}
\Lambda(d_{n,k})=\frac{1}{2}\Big[&\max_{\Delta\theta_m\in\Delta\boldsymbol{\theta}_k^1}\{|z_{\mathrm{I},i'}^{n-1}+z_{\mathrm{Q},j'}^{n-1}+(z_{\mathrm{I},u'}^{n}+z_{\mathrm{Q},v'}^{n})\cdot\exp(-\mathrm{j}\Delta\theta_m)|^2\}\\
&-\max_{\Delta\theta_m\in\Delta\boldsymbol{\theta}_k^0}\{|z_{\mathrm{I},i'}^{n-1}+z_{\mathrm{Q},j'}^{n-1}+(z_{\mathrm{I},u'}^{n}+z_{\mathrm{Q},v'}^{n})\cdot\exp(-\mathrm{j}\Delta\theta_m)|^2\}\Big]
\end{aligned}\tag{6-53}$$

由于减小了取值范围，当 $d_{n,k}=1$ 时，$\Lambda(d_{n,k})>0$，但上式中 $\Delta\boldsymbol{\theta}_k^0$ 所对应的第二项会减小，导致 $\Lambda(d_{n,k})$ 增大；当 $d_{n,k}=0$ 时，$\Lambda(d_{n,k})<0$，$\Delta\boldsymbol{\theta}_k^1$ 所对应的第一项会减小，导致 $\Lambda(d_{n,k})$ 减小，最终都使差分比特软值的绝对值增加。这种情况相当于将差分比特可信度被动提高了，与实际的正交比特可信度大小不匹配，从而影响整体性能。因此，有必要调整差分比特软值，使两者统一。令 λ 表示可信度修正因子，差分比特软值修正为

$$\Lambda(d_{n,k})=\frac{\lambda}{2}\Big[\max_{\Delta\theta_m\in\Delta\boldsymbol{\theta}_k^1}\{|z_{\mathrm{I},i'}^{n-1}+z_{\mathrm{Q},j'}^{n-1}+(z_{\mathrm{I},u'}^{n}+z_{\mathrm{Q},v'}^{n})\cdot\exp(-\mathrm{j}\Delta\theta_m)|^2\}$$

$$-\max_{\Delta\theta_m \in \Delta\boldsymbol{\theta}_k^0}\{|z_{\mathrm{I},i'}^{n-1}+z_{\mathrm{Q},j'}^{n-1}+(z_{\mathrm{I},u'}^{n}+z_{\mathrm{Q},v'}^{n})\cdot\exp(-\mathrm{j}\Delta\theta_m)|^2\}] \tag{6-54}$$

需要说明的是,$\lambda\leqslant 1$,而且随着简化 MAP 算法取值范围的减小,λ 会变小,最佳的 λ 值可通过仿真搜索来确定。对于 MAP 算法,$\lambda=1$。

6.3.3 波形设计与性能评估

本节针对短波 3kHz 带宽,设计了双正交扩频波形,并进行了 AWGN 信道下的误比特率性能仿真评估。DNOrth 编码、交织等参数与 NOrth 相同,正交扩频码采用长度为 32 的哈达码序列,分为两个码集,各包含 16 个正交码,并且相互正交。I/Q 支路各传 4bit,每个扩频符号周期传输 8bit,即 $L=32$,$N=16$,数据传输速率为(2400/32)×8×(2/3)=400bps。对于 DNOrth-MDPSK,当 $M=2,4$ 时每个扩频码可携带 9,10 比特信息,对应的数据传输速率分别为 450、500bps。正交比特软值采用 MAP 算法,差分比特软值采用 MAP 算法、简化 MAP 算法以及差分解调算法。

图 6-11 给出了 DNOrth-QDPSK 误比特率随可信度修正因子 λ 的变化曲线,比特信噪比为 2.5dB。可以看出:

(1) MAP 算法误比特率最低点在 $\lambda=1$ 处,这说明 MAP 算法差分比特软值不需要调整,进一步表明了算法推导的正确性。

(2) 对于简化 MAP 算法以及差分解调算法,最佳的 λ 值逐步降低,差分比特软值的可信度也随之调整,从而使误比特率最低。

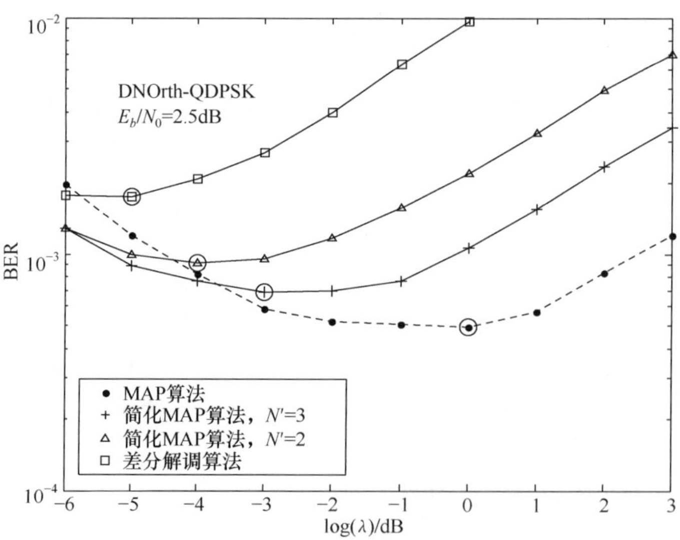

图 6-11 DNOrth-QDPSK 差分软值可信度影响

图 6-12 针对 DNOrth-QDPSK，给出了不同差分比特软值算法在修正前后的性能对比曲线，采用最佳的可信度修正因子，可以看出：

(1) 比特软值修正效果明显，各个算法误比特率均有所降低。在误比特率为 1×10^{-5} 时，差分解调算法性能提升约 0.5dB，与 MAP 算法差距在 0.2dB 以内。

(2) 简化 MAP 算法修正后性能接近 MAP 算法，当 $N'=3$ 时，误比特率为 1×10^{-5} 的信噪比差距小于 0.1dB，因此修正的简化 MAP 算法具有很好的实用性。

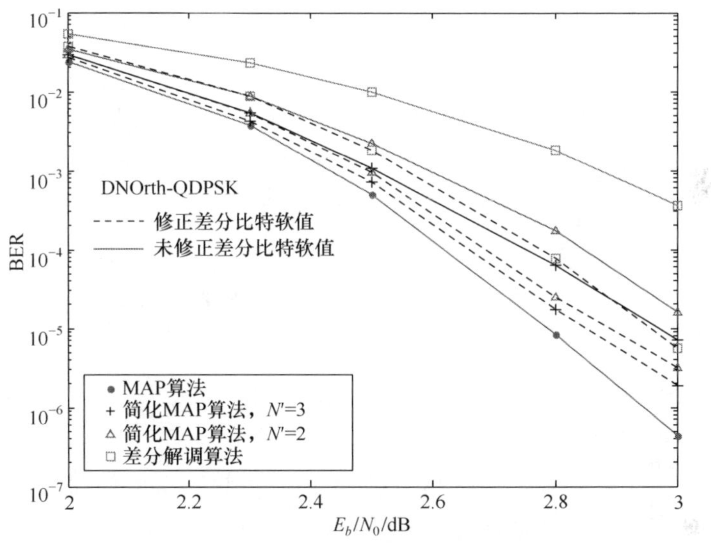

图 6-12　DNOrth-QDPSK 不同算法性能

图 6-13 给出了不同波形的误比特率与比特信噪比的关系曲线，NOrth-MDPSK 参数与 6.2.3 节相同，可以看出：

(1) 单纯 NOrth 频谱利用率最低，相同误比特率所需比特信噪比最高。

(2) NOrth-MDPSK 提高了频谱利用率，随着差分相位进制数的增加，带宽效率逐渐增加，但当进制数达到 8 以后，性能迅速恶化。

(3) DNOrth-MDPSK 可进一步提高频谱利用率，其中 DNOrth-QDPSK 性能最好，误比特率为 1×10^{-5} 时，与单纯 NOrth 相比，比特信噪比增益达到 1.2dB。

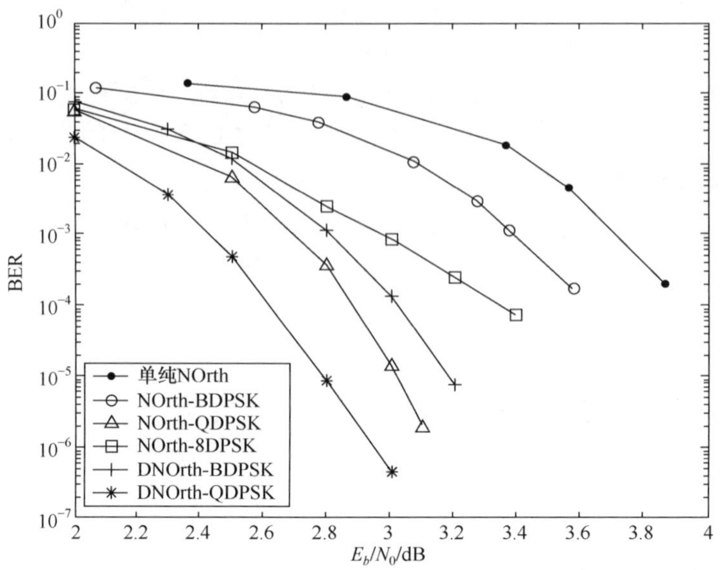

图 6-13　不同波形的 AWGN 性能比较

6.4　多码正交扩频

从正交扩频波形到双正交扩频波形，实现了扩频码从单码到双码的转变，提升了数据传输速率。若要在短波 3kHz 信号带宽内满足更高速率的传输需求，可以进一步将双码提升到多码，形成多码正交扩频。多码正交扩频的基本思想是根据多组输入比特，从多个不同正交码集合中选出多个正交码，同时发送，以达到提高传输速率的目的。

6.4.1　多码正交扩频调制

多码正交扩频调制结构如图 6-14 所示，$P \cdot K_N$ 个串行比特变换为 P 路并行的 K_N 个比特，分别从 P 个 N 阶正交扩频码集中选择一个码字，得到 P 个正交码叠加后进行传输。正交码长度为 L，通常从 $L \times L$ 维 Hadamard 矩阵中选择，其每一行都可作为一个正交码使用。以码长 $L=32$ 为例，正交扩频码最多 32 个，单码传输可携带 5 比特。若分为两个集合，即 $P=2$，形成双码正交扩频，可传输 $2\times4=8$比特；若分为四个集合，即 $P=4$，形成四码正交扩频，传输 $4\times3=12$ 比特，由此可见，传输效率得到了明显提高。

设第 n 个扩频符号周期内发送的第 p 路扩频码为$\mathbf{W}_{p,n}$，$p=1,2,\cdots,P$，$w_{p,n}^l$表示第 l 个码片，则所有 P 路扩频码的发送信号表达式为

$$s_n(t) = \sum_{l=0}^{L-1} \sum_{p=1}^{P} w_{p,n}^{l} g_T(t - nT_s - lT_c) \tag{6-55}$$

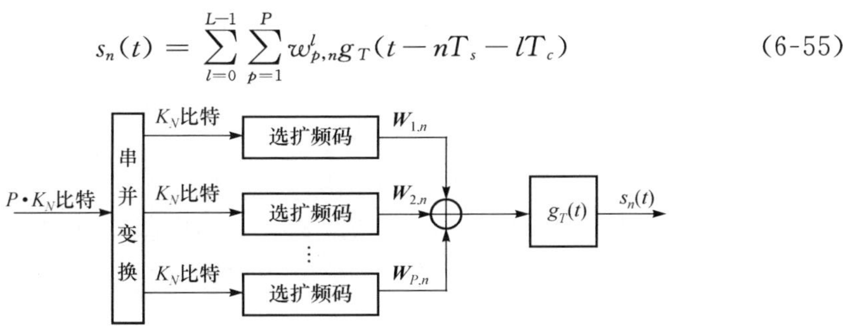

图 6-14　多码正交扩频调制结构

6.4.2　最大似然多码检测

对于正交码的解调，最直接的思路是采用传统的匹配滤波(MF)算法，对每路正交码独立进行检测，即分别用各组正交扩频码对接收信号进行相关解扩，并将相关模值最大的正交码确定为各组发送的正交码，从而恢复出各条并行支路所传输的比特信息。显然，这种独立检测方式没有利用多路扩频码之间的相互关系，传输性能有限。

为了提高多码正交扩频系统的接收性能，本节基于最大似然 (ML) 准则，对多路扩频码进行联合检测，推导了 Nakagami 衰落信道下的最大似然检测算法，同时为了进一步减小算法复杂度，提出了简化 ML 算法。

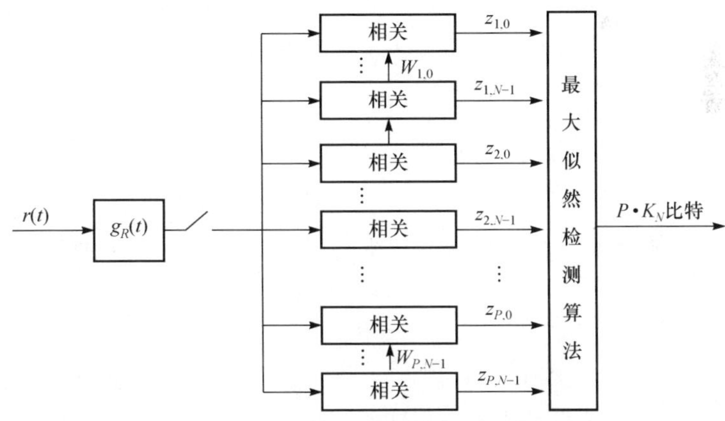

图 6-15　多码正交扩频联合检测结构

多码正交扩频检测结构如图 6-15 所示，接收信号通过码片匹配滤波器，并以码片速率进行采样，然后同样利用各组正交扩频码对接收信号进行相关解扩，最后对所有解扩值进行最大似然联合检测，获得 PK_N 比特软值。假设接收机已实现码片同步，并在最佳采样时刻进行采样，信道为 Nakagami 衰落信道，则第 n 个符号周期内采样序列可表示如下：

$$\boldsymbol{R}_n = \alpha\left(\sum_{p=1}^{P} \boldsymbol{W}_{p,n}\right)\mathrm{e}^{\mathrm{j}\phi} + \boldsymbol{n} \tag{6-56}$$

其中 α 为衰减因子，服从 Nakagami 分布；ϕ 为服从均匀分布的随机相位；$\boldsymbol{n}$ 为复高斯噪声向量，由 L 个相互独立、均值为零、方差为 N_0 的复高斯随机变量组成。

设所有 P 个正交码集合为 $\boldsymbol{W}_p = \{\boldsymbol{W}_{p,0}, \boldsymbol{W}_{p,1}, \cdots, \boldsymbol{W}_{p,N-1}\}$，$p=1,2,\cdots,P$，实际发送的一组正交码为 $\boldsymbol{W}_{a_1,a_2,\cdots,a_P} = (\boldsymbol{W}_{1,a_1}; \boldsymbol{W}_{2,a_2}; \cdots; \boldsymbol{W}_{P,a_P})$，定义采样序列 $\boldsymbol{R}_n$ 与本地所有正交码相关值为

$$z_{p,k} = \boldsymbol{R}_n \cdot \boldsymbol{W}_{p,k}, \quad 0 \leqslant k < N, \quad p=1,2,\cdots,P \tag{6-57}$$

则 $z_{p,k}$ 可以进一步表示为

$$z_{p,k} = \begin{cases} \sqrt{\dfrac{\gamma_s}{P}}\cos\phi + n_{p,k}^{c} + \mathrm{j}\left(\sqrt{\dfrac{\gamma_s}{P}}\sin\phi + n_{p,k}^{s}\right), & k = a_p \\ n_{p,k}^{c} + \mathrm{j}n_{p,k}^{s}, & k \neq a_p \end{cases} \tag{6-58}$$

其中 $n_{p,k}^{c}, n_{p,k}^{s}$ 是零均值、方差为 1/2 的高斯随机变量；γ_s 表示瞬时符号信噪比，$\gamma_s = \alpha^2 PL/N_0$，所有 PN 个解扩符号表示为 $\boldsymbol{z} = [z_{1,0}, z_{1,1}, \cdots, z_{1,N-1}, z_{2,0}, \cdots, z_{P,N-1}]$。

根据 Nakagami 分布表述，瞬时符号信噪比 γ_s 的概率密度函数为

$$p(\gamma_s) = \frac{m^m}{\Gamma(m)\bar{\gamma}_s^m}\gamma_s^{m-1}\mathrm{e}^{-m\gamma_s/\bar{\gamma}_s} \quad m \geqslant \frac{1}{2} \tag{6-59}$$

其中，$\bar{\gamma}_s$ 表示平均符号信噪比，$\bar{\gamma}_s = E(\alpha^2) \cdot PL/N_0$；$E(\alpha^2)$ 为 α^2 的平均值。$\Gamma(m)$ 为 Gamma 函数，$\Gamma(m) = \int_0^{\infty} \mathrm{e}^{-t} t^{m-1} \mathrm{d}t$。$m$ 为衰落参数，$m=1$ 表示 Rayleigh 衰落信道，此时 $\Gamma(1)=1$，γ_s 的概率密度函数为 $p(\gamma_s) = \mathrm{e}^{-\gamma_s/\bar{\gamma}_s}/\bar{\gamma}_s$；$m\to\infty$ 表示 AWGN 信道。

6.4.2.1 算法推导

最大似然检测是根据 $\boldsymbol{z}$ 的似然函数来估计发送的正交扩频码序号，其判决规则表示为

$$[\boldsymbol{W}_{1,\hat{a}_1}, \cdots, \boldsymbol{W}_{P,\hat{a}_P}] = \underset{0 \leqslant a_1, a_2, \cdots, a_P \leqslant N-1}{\operatorname{argmax}} \{p(\boldsymbol{z} | \boldsymbol{W}_{a_1,a_2,\cdots,a_P})\} \tag{6-60}$$

其中 $\hat{a}_1, \hat{a}_2, \cdots, \hat{a}_P$ 表示正交扩频码估计结果；$p(\boldsymbol{z}|\boldsymbol{W}_{a_1,a_2,\cdots,a_P})$ 为 $\boldsymbol{z}$ 的似然函数，可进一步表示为条件概率密度函数 $p(\boldsymbol{z}|\boldsymbol{W}_{a_1,a_2,\cdots,a_P}, \gamma_s, \phi)$ 的积分形式

$$\begin{aligned} p(\boldsymbol{z} \mid \boldsymbol{W}_{a_1,a_2,\cdots,a_P}) &= \int_0^{\infty} p(\boldsymbol{z} \mid \boldsymbol{W}_{a_1,a_2,\cdots,a_P}, \gamma_s) \cdot p(\gamma_s)\mathrm{d}\gamma_s \\ &= \frac{1}{2\pi}\int_0^{\infty}\int_0^{2\pi} p(\boldsymbol{z} \mid \boldsymbol{W}_{a_1,a_2,\cdots,a_P}, \gamma_s, \phi) \cdot p(\gamma_s)\mathrm{d}\phi\mathrm{d}\gamma_s \end{aligned} \tag{6-61}$$

即通过对随机载波相位 ϕ 和瞬时符号信噪比 γ_s 求平均。

假定输入比特完全随机，发送任何正交码概率相等，均为 $1/N^P$，$p(\boldsymbol{z}\mid \boldsymbol{W}_{a_1,a_2,\cdots,a_Q},\gamma_s,\phi)$可表示为 $\boldsymbol{z}$ 中各分量边缘概率密度函数的乘积：

$$p(\boldsymbol{z}\mid \boldsymbol{W}_{a_1,a_2,\cdots,a_Q},\gamma_s,\phi)=\frac{1}{\pi^{N\cdot P}}\exp\left\{-\left[\sum_{p=1}^{P}\sum_{k=0}^{N-1}|z_{p,k}|^2+\gamma_s\right]\right\}\cdot\exp\left\{2\sqrt{\frac{\gamma_s}{P}}\left[\sum_{p=1}^{P}(z^c_{p,a_p}\cos\phi+z^s_{p,a_p}\sin\phi)\right]\right\} \tag{6-62}$$

将上式对 ϕ 求平均，可得

$$\begin{aligned}p(\boldsymbol{z}\mid \boldsymbol{W}_{a_1,a_2,\cdots,a_P},\gamma_s)&=\frac{1}{2\pi}\int_0^{2\pi}p(\boldsymbol{z}\mid \boldsymbol{W}_{a_1,a_2,\cdots,a_P},\gamma_s,\phi)\mathrm{d}\phi\\&=\frac{1}{\pi^{N\cdot P}}\exp\{-[\Sigma+\gamma_s]\}\cdot I_0\left(2\sqrt{b\cdot\frac{\gamma_s}{P}}\right)\end{aligned} \tag{6-63}$$

其中 $\Sigma=\sum_{p=1}^{P}\sum_{k=0}^{N-1}|z_{p,k}|^2$，$b=\left|\sum_{p=1}^{P}z_{p,a_p}\right|^2$；$I_0(x)$为第一类零阶修正贝塞尔函数，可表示为 $I_0(x)=\sum_{k=0}^{\infty}\frac{(x/2)^{2k}}{(k!)^2}$。进一步对 γ_s 求平均，可以得到 Nakagami 衰落信道下的似然函数：

$$\begin{aligned}p(\boldsymbol{z}\mid \boldsymbol{W}_{a_1,a_2,\cdots,a_P})&=\int_0^{\infty}p(\boldsymbol{z}\mid \boldsymbol{W}_{a_1,a_2,\cdots,a_P},\gamma_s)\cdot p(\gamma_s)\mathrm{d}\gamma_s\\&=\frac{1}{\pi^{N\cdot P}}\mathrm{e}^{-\Sigma}\sum_{k=0}^{\infty}\frac{(b/P)^k}{(k!)^2}\frac{m^m}{\Gamma(m)\bar{\gamma}_s^m}\int_0^{\infty}\gamma_s^{k+m-1}\mathrm{e}^{-(m+\bar{\gamma}_s)\gamma_s/\bar{\gamma}_s}\mathrm{d}\gamma_s\\&=\frac{1}{\pi^{N\cdot P}}\mathrm{e}^{-\Sigma}\sum_{k=0}^{\infty}\frac{(b/P)^k}{(k!)^2}\frac{m^m}{\Gamma(m)\bar{\gamma}_s^m}\left(\frac{m+\bar{\gamma}_s}{\bar{\gamma}_s}\right)^{-(m+k)}\Gamma(m+k)\\&=\pi^{-N\cdot P}\mathrm{e}^{-\Sigma}\left(\frac{m}{m+\bar{\gamma}_s}\right)^m\cdot F_1\left(m,1;\frac{\bar{\gamma}_s}{m+\bar{\gamma}_s}\frac{b}{P}\right)\end{aligned} \tag{6-64}$$

其中 $\pi^{-N\cdot P}\mathrm{e}^{-\Sigma}[m/(m+\bar{\gamma}_s)]^m$ 为公共项；$F_1(\alpha,\beta;x)$表示合流超几何函数，也称库默尔函数，定义为

$$F_1(\alpha,\beta;x)=\sum_{k=0}^{\infty}\frac{\Gamma(\alpha+k)\Gamma(\beta)x^k}{\Gamma(\alpha)\Gamma(\beta+k)k!},\quad \beta\neq 0,-1,-2,\cdots \tag{6-65}$$

当 α 和 β 一定时，$F_1(\alpha,\beta;x)$是变量 x 的单调递增函数，$x\in[0,+\infty)$，这表明似然函数 $p(\boldsymbol{z}|\boldsymbol{W}_{a_1,a_2,\cdots,a_P})$与参数 b 呈现单调递增关系。因此，Nakagami 衰落信道中最大似然检测算法可描述为

$$[\boldsymbol{W}_{1,\hat{a}_1},\cdots,\boldsymbol{W}_{P,\hat{a}_P}]=\underset{0\leqslant a_1,a_2,\cdots,a_P\leqslant N-1}{\operatorname{argmax}}\left\{\left|\sum_{p=1}^{P}z_{p,a_p}\right|^2\right\} \tag{6-66}$$

需要说明的是，上式同样适用于 AWGN 和 Rayleigh 衰落信道。由于在推导过程中假定任何正交扩频码发送概率相等，此时最大似然准则等效于最大后验概率(MAP)准则。因此，从最小错误概率角度看，上述检测算法是最优的。

6.4.2.2 算法简化

分析上式可知，ML 检测算法为了检测出任意 P 个正交码的组合，需要计算 N^P 个复数的模值。而传统的 MF 检测算法只需要计算的 $P \cdot N$ 个模值。因此，当 P 或 N 值较大时，ML 检测算法的复杂度很高，实际应用时需要进行简化。

根据前几节简化 MAP 算法的思想，简化 ML 检测算法可以首先从 P 组解扩符号中各取出模值靠前的 N'($N'<N$)个符号，然后在这 P 组 N'个符号内执行 ML 检测算法。此时，需要计算的个数减少到 N'^P，当 N'取值较小时，可显著地减小运算量。

6.4.3 波形设计与性能评估

本节以短波 3kHz 带宽为例，设计了多码正交扩频波形，并进行了性能仿真对比。码片速率为 2400 码片/秒，正交扩频码仍采用长度 $L=32$ 的 Hadamard 序列，分别考虑双码($P=2$)和四码($P=4$)正交扩频波形，对应未编码数据速率分别为 600bps 和 900bps。结合应用前几节的码率为 2/3 的 Turbo 乘积码，那么实际数据传输速率分别为 400bps 和 600bps。

下面仿真了多码正交扩频调制在 Nakagami 衰落信道中未编码时的误比特率性能，与传统的匹配滤波算法进行了比较分析，并结合 Turbo 编码展开讨论。其中，Nakagami 信道参数取 $m\to\infty$(AWGN)，$m=1$(Rayleigh 衰落)以及 $m=2$。

图 6-16 和图 6-17 给出了双码正交扩频的 ML 和 MF 算法性能对比曲线，可以看出：

(1) 对 AWGN 和 Rayleigh 衰落信道，ML 算法误比特率性能均优于 MF 算法，信噪比提升约 0.7～0.8 dB。

(2) 考虑到 2/3 码率 Turbo 乘积码可将未编码误比特率从 5×10^{-2} 纠至 1×10^{-5}。从图中可以看出，在 AWGN 信道下，符号信噪比为 11dB 时，折算码片信噪比为 11－15＝－4dB。

(3) 对于 Rayleigh 衰落信道，所需符号信噪比约 18dB，折算码片信噪比为 3dB。

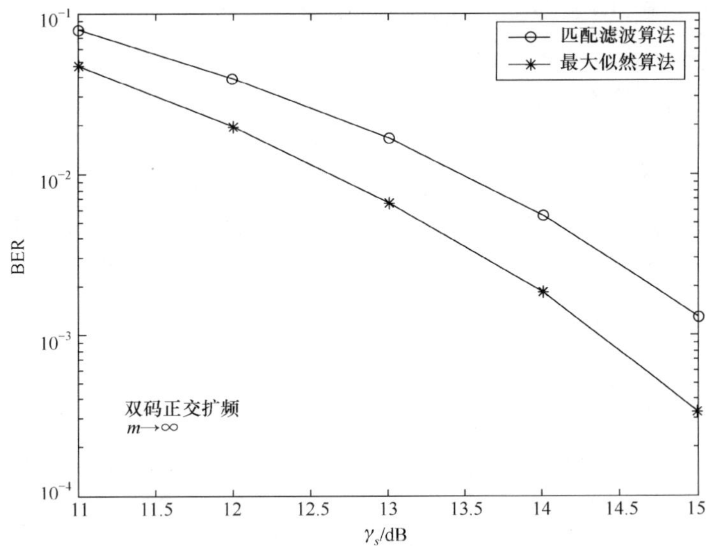

图 6-16　$m\to\infty$(AWGN)的性能

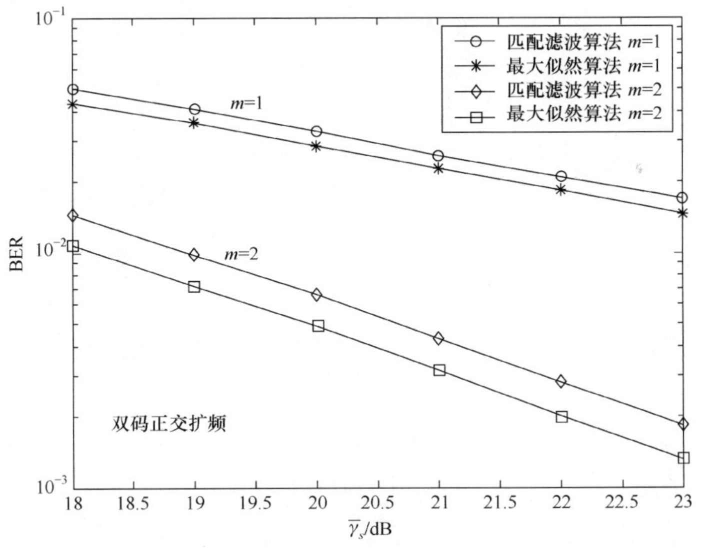

图 6-17　$m=1$(Rayleigh)和 $m=2$ 的性能

图 6-18 和图 6-19 给出了四码正交扩频的 ML 和 MF 算法性能对比曲线，可以看出：

(1) ML 算法均优于 MF 算法，信噪比提升约 1dB。对比双码情况，随着每个符号间隔内传输正交扩频码数目的增加，两种算法之间的性能差异逐渐加大，这主要是由于在多码联合检测中可用信息增加的缘故。

(2) 考虑到四码正交扩频对应数据速率为600bps，结合 Turbo 编码，误比特率在 1×10^{-5} 时，AWGN 信道对应的符号信噪比为13dB，折算码片信噪比为 13－15＝－2dB。

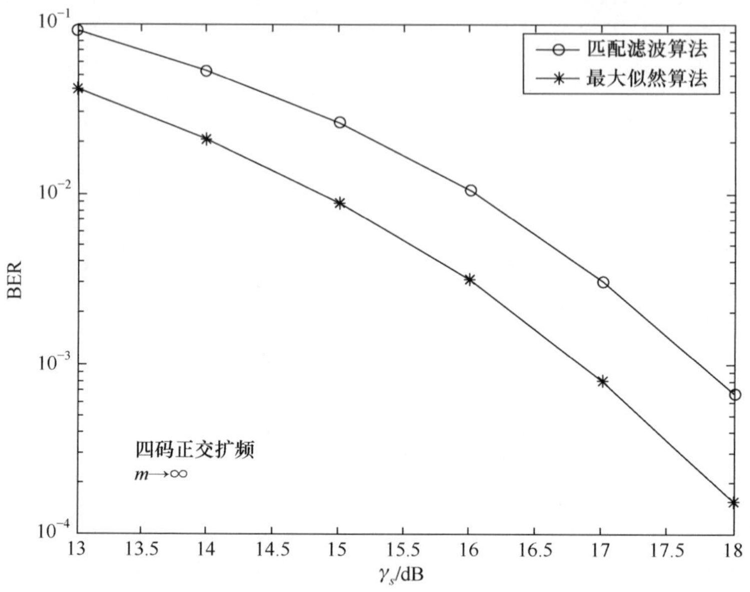

图 6-18　$m\to\infty$(AWGN)的性能

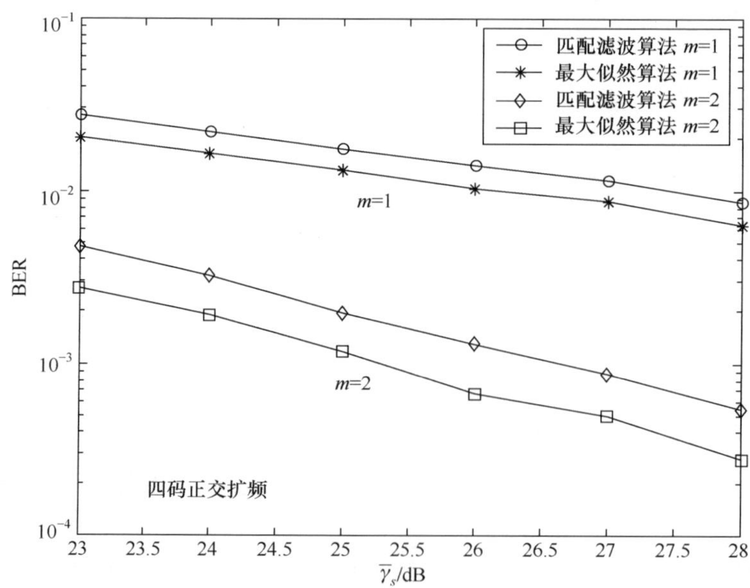

图 6-19　$m=1$(Rayleigh)和 $m=2$ 的性能

图 6-20 给出了双码正交扩频的 ML 和简化 ML 算法性能对比曲线。可以看出，当 $N'=3$ 时，简化算法的性能损失约为 0.1dB。当 $N'=4$ 时，简化算法性能接近 ML 算法，而运算量大大降低了，因此简化 ML 算法具有较好的实用价值。

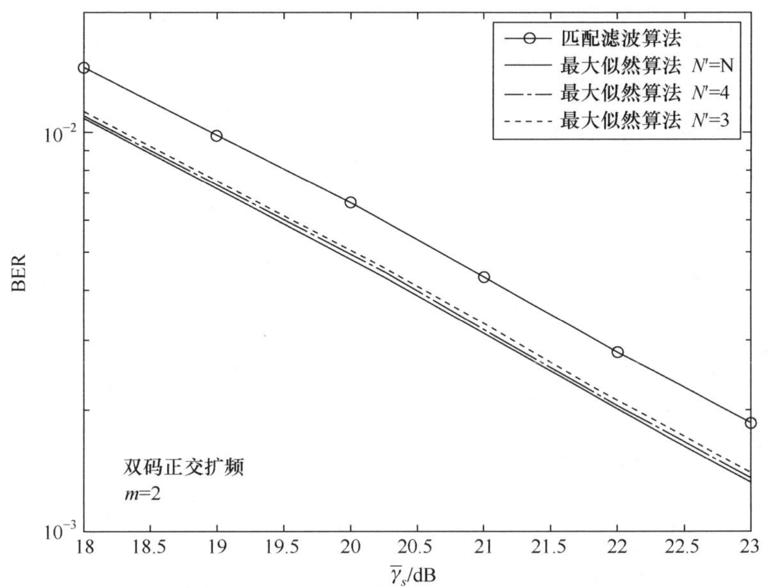

图 6-20　$m=2$ 时 ML 及其简化算法的性能

6.5　波形分集接收

天波传输是实际短波通信的主要传输方式，其信道特征是典型的多径衰落信道，接收端多径信号相互叠加会形成衰落，从而影响数据正确接收。但由于扩频码具有一定的扩频增益，自相关具有峰值特性，而且每条路径衰落特性不尽相同，因而可通过 RAKE 分集接收技术来提高接收效果。

图 6-21 给出了波形分集接收结构框图，接收端分别针对不同路径进行相关解扩，分离互不相关的多径信号，分集合并后进行比特软值解调，从而达到抗衰落的目的。若发送信号为 $s(t)$，则接收信号的等效低通表达式为

$$r(t)=\sum_{l=1}^{L}\alpha_l e^{j(2\pi\Delta ft+\theta)}s(t-\tau_l)+n(t) \tag{6-67}$$

其中 α_l,τ_l 是第 l 条路径的衰减因子和时延；$L,\Delta f,\theta$ 分别为路径数、频率和相位偏差；$n(t)$ 表示噪声。

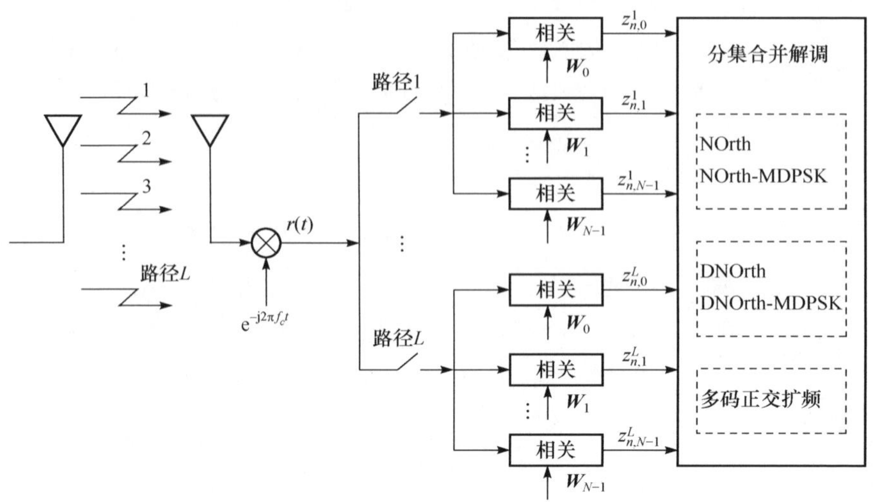

图 6-21　多径分集接收的总体结构框图

6.5.1　RAKE 分集合并

根据上述各节解调算法，在计算正交比特软值和差分比特软值时，MAP 算法均需要计算模平方值，属于非相干方式，适合采用等增益合并结构，将模平方值合并后统一输出比特软值。对于传统差分解调算法，需要首先计算单条路径下的差分比特软值，然后再进行等增益合并。对于多码正交扩频波形的 ML 检测算法，也需要计算模平方值，同样可采用等增益合并结构。

图 6-22 和图 6-23 分别给出了单纯 NOrth 和 DNOrth 正交比特软值的分集合并结构。

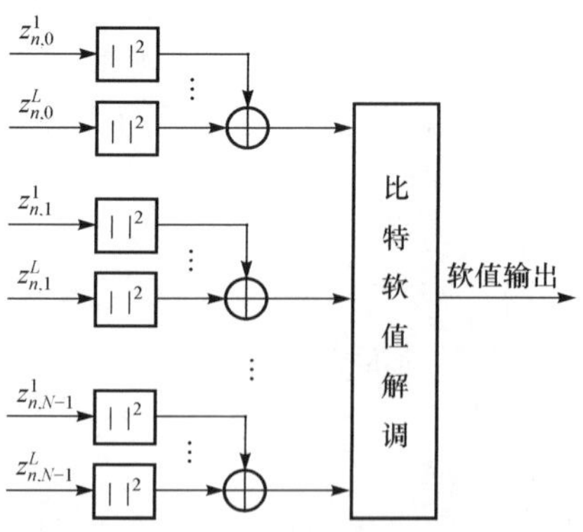

图 6-22　NOrth 正交比特分集合并结构

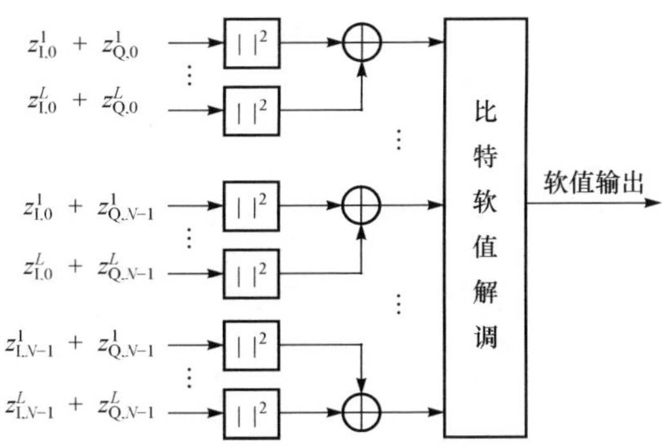

图 6-23　DNOrth 正交比特分集合并结构

图 6-24 针对 NOrth-BDPSK，给出了差分比特软值的分集合并结构，其正交比特分集结构与单纯 NOrth 相同。

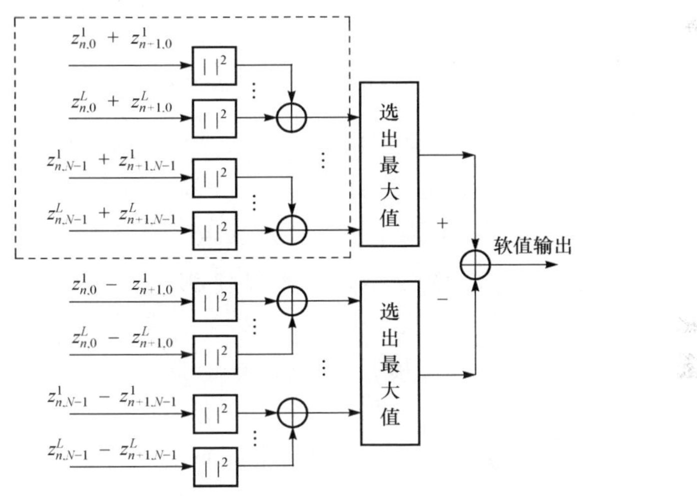

图 6-24　NOrth-BDPSK 差分比特分集合并结构

6.5.2　性能仿真评估

为了评估实际短波多径衰落信道中的波形性能，这里进行了分集接收性能仿真。编码、交织等基本参数与前几节相同，正交扩频码采用长度为 32 的哈达码序列，Turbo 迭代译码 8 次。为了改善码字自相关特性，提高多径分离能力，发送时叠加长度为 128 的扰码序列。采用 Watterson 模型来仿真多径瑞利慢衰落信道，路径为 2 条、等功率，多普勒扩展为 5Hz，多径时延分别为 2ms、5ms、8ms。

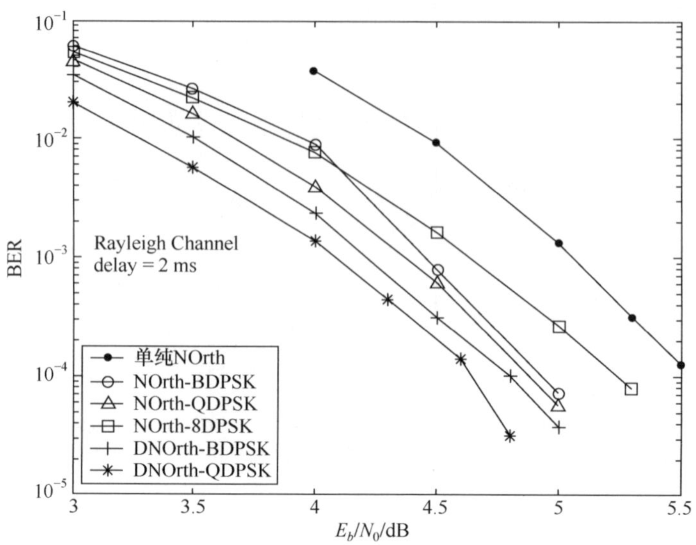

图 6-25　各种波形在两径衰落信道下的分集性能对比

图 6-25 给出了时延 2ms 下各波形误比特率和比特信噪比的关系曲线，可以看出：

(1) DNOrth-MDPSK 优于 NOrth-MDPSK，单纯 NOrth 性能最差；复合 MDPSK 调制可以提高带宽效率，但当差分相位进制数≥8 后，性能迅速恶化。

(2) DNOrth-QDPSK 性能最好，在误比特率为 1×10^{-5} 时，与单纯 NOrth 相比可获得约 0.9dB 的增益。

图 6-26 和图 6-27 分别给出了 5ms 和 8ms 时延下 DNOrth-QDPSK 的分集接收性能曲线，对比可见，两种情况下的性能曲线基本相当，这表明多径时延对正交扩频波形性能的影响很小，正交扩频码上叠加扰码的措施也是得当的。此外，图中给出了差分比特软值修正前后的性能对比结果，采用最佳的可信度修正因子，可以看出：

(1) 差分解调算法与 MAP 算法性能差距较大，达到 1dB。

(2) 简化 MAP 算法($N'=3$)采用修正策略后能获得 0.15～0.2dB 增益，性能进一步逼近 MAP 算法，具有重要实用价值。

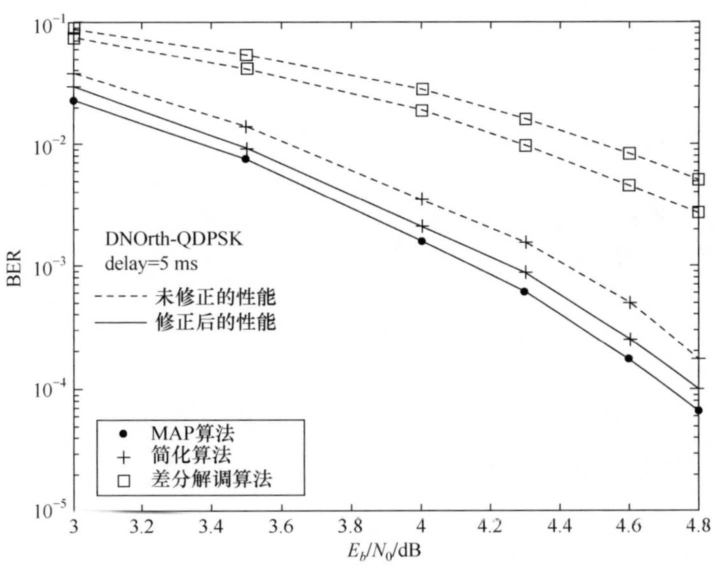

图 6-26　时延 5ms 下的误码性能

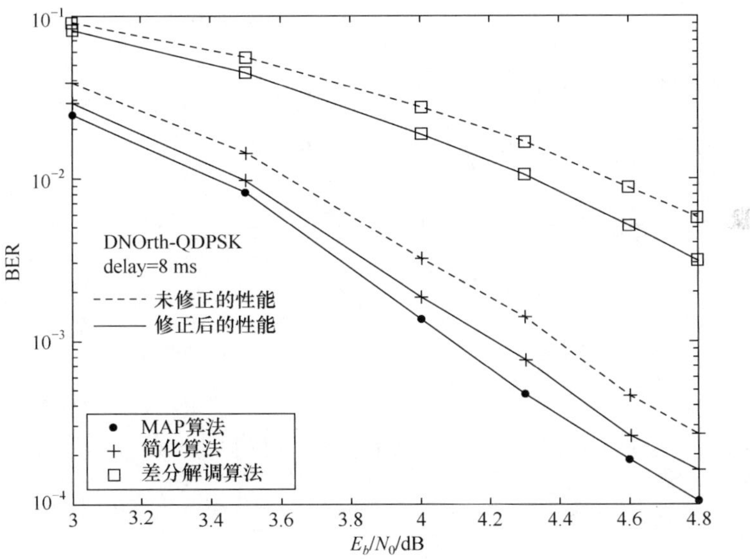

图 6-27　时延 8ms 下的误码性能

6.6 小　　结

本章对新的高阶正交扩频数据传输技术进行了系统论述；探讨了高阶正交扩频调制的波形设计问题，在单正交扩频的基础上，提出了双正交扩频及复合差分相位调制，并进一步拓展至多码正交扩频调制，获得了更高的传输效率；研究了正交扩频解调问题，针对单/双正交扩频，推导了最大后验概率(MAP)比特软值解调算法，实现了 Turbo 码的高性能译码；针对多码正交扩频，推导了最大似然多码检测算法，性能优于传统匹配相关算法；最后设计了适用于短波多径衰落信道的 RAKE 分集接收结构，并仿真评估了典型信道条件下波形误码性能。与多载波并行和单载波串行技术相比，正交扩频技术无需插入循环前缀或训练序列，在中低数据速率上传输性能提高可达 5dB。

6.7 附　　录

第一类零阶修正贝塞尔 $I_0(x)$ 用积分形式表示为

$$I_0(x)=\frac{1}{2\pi}\int_0^{2\pi}\exp(x\cos\phi)\mathrm{d}\phi \tag{6-A1}$$

参见式(6-9)，令 $|z_{n,i}|=\sqrt{(z_{n,i}^c)^2+(z_{n,i}^s)^2}$，其积分项可表示为

$$\begin{aligned}&\frac{1}{2\pi}\int_0^{2\pi}\exp\left(\frac{L}{\sigma^2}(z_{n,i}^c\cos(\phi+\theta_n)+z_{n,i}^s\sin(\phi+\theta_n))\right)\mathrm{d}\phi\\&=\frac{1}{2\pi}\int_0^{2\pi}\exp\left(\frac{L}{\sigma^2}|z_{n,i}|\left(\frac{z_{n,i}^c}{|z_{n,i}|}\cos(\phi+\theta_n)+\frac{z_{n,i}^s}{|z_{n,i}|}\sin(\phi+\theta_n)\right)\right)\mathrm{d}\phi\end{aligned} \tag{6-A2}$$

设

$$\cos\beta=\frac{z_{n,i}^c}{|z_{n,i}|},\quad \sin\beta=\frac{z_{n,i}^s}{|z_{n,i}|} \tag{6-A3}$$

将式(6-A3)代入式(6-A2)，并令 $\varphi=\phi+\theta_n+\beta$，可得

$$\begin{aligned}&\frac{1}{2\pi}\int_0^{2\pi}\exp\left(\frac{L}{\sigma^2}(z_{n,i}^c\cos(\phi+\theta_n)+z_{n,i}^s\sin(\phi+\theta_n))\right)\mathrm{d}\phi\\&=\frac{1}{2\pi}\int_0^{2\pi}\exp\left(\frac{L}{\sigma^2}|z_{n,i}|\cos(\phi+\theta_n+\beta)\right)\mathrm{d}\phi\\&=\frac{1}{2\pi}\int_0^{2\pi}\exp\left(\frac{L}{\sigma^2}|z_{n,i}|\cos(\phi)\right)\mathrm{d}\phi\\&=I_0\left(\frac{L}{\sigma^2}|z_{n,i}|\right)\end{aligned} \tag{6-A4}$$

第 7 章　单载波频域均衡宽带高速数据传输

7.1　引　言

前面所提到的四种传输波形均是基于 3kHz 带宽的，其最高传输速率为 4800bps，为支持高清晰图像、实时视频等大容量业务，本章重点研究 4800bps 以上的短波高速数据通信传输技术。

鉴于实际短波 3kHz 带宽内 4800bps 通信效果难以保证，若仍在此基础上进一步采用高阶调制方式来提高速率，实际通信将变得更加困难。因此，为了进一步提高速率，保证通信畅通，扩展通信带宽是一种可行的方法。但是，相对于传统 3kHz 带宽短波数据通信，单载波宽带接收信号将遭受到更加严重的频率选择性衰落。例如，当符号速率为 19.2 千波特时，5ms 的多径时延引起的多径干扰（ISI）将持续 96 个数据符号，此时需要在接收端采用均衡技术进行补偿和恢复。对于这种情况，传统的基于横向滤波逐符号时域均衡器将会由于抽头系数过多，运算过于复杂而难以实现，而单载波频域均衡（SC-FDE）提供了更好的解决方案。

单载波频域均衡对数据进行分组，将时域的卷积计算转变为频域的点乘计算，并且在一个数据分组的持续时间内只计算均衡输出信号与期望信号之间的误差信号，因此与传统的逐符号时域均衡器相比，SC-FDE 具有运算量小的优点。

本章主要对 SC-FDE 传输所涉及的技术难点进行深入研究。首先针对短波通信的特点，设计了一种 SC-FDE 传输波形。为了进一步提高短波通信系统的数据传输速率和分集增益，又提出了单载波频域均衡算法。同时针对短波宽带信道的稀疏多径特性，设计了一种低复杂度迭代均衡算法。针对 SC-FDE 系统中循环前缀过长带来的系统带宽效率降低问题，提出了判决反馈均衡器的循环前缀重构算法。

7.2　单载波频域均衡波形

对于宽带高速短波传输系统，传统的基于横向滤波逐符号时域均衡器运算复杂度过高，而采用单载波频域均衡技术可以有效降低复杂度。图 7-1 给出了宽带短波传输系统中一种典型的单载波频域均衡传输结构框图。在发射端，发送比特经过编码和交织后，进行调制，调制的数据信号跟在同步头之后进行发送。

在接收端，信号首先经过干扰抵消模块，以滤除可能存在的干扰。这主要是考虑到在宽频带内常常会存在窄带干扰，强干扰的存在使得短波信号的识别、同步和解调过程都难以进行，因此，接收信号必须进行干扰抵消、自动识别和分析短波信号

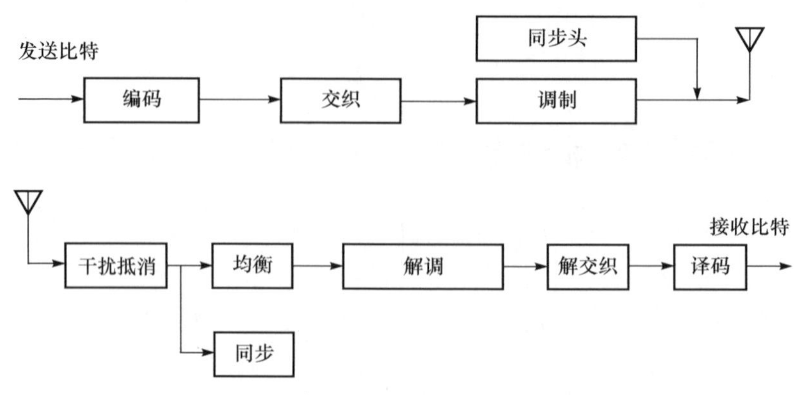

图 7-1　单载波频域均衡传输结构框图

受干扰的情况，包括有/无干扰、干扰频率和干扰强度等信息。若有干扰，则采用干扰抵消技术滤除干扰，提高系统的抗干扰能力。经过干扰抵消后的信号首先进行同步，提取速率和交织信息，然后经过均衡、解调、解交织和译码得到最终的接收比特。

值得说明的是，图 7-1 中采用了独特的数据传输格式，其数据传输和频域均衡结构如图 7-2 所示，编码交织比特经调制后形成数据块，块长度通常取信道冲激响应长度的 4～10 倍，且为了便于接收端进行 FFT/IFFT 运算，块长度通常为 2^n。为了隔离多径干扰，数据块之间要加入保护间隔，其长度也应大于信道冲激响应长度。为了使得数据块与信道的线性卷积呈现循环卷积特性，从而使接收机能够采用频域均衡技术，发射机在发送数据块信号之前，应在保护间隔内填充循环前缀(CP)。上述结构设计一方面保证了数据传输效率，另一方面通过 CP 能够适应短波大时延多径信道特性。

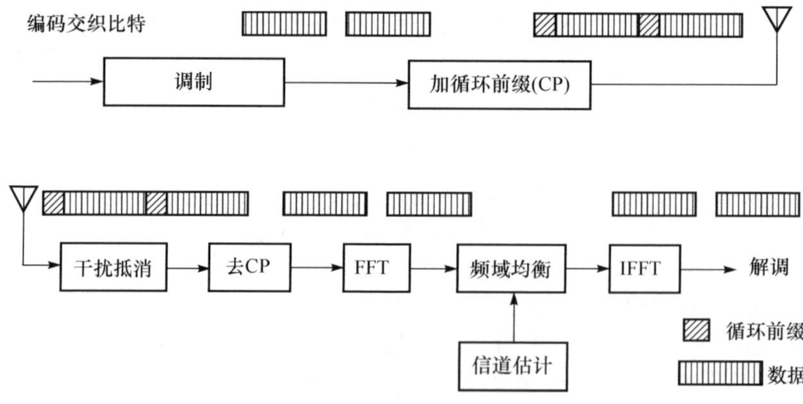

图 7-2　单载波频域均衡结构示意图

数据块接收时，第一步先丢弃 CP 对应的信号。对去除 CP 后的数据块进行 FFT 变换到频域，然后经过频域均衡器(如 MMSE 均衡器)，补偿因信道频率选择性衰落而产生的频谱失真。均衡后的信号经过 IFFT 变换，得到时域信号进行解调。

从上述描述中可以看出，该数据传输格式的特点是调制符号以分组为单位进行发送，并且在分组之间插入了保护间隔并填充了循环前缀。循环前缀起到两个方面的作用：一是作为保护间隔，消除前后分组之间的干扰；二是使得接收信号等于发送信号与信道冲激响应的循环卷积，以便采用 N 点的 FFT/IFFT 变换对接收的信号分组进行均衡。

下面将从数据帧结构设计、信道估计序列设计、频域均衡算法以及性能仿真分析四个方面，对 SC-FDE 系统进行阐述。

7.2.1　数据帧结构设计

单载波频域均衡传输的数据帧结构，如图 7-3 所示。

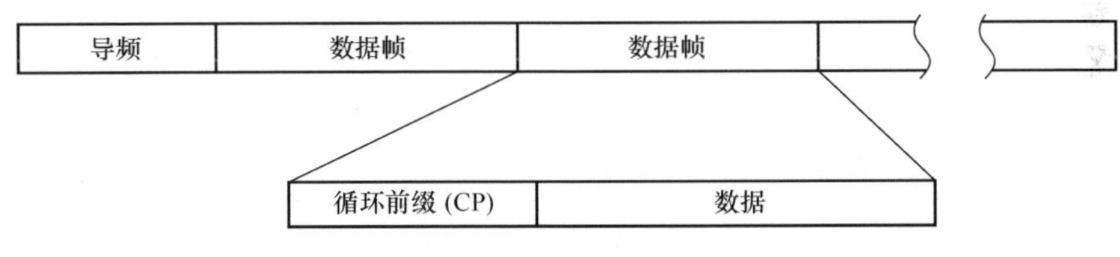

图 7-3　数据帧结构

从图 7-3 中可以看出传输数据由导频和若干个数据帧构成，而每个数据帧由特定长度的数据以及数据尾部形成的循环前缀组成。其中导频主要完成信号同步、信道估计等功能，导频通常采用相关特性良好的序列，其长度应大于信道多径时延，以便于信道估计。该数据帧结构可以适配多种不同的调制方式与编码方式，达到数据传输速率与可靠性之间的良好折中。

7.2.2　导频序列设计

导频序列需要具备良好的自相关特性和多径分辨能力，同时长度上要大于信道多径时延，通常为多径时延的 1～2 倍。下面重点分析两种常用序列：Zadoff-chu 序列和 m 序列。

恒包络零幅自相关序列(CAZAC)在系统同步、信道估计和均衡中有着重要应用，它有两个主要特点：一是序列在时域和频域上都是恒包络的，使其具有很强的抗噪声能力；二是序列的自相关函数在除零点以外的其他点上都很小，具有良好的相位特性。Zadoff-chu 序列是目前应用最为广泛的一种 CAZAC 序列。

长度为 N 的 Zadoff-chu 序列 $\{Z_r(k)\}$ 产生方式如下式所示：

$$Z_r(k)=\begin{cases}W_N^{k^2/2+qk}, & k=0,1,\cdots,N-1\\ W_N^{k(k+1)/2+qk}, & k=0,1,\cdots,N-1\end{cases} \tag{7-1}$$

其中 W_N 为单位元的 N 次本原根，即 $W_N=\exp(-j2\pi r/N)$；r 是任何与 N 互质的整数；q 是任意整数。

Zadoff-Chu 序列具有理想的周期自相关函数和最佳周期互相关函数，其自相关函数 $\{R_i\}$ 定义如下：

$$R(0)=\sum_{k=0}^{N-1}Z_r(k)Z_r(k)^*=N \tag{7-2}$$

$$R(i)=\sum_{k=0}^{N-i-1}Z_r(k)Z_r(k+i)^*+\sum_{k=N-i}^{N-1}Z_r(k)Z_r(k+i-N)^*=0 \tag{7-3}$$

其中 $i=1,2,\cdots,N-1$。

Zadoff-Chu 序列的周期自相关函数除在零点取最大值外，在其余各点均为 0，如图 7-4 所示。

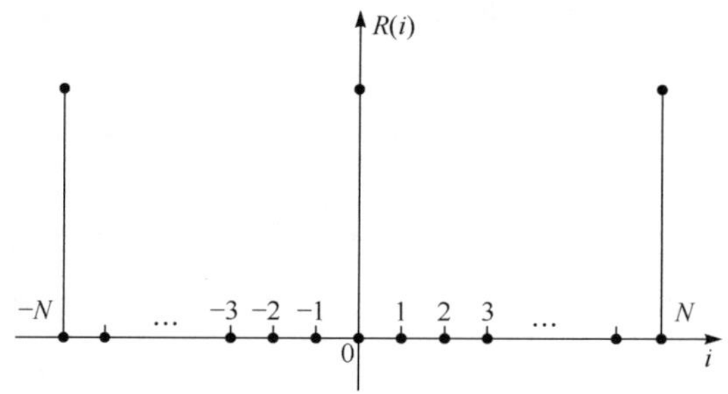

图 7-4　Zadoff-Chu 周期自相关特性

相应地，Zadoff-Chu 序列在 AWGN 信道及衰落信道下的周期自相关特性如图 7-5 与图 7-6 所示。

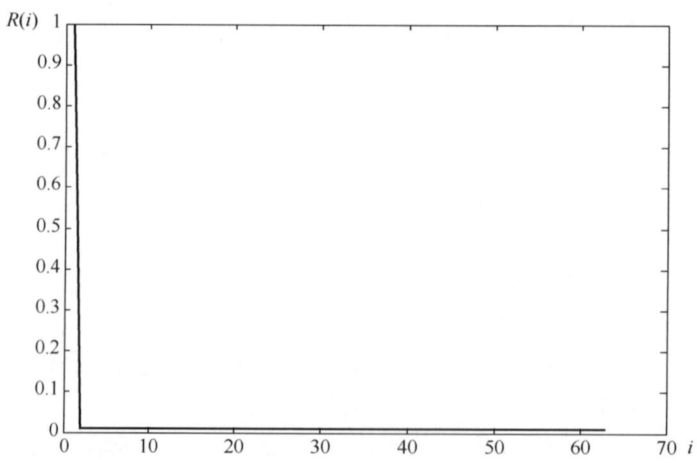

图 7-5　AWGN 信道下 Zadoff-Chu 的周期自相关特性

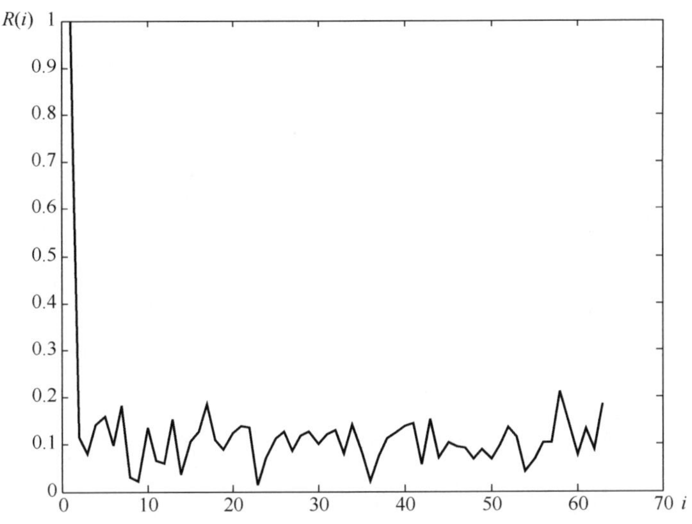

图 7-6　衰落信道下 Zadoff-Chu 序列的周期自相关特性

从图中可以看出，Zadoff-Chu 序列经 AWGN 信道或衰落信道后，仍然具有较好的周期自相关特性，因此可作为实际的信道估计序列。

m 序列是目前广泛应用的一种伪随机序列，具有良好的自相关特性。图 7-7 与图 7-8 给出了长度为 127 的二进制 m 序列在 AWGN 信道和三径信道下的相关特性仿真结果，可以看出，m 序列可以区分多条路径，实现对多径信道的有效估计。

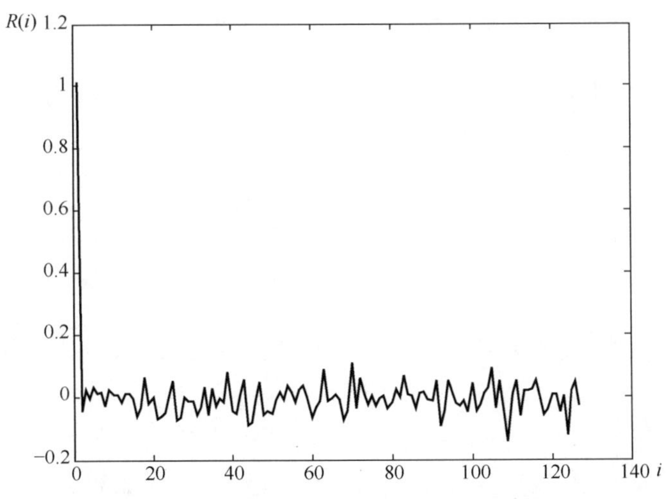

图 7-7　AWGN 信道下 m 序列的自相关特性

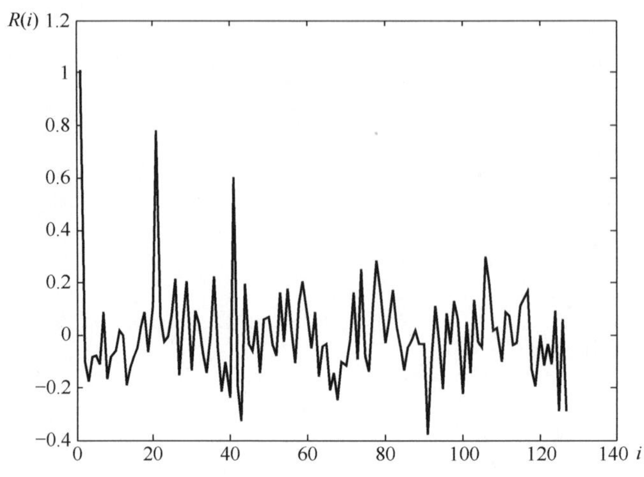

图 7-8 三径衰落信道下 m 序列的自相关特性

7.2.3 频域均衡算法

常用的频域均衡算法包括线性频域均衡和判决反馈均衡，下面对这两类均衡算法分别做简要的介绍。

1）线性频域均衡

线性频域均衡只利用频域抽头系数补偿信道对发送信号的频率选择性衰落，其结构如图 7-9 所示。

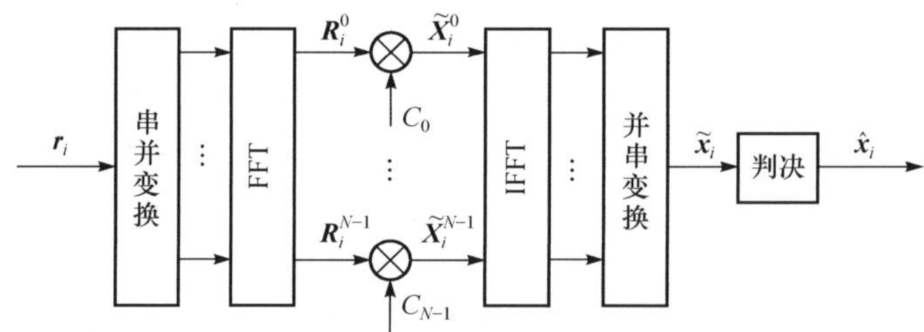

图 7-9 线性频域均衡器的结构图

图 7-9 中$\boldsymbol{r}_i$ 为去除循环前缀后第 i 个分组周期内接收到的信号，其表达式为

$$\boldsymbol{r}_i = \boldsymbol{H}_c \boldsymbol{x}_i + \boldsymbol{w}_i \tag{7-4}$$

其中$\boldsymbol{x}_i$ 为第 i 个符号分组，其长度为 N。通常假设分组内的各个符号是均值为零，方差为 σ_d^2 的随机变量，并且符号之间统计不相关。$\boldsymbol{w}_i$ 为 AWGN 噪声，其均值为零，方差为 σ_n^2。$\boldsymbol{H}_c$ 表示信道卷积矩阵，由于循环前缀的作用，$\boldsymbol{H}_c$ 为循环矩阵，其定义式为：

$$\boldsymbol{H}_c=\begin{bmatrix} h_0 & 0 & \cdots & & 0 & h_{L-1} & & \cdots & h_1 \\ h_1 & h_0 & 0 & \cdots & & 0 & h_{L-1} & \cdots & h_2 \\ & & \ddots & & & & \ddots & & \\ 0 & \cdots & & 0 & h_{L-1} & h_{L-2} & \cdots & & h_0 \end{bmatrix} \tag{7-5}$$

其中 $\boldsymbol{h}=[h_0,h_1,\cdots,h_{L-1}]^{\mathrm{T}}$ 为信道冲激响应，可以通过信道估计算法获得 $\hat{\boldsymbol{h}}$，其方法与第 5 章中的信道估计方法相同，详见 5.5 节；L 为信道冲激响应的长度，$(\cdot)^{\mathrm{T}}$ 表示转置操作。

对式 (7-4) 的两边进行 FFT 运算，并且利用循环矩阵的特性可得

$$\boldsymbol{R}_i=\boldsymbol{F}\boldsymbol{r}_i=\frac{1}{N}\boldsymbol{F}\boldsymbol{H}_c\boldsymbol{F}^{\mathrm{H}}\boldsymbol{F}\boldsymbol{x}_i+\boldsymbol{F}\boldsymbol{w}_i=\boldsymbol{H}_F\boldsymbol{X}_i+\boldsymbol{W}_i \tag{7-6}$$

其中 $\boldsymbol{F}$ 为傅里叶变换矩阵，其第 (k,n) 个元素为 $[\boldsymbol{F}]_{k,n}=\exp(-\mathrm{j}2\pi kn/N)$，$0\leqslant k,n\leqslant N-1$；$\boldsymbol{H}_F$ 为对角矩阵，其对角线的元素表示信道对不同频点的衰落，其中第 k 个元素为 $H_{F,k}=\sum_{l=0}^{L-1}h_l\exp(-\mathrm{j}2\pi kl/N)$，$0\leqslant k\leqslant N-1$。

根据式 (7-6) 可知信道对每个分组的影响表现为频域的衰落，线性频域均衡利用抽头系数 $\{C_k\}_{k=0}^{N-1}$ 来补偿信号在各个频点所遭受的衰落，抵消信道的影响。根据所采用的设计准则，抽头系数有下列两种计算方法。

(1) 迫零 (Zero Forcing，ZF) 均衡。

迫零均衡的抽头系数根据最小峰值失真准则设计。其目标是在频域完全补偿信道造成的频率选择性衰落，在时域则完全消除信道引起的符号间干扰。因此 ZF 均衡的抽头系数 $\{C_k\}_{k=0}^{N-1}$ 是信道衰落 $\{H_k\}_{k=0}^{N-1}$ 的倒数，即

$$C_k^{\mathrm{ZF}}=1/H_k,\quad 0\leqslant k\leqslant N-1 \tag{7-7}$$

经过 ZF 均衡后，接收信号的频域形式为

$$\widetilde{X}_i^k=X_i^k+W_i^k/H_k,\quad 0\leqslant k\leqslant N-1 \tag{7-8}$$

分析上式可知，如果信道对某个频点的衰落很大 ($H_k\to 0$)，则该频点上的噪声将被均衡器过分放大。在 SC-FDE 系统中，接收信号经过频域均衡后，还要变换到时域进行判决，此时所有频点的噪声将会被分散到当前分组内的所有符号上，影响所有符号的判决。因此 ZF 均衡器在 SC-FDE 系统中有可能造成恶劣后果，通常很少使用。

(2) 最小均方误差 (Minimum Mean Square Error，MMSE) 均衡。

MMSE 均衡的抽头系数根据最小均方误差准则设计。其目标是使得均衡后的信号与期望信号之间的均方误差最小，MMSE 均衡的抽头系数如下式所示：

$$C_k^{\mathrm{MMSE}}=\frac{H_k^*}{|H_k|^2+\sigma_n^2/\sigma_d^2},\quad 0\leqslant k\leqslant N-1 \tag{7-9}$$

其中 $(\cdot)^*$ 表示复数共轭。

比较式 (7-8) 和式 (7-9) 可知，当 $\sigma_n^2=0$ 时，MMSE 均衡退化为 ZF 均衡。MMSE 均衡在剩余符号间干扰和信道噪声放大之间进行了折中。

2) 判决反馈均衡

线性频域均衡具有结构简单、运算量小的优点，但其性能较差。判决反馈均衡利用反馈滤波器抵消后续符号受到的干扰，并且不会放大噪声，因此其性能明显优于线性均衡。

但是一般的 SC-FDE 系统频域均衡是对整个符号分组进行均衡，在频域均衡过程中无法进行判决和反馈。为了解决这个问题，这里的判决反馈均衡采用了时频域混合的结构，如图 7-10 所示。其中前馈均衡器使用频域结构，反馈滤波器则使用时域结构。

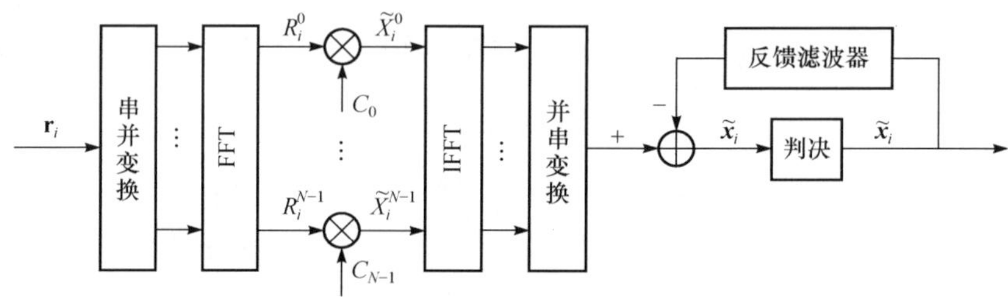

图 7-10　SC-FDE 系统中判决反馈均衡器的结构

一般的频域均衡采用的数据格式如图 7-11(b)所示，即用户数据加循环前缀(CP)的格式，但基于循环前缀的 SC-FDE 系统无法直接采用图 7-10 所示的均衡器结构，原因是接收信号中每个分组的最初若干个符号含有的剩余 ISI 来自于循环前缀，即该分组最后若干个符号。然而在抵消最初若干个符号中的剩余 ISI 时，最后若干个符号还没有判决，因此判决反馈均衡面临一个因果性的问题。为了解决这个问题，可以对 SC-FDE 系统发送信号的格式进行改进，改进后的信号格式如图 7-11 (a) 所示。

独特字 (Unique Word，UW) 是一组特定的序列，其长度与保护间隔 T_G 长度相等。由图 7-11(a)可见，通过交替发送用户数据和 UW，信道冲激响应与发送信号的线性卷积也可以等效为两者的循环卷积，接收端也可以采用频域均衡技术。并且由于 UW 是收发两端已知的特定序列，因此接收端可用本地存储的 UW 对反馈滤波器进行初始化，抵消用户数据分组最初若干个符号中的剩余 ISI。除了用于判决反馈以外，UW 还可作为导频信号用于同步和信道估计。前面分析的两种序列：Zadoff-Chu 序列与 m 序列均可作为 UW。

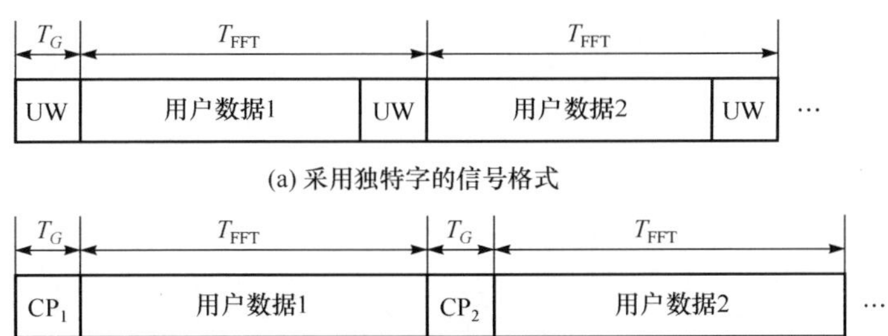

图 7-11　SC-FDE 系统中的两种数据结构

与线性频域均衡相对应，判决反馈均衡也存在两种设计准则，即 ZF 判决反馈均衡和 MMSE 判决反馈均衡。

7.2.4　性能仿真分析

针对两种典型的短波信道，本节仿真了 SC-FDE 算法的性能，仿真中采用 QPSK、16QAM 两种调制方式，2/3 的 Turbo 编码，其数据传输格式中，循环前缀长度为 112，数据长度为 512。针对中度短波信道和恶劣短波信道，在信道估计无误的条件下，对基于最小均方误差(MMSE)的 SC-FDE 算法进行了仿真，其信道参数如表 7-1 所示。

表 7-1　典型的短波信道参数

信道参数	中度短波信道		恶劣短波信道	
	Path1	Path2	Path1	Path2
Delay(τ_n)	0	1ms	0	2ms
Path Gain (ρ_n)	1	0.5	1	1
Doppler Shift (f_{dn})	0	0	0	0
Doppler Spread ($2\delta_n$)	0	0.1Hz	1Hz	1Hz

图 7-12、图 7-13 给出了两种仿真条件下的误比特率性能图。从图中可以看出，中度短波信道下的性能要远优于恶劣短波信道下的性能，这主要是因为恶劣短波信道会造成深度衰落，均衡器在补偿信道失真时，会将噪声信号放大，从而影响均衡器的性能。与中度短波信道相比，随着传输速率的增加，恶劣短波信道对误比特率性能的影响越来越严重。

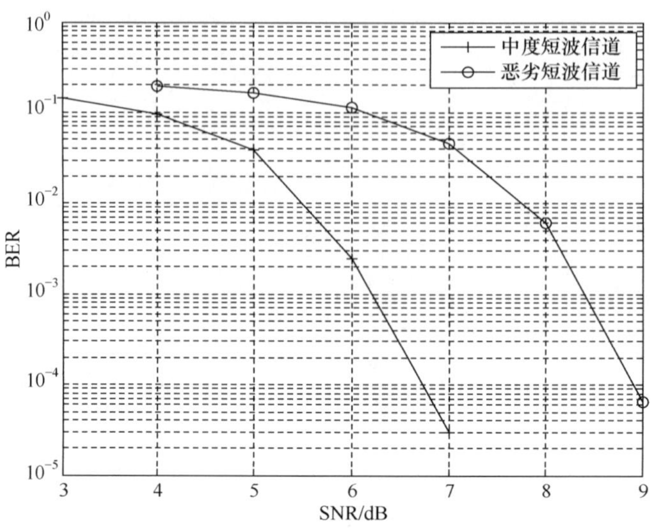

图 7-12　QPSK 调制下误比特率曲线

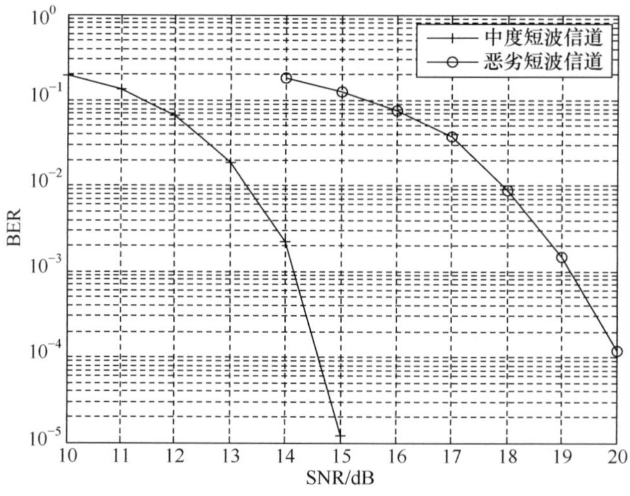

图 7-13　16QAM 调制下误比特率曲线

7.3　基于多天线的单载波频域均衡系统

从上述的仿真分析中可以看出，仅通过改变调制方式和编码效率的方法来提高短波数据通信速率，需要的信噪比代价太高，而多输入多输出（Multiple Input Multiple Output，MIMO）技术提供了一种解决方案。

对于 MIMO 单载波频域均衡技术，本节将通过两方面来进行阐述，一方面，探讨在数据传输速率提高一倍的基础上，如何获得接近于单天线的传输性能；另一方面，通过空时编码技术和分集合并技术，探讨在数据传输速率不变的情况下，如何提高系统的传输性能。

7.3.1　MIMO 技术在短波通信中的应用

7.3.1.1　MIMO 技术原理

MIMO 技术可以充分利用空间资源，通过多个天线实现多发多收，在不需要增加频谱资源和天线发送功率的情况下，成倍地提高信道容量。理论研究结果表明，当接收机的天线数目多于发射机天线数目时，系统容量可随接收机天线数目增长成比例增长。首先对多天线系统的信道容量进行深入分析的是 Bell 实验室的 Telater 和 Foschini。

考虑一个具有 N_T 根发送大线和 N_R 根接收天线的通信系统，如果能消除各种干扰(符号间干扰、共信道干扰等)，并且各发送接收天线对之间的信道衰落相互独立，接收端准确已知信道状态信息，则在相同的发射功率和带宽情况下，MIMO 系统的信道容量可以达到单入单出(SISO)系统的 $\min(N_T, N_R)$倍。当发送信息符号向量为高斯序列，能量归一化，即满足 $E[\boldsymbol{x}\boldsymbol{x}^{\mathrm{H}}]=\boldsymbol{I}$，噪声为循环对称复高斯噪声，并满足 $ww^{\mathrm{H}} \sim CN(0, \delta^2 I)$时，令 $\boldsymbol{F}$ 为发送端编码矩阵，此时 MIMO 系统的信道容量公式为

$$C = \log_2 \det(\boldsymbol{I} + \delta^{-2} \boldsymbol{H}\boldsymbol{F}\boldsymbol{F}^{\mathrm{H}}\boldsymbol{H}^{\mathrm{H}}) \tag{7-10}$$

其中 det(·)表示行列式。

MIMO 技术的核心是空时信号处理，即利用空间中分布的多个天线将时间域和空间域联合起来进行信号处理，以获得空间分集(Diversity)增益和空间复用(Multiplexing)增益。其中空间分集技术是指利用多个独立的衰落信道传输相同的信息，以降低系统的误比特率，提高系统的传输可靠性；而空间复用技术则是在多个信道上同时传输不同的数据符号，以提高系统传输速率和信道容量。贝尔实验室的垂直分层空时码(Vertical Bell Laboratories Architecture of Layered Space-Time，V-BLAST)是一种典型的以获得空间复用为目的的空时编码结构。它首先将高速的源数据流按发射天线个数分割为几个子数据流，并分别进行各自独立编码，最后从各发射天线同时并行发送出去。而空时分组码(Space-Time Block Codes，STBC)是典型的可获得更高空间分集增益的空时编码方式，通过将信道矩阵等效地变换为一个正交矩阵，使得接收端的最大似然译码经过简单的数学运算等效为线性处理。

与单天线系统相比，MIMO 系统可以提供容量增益，而不需要增加发射功率

或带宽。但另一方面采用 MIMO 系统也会带来天线之间的共信道干扰和不同天线发送信号的多径干扰，如何解决这些问题是 MIMO 系统的研究重点。图 7-14 给出了采用单载波频域均衡技术，两发两收的 MIMO 系统结构框图。

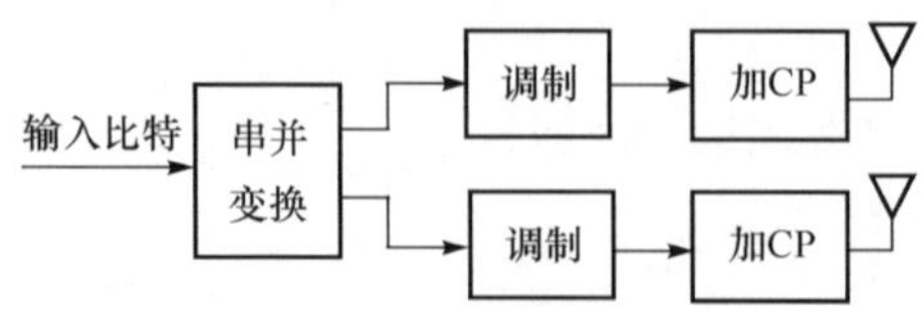

(a)两发两收 SC-FDE 系统的发射机结构框图

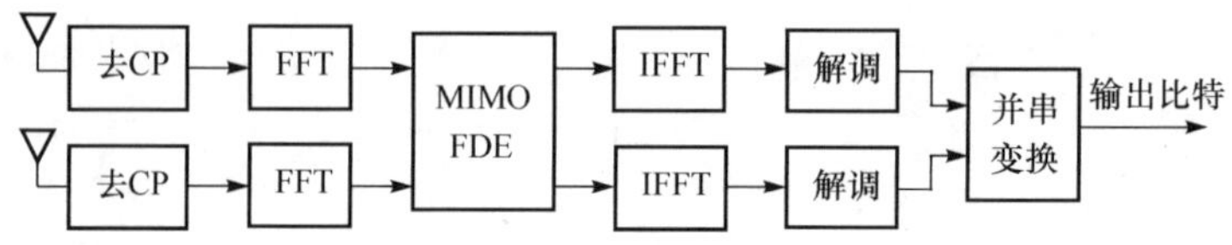

(b) 两发两收 SC-FDE 系统的接收机结构框图

图 7-14

从图 7-14 中可以看出，输入的比特流首先经过串并变换，以及各自的调制模块，添加 CP 后，从各自的发射天线上发出；在接收端，不同接收天线上的接收信号，首先去除各自的 CP，然后经 FFT 模块变化至频域，经过 MIMO 单载波均衡后的信号，经 IFFT 模块变换至时域，进行解调判决，最后经并串变换模块，恢复出需要接收的比特流。

假定系统有 M 根发射天线和 N 根接收天线，则将所有接收天线上的信号组合得到接收信号矩阵$r_A(n)$为

$$\boldsymbol{r}_A(n)=\begin{bmatrix}\boldsymbol{r}_1(n)\\ \vdots \\ \boldsymbol{r}_N(n)\end{bmatrix}=\begin{bmatrix}\boldsymbol{H}_{1,1} & \cdots & \boldsymbol{H}_{M,1}\\ \vdots & & \vdots\\ \boldsymbol{H}_{1,N} & \cdots & \boldsymbol{H}_{M,N}\end{bmatrix}\begin{bmatrix}u_1(n)\\ \vdots\\ u_M(n)\end{bmatrix}+\begin{bmatrix}\boldsymbol{n}_1(n)\\ \\ \\ \boldsymbol{n}_M(n)\end{bmatrix}=\boldsymbol{H}\cdot\boldsymbol{U}(n)+\boldsymbol{N}(n) \tag{7-11}$$

$$\boldsymbol{H}_{m,n}=\begin{bmatrix} h_{m,n}(0) & 0 & \cdots & 0\\ h_{m,n}(1) & h_{m,n}(0) & \ddots & \vdots\\ \vdots & \ddots & \ddots & 0\\ h_{m,n}(L-1) & h_{m,n}(L-2) & \ddots & h_{m,n}(0)\\ 0 & h_{m,n}(L-1) & \ddots & h_{m,n}(1)\\ \vdots & \ddots & \ddots & \vdots\\ 0 & \cdots & 0 & h_{m,n}(L-1)\end{bmatrix}^{\mathrm{T}} \tag{7-12}$$

其中 $u_m(n)$为第 m 根发射天线的信号向量，且发送信号的长度为 L_d；$\boldsymbol{N}(n)$为零均

值复高斯噪声；$\boldsymbol{H}_{m,n}$为第 m 根发射天线到第 n 根接收天线的信道复增益矩阵。当信道冲激响应长度为 L 时，信道矩阵 $\boldsymbol{H}\in C^{NL_d\times M(L_d+L-1)}$，发送信号矩阵 $\boldsymbol{U}\in C^{M(L_d+L-1)\times 1}$，噪声矩阵 $\boldsymbol{N}\in C^{NL_d\times 1}$。

7.3.1.2　MIMO 技术在具体应用时需要考虑的因素

从 20 世纪 90 年代末，MIMO 技术成为无线通信领域的研究热点以来，虽然在理论上得到了不断的完善，但其研究主要集中于提供短距无线通信的 VHF、UHF 和 SHF 频段，典型的应用场景包括 3G 移动通信系统、无线局域网等。其在短波频段的应用还十分有限，主要是在短波通信中应用 MIMO 技术还需要考虑以下因素：

1）富散射环境

从式(7-10)中可以看出，为了获得较大的信道容量增益，信道矩阵 $\boldsymbol{H}$ 的秩要尽可能地大，从而获得足够多的并行子信道。为了达到这一条件，要求 MIMO 技术应用在富散射的信道环境中。在富散射环境中，MIMO 信道为非相关瑞利衰落信道，式(7-12)中信道响应矩阵的各个元素服从零均值、单位方差的复高斯分布，且相互独立。

在移动通信系统中，移动终端与基站周围存在大量的散射物，此时利用 MIMO 技术能够获得较高的信道容量增益。在短波通信系统中，若收发两端存在视距传播(近距离直射)或者散射物不甚丰富时，MIMO 信道的非相关衰落特性就不复存在。此时 MIMO 技术带来的信道容量增益会随着各信道相关性的增加而急剧下降，特别地，当各天线信道之间完全相关时，MIMO 系统退化为 SISO 系统，此时不存在信道容量增益。

当电离层具有多种传播模式时，可以满足 MIMO 的富散射要求，此时收发天线信道之间的相关性较小。但是如果实际应用时两处通信地点之间不具备多种传输模式，那么就不满足富散射的条件，此时在短波通信中应用 MIMO 技术将不会带来良好的性能，反而增加了系统的复杂度。

2）天线间距与相关性

在 MIMO 系统的设计中，天线数量与间距是系统设计的关键参数，而后者直接影响收发天线之间的相关性。由于天线之间的空间相关性随天线之间的距离增大而减小，因此通常情况下，要求天线阵元之间要保证足够大的距离。在富散射环境，且两天线之间的距离大于 $\lambda/2$ 时，可以保证信道之间非相关。在 2GHz 的频率上，若采用 4 根双极化天线，需要占据 7.5cm 的空间。当终端周围的散射环境不够丰富时，通常要求 10λ 以上的间隔距离，以降低天线之间的空间相关性，此时 4 根双极化天线，需要占据 1.5m 的空间。

与 3G 移动通信系统不同，短波通信所利用的频段较低(1.5～30MHz)，其天线尺寸较大。假定工作频率为 15MHz，此时要保证各天线信道之间的相关性足够低，在富散射环境中，要求天线间距离达到 10m 以上；在不够丰富的散射环境中，要求天线间距离达到 200m 以上。这种要求对机动用户之间的通信而言，明显难以实现，但单入多出(SIMO)或者多入单出(MISO)可用于机动用户与固定台站之间通信。

3) 时延影响

在 MIMO 技术的理论研究中，并没有考虑发送时延、传输时延对接收端进行联合检测的影响。在 3G 移动通信系统中，发射天线之间可以实现精确的时间同步。在短波通信中，实际时延由路径时延差异和收发信机个体时延差异共同决定。此时对于接收端而言，接收数据的起始时刻出现偏差，会对收端进行信号联合检测造成一定的影响。

为克服这一影响，不同的发射天线采用各自的导频序列，在收端提取不同发射信号的数据起始位置，对齐后再进行联合的信号检测。对短波单载波频域系统而言，发送时延带来的另一问题是，需要增加循环前缀的长度来加大数据块之间的保护间隔。对空时编码而言，除了增加 CP 的长度之外，每个时隙的长度要大于收端造成的时延与传播时延的总和，以确保两个时隙发送信号之间不存在相互干扰。

7.3.2 基于干扰抵消的 MIMO 单载波频域均衡

7.3.2.1 MIMO SC-FDE 算法

如图 7-14 (b)所示，接收信号经 FFT 变换至频域进行均衡，根据 MMSE 准则，其均衡器系数求解公式为

$$\boldsymbol{W}(n)=\boldsymbol{H}_F^* \cdot [\boldsymbol{H}_F \boldsymbol{H}_F^* + \delta^2 \boldsymbol{I}_{NL_d \times NL_d}]^{-1} \tag{7-13}$$

其中$\boldsymbol{H}_F$ 为信道矩阵 $\boldsymbol{H}$ 经傅里叶变换后的形式，与 SISO 系统中不同的是，此时$\boldsymbol{H}_F$ 不再是对角阵。仿真中 SISO 系统采用 16QAM 调制方式，MIMO 系统采用 QPSK 调制方式，无编码，其数据传输格式中，循环前缀长度为 112，数据长度为 512。针对两种典型的短波信道(中度短波信道和恶劣短波信道)，并假设各天线之间非相关，对基于最小均方误差(MMSE)的 SC-FDE 算法进行了仿真。为方便比较，分别给出 MMSE SC-FDE 在 SISO 系统和 MIMO 系统中的仿真性能曲线，如图 7-15 所示。

从图中可以看出，在达到同等速率的情况下，采用 2×2 的 MIMO 系统性能要优于 SISO 系统。在中度短波信道中，要达到 1×10^{-2} 的误比特率，相对于 SISO 系统，MIMO 系统具有 2dB 增益。通过上述分析可以得知，在同等速率的情况下，采用 MIMO 系统更具有优势。但是 MIMO 技术在提高系统容量的同时，也会引起各发送天线之间的共信道干扰，如果能减弱或消除共信道之间的干扰，则 MIMO 系统的性能将得到进一步提升，在下面将重点考虑这一问题。

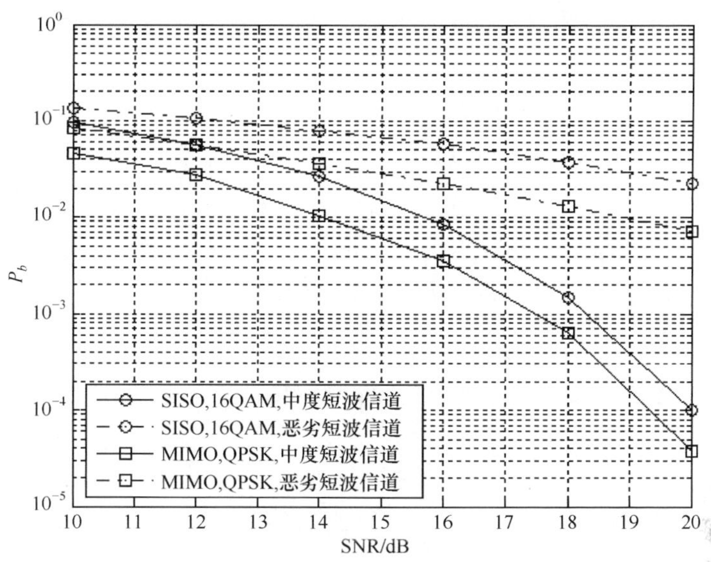

图 7-15　QPSK 误比特率性能曲线

7.3.2.2　基于信号重构的干扰抵消算法

从上节的仿真中可以看出，在实际的短波信道中，由于存在多径干扰，使得采用高阶调制的系统性能严重恶化。特别地，当信道失真严重，也就是信道中存在深度频率选择性衰落时，接收信号经过线性均衡后仍存在很强的多径分量，不能取得满意的均衡结果。另外，MIMO 系统本身带来的共道干扰问题，并不能通过简单的线性均衡去除。

为进一步提高系统性能，首先基于线性均衡的判决输出结果，对信号进行重构，然后从原始接收信号中扣除重构后的信号，再进行频域均衡，将均衡的结果变换至时域，解调判决得到最终的输出。该结构可以分为两部分，前一部分为传统的 MMSE FDE，如图 7-14(b)所示，后一部分为基于信号重构的干扰抵消部分，其结构如图 7-16 所示。

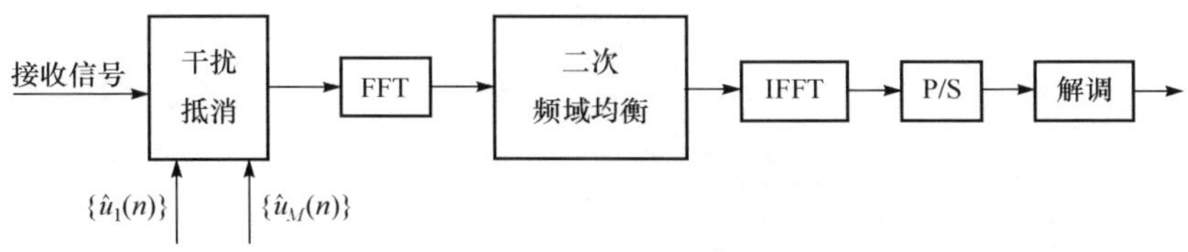

图 7-16　基于信号重构的频域均衡结构图

如图 7-16 所示，新算法的关键在于两点：一是干扰信号的重构，这是基于第一次频域均衡的输出结果得到的；二是干扰信号的抵消，从图中可以看出，当需要得

到第 k 个发射天线上的信号 $u_k(n)$时，其他发射信号则被视为干扰，$\boldsymbol{Y}(n)$为所有接收天线上的接收信号，利用前一级得到的 $\hat{u}_i(n)$，$i\neq k$ 以及估计出来的信道冲激响应$\boldsymbol{H}_{F_{m,n}}$，可以重构出对于 $u_k(n)$的接收造成干扰的信号 $\boldsymbol{J}(n)$。假设$\boldsymbol{H}_{J(k)}(n)$为信道矩阵$\boldsymbol{H}_F(n)$扣除第 k 列后的矩阵，$\hat{\boldsymbol{U}}_k(n)$为$\{\hat{u}_i(n)\}$，$i\neq k$ 组成的信号矩阵，则

$$\boldsymbol{J}(n)=\boldsymbol{H}_{J(k)}(n)\hat{\boldsymbol{U}}_k(n) \tag{7-14}$$

将 $\boldsymbol{J}(n)$从接收信号 $\boldsymbol{Y}(n)$中扣除，从而得到 N 路并行的只含有 $u_k(n)$的接收信号$\{\boldsymbol{Y}_k(n)\}$，$\{\boldsymbol{Y}_{k,i}(n)\}$表示$\{\boldsymbol{Y}_k(n)\}$中的一行，则

$$Y_{k,i}(n)=H_{k,i}(n)u_k(n)+N_i(n)\quad i=1,\cdots,N \tag{7-15}$$

对$\{\boldsymbol{Y}_k(n)\}$进行 MMSE 频域均衡，此时均衡器的输入为 NL_d 个，输出信号为 L_d 个，MMSE 均衡器系数如下：

$$\boldsymbol{C}_k(n)=\boldsymbol{H}_k{}^*(n)\left[\boldsymbol{H}_k(n)\boldsymbol{H}_k^*(n)+\delta^2\,\boldsymbol{I}_{L_d*L_d}\right]^{-1} \tag{7-16}$$

其中$\boldsymbol{H}_k(n)$是由所有 $H_{i,k}(n)$，$i=1,\cdots,M$ 组成的矩阵。均衡后的输出信号，经 IFFT 模块变换至时域，进行解调判决。

为了评估新算法的性能，针对采用 BPSK 的 2×2MIMO 系统，对 MMSE SC-FDE 联合并行干扰抵消算法进行了仿真，仍然采用中度短波信道和恶劣短波信道。从图 7-17 中可以看出，与单纯的 MMSE SC-FDE 算法相比，当误比特率为 1×10^{-2}时，在中度短波信道条件下，采用联合并行干扰抵消算法将会有 2dB 的性能增益，而在恶劣短波信道条件下，只有 1.5dB 的增益，这主要是因为干扰抵消的性能取决于信号重构的正确性。

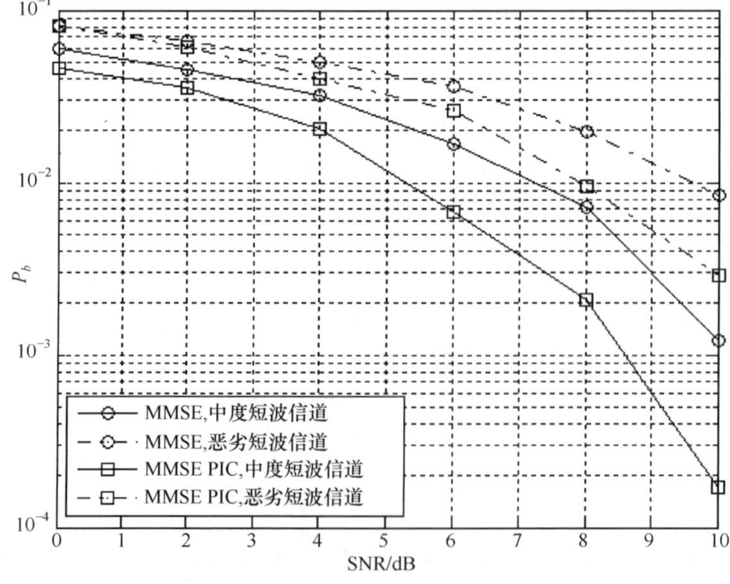

图 7-17　BPSK，MMSE SC-FDE 联合干扰抵消算法性能图

7.3.3　基于空时编码的 MIMO 单载波频域均衡

上一小节中，利用 MIMO 技术获得了空间复用增益，主要目的在于提高信道容量，本节采用空时编码技术，有效保证 MIMO 系统多个发射天线之间传输数据在接收端的正交性，为系统性能提供空间和时间分集增益。本节以两发两收天线为例，结合空时编码对 MIMO 单载波频域均衡技术进行深入研究。

7.3.3.1　空时编码结构

图 7-18 给出了基于空时编码的两发两收天线 MIMO 系统发射机结构框图，从图中可以看出，发送数据经过调制编码后完成空时编码分为两组，加 CP 后分别经由两根天线发送出去。

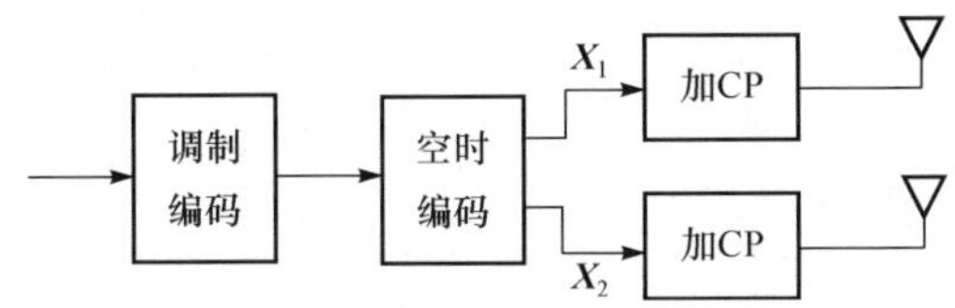

图 7-18　两发两收天线 MIMO 系统发射机结构框图

其中，第 i 个发送天线上的第 k 个数据块的传输格式如图 7-19 所示。

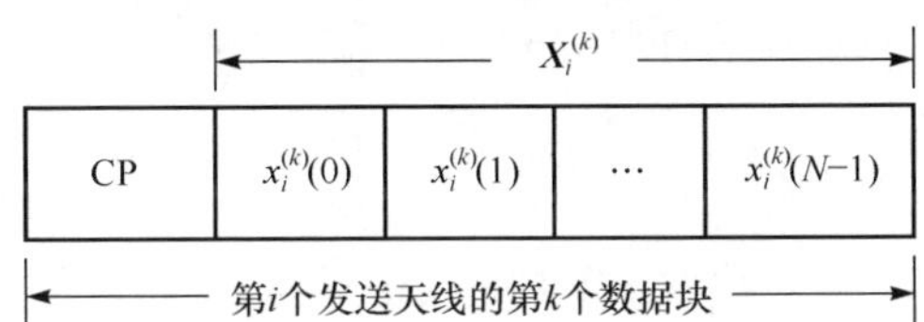

图 7-19　空时编码方案的数据块传输格式

图中$\boldsymbol{X}_i^k$ 为第 i 个发送天线第 k 个数据块除去 CP 后的部分，由 N 个符号数据组成：

$$\boldsymbol{X}_i^{(k)}=[x_i^{(k)}(0),x_i^{(k)}(1),\cdots,x_i^{(k)}(N-1)],k=0,2,4,\cdots \tag{7-17}$$

其中，$x_i^{(k)}(n)$表示第 i 根发射天线上第 k 个数据块的第 n 个符号数据，$n=0,1,\cdots,N-1$。

这里需要特别说明的是，为了弥补短波多天线系统天线正交性的不足，在数据结构设计方面，需要保证每个发送天线发送的数据块在频域上具有正交性，因此依据 Alamouti 空时分组码(STBC)的设计思想，以 2 个发射天线为例，其数据块之间需要满足以下关系：

$$x_1^{(k+1)}(n)=-\bar{x}_2^{(k)}((-n)_N),\ x_2^{(k+1)}(n)=\bar{x}_1^{(k)}((-n)_N),\ k=0,2,4,\cdots \tag{7-18}$$

其中$\overline{(\cdot)}$表示复数共轭；$(\cdot)_N$ 表示对 N 取模。

7.3.3.2 频域均衡结构

图 7-20 给出了空时编码条件下的两发两收接收机结构框图。从图中可以看出，在接收端，不同接收天线上的接收信号，首先去除各自的循环前缀，然后经 FFT 模块变换至频域，频域均衡后的信号经过分集合并后合成一路信号，经 IFFT 模块变换至时域，进行解调译码，恢复出需要接收的比特流。

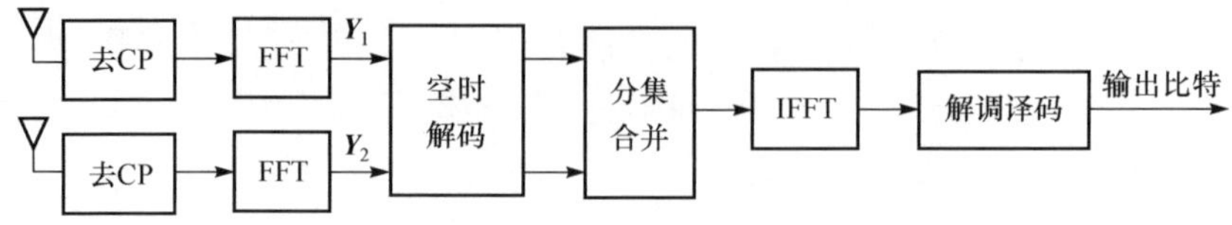

图 7-20 两发两收天线 MIMO 系统接收机结构框图

这样第 i 根接收天线的接收信号$\boldsymbol{y}_i^{(k)}$ 为

$$\boldsymbol{y}_i^{(k)}=\boldsymbol{H}_{1i}^{(k)}\boldsymbol{x}_1^{(k)}+\boldsymbol{H}_{2i}^{(k)}\boldsymbol{x}_2^{(k)}+\boldsymbol{n}_i^{(k)} \tag{7-19}$$

其中 $i=1,2$；$\boldsymbol{x}_1^{(k)}$ 和$\boldsymbol{x}_2^{(k)}$ 分别为两根发射天线发送的第 k 个数据块；$\boldsymbol{n}_i^{(k)}$ 为i 根接收天线上的噪声信号，服从均值为 0，方差为 δ_n^2 的高斯分布；$\boldsymbol{H}_{1i}$，$\boldsymbol{H}_{2i}$分别为第 1 根和第 2 根发射天线到第 i 根接收天线的信道矩阵，为 $N\times N$ 的循环阵，其中 N 为数据块的长度。由于$\boldsymbol{H}_{1i}$，$\boldsymbol{H}_{2i}$为循环阵，可以对其进行特征值分解得到

$$\begin{aligned}\boldsymbol{H}_{1i}&=\boldsymbol{Q}^*\boldsymbol{\Lambda}_{1i}\boldsymbol{Q}\\ \boldsymbol{H}_{2i}&=\boldsymbol{Q}^*\boldsymbol{\Lambda}_{2i}\boldsymbol{Q}\end{aligned} \tag{7-20}$$

其中 $\boldsymbol{Q}$ 为标准正交离散傅里叶变换矩阵，且第(l,k)个元素为

$$Q(l,k)=\frac{1}{\sqrt{N}}\mathrm{e}^{-\mathrm{j}\frac{2\pi}{N}lk} \tag{7-21}$$

其中 $0\leqslant k,l\leqslant N-1$；$\boldsymbol{\Lambda}_{1i}$为对角阵，其第$(k,k)$个元素为信道冲激响应$\boldsymbol{H}_{1i}$的离散傅里叶变换的第 k 个系数。

在接收端，接收信号首先去除 CP，再经 FFT 变换至频域，即

$$\boldsymbol{Y}_i^{(j)}=\boldsymbol{Q}\,\boldsymbol{y}_i^{(j)}=\boldsymbol{\Lambda}_{1i}^{(j)}\boldsymbol{X}_1^{(j)}+\boldsymbol{\Lambda}_{2i}^{(j)}\boldsymbol{X}_2^{(j)}+\boldsymbol{N}_i^{(j)} \tag{7-22}$$

假定相邻两个数据块之间的信道矩阵 $\boldsymbol{H}$ 保持不变，则有

$$\boldsymbol{H}_{1i}^{(k+1)}=\boldsymbol{H}_{1i}^{(k)}=\boldsymbol{H}_{1i},\quad \boldsymbol{H}_{2i}^{(k+1)}=\boldsymbol{H}_{2i}^{(k)}=\boldsymbol{H}_{2i} \tag{7-23}$$

$$\boldsymbol{\Lambda}_{1i}^{(k+1)}=\boldsymbol{\Lambda}_{1i}^{(k)}=\boldsymbol{\Lambda}_{1i},\quad \boldsymbol{\Lambda}_{1i}^{(k+1)}=\boldsymbol{\Lambda}_{1i}^{(k)}=\boldsymbol{\Lambda}_{1i} \tag{7-24}$$

将第 $k+1$ 时刻的接收信号取共轭，可得

$$\boldsymbol{Y}_i=\begin{bmatrix}\boldsymbol{Y}_i^{(k)}\\ \overline{\boldsymbol{Y}}_i^{(k+1)}\end{bmatrix}=\begin{bmatrix}\boldsymbol{\Lambda}_{1i} & \boldsymbol{\Lambda}_{2i}\\ \boldsymbol{\Lambda}_{2i}^* & -\boldsymbol{\Lambda}_{1i}^*\end{bmatrix}\begin{bmatrix}\boldsymbol{X}_1^{(k)}\\ \boldsymbol{X}_2^{(k)}\end{bmatrix}+\begin{bmatrix}\boldsymbol{N}^{(k)}\\ \overline{\boldsymbol{N}}^{(k+1)}\end{bmatrix}=\boldsymbol{\Lambda}_i\boldsymbol{X}+\boldsymbol{N} \tag{7-25}$$

其中$\overline{(\cdot)}$为取共轭运算。由于$\boldsymbol{\Lambda}_i$ 为正交矩阵，则对式(7-25)两端，同乘以$\boldsymbol{\Lambda}_i^*$，可得

$$\widetilde{\boldsymbol{Y}}_i=\boldsymbol{\Lambda}_i^* \boldsymbol{Y}_i=\begin{bmatrix}\widetilde{\boldsymbol{\Lambda}}_i & 0\\ 0 & \widetilde{\boldsymbol{\Lambda}}_i\end{bmatrix}\begin{bmatrix}\boldsymbol{X}_1^{(k)}\\ \boldsymbol{X}_2^{(k)}\end{bmatrix}+\widetilde{\boldsymbol{N}}_i \tag{7-26}$$

其中$\widetilde{\boldsymbol{\Lambda}}_i$ 为对角阵，$\widetilde{\Lambda}_i(k,k)=|\Lambda_{1i}(k,k)|^2+|\Lambda_{2i}(k,k)|^2$。从上式可以看出，经过简单的线性变换，$\boldsymbol{X}_1$，$\boldsymbol{X}_2$ 已经相互分离。对$\boldsymbol{X}_1$，$\boldsymbol{X}_2$ 的均衡相当于对$\boldsymbol{X}_1$，$\boldsymbol{X}_2$ 各自做独立的均衡，其 MMSE 频域均衡器的系数为

$$W_k^{(i)}=\frac{1}{\widetilde{\Lambda}_i(k,k)+\dfrac{1}{\mathrm{SNR}}},\quad 0\leqslant k\leqslant N-1 \tag{7-27}$$

由上述分析可知，对于空时编码而言，由于两个发送天线的发送信号相互正交，因此只需一个接收天线，即可解出两个发射天线的信号。如果采用的是 2×2 的 MIMO 系统，则可以利用两根接收天线进行分集合并，获得更好的误比特率性能。

7.3.3.3　仿真性能分析

本节以两发两收天线为例，对基于空时编码的 MIMO 单载波频域均衡的性能进行仿真分析，仍然采用中度短波信道以及恶劣短波信道。仿真给出了 QPSK 调制下两发两收的空时频域均衡算法与 SISO 系统中的 SC-FDE 算法之间的性能比较曲线，均衡准则均采用的是 MMSE 准则。

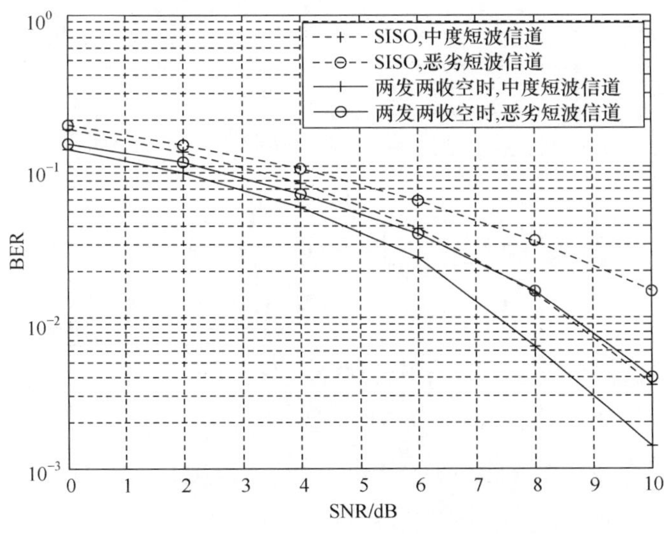

图 7-21　QPSK 调制下系统性能图

从图 7-21 中可以看出，由于发射端采用频域空时码，保证了发射信号在频域上的正交性，即在频域上消除了共信道干扰，使得在接收端进行信号处理时，可以直接将两路发送信号分离，分别进行接收处理，因此系统的性能得到了有效地提升。由于采用了两根接收天线，在接收处理过后还可以进行分集合并，进一步提高系统的性能。仿真数据显示，当误比特率为 1×10^{-2} 时，采用频域空时均衡结构，两种信道条件下均有 2～3dB 的性能增益。

7.4　宽带稀疏多径信道中的单载波频域均衡

短波宽带信道是一个典型的稀疏多径信道，其信道冲激响应的持续时间很长，但多径支路很少。在稀疏信道中，传统的时域判决反馈均衡器面临的主要问题是反馈滤波器的抽头数目过多，从而导致运算复杂度高。

图 7-22 给出了传统时域判决反馈均衡器及其两种针对稀疏多径信道的典型改进结构，图 7-22(b)为完全反馈均衡器结构，其中前馈滤波器用于捕获尽可能多的信号能量，反馈滤波器用于抵消所有滞后路径的干扰。与图 7-22 (a)中的传统时域判决反馈均衡器相比，该结构具有收敛速度快，有效降低反馈支路数量等优点。图 7-22 (c)为部分反馈的均衡结构，该结构中输入前馈滤波器的数据是固定的，实现比较简单。这两种新的均衡结构与传统的判决反馈均衡器性能基本一致，但均没有考虑信道编译码对均衡器结构的影响。图 7-23 给出的结合信道译码的判决反馈均衡器结构，虽然考虑了信道译码的影响，但只能应用于时域均衡，无法在 SC-FDE 系统中应用。

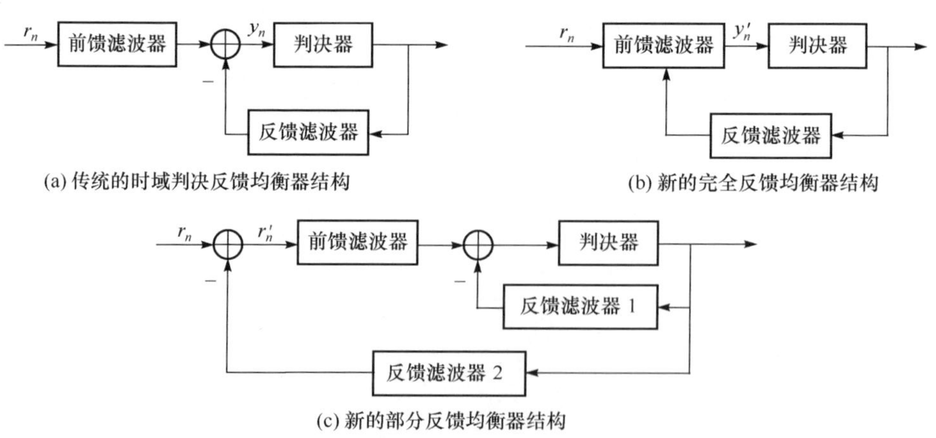

图 7-22　传统的时域判决反馈均衡器及其改进结构

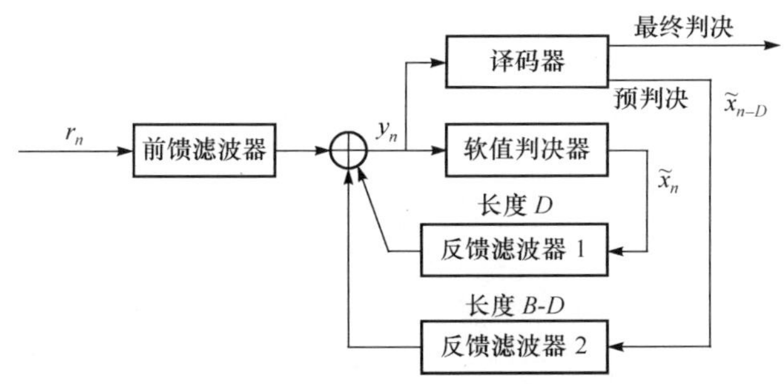

图 7-23　结合信道译码的判决反馈均衡器

稀疏信道对 SC-FDE 系统的影响主要表现在两个方面：①为了消除分组间干扰（IBI），需要插入很长的循环前缀，这会显著降低系统的带宽效率和功率效率；②当接收端采用时频域混合判决反馈均衡（H-DFE）算法时，矩阵的维数会很大，求解其逆矩阵的运算复杂度较高。

为了降低运算复杂度，本节提出了一种适用于稀疏多径信道的低复杂度迭代均衡(IC-FDE-DFE)算法，该算法将多径干扰抵消（IC）与 H-DFE 相结合。与单纯的 H-DFE 相比，该算法使得 SC-FDE 系统能够采用比较短的循环前缀，从而提高系统的带宽效率和功率效率。

7.4.1　系统模型

在前节，我们讨论了 MIMO 技术在短波信道中应用所面临的诸多难点，分析表明，在短波通信系统中采用多发单收(MISO)或者单发多收(SIMO)的结构更为合理。本小节重点考虑单发多收(SIMO)条件下的 SC-FDE 系统。图 7-24 为采用信道编码和分集接收的 SC-FDE 系统的结构框图。从图中可以看出，在发射端，经过信道编码模块，二进制输入比特 b 映射为编码比特 $\boldsymbol{d}'$。编码比特 $\boldsymbol{d}'$经过伪随机交织变为数据比特 $\boldsymbol{d}$。数据比特 $\boldsymbol{d}$ 经过数据调制模块映射为符号分组 $\boldsymbol{x}$，最后对 $\boldsymbol{x}$ 添加 CP 后，经发射天线发出。

假定符号分组 $\boldsymbol{x}$ 的长度为 N，CP 的长度为 v，则发射分组的长度为 $N+v$。考虑到接收端采用 M 个接收天线，其接收结构框图如图 7-24（b）所示。对于每个天线上的接收信号分组，首先去除 CP，然后进行串并变换，再经过 FFT 运算变换到频域，并进行频域均衡和空间分集合并。最后，通过 IFFT 运算变换到时域，经并串变换后，进行数据解调、解交织和信道译码，最终输出判决结果 $\hat{\boldsymbol{b}}$。

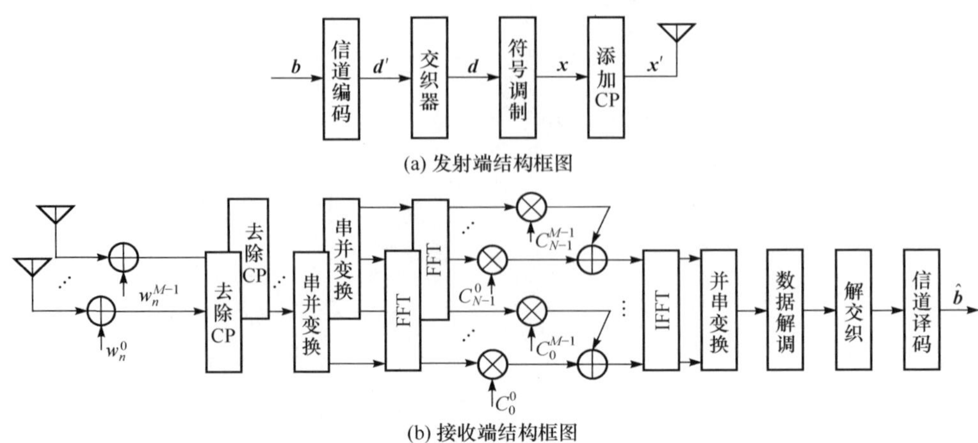

图 7-24　采用信道编码的 SIMO SC-FDE 系统的结构框图

假设第 m 个接收天线上的信道冲激响应为 h_l^m，其中 $0\leqslant m\leqslant M-1, 0\leqslant l\leqslant L-1$，$L$ 为信道冲激响应长度。短波稀疏多径信道冲激响应的特点为 L 较大，且多径分量的数目 P 很小，即存在大量的 $h_l^m=0, l\notin\{0,1,\cdots,P-1\}$。此外，假设信道为准静态信道，即信道冲激响应在一个符号分组的持续时间内基本保持不变，且接收端的信道估计无误，并可实现精确同步，即在本节的分析中不考虑信道估计误差、频率偏差和时延偏差对算法性能的影响。实际实现时，可利用第 5 章中提出的信道估计算法实现对信道的准确估计。

在第 i 个符号分组周期内，第 m 个天线接收到的信号可表示为

$$r_{i,n}^m=\begin{cases}\sum_{l=0}^{v+n} h_l^m x_{(n-l)_N}^i+\sum_{l=v+n+1}^{L-1} h_l^m x_{(n-l+v)_N}^{i-1}+w_n^m, & -v\leqslant n<L-v \\ \sum_{l=0}^{L-1} h_l^m x_{(n-l)_N}^i+w_n^m, & L-v\leqslant n<N\end{cases} \tag{7-28}$$

其中 $r_{i,n}^m$ 表示在第 i 个符号分组周期内第 m 个天线接收的第 n 个符号样点；x_n^i 为第 i 个符号分组周期内的第 n 个发送符号；$(\cdot)_N$ 表示模 N 运算；w_n^m 为均值为零，方差为 σ^2 的高斯加性白噪声，且各接收天线上的噪声相互独立。在前面的分析中，已经提到 CP 的作用之一是使得接收的符号序列等于发送信号与信道响应的循环卷积。

对去除 CP 后的接收符号序列 $\{r_{i,n}^m\}_{n=0}^{N-1}$ 进行 FFT 运算，可得其频域表示式：

$$R_{i,k}^m=H_k^m X_k^i+W_k^m, \quad 0\leqslant k\leqslant N-1 \tag{7-29}$$

上式中 $\{R_{i,k}^m\}_{k=0}^{N-1}$、$\{H_k^m\}_{k=0}^{N-1}$、$\{X_k^i\}_{k=0}^{N-1}$ 和 $\{W_k^m\}_{k=0}^{N-1}$ 分别表示 $\{r_{i,n}^m\}_{n=0}^{N-1}$、$\{h_l^m\}_{l=0}^{L-1}$、$\{x_n^i\}_{n=0}^{N-1}$ 和 $\{w_n^m\}_{n=0}^{N-1}$ 的频域形式。

虽然发送 CP 可以起到隔离多径的作用，但同时会降低 SC-FDE 系统的带宽

效率和功率效率，且通常要求 CP 的长度大于信道冲激响应的长度（即 $v \geqslant l_{P-1}$）。考虑到在稀疏多径信道中 l_{P-1} 较大，所需 CP 长度较长，导致系统效率明显下降。当 CP 长度小于信道冲激响应的长度（即 $v < l_{P-1}$）时，接收信号 $\{r_{i,n}^m\}_{n=0}^{N-1}$ 会含有干扰分量，如下式所示：

$$r_{i,n}^m = r'^{m}_{i,n} + g_{i,n}^m + e_{i,n}^m, \quad 0 \leqslant n \leqslant N-1 \tag{7-30}$$

其中 $\{r'^{m}_{i,n}\}_{n=0}^{N-1}$ 表示由长度小于 v 的部分信道响应与发送信号进行循环卷积并加上信道噪声得到的接收信号，如下式所示：

$$r'^{m}_{i,n} = \sum_{l=0}^{v} h_l^m x^i_{(n-l)_N} + w_n^m, 0 \leqslant n \leqslant N-1 \tag{7-31}$$

前一个分组 $\{x_n^{i-1}\}_{n=0}^{N-1}$ 造成的分组间干扰 IBI 记为 $\{g_{i,n}^m\}_{n=0}^{N-1}$，由下式表示：

$$g_{i,n}^m = \begin{cases} \sum\limits_{l=v+n+1}^{L-1} h_l^m x^{i-1}_{(n-l+v)_N}, & 0 \leqslant n \leqslant L-v-2 \\ 0, & L-v-1 \leqslant n \leqslant N-1 \end{cases} \tag{7-32}$$

将时延超出 CP 长度的多径分量形成的干扰定义为剩余多径干扰（RMI），记为 $\{e_{i,n}^m\}_{n=0}^{N-1}$，由下式表示：

$$e_{i,n}^m = \sum_{l=v+1}^{\min(v+n, L-1)} h_l^m x^i_{(n-l)_N}, \quad 0 \leqslant n \leqslant N-1 \tag{7-33}$$

7.4.2 联合干扰抵消与判决反馈均衡算法

联合干扰抵消与判决反馈均衡（IC-FDE-DFE）的流程如下：首先通过获得的初始信号分组估计，利用已知的信道冲激响应，重构出干扰信号；然后对接收信号 $\{r_{i,n}^m\}_{n=0}^{N-1}$ 中含有的干扰 $\{g_{i,n}^m\}_{n=0}^{N-1}$ 和 $\{e_{i,n}^m\}_{n=0}^{N-1}$ 进行抵消；最后通过频域均衡消除 $\{r'^{m}_{i,n}\}_{n=0}^{N-1}$ 含有的剩余多径干扰。以上过程可以迭代多次，不断提高干扰重构和干扰抵消的准确度。

IC-FDE-DFE 的思路与图 7-23 中新型判决反馈均衡器的均衡思路相似，即将反馈均衡器的输出反馈到前馈均衡器前面，在前馈均衡器破坏信道的“稀疏”特性之前通过干扰抵消来消除大时延的多径分量。图 7-25 为 IC-FDE-DFE 的功能框图，具体运算步骤和算法如下。

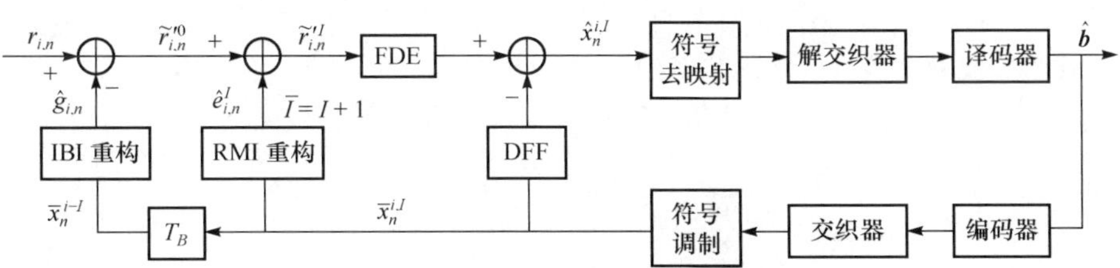

图 7-25　IC-FDE-DFE 的功能框图

(1) 依据式 (7-32)，利用已判决的第 $i-1$ 个符号分组 $\{\bar{x}_n^{i-1}\}_{n=0}^{N-1}$ 与已知的信

道参数 $\{h_l^m\}_{l=0}^{L-1}$ 重构前一个分组 $\{x_n^{i-1}\}_{n=0}^{N-1}$ 造成的分组间干扰（IBI），得到 $\{\hat{g}_{i,n}\}_{n=0}^{N-1}$。

(2) 从接收信号 $\{r_{i,n}\}_{n=0}^{N-1}$ 中减去分组间干扰 $\{\hat{g}_{i,n}\}_{n=0}^{N-1}$，完成 IBI 抵消。如下式所示：

$$\tilde{r}'^{I=0}_{i,n}=r_{i,n}-\hat{g}_{i,n},\quad 0\leqslant n\leqslant N-1 \tag{7-34}$$

其中 I 表示迭代次数，初始值设置为 0。

(3) 对 $\{\tilde{r}'^{I}_{i,n}\}_{n=0}^{N-1}$ 进行频域均衡并合并其他天线的均衡信号，输出符号序列 $\{\hat{x}_n^{i,I}\}_{n=0}^{N-1}$。当算法初始时，由于没有信号的初始估计值，因此采用线性频域均衡器；当算法迭代进行后，可以利用前一次迭代过程得到的信号估计 $\{\bar{x}_n^{i,I-1}\}_{n=0}^{N-1}$，采用频域均衡联合时域判决反馈均衡的混合均衡（H-DFE）结构，提高接收性能。下一小节将会对均衡器抽头系数的设置进行详细分析。

(4) 对 $\{\hat{x}_n^{i,I}\}_{n=0}^{N-1}$ 进行符号去映射，得到编码比特的软值，再经过解交织、译码后，输出信息比特的判决结果 $\hat{\boldsymbol{b}}$。如果算法已经执行到设定的迭代次数，则停止迭代，否则，继续步骤(5)。为了降低译码的运算复杂度，采用软入硬出(SIHO)的译码器。

(5) 判决结果 $\hat{\boldsymbol{b}}$ 经过编码、交织、符号调制重新映射成符号序列 $\{\bar{x}_n^{i,I}\}_{n=0}^{N-1}$。

(6) 进行干扰信号重构与干扰抵消，进一步抵消剩余多径干扰，其公式如下：

$$\tilde{r}'^{I+1}_{i,n}=\tilde{r}'^{0}_{i,n}-\hat{e}^{I}_{i,n},\quad 0\leqslant n\leqslant N-1 \tag{7-35}$$

$$\hat{e}^{I}_{i,n}=\begin{cases}\sum\limits_{l=v+1}^{v+n} h_l^m \bar{x}^{i,I}_{(n-l)_N}, & 0\leqslant n\leqslant L-v-2\\ \sum\limits_{l=v+1}^{L-1} h_l^m \bar{x}^{i,I}_{(n-l)_N}, & L-v-1\leqslant n\leqslant N-1\end{cases} \tag{7-36}$$

(7)将算法执行的次数加 1 后，跳转至步骤(3)。

7.4.3　基于多天线的抽头系数设置

联合干扰抵消与判决反馈均衡采用最小均方误差均衡准则。当算法初始时，采用线性频域均衡器；当算法迭代进行后，采用频域均衡联合时域判决反馈均衡的混合均衡（H-DFE）结构，提高接收性能。为方便分析，假定接收端使用两根接收天线，其混合均衡结构由两个不同的频域均衡器和一个公共的时域判决反馈滤波器构成，即判决反馈在分集合并后进行。本小节给出了分集接收时均衡器抽头系数的计算公式。

当算法初始时，线性均衡器的抽头系数为

$$C_k^m=\frac{(H_k^m)^*}{(|H_k^0|^2+|H_k^1|^2+\sigma^2)},\quad 0\leqslant k\leqslant N-1,\quad m=0,1 \tag{7-37}$$

其中$(\cdot)^*$表示复数共轭；$\{H_k^m\}_{k=0}^{N-1}$为小时延多径信道$\{h_l^m\}_{l=0}^{v}$的频域形式。

当算法迭代执行后，频域均衡器抽头系数的计算公式为

$$C_k^m = \frac{(H_k^m)^* \left[1 + \sum_{l \in F_B} f_l^* \exp\left(-\mathrm{j}2\pi \frac{lk}{N}\right)\right]}{|H_k^0|^2 + |H_k^1|^2 + \sigma^2}, \quad 0 \leqslant k \leqslant N-1, \quad m = 0,1 \tag{7-38}$$

其中$\{f_k^*\}$表示反馈滤波器的抽头系数，$k \in F_B$。F_B 是一个非零整数集合，记录各个反馈支路相对当前符号的时延，其维数为 B。判决反馈滤波器的抽头系数由式(7-39)给出

$$\boldsymbol{Vf} = -\boldsymbol{v} \tag{7-39}$$

其中 $\boldsymbol{f} = [f_{k1}, f_{k2}, \cdots, f_{kB}]^{\mathrm{T}}$；$\boldsymbol{v} = [v_{k1}, v_{k2}, \cdots, v_{kB}]^{\mathrm{T}}$。

$$\boldsymbol{V} = \begin{bmatrix} v_0 & v_{k1-k2} & \cdots & v_{k1-kB} \\ v_{k2-k1} & v_0 & v_{k2-k3} & \vdots \\ \vdots & \vdots & \ddots & \vdots \\ v_{kB-k1} & \cdots & \cdots & v_0 \end{bmatrix}_{B \times B} \tag{7-40}$$

其中 $v_k = \frac{\sigma^2}{N} \sum_{l=0}^{N-1} \frac{\exp\left(-\mathrm{j}2\pi \frac{lk}{N}\right)}{|H_k^0|^2 + |H_k^1|^2 + \sigma^2}$；$(\cdot)^{\mathrm{T}}$ 表示矩阵转置。

7.4.4　仿真性能分析

为评估 IC-FDE-DFE 算法的性能，对算法进行仿真分析。仿真中调制方式分别采用 BPSK 和 8PSK。当短波信道的多径时延值为 4ms 时，设符号速率为 19.2 千波特，则信道时延为 76 个符号。考虑到在实际中，可能存在更恶劣的多径时延，将信道时延增大为 87 个符号。假设信道多径时延分别为{0,1,2,3,75,86}，此时 CP 的长度要求大于 87，当分组长度为 128 时，CP 降低了系统的带宽与功率效率。仿真中取 CP 的长度为 3，即只考虑前 4 条多径信号的影响，而将时延为 75 和 86 的两条大时延多径信号视为剩余多径干扰。当 CP=3 时，简单的频域均衡不能完全消除多径干扰。

图 7-26 和图 7-27 分别为 IC-FDE-DFE 在 BPSK 和 8PSK 调制时的误比特率性能，其中横坐标为平均比特信噪比。图中的性能下边界是指理想条件下的性能，即用于重构前一分组带来的干扰 IBI 和剩余多径干扰的符号完全无误，并且用于判决反馈的符号也完全无误。对比两张图可知由于初始估计的不准确，剩余多径干扰和信道衰落对算法性能的影响，随着调制阶数的增加而增加。

在单接收天线的情况下，算法每次迭代的增益有限，其性能与理想性能边界的差距较大。当调制方式为 8PSK 时，算法的性能曲线在所仿真的信噪比范围内不能收敛。采用两根接收天线时，由于存在空间分集增益，算法的性能得到了明显的提升。在 8PSK 调制方式下，当迭代次数 $I=3$，$BER=1\times10^{-4}$ 时，与理想性能边界相比，算法的性能损失小于 0.5dB。

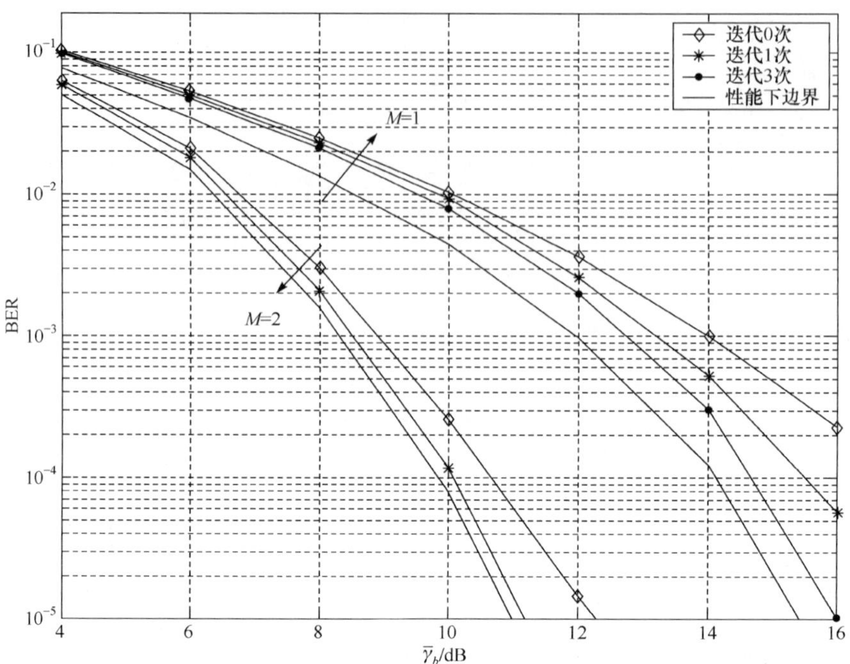

图 7-26 BPSK 调制时 IC-FDE-DFE 的性能

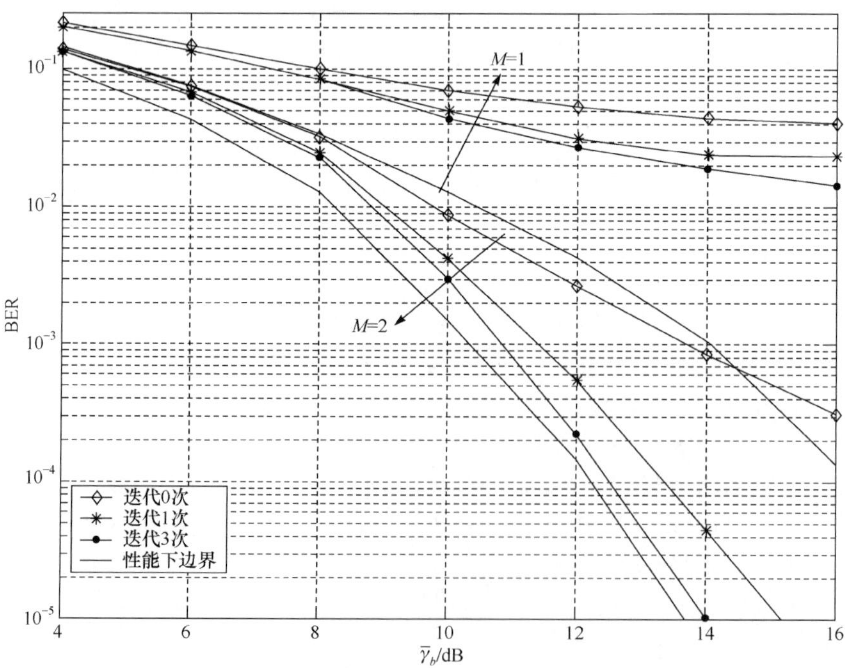

图 7-27 8PSK 调制时 IC-FDE-DFE 的性能

7.4.5 复杂度分析

本小节重点对时频域混合判决反馈均衡(H-DFE)和联合干扰抵消与判决反馈均衡(IC-FDE-DFE)的复杂度进行对比分析,通过复数乘法的次数来反映两者的复杂度。表 7-2 给出了两种均衡器在均衡每个符号时的运算复杂度。

其中前馈均衡器的运算复杂度为$\log_2 N+1$。假定 H-DFE 中反馈均衡器的支路数为 B_1,由于前馈均衡器破坏了信道的"稀疏"特性,为抵消所有的多径干扰,需要使 $B_1=L-1$。而在 IC-FDE-DFE 中,由于采用了干扰信号重构与抵消,均衡器只需要对时延较小的部分信道进行均衡,因此可以使得反馈均衡器的支路数 B_2 较小。在仿真中 $B_2=4$。用于干扰抵消的支路数为 L_{IC},根据前一小节的叙述可知 $L_{IC}=2$。由表 7-2 可以看出,IC-FDE-DFE 算法的运算复杂度明显降低。

表 7-2 H-DFE 与 IC-FDE-DFE 在均衡每个符号时的运算复杂度

	均衡每个符号所需复数乘法的次数
H-DFE	$\log_2 N+1+B_1$
IC-FDE-DFE	$\log_2 N+1+B_2+L_{IC}$

表 7-3 所列为两种均衡器的运算复杂度。两种均衡器都通过式 (7-38) 来计算前馈均衡器的系数,运算复杂度为 $O(3N+0.5N\log_2 N)$。从式 (7-38)可以看出,在计算前馈均衡器的系数之前,需通过式(7-39) 得到反馈滤波器的系数,其复杂度为 $O(B^2)$。从表 7-3 中可以看出,由于 IC-FDE-DFE 的反馈支路数目比较小,其均衡器具有更小的运算复杂度。

表 7-3 H-DFE 与 IC-FDE-DFE 的设计复杂度

	算法所需复数乘法的次数
H-DFE	$O(3N+0.5N\log_2 N+B_1^2)$
IC-FDE-DFE	$O(3N+0.5N\log_2 N+B_2^2)$

7.5 基于判决反馈均衡器的循环前缀重构

前面提到,插入 CP 降低了系统的带宽效率和功率效率。提高系统带宽效率的方法之一是在 CP 长度不小于信道冲激响应长度的前提下,增加数据分组的长度。但这会增加接收端的处理时延,同时信道的时变特性也限制分组长度的取值不能过大。另一种方法是发射端只发送部分长度的 CP,而在接收端采用时域的横向滤波器来缩短级联信道冲激响应的长度。该方法的不足是最优滤波器难以实现,在 SC-FDE 系统中会放大噪声。循环前缀重构 (CP Reconstruction,CPR) 是一种能够提高 SC-FDE 系统效率的方法，并且不会放大噪声，具有较好的性能。SC-FDE 系统的 CP 重构算法常采用频域线性均衡，即 LE-CPR。

本节首先分析了 CP 长度不足对接收信号的影响；随后为了克服这一影响，提出了利用判决反馈均衡器的 CP 重构算法，实现了发送部分 CP 信号的条件下，充分利用信道编译码增益，从而提高算法性能；最后对所提算法进行了性能仿真。

7.5.1 循环前缀不足对接收信号的影响

结合图 7-24 中采用信道编码和分集接收的 SC-FDE 系统结构可以看出，考虑冲激响应长度为 L 的信道，假设信道至少在一个分组周期内保持不变，并且接收端已知信道冲激响应。经过信道编码、交织、调制后的发送数据为 $\{x_n\}_{n=0}^{N-1}$，$\{x_n\}_{n=0}^{N-1}$ 尾部的 v 个符号被复制到分组的前面构成循环前缀。当 CP 的长度大于信道冲激响应的长度，即 $v \geqslant L-1$ 时，接收信号在去除 CP 后不存在分组间干扰 IBI。其中第 i 个符号分组周期内接收到的信号为

$$r_{i,n} = \sum_{l=0}^{L-1} h_l x^i_{(n-l)_N} + w_n, \quad 0 \leqslant n \leqslant N-1 \tag{7-41}$$

上式中 $\{h_l\}_{l=0}^{L-1}$ 为信道冲激响应；$\{x^i_n\}_{n=0}^{N-1}$ 为第 i 个符号分组周期内发送的符号序列；$(\cdot)_N$ 表示模 N 运算；w_n 为均值为零、方差为 σ^2 的高斯加性白噪声。由于 CP 的存在，发送信号与信道冲激响应的卷积满足循环卷积特性。对式（7-41）进行 FFT 运算，可得接收信号的频域表示式

$$R_{i,k} = H_k X^i_k + W_k, \quad 0 \leqslant k \leqslant N-1 \tag{7-42}$$

其中 $\{R_{i,k}\}_{k=0}^{N-1}$，$\{H_k\}_{k=0}^{N-1}$，$\{X^i_k\}_{k=0}^{N-1}$ 和 $\{W_k\}_{k=0}^{N-1}$ 分别为 $\{r_{i,n}\}_{n=0}^{N-1}$，$\{h_l\}_{l=0}^{L-1}$，$\{x^i_n\}_{n=0}^{N-1}$ 和 $\{w_n\}_{n=0}^{N-1}$ 的频域形式。

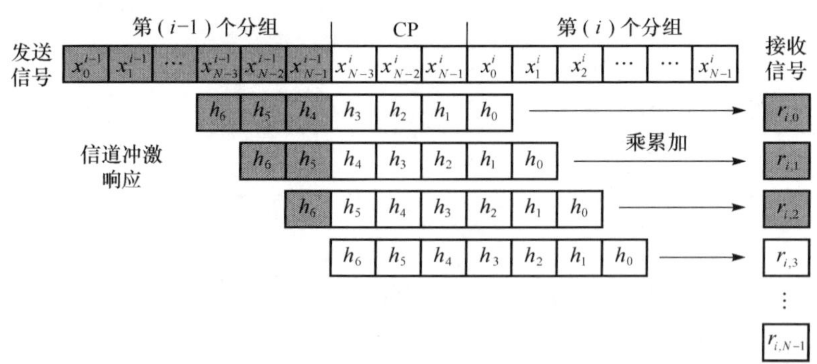

图 7-28 循环前缀长度不足引起 IBI

当 CP 的长度不足，即 $v < L-1$ 时，接收信号中存在着 IBI。图 7-28 示意了当信道冲激响应长度 $L=7$，CP 长度 $v=3$ 时，接收信号中分组之间相互干扰的情况。由图可知，在去除 CP 以后，第 i 个分组内接收信号的第 1 个样点受到前一个分组最后 3 个符号的干扰，接收信号的第 2 个样点受到前一个分组最后 2 个符号的干

扰，接收信号的第 3 个样点受到前一个分组最后 1 个符号的干扰。因此，第 i 个符号分组内所含的 IBI 为

$$g_{i,n}=\begin{cases}\sum\limits_{l=v+n+1}^{L-1}h_l x^{i-1}_{(n-l+v)_N}, & 0\leqslant n\leqslant L-v-2\\ 0, & L-v-1\leqslant n\leqslant N-1\end{cases}\tag{7-43}$$

由图 7-28 和式 (7-43) 可知，第 i 个数据分组内接收信号的前 $L-v-1$ 个样点受到了第 $i-1$ 个数据分组尾部 $L-v-1$ 个符号的干扰。此时，发送信号与信道冲激响应的卷积不再满足循环卷积的特性，式 (7-42) 也不再成立。若继续采用简单的频域相乘的均衡算法必然引起系统性能的下降。

7.5.2　基于判决反馈均衡器的循环前缀重构算法

CP 重构算法由尾部抵消（tail cancellation）和循环特性重构（cyclic reconstruction）两个步骤组成。整个过程可用下面的公式来描述：

$$r'_{i,n}=r_{i,n}-\sum_{l=v+n+1}^{L-1}h_l x^{i-1}_{(n-l+v)_N}+\sum_{l=v+n+1}^{L-1}h_l x^{i}_{(n-l+v)_N},\quad 0\leqslant n\leqslant L-v-1\tag{7-44}$$

尾部抵消指通过减去式 (7-44) 中的第二项消除 IBI，循环特性重构是指在式 (7-44) 中加入第三项以恢复信号的循环特性。在实际实现时，通常利用已判决的第 $i-1$ 个符号分组 $\{\bar{x}^{i-1}_n\}^{N-1}_{n=0}$ 来重构 IBI，而重新生成的第 i 个符号分组 $\{\bar{x}^{i}_n\}^{N-1}_{n=0}$ 则用于循环特性重构过程。通过对接收信号不断重复执行译码和循环特性恢复过程，可以逐渐重构出完整的 CP。在 LE-CPR 中，每次循环特性恢复只利用了 $\{\bar{x}^{i}_n\}^{N-1}_{n=0}$ 的最后 $L-v-1$ 个符号，不能够充分利用信道编译码所提供的性能增益，其性能有待进一步提高。而在 DFE-CPR 算法中，经过纠错译码的重构信号全部通过判决反馈滤波器进行剩余 ISI 抵消，信道编译码提供的性能增益得到了充分的利用，因此具有更好的性能。图 7-29 给出了 DFE-CPR 的功能框图，其中虚线部分是 DFE-CPR 相对于 LE-CPR 新增加的部分，整个算法的运算步骤如下。

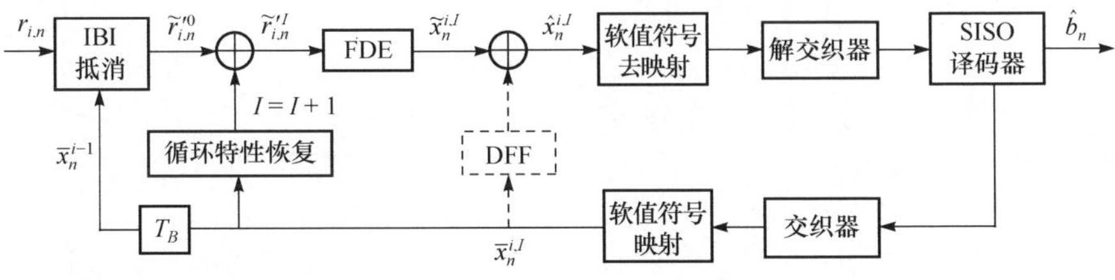

图 7-29　DFE-CPR 的功能框图

(1) 利用已判决的第 $i-1$ 个符号分组 $\{\bar{x}^{i-1}_n\}^{N-1}_{n=0}$，信道响应 $\{h_l\}^{L-1}_{l=0}$，以及式(7-43)估计 IBI 得到 $\{\hat{g}_{i,n}\}^{N-1}_{n=0}$。

(2) 从接收信号 $\{r_{i,n}\}^{N-1}_{n=0}$ 中减去 $\{\hat{g}_{i,n}\}^{N-1}_{n=0}$，完成尾部抵消过程。如下式所示：

$$\tilde{r}'^{I=0}_{i,n=1}=r_{i,n}-\hat{g}_{i,n},\quad 0\leqslant n\leqslant N-1 \tag{7-45}$$

其中 I 表示迭代次数，初始值设置为 0。

(3) 通过 FFT 将 $\{\tilde{r}^{iI}_{n}\}_{n=0}^{N-1}$ 变换至频域进行频域均衡，然后再经过 IFFT 变换得到时域信号 $\{\tilde{x}^{iI}_{h}\}_{n=0}^{N-1}$。如果 $I=0$，则跳转至步骤(5)。

(4) 通过减去判决反馈滤波器的输出来抵消 $\{\tilde{r}^{iI}\}_{n=0}^{N-1}$ 中的剩余 ISI，如下式所示：

$$\hat{x}^{i,I}_{n}=\tilde{x}^{i,I}_{n}-\sum_{k\in F_B}f^{*}_{k}\,\overline{x}^{i,I-1}_{(n-k)_N},0\leqslant n\leqslant N-1 \tag{7-46}$$

其中 $\{f^{*}_{k}\}$，$k\in F_B$ 表示反馈滤波器的抽头系数；$(\cdot)^{*}$ 表示复数共轭；F_B 是一个维数为 B 的非零整数集合，记录着各个反馈支路相对当前符号的时延；$\{\overline{x}^{i,I-1}_{n}\}_{n=0}^{N-1}$ 为第 $(I-1)$ 次迭代过程中重新生成的第 i 个符号分组。

(5) 对符号序列进行软值去映射，得到数据比特的软值信息。这些软值信息经过解交织后再送入 SISO 译码器进行译码。如果 I 等于设定的迭代次数，则停止迭代并输出信息比特。

(6) SISO 译码器输出的编码比特外信息经过交织，软值符号去映射后得到符号序列 $\{\overline{x}^{i,I}_{n}\}_{n=0}^{N-1}$。

(7) 通过下面的式 (7-47) 和式 (7-48) 重构完整的 CP。

$$\tilde{r}'^{I+1}_{i,n}=\tilde{r}'_{i,n}+\hat{e}^{I}_{i,n},0\leqslant n\leqslant N-1 \tag{7-47}$$

其中

$$\hat{e}^{I}_{i,n}=\begin{cases}\sum\limits_{l=v+n+1}^{L-1}h_l\,\overline{x}^{i,I}_{(n-l+v)_N},0\leqslant n\leqslant L-v-2\\ 0,L-v-1\leqslant n\leqslant N-1\end{cases} \tag{7-48}$$

(8) 设置 $I=I+1$，并跳转至步骤(3)。

7.5.3 DFE-CPR 的优化

在上述运算步骤中，接收的信号在步骤(2) 中消除 IBI 后得到 $\{\tilde{r}'_{i,n}\}_{n=0}^{N-1}$，然后在步骤(3) 中经过频域均衡，再通过步骤(5) 进行软值符号去映射。由于此时还没有进行循环特性恢复过程，因此最终得到的编码比特的软值信息并不可靠，导致算法性能下降。特别是当 CP 的长度与信道冲激响应的长度相差比较大时，算法的性能将明显恶化。为了进一步提高 DFE-CPR 的性能，下面对 DFE-CPR 进行优化。

考虑到第 $i+1$ 个分组内接收信号的最初 (去除 CP 之前)$L-v-1$ 个符号受到了第 i 个分组的尾部 $L-v-1$ 个符号的干扰，并且这些干扰就是循环特性恢复过程所试图重构的缺失的一部分 CP 信号。因此可以利用这些接收信号对 $\{\tilde{r}'_{i,n}\}_{n=0}^{N-1}$ 进行初始的循环特性恢复。通过对步骤(2) 进行改进，将公式 (7-44) 修改为

$$\tilde{r}'^{I=0}_{i,n}=r_{i,n}-\hat{g}_{i,n}+\alpha_n r_{i+1,n-v},0\leqslant n\leqslant L-v-2 \tag{7-49}$$

其中 $\{\alpha_n\}_{n=0}^{L-v-2}$ 为加权因子，用于最小化 $\{\tilde{r}'_{i,n}\}_{n=0}^{N-1}$ 受到的第 $i+1$ 个分组的干扰，其定义式为

$$\alpha_n = \frac{\sum_{l=v+n+1}^{L-1} |h_l|^2}{\sum_{l=0}^{L-1} |h_l|^2}, 0 \leqslant n \leqslant L-v-2 \tag{7-50}$$

从下面的仿真结果可以看出，这种优化算法可以明显地提高 CP 重构算法的性能，付出的代价是处理时延有所增加。

7.5.4 仿真性能分析

在调制方式为 QPSK，分组的长度为 $N=128$，CP 的长度为 $v=0$，卷积码的约束长度为 4，SISO 译码器采用外信息输出算法的条件下，仿真了 DFE-CPR 的误比特率性能，并与基于 SISO 译码的 LE-CPR 的误比特率性能进行了比较。

图 7-30 为 LE-CPR 和 DFE-CPR 经过 2 次迭代后的误比特率性能，图中同时还给出了 LE-CPR 和 DFE-CPR 的性能下边界。性能下边界是指 LE-CPR 和 DFE-CPR 算法，在 IBI 抵消，循环特性恢复和判决反馈均衡输出完全正确时的性能。比较两条下边界曲线可知，DFE-CPR 在提高系统性能方面具有明显优势。

图 7-30 中的左下角对低信噪比区域内的结果进行了放大。比较图中各曲线可知，当信噪比低于 4.3dB 时，错误传播导致 DFE-CPR 的性能劣于 LE-CPR。对于 DFE-CPR 和优化后的 DFE-CPR，第 2 次迭代能够提供明显的增益。如当 BER$=1\times10^{-5}$时，第 2 次迭代能够为 DFE-CPR 提供 1.0dB 的性能增益。

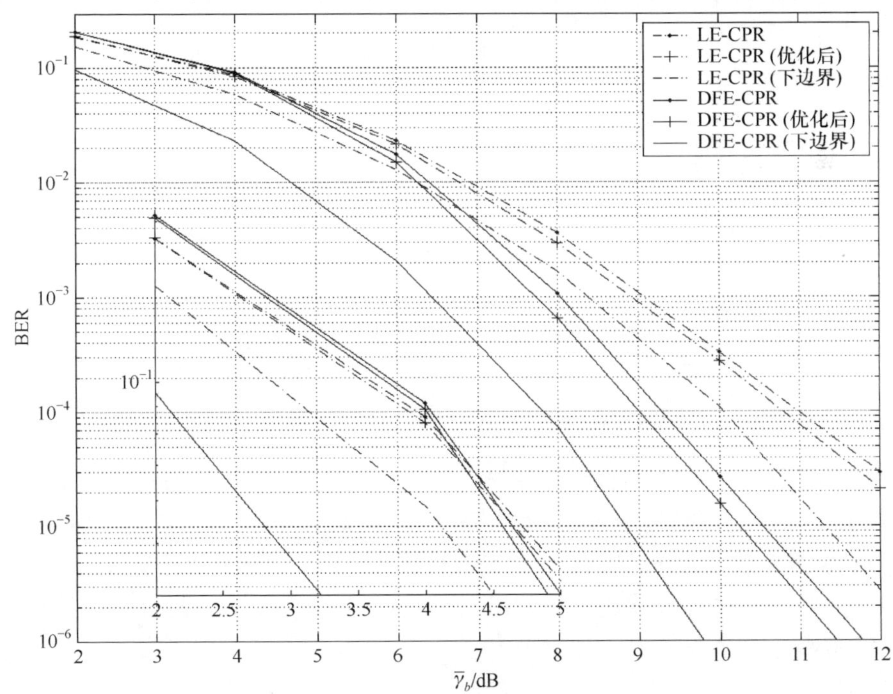

图 7-30　迭代 2 次后两种算法的 BER 性能

在上面的仿真过程中，令 F_B 包含了多径信道中所有的支路，也即 $B=L-1=18$。为了减小判决反馈均衡器的运算复杂度，反馈滤波器的支路数(F_B)中的元素应当尽可能的少。下面，通过仿真来考察 $B=1,2,3$ 时优化后的 DFE-CPR 的性能，并与 $B=18$ 时的性能进行比较。

图 7-31 为优化后的 DFE-CPR 在反馈滤波器具有不同抽头个数时的性能，算法的迭代次数为 1。由图可见，取 $B=3$ 就可以得到比较满意的性能。在 BER$=1\times10^{-5}$时，性能损失小于 0.2dB。因此，与 LE-CPR 相比，DFE-CPR 算法能够在不显著增加运算复杂度的情况下，明显提高 CP 重构算法的性能。

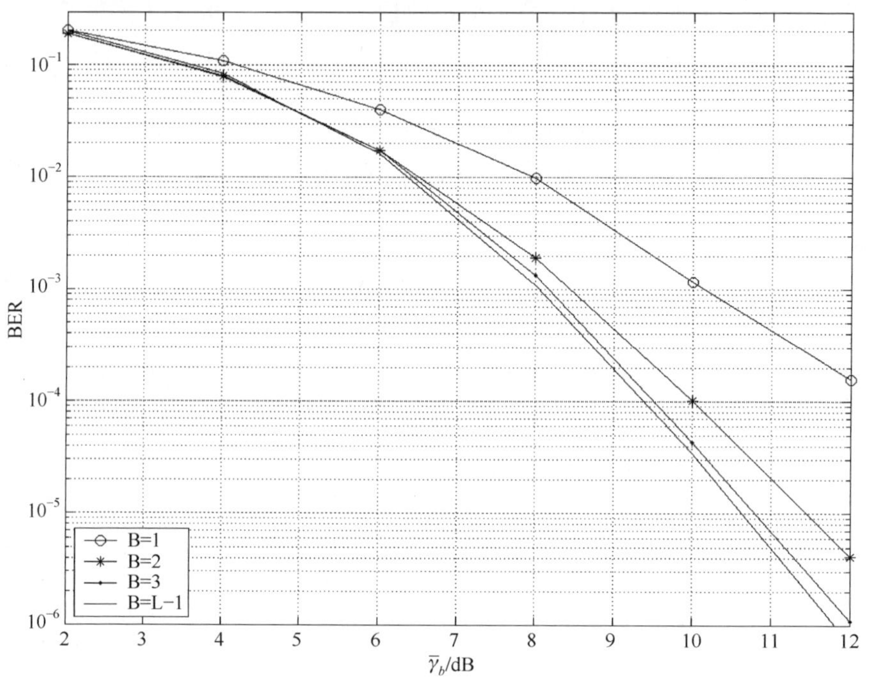

图 7-31 优化后的 CPR-DFE 在不同反馈抽头个数时的 BER 性能

7.5.5 LE-CPR 与 DFE-CPR 的复杂度分析

本节对两种算法的复杂度进行了分析和比较，表 7-4 给出比较结果。

对于均衡器的运算复杂度，在 LE-CPR 中，频域均衡需要 N 次复数乘法，均衡前后分别需要一次 FFT 运算和一次 IFFT 运算，因此均衡每个符号，LE-CPR 算法需要 $\log_2 N+1$ 次复数乘法。在 DFE-CPR 中，由于需要进行时域的判决反馈滤波，所以还额外需要进行 B 次复数乘法。

表 7-4　LE-CPR 和 DFE-CPR 的复杂度比较

	均衡每个符号所需复数乘法的次数	算法所需复数乘法的次数
LE-CPR	$\log_2 N+1$	$O(N)$
DFE-CPR	$\log_2 N+1+B$	$O(2N+0.5N\log_2 N+B^2)$

对于均衡器设计，在$\{H_k\}_{k=0}^{N-1}$已知的情况下，LE-CPR 通过式（7-10）计算均衡器的抽头系数，其运算复杂度为$O(N)$。DFE-CPR 首先需要求解线性方程组(7-39)，得到反馈滤波器的系数，其复杂度为$O(B^2)$。然后再通过式（7-38）计算前馈均衡器的系数，复杂度为$O(2N+0.5N\log_2 N)$。

7.6　小　结

本章以拓展带宽提高传输速率为技术路线，针对短波信道条件，提出了新的单载波频域均衡宽带高速数据传输波形，并对常用的频域均衡算法进行了仿真。从提高系统容量的角度，给出了基于干扰抵消的 MIMO 单载波频域均衡结构；从获得系统分集增益的角度，给出了基于空时编码的 MIMO 单载波频域均衡结构。针对短波信道宽带稀疏多径的特性，提出了联合干扰抵消与判决反馈均衡的低复杂度迭代均衡算法，并给出了仿真结果。最后，为了提高系统的带宽效率与功率效率，提出了基于判决反馈均衡器的循环前缀重构算法，并进行了仿真对比分析。

第8章　自动链路建立

8.1　引　　言

如何选频是短波中远距离通信面临的最主要的技术难点之一。由于电离层反射电波具有明显的窗口效应，并且可用频率窗口随时间变化而变化，长久以来为了保持短波通信畅通，操作人员必须通过手动操作选择、更换频率，其过程繁琐且时效性低。为此出现了信道实时探测和自动链路建立概念。

在早期，一般采用独立的信道实时评估(Real Time Channel Evaluation，RTCE)系统，通过电离层探测的方法来为短波通信系统提供频率优选信息，随后根据探测结果人工设定工作频率，一般把这类技术称为第一代链路建立技术。

20世纪80年代，出现了技术成熟的第二代短波通信系统，它们大多以第二代自动链路建立标准(美军标 MIL-STD-188-141A)为基础，具备链路质量分析(Link Quality Analysis，LQA)、自动链路建立(Automatic Link Establishment，ALE)和自动链路保持(Automatic Link Maintenance，ALM)功能。

21世纪初，随着短波通信技术的发展，出现了第三代短波通信系统，它们以第三代自动链路建立协议(美军标 MIL-STD-188-141B)为基础，除具备链路质量分析、自动链路建立和自动链路保持功能以外，还支持高速数据链路和低速数据链路功能，不仅可以提供高性能的数据传输，还可以支持更大规模的网络和更多的业务类型。

随着短波通信技术飞速发展和认知无线电研究的兴起，在自动链路建立系统中进一步引入认知无线电的频谱感知、智能学习、自适应调整等思想是下一代自动链路建立技术的发展方向之一。

8.2　基于FSK调制的第二代异步链路建立技术

以美军标 MIL-STD-188-141A 为代表的第二代自动链路建立标准是最常用的频率自适应技术，简称2G-ALE技术。

8.2.1　波形及建链过程

8.2.1.1　调制波形及信号结构

1) 调制波形

ALE信号波形主要用于信令传输，要求具有较高的可靠性，一般采用低速传输。而低速 8FSK 信号具有较长的码元周期,可减小多径时延引起的码间串扰带来的影响,2G-ALE 采用了符号速率为 125 波特的 8FSK 调制,具体的波形描述可参见 3.5.1 节。

2) 信号结构

基本 ALE 字由 W1(MSB)到 W24(LSB)24 位信息组成,表示方法如图 8-1 所示,分为四部分:一个 3bit 的报头、三个 7bit 字符。一个基本 ALE 字的持续时间为 392ms。

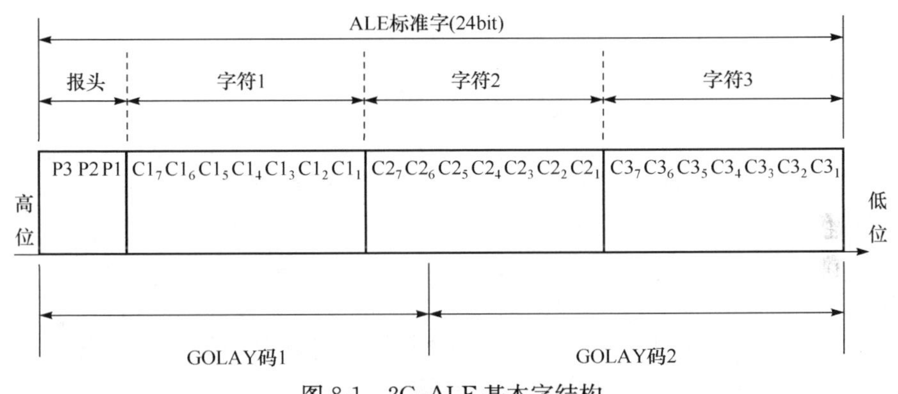

图 8-1　2G-ALE 基本字结构

8.2.1.2　链路建立过程

2G-ALE 建链过程一般通过三次握手完成,包含呼叫过程、应答过程和确认过程,如图 8-2 所示。由于被呼台处于扫描状态,主呼台需要在选定的信道上呼叫足够的时间,以保证处于扫描接收状态的被呼台能侦听到呼叫信号。收到呼叫后,被呼台发出一个应答信号,表明正确接收到主呼台的呼叫信号。主呼台收到应答信号后,发送一个确认信号,完成链路建立过程。通信结束后,由主呼台或被呼台发送一个拆链信号,拆除链路,双方重新回到扫描状态。

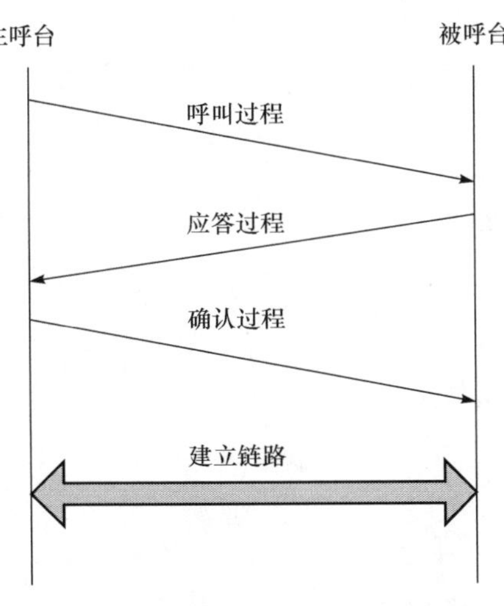

图 8-2　链路建立的三次握手过程

1) 链路质量分析(LQA)

电台在扫描时,可以人工或定时发起 LQA 探测,具体分为单向 LQA 和双向 LQA 两种方式。LQA 矩阵一般与台站号关联,包含发送信道 LQA 值(对方接收信道质量)和接收信道 LQA 值。

单向 LQA 的流程如下:发起方在扫

描组内的每个频率上依次发送一个无须应答的呼叫信号。接收方收到呼叫信号后,更新其 LQA 矩阵中与该主呼台关联的接收信道分值,如图 8-3 所示。

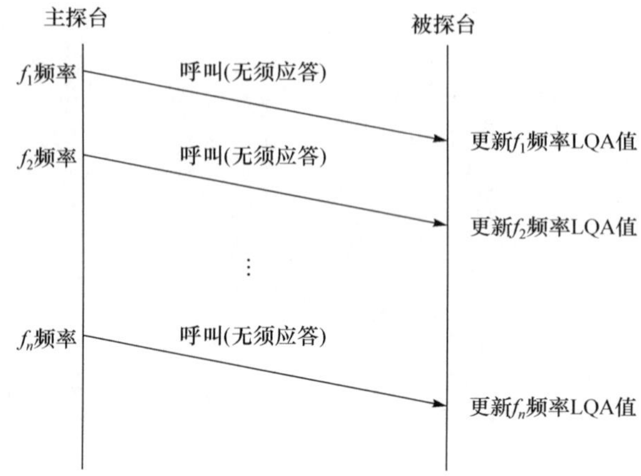

图 8-3　单向信道探测(LQA)过程

双向 LQA 与呼叫建链流程基本相同,只是第三次握手时,主呼台发送一条拆链信号。然后双方都更新当前与台站关联的双向信道 LQA 值。如图 8-4 所示。

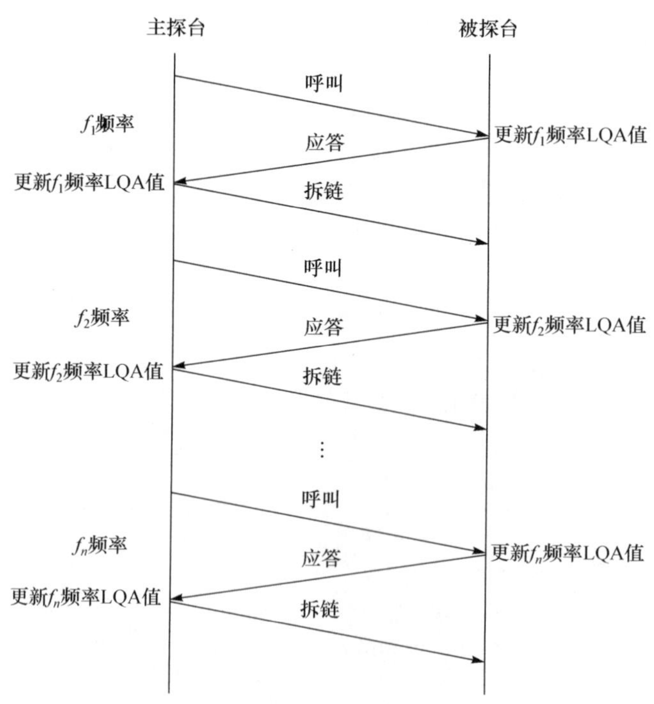

图 8-4　双向信道探测(LQA)过程

2）呼叫信道选择

2G-ALE 规定由主呼台依据 LQA 值确定呼叫信道的顺序，并从最优频率开始发起呼叫。LQA 值越小，对应的信道质量越好。由于主呼台到被呼台的信道和被呼台到主呼台的信道可能存在不对称性，因此，信道排序时要综合考虑双向链路 LQA 值的总分值及双向链路分值差。

3）扫描呼叫重复次数的确定

以扫描组内包含 10 信道，扫描速率为 2 信道/秒为例，呼叫信号至少需要持续 5s 以上，才可以保证处于扫描状态的被呼台能够侦听到呼叫信号。此时，用于扫描侦听的呼叫重复次数为$\lceil 5000\text{ms}/392\text{ms} \rceil \approx 13$ 次，其中，$\lceil \cdot \rceil$表示向上取整。

4）呼叫流程

呼叫流程如图 8-5 所示。主呼台首先选 LQA 矩阵中的最优信道，进行呼叫。如果在该信道上未能建立链路，则选择次优信道，重新进行呼叫，若还是无法建立链路，则依次对可用的信道进行如上操作。在发起呼叫前，需要对信道进行“发前侦听”，若信道已占用，则选择下一个信道。

如果呼叫前没有可用的 LQA 数据，则先启动双向 LQA 探测，获得 LQA 矩阵值后，再进行呼叫。

8.2.2　多维联合扫描信号快速识别

美军标 MIL-STD-188-141A 推荐了 2 种信道扫描速率，分别是 2 信道/s 和 5 信道/s，具体工程实现时信道扫描速率取决于接收端对扫描信号的快速识别能力。本节在分析影响信道扫描速率因素的基础上，以实现较低虚警概率和较高检测概率的信号快速识别为目标，提出了一种基于快速同步调整和 ALE 字有效性判别的多维联合检测方法，并给出了联合检测的具体实现流程。

8.2.2.1　快速同步调整

基于前后窗能量跟踪的位同步方法，在第 3 章的 3.3 节中已有详细的表述，具体的实现过程可以参见该章的描述。

采用这种能量跟踪法，能较快寻找最佳判决时刻。一般情况下，当同步误差小于 8 个样点时，就可以解调出正确的数据，基本满足系统对位同步的要求，并且可以通过后续调整实现更为精确的位同步。为了实现快速的扫描，要采用不同的同步调整策略，下面分别分析两种扫描速率下的同步建立时间。

对于 2 信道/s 的扫描速率，扫描前后窗能量跟踪法的位同步调整最大步进可取 4 点，考虑最差的情况，位同步误差为 31 个样点，此时要调整的次数为 7，共调整$7\times4=28$ 个样点，剩余同步误差小于 3，对应的最大同步建立时间为 $T_s=nT_b=7\times8\text{ms}=56\text{ms}$。显然对于 500ms 扫描侦听时间，其位同步调整占用的时间很短。

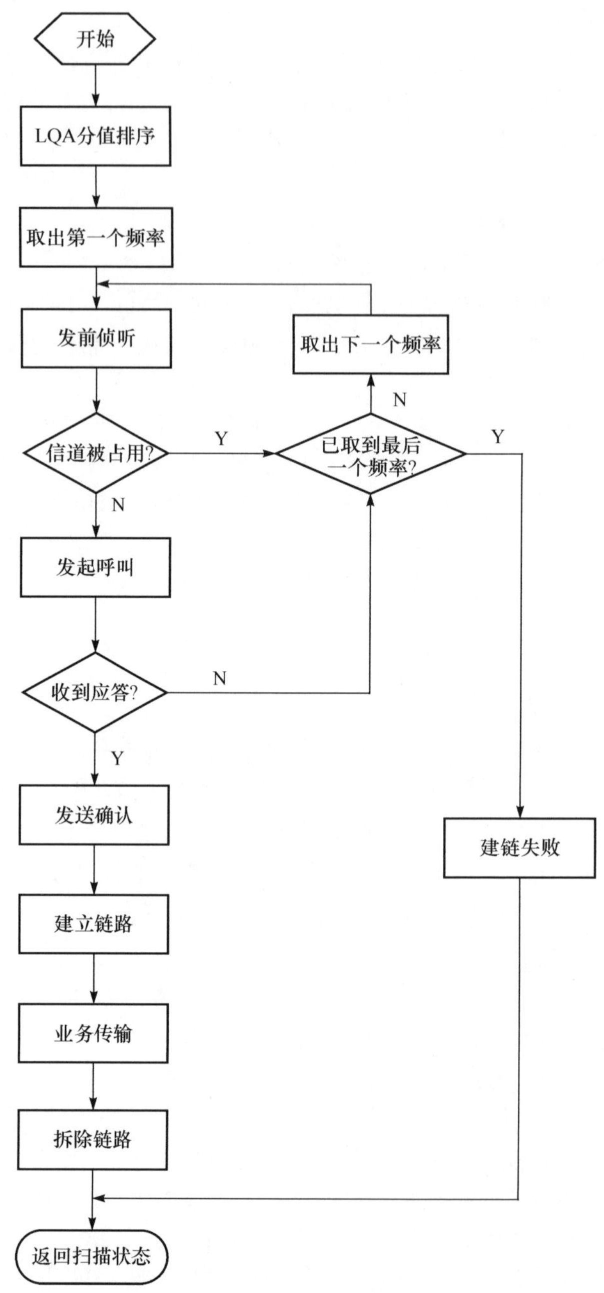

图 8-5 呼叫流程

对于 5 信道/s 情况，由于其扫描侦听时间为 200ms，需要更快速的同步调整。一般取每次调整最大步进为 8 个样点。同样考虑最差的情况，位同步误差为 31 个样点，此时要调整的次数为 3 次，剩余同步误差小于 7，对应的最大同步建立时间

为 $T_s = nT_b = 3\times 8\text{ms} = 24\text{ms}$。

可见，根据扫描速率选取合适的位同步调整步进，可以实现信号的快速捕获。同时，无论是否有信号存在，同步需要始终处于调整过程中，以实现对信号的跟踪，这样一方面方便后续的信号存在判别，另一方面在信号出现时可实现快速位同步。

8.2.2.2　基于同步点一致性的时频域信号存在判别

在实际的短波信道中存在多种干扰，由于干扰的影响，接收端在信号检测时可能出现虚警。为了在 ALE 的引导呼叫期间能快速捕捉到有效的 ALE 字，同时降低虚警概率，可对信号采用时域和频域双重检测，分别计算时域和频域的信噪比，联合判别信号是否存在。

频域检测可采用 FFT 变换的块处理方法，它反映信号在一个处理块时间内的能量平均值；时域检测可采用逐点相关运算处理，它可反映信号的瞬时性。通过时频域联合处理可以减少单频干扰或时域突发脉冲干扰对信号存在判别的影响，初步判别信号是否存在。

由于无信号存在时，位同步调整不会收敛；而在有信号存在时，位同步调整会趋于收敛。通过对多个码元的位同步位置进行一致性判别，可以进一步确认信号的存在，降低虚警概率，具体处理流程如图 8-6 所示。

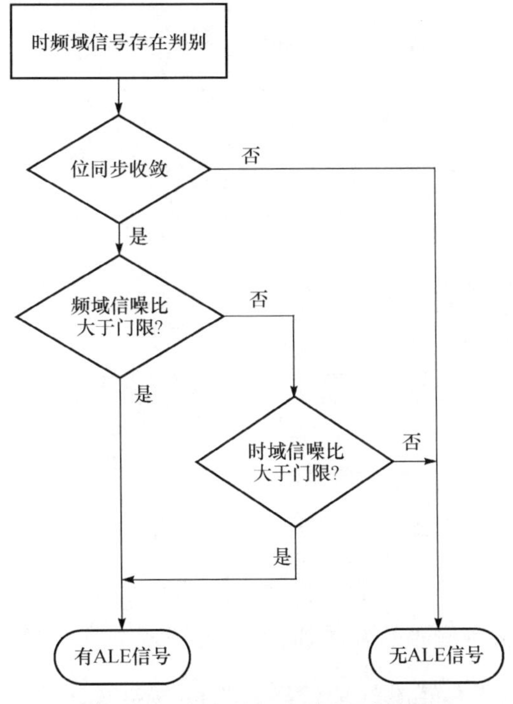

图 8-6　时频域能量比值判别流程图

8.2.2.3　循环解调和数据有效性判别

下面针对 2G-ALE 信号特点，分析信道扫描速率和信号检测时间的关系。从 8.2.1 节中 2G-ALE 信号的帧结构可知：一个完整 ALE 字(PDU)的持续时间为 392ms，由 49 个 8FSK 调制单音组成。传统的解调和译码算法，需要 2 倍的 PDU 时间，即 784ms 才能完成一个完整 ALE 字的正确解调，如图 8-7 所示。此时扫描速率为$\frac{1}{0.784}\approx 1.3$ 信道/s。

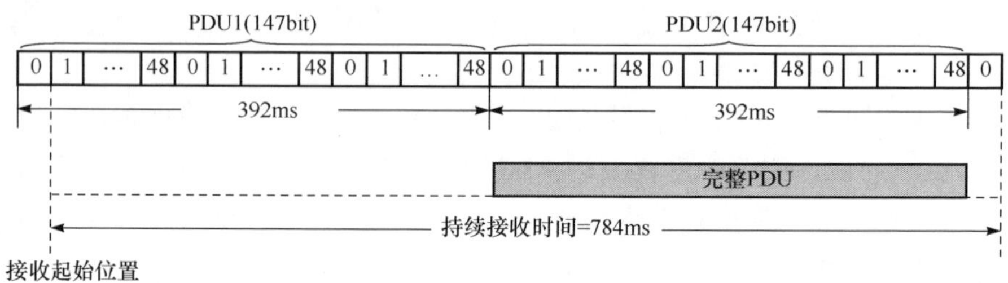

图 8-7　ALE 字解调示意图

由于 2G-ALE 中扫描呼叫 PDU 是重复发送的，可通过循环解调译码的方法，在 1 个 PDU 时间内，解析 PDU 内容，如图 8-8 所示。此时扫描速率为$\frac{1}{0.392}\approx 2.5$ 信道/s。

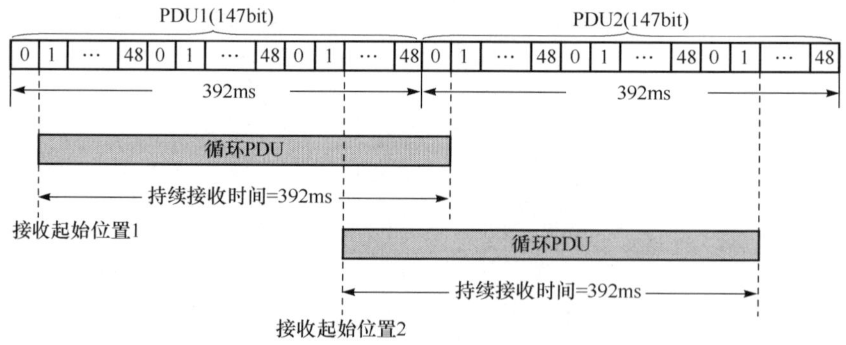

图 8-8　ALE 字循环解调示意图

同时在一个扫描呼叫 PDU 内具有 3 重时间分集，任意截取 1/3 个 PDU 时间内的数据，通过循环解调译码的方法，同样也可解析 PDU 内容，如图 8-9 所示。此时扫描速率为$\frac{1}{0.130}\approx 7$ 信道/s。考虑到接收机自动增益控制(AGC)稳定时间和信号处理时间，预留一些保护间隔，一般最快扫描速率设为 5 信道/s。

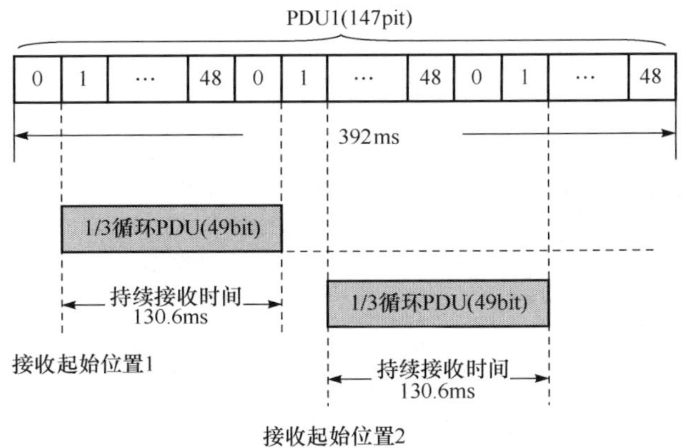

图 8-9　部分 ALE 字循环解调示意图

通过对 1/3 长度的 PDU 循环解调结果进行分析，可以初步判别当前信道是否有信号存在。当判别信号存在时，可以通过延长当前信道侦听时间提高信号检测概率，一般将侦听时间延长到 2×392=784ms，用于接收一个完整的 ALE 字。

8.2.2.4　多维联合扫描信号快速识别

对 ALE 字有效性的判别是实现信号快速识别的另一个重要依据，可以进一步降低虚警概率。其判别准则如下：

(1) 满足 2/3 大数判决译码器的一致性判决门限；

(2) 必须成功完成戈雷译码；

(3) 译码后得到的 ALE 字数据报头必须符合要求；

(4) 在报头后必须跟随三个可识别的合法 ASCII 字符(属于基本 38 字符子集)。

其实现流程如图 8-10 所示。

综上所述，下面给出多维联合检测的信号处理流程，如图 8-11 所示。

8.2.3　基于误码率的信道评估

在链路自动建立过程中，一项重要工作就是通过链路质量分析(LQA)，获得信道质量的归一化值，并将其存储在 LQA 矩阵中供后续信道选择时参考。因此链路质量评估算法会直接影响到最优频率的选择。

信道质量的评估一般可采用误比特率测量方法，其基本思想是利用 2/3 大数判决时的差错统计推导出信道误码率，这种方法的特点是在低信噪比情况下对信道的评估比较准确。

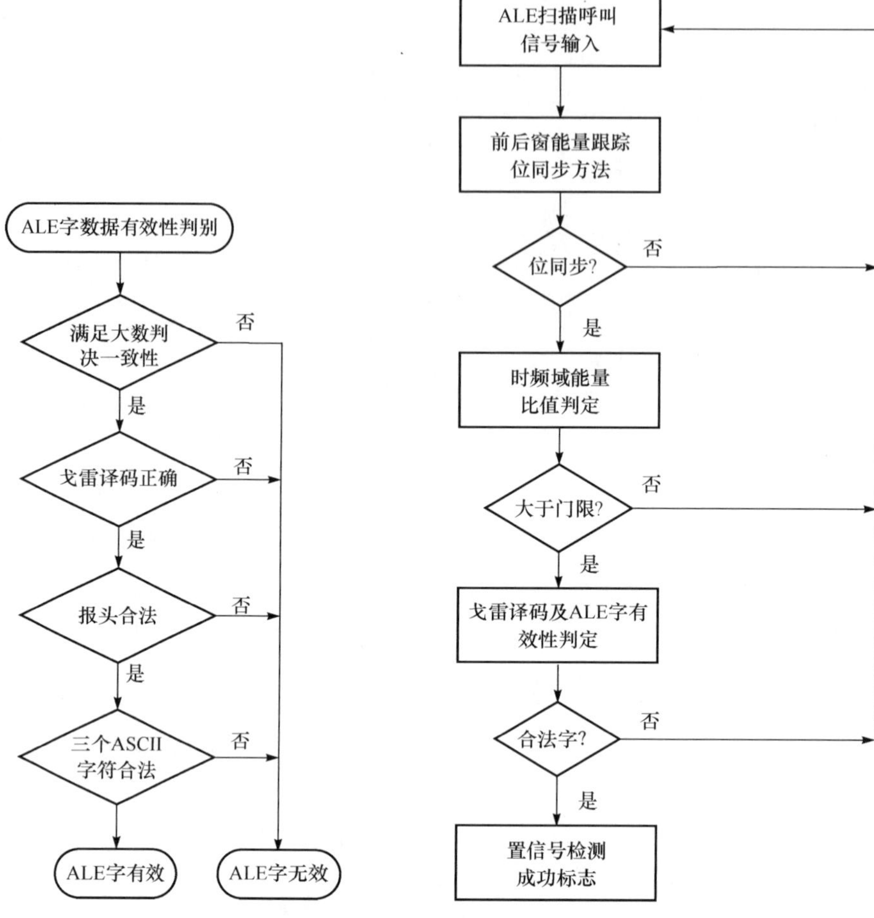

图 8-10 ALE 字有效性判别流程图

图 8-11 多维联合 2G-ALE 扫描信号快速识别流程图

具体的实现方法如下：由于每个信息字被连续冗余发送三次，在接收端进行大数判决时，将这三个信息字的对应位进行比较，当三个接收比特完全相同时认为该位没有出错，若有一个不同，则认为该位出现错误，并将错误标志置 1，在对49bit 均进行判决后，统计总的错误标志个数，以此推算出当前 ALE 字的误码率，在完成了一帧的接收后，统计得到信道误码率。

下面具体分析错误标志个数与误码率的对应关系，设 2/3 大数判决的错误计数为 E_c，误码率为 P_b，译码前冗余比特记为 C_i^j，$j=1,2,3,i=1,2,\cdots,49$。

1) $E_c=1$ 时

出现一个错的概率为：$P_b^3+C_3^1P_b(1-P_b)^2+C_3^2P_b{}^2(1-P_b)$，忽略第一项(3 个冗余比特全部错)。则有

$$\frac{C_3^1 P_b^2 (1-P_b)}{C_3^1 P_b (1-P_b)^2 + C_3^2 P_b^2 (1-P_b)} \times \frac{1}{144} + \frac{C_3^2 P_b^2 (1-P_b)}{C_3^1 P_b (1-P_b)^2 + C_3^2 P_b^2 (1-P_b)} \times \frac{2}{144} = P_b \tag{8-1}$$

可得

$$P_b \approx 0.006993$$

2) $E_c=2$ 时

出现两个错的概率为

$$\begin{aligned} &P_b^3 \times [P_b^3 + C_3^2 P_b^2 (1-P_b) + C_3^1 P_b (1-P_b)^2] + 2 \times C_3^2 P_b^2 (1-P_b) \times \\ &[C_3^2 P_b^2 (1-P_b) + C_3^1 P_b (1-P_b)^2] + C_3^1 P_b (1-P_b)^2 \times C_3^1 P_b (1-P_b)^2 \end{aligned} \tag{8-2}$$

忽略高次项,仅考虑 $C_3^2 P_b^2 (1-P_b) \times C_3^1 P_b (1-P_b)^2$ 项(两个编码位,分别错 2bit 和 1bit)、$C_3^1 P_b (1-P_b)^2 \times C_3^1 P_b (1-P_b)^2$ 项(两个编码位,都分别错 1bit),则有

$$\frac{1-P_b}{1+P_b} \times \frac{2}{144} + 2 \times \frac{P_b}{1+P_b} \times \frac{3}{144} = P_b \tag{8-3}$$

可得

$$P_b \approx 0.01409$$

当 E_c 为其他值时,可以按照上述的思路类推,得出对应的误码率 P_b,在此就不再赘述,由此可得到错误标志个数与误码率的对应关系。

MIL-STD-188-141*A* 中给出了如表 8-1 所示的误码率和 LQA 值的关系。其中,LQA 的值以五位二进制数表示,从 00000～11110,对应的误码率为 0～0.3。当 LQA 值为 00000 时,信道质量最高;LQA 值为 11110 时,信道质量最低;LQA 值为 11111 时,表示信道未测量。

表 8-1 误码率和 LQA 值的关系

2/3 大数判决计数	LQA 比特值	实际 BER
0	00000	0.0
1	00001	0.006993
2	00010	0.01409
3	00011	0.02129
4	00100	0.02860
5	00101	0.03602
6	00110	0.04356
7	00111	0.05124
8	01000	0.05904
9	01001	0.06699

续表

2/3 大数判决计数	LQA 比特值	实际 BER
10	01010	0.07508
11	01011	0.08333
12	01100	0.09175
13	01101	0.1003
14	01110	0.1091
15	01111	0.11181
16	10000	0.1273
17	10001	0.1368
18	10010	0.1464
19	10011	0.1564
20	10100	0.1667
21	10101	0.1773
22	10110	0.1882
23	10111	0.1995
24	11000	0.2113
25	11001	0.2236
26	11010	0.2365
27	11011	0.2500
28	11100	0.2643
29	11101	0.2795
30	11110	0.3
31	11111	无效值

8.3　基于 PSK 调制的第三代链路建立技术

第二代链路建立技术主要存在以下缺点：8FSK 波形抗干扰能力有限；单一的异步建链方式，导致建链时间偏长；基于 FSK 调制的建链和探测波形与基于 PSK 调制的数据业务波形不一致，导致信道 LQA 分值和实际数据传输效果存在差异。

针对第二代链路建立技术的不足，2000 年左右美军颁布了 MIL-STD-188-141B，即第三代短波自适应通信标准(3G-ALE)。

8.3.1　波形和协议

第三代短波自适应协议簇，包括短波子网络层及高层、会话层管理、数据链路层和物理层，如图 8-12 所示。

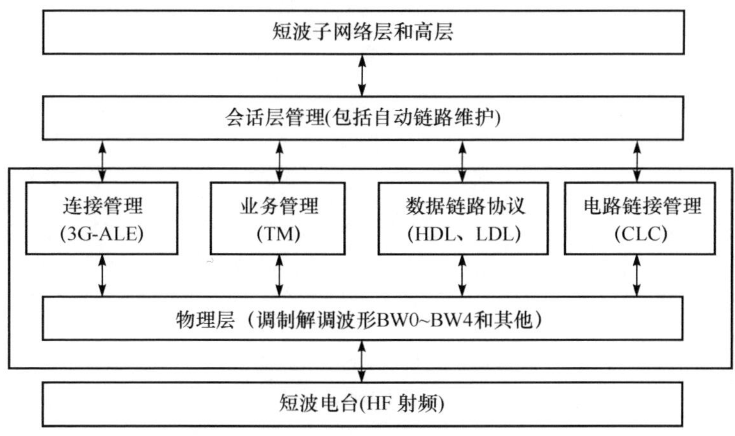

图 8-12　第三代短波协议簇

其中数据链路层包括连接管理(3G-ALE)协议、业务管理(TM)协议、数据链路协议(HDL 和 LDL)和电路链接管理(CLC)协议。

连接管理协议完成链路建立,主要功能包括:

(1) 控制扫描时隙及定时;

(2) 控制自动链路建立;

(3) 完成对呼叫信道和业务信道的探测、LQA 评估和选择;

(4) 发前信号侦听;

(5) 呼叫时隙选择和在呼叫信道上的呼叫流程控制。

业务管理协议完成通信业务的交互和管理,主要功能包括:

(1) 对当前业务信道的实时 LQA 评估;

(2) 完成业务信道 LQA 值的交互;

(3) 控制链路释放。

数据链路协议分为高速数据链路协议和低速数据链路协议两种。两者均采用可变码率自动反馈重发(ARQ)技术,直到数据接收正确。

电路连接管理协议通过对信道的实时监听获取各台站之间的电路连接信息,优化自动链路控制。

第三代短波通信系统在链路建立、业务管理和数据传输中使用突发波形来进行分组交换。MIL-STD-188-141B 定义了 BW0～BW4 五种突发波形,如表 8-2 所示。

表 8-2 3G-ALE 五种突发波形对照表

波形	应用场合	延续时间	净荷	同步头	纠错编码	交织	数据格式	有效码率
BW0	3G-ALE PDU	612.33ms	26 比特	160.00 ms	$R=1/2,k=7$ 的卷积码（无刷新比特）	4 ×13	16 正交 WALSH 函数	1/96
BW1	业务管理 PDU 高速数据链路确认 PDU	1.30667s	40 比特	240.00 ms	$R=1/3,k=9$ 的卷积码（8 个刷新比特）	16 ×9	16 正交 WALSH 函数	1/144
BW2	高速数据链路 PDU	640＋(n×400)ms$n=3$，6，12 或 24	n ×1881 比特	26.67ms（用于均衡器训练）	$R=1/4,k=8$ 的卷积码（7 个刷新比特）	无	32 未知/16 已知	1/1～1/4 可变
BW3	低速数据链路 PDU	2.70667s	2025 比特	266.67ms	$R=1/2,k=7$ 的卷积码（7 个刷新比特）	48 ×43	16 正交 WALSH 函数	1/12～1/24 可变
BW4	低速数据链路确认 PDU	640.00ms	2 比特	无	无	无	4 正交 WALSH 函数	1/1920

8.3.2 同步链路建立过程

3G-ALE 自动链路建立具有同步建链和异步建链两种工作模式。在同步建链模式下，台站的驻留信道由当前时间和台站的地址共同决定，即网内所有台站的驻留信道都是已知的，所以主呼台站无须发送扫描呼叫 PDU，可以直接在被呼台站的驻留信道发起呼叫，建链过程快捷。

同步建链模式要求网内台站定时偏差足够小(如小于 10ms)，因此如何保持网内台站时间同步是必须解决的难题。通常有外部授时和网内授时两种方法。外部授时通过 GPS 或高稳定原子钟授时来保持全网时间同步，虽然需要增加外部设备，但建链时无须增加额外的时间开销；网内授时由网内参考站来维护网内台站的时间同步，无须增加额外外部设备，但需要占用一定的维护时间和带宽资源，并且授时过程复杂。

典型的 3G-ALE 同步模式建链流程如图 8-13 所示。由于 3G-ALE 将呼叫信道和业务信道相分离，与 2G-ALE 的三次握手相比，其握手方式变成在呼叫信道和业务信道上各进行两次握手，完成链路建立过程。

1) 基于超时退出的两次握手建链过程

应该说，只要传输信道不是 100％可靠的，无论采用多少次握手，都无法绝对保证建链的正确性。

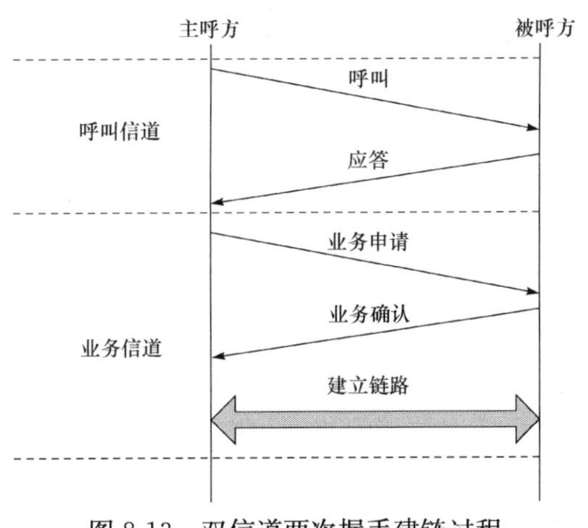

图 8-13　双信道两次握手建链过程

与三次握手相比，两次握手减少了一次信息交互过程，建链更快。但带来的问题是如果被呼方到主呼方的业务信道不可用时，会出现单方错误建链，即图 8-13 中被呼方发送“业务确认”信息后，即进入链路建立状态，但如果主呼方未能正确收到这条“业务确认”信息，将回到扫描状态。为了避免出现这种单方建链的错误，需要增加专门的超时机制，被呼方在超时未收到主呼方的有效业务传输信号时，自动退出建链状态，回到扫描状态。

2）基于呼叫信道和业务信道分离的快速建链

2G-ALE 中呼叫信道与业务传输信道为同一信道，3G-ALE 则将信道区分为呼叫信道和业务信道，一方面避免新的呼叫对已经建立链路的业务传输造成干扰，另一方面减少呼叫信道数，提高建链时效性。

3）随机时隙选取降低呼叫冲突概率

在同步模式工作时存在多个主呼台站呼叫同一台站，造成呼叫冲突的情况。为此 3G-ALE 将每信道 5.4 秒驻留时间划分为 6 个时隙，每一个时隙长度为 900ms，其时隙结构划分如图 8-14 所示。

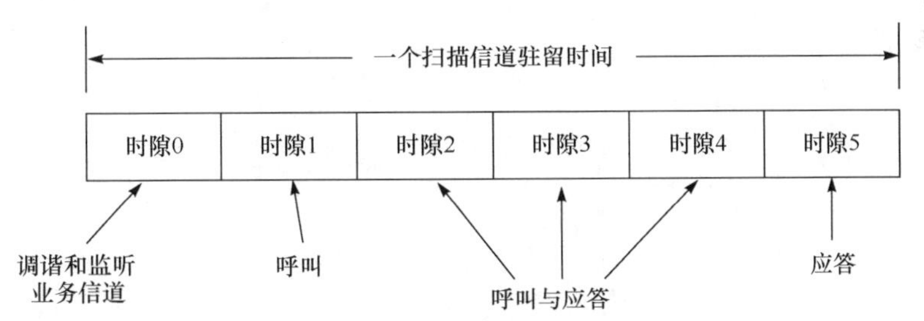

图 8-14　信道驻留期时隙划分

时隙 0：用于对业务信道的侦听以及必要的调谐操作。

时隙 1～时隙 4：主呼台选择空闲时隙 1～时隙 4 发起呼叫，被呼台在后续时隙上应答。

时隙 5：用于对时隙 4 呼叫的应答。

在同步建链模式下，多个用户可能同时在同一驻留信道上发起呼叫，其碰撞概率增大。采用基于呼叫优先级的随机呼叫时隙选择可以降低冲突概率。

同步模式下链路建立过程如图 8-15 所示。

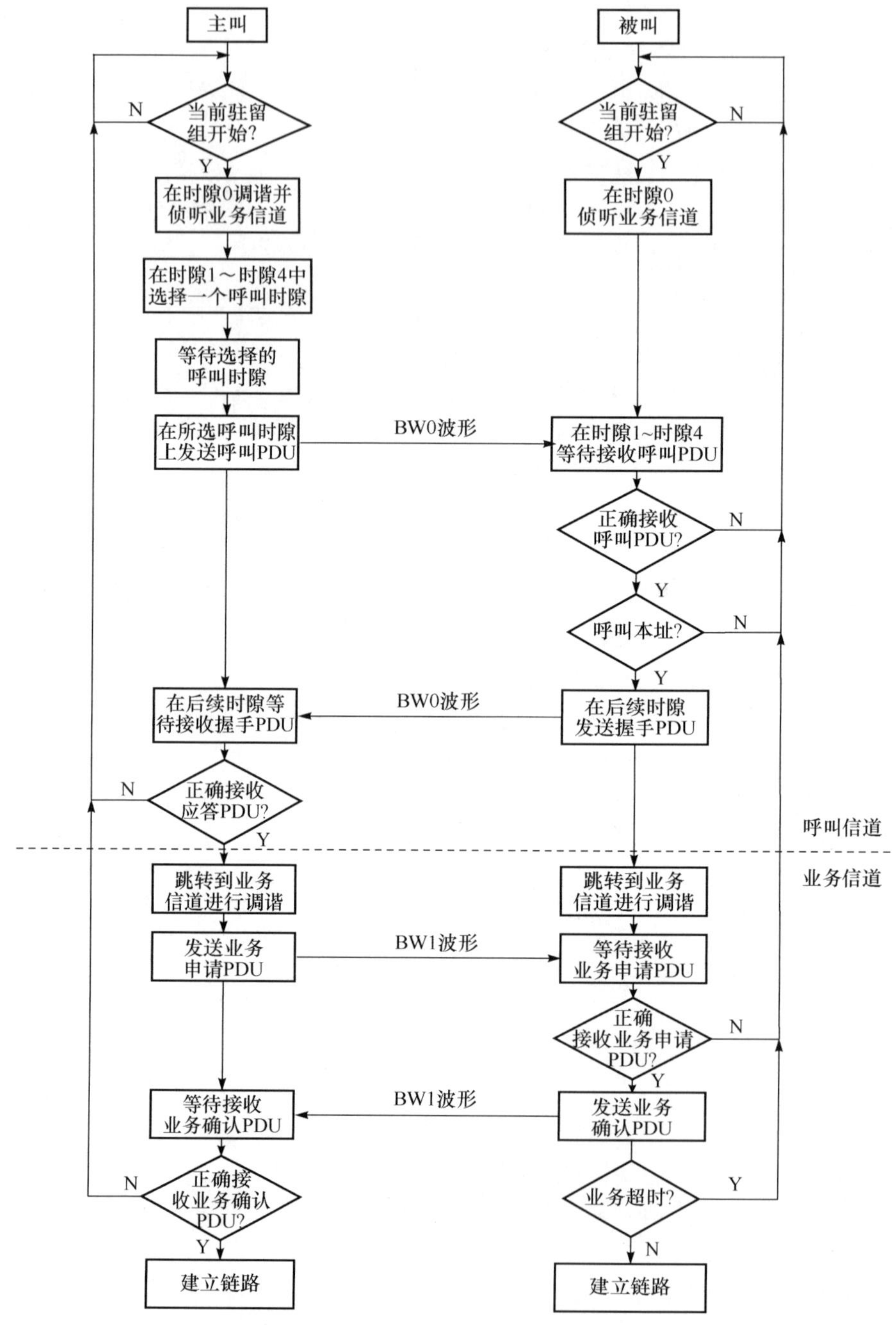

图 8-15　同步模式下单呼流程

8.3.3　异步建链模式下扫描信号的快速识别

3G-ALE 的异步建链模式基本沿用了 2G-ALE 的扫描呼叫方式，即延长呼叫时间，便于被呼方的信号侦听。主呼方在其所选择的信道上重复发送特定的扫描呼叫 PDU，在被呼方侦听到信号、停止扫描并正确接收呼叫 PDU 后，转入和同步模式相类似的正常建链流程。如何实现对扫描呼叫 PDU 的快速识别是异步建链模式的一个难题。

扫描呼叫 PDU 和呼叫 PDU 相同都采用 BW0 波形。BW0 波形长度为 613.333ms，其中包含 106.667ms 的 TLC/AGC 段，在重复发送 BW0 波形时无需再次发送 TLC/AGC 段。如图 8-16 所示。

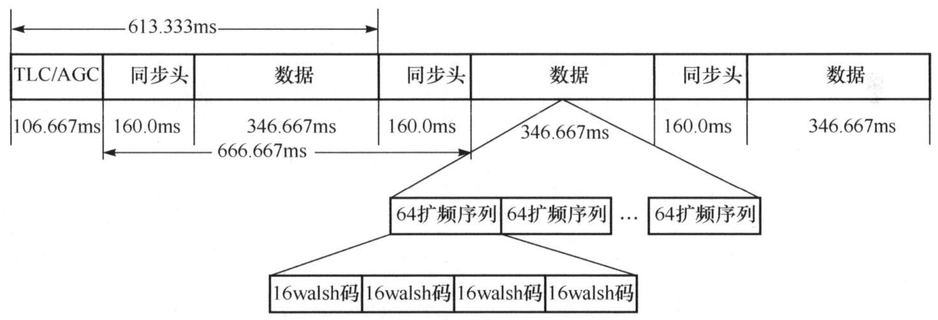

图 8-16　异步建链模式下扫描呼叫 PDU 的格式

其中 TLC/AGC 段和同步头段均为特定的伪随机序列。在数据段采用 16 进制 WALSH 码调制，即每 4 比特映射为长度为 64 的扩频序列，并使用长度为 64 的伪随机序列进行扰码。

与 2G-ALE 相同，在异步建链方式下，接收端的扫描速率决定整个建链时间。从图 8-16 中可以看出，扫描呼叫重复部分包括同步头和数据，其持续时间为 506.667ms。在扫描接收时，如果对同步头和数据进行完整的接收，则在每个信道上要驻留 666.667ms，才能保证截获到 BW0 同步头。所以一般情况下，扫描速率推荐值为 1.5 信道/秒。为了进一步提高建链速度，必须加快信道扫描速度。采取的技术路线是对扫描 PDU 的快速识别，减小在每个信道上的侦听时间，加快扫描速度。

下面以 10 信道/秒的快速扫描速率为设计目标进行分析，此时每个信道上的驻留扫描时间仅为 100ms。分析 BW0 信号帧结构可知要在 100ms 对信号进行识别，不仅要识别 BW0 信号的同步头，还要识别 BW0 信号的数据部分，而对数据部分的快速识别尤为困难。

分析可知，如果只对一个长度为 16 的 WALSH 序列进行解扩检测，则码字的长度太短，在信噪比较低的情况下，相关峰值较小，对解扩检测性能的影响很大。对于 BW0 信号，由于每个 WALSH 序列重复冗余发送 4 次，因此可以将 4 重时间分集的信号合并后再进行解扩，提高扫描解扩检测性能。这里，长度为 64 的扩频序列持续时间为 26.67ms，则对应的扫描接收时间至少为 53.34ms，考虑到台站在切换扫描信道时，需要一定的时间完成电台的自动增益控制（AGC），扫描速率不宜过快，可将信道驻留时间选择为 100ms，并且以两个码长为 64 的扩频序列为搜索接收对象，通过联合 4 重时间分集提高信号解扩检测性能，如图 8-17 所示。

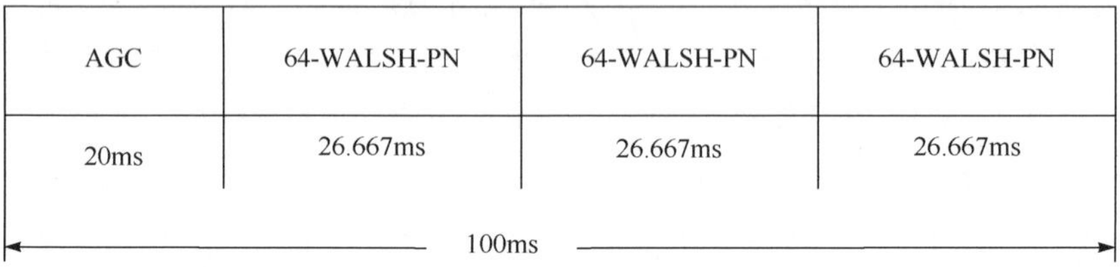

AGC	64-WALSH-PN	64-WALSH-PN	64-WALSH-PN
20ms	26.667ms	26.667ms	26.667ms
100ms			

图 8-17　64 个符号扩频序列搜索示意图

从图中可以看出，在 10 信道/s 扫描速率情况下，100ms 的信道驻留时间可包含 3 个码长为 64 的扩频序列，但是在某个信道上开始扫描的时间具有一定的随机性，不能保证 AGC 结束时刻与 64 扩频序列的起始时刻对齐，也就是说，只能保证在 100ms 驻留时间内，至少可以解调 2 个完整的扩频序列。通过联合两个扩频序列的解扩结果，尤其是对比峰值位置，可以有效降低误检概率，提高扫描接收性能。具体扫描接收处理过程如下。

当采样速率为 4800Hz 时，接收到的复数序列为 $\tilde{x}(n)$，$n=0,1,2,\cdots,127$。由于在发端进行了 PN 扰码，所以正交解调前需要利用本地 PN 码进行解扰。

令本地 PN 序列为 $x(n)$，$n=0,1,\cdots,63$，可采用图 8-18 所示的方式，对接收采样序列进行移位寄存，并以隔 2 取 1 的方式，取出 64 个样点与本地 PN 序列进行复数乘，完成解扰。

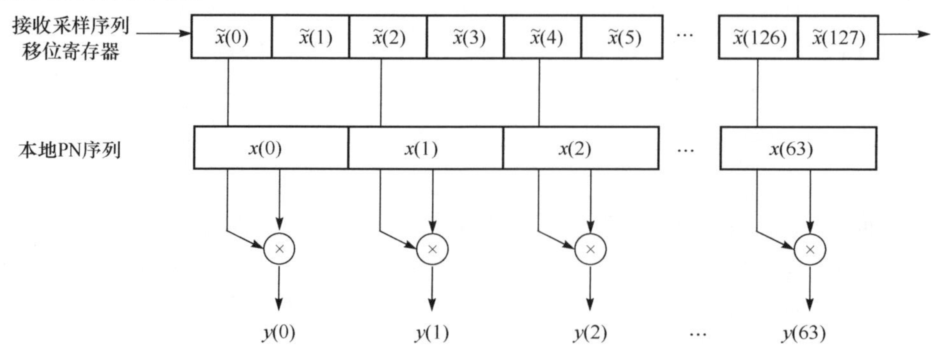

图 8-18　接收符号序列去扰码示意图

在无频偏时，解扰后得到的 64 点复数序列为

$$y(i)=\widetilde{x}(2i)\cdot x^{*}(i),\quad i=0,1,\cdots,63 \tag{8-4}$$

其结果包含了 4 个相同的 WALSH 码，因此在进行正交解调前，可逐点进行合并

$$y_1(i)=\sum_{n=0}^{3} y(16(n-1)+i),\quad i=0,1,\cdots,15 \tag{8-5}$$

对合并后的结果进行 16 进制正交解调，定义$\boldsymbol{W}_{16}$为 WALSH 序列集合，将$\boldsymbol{y}_1$与$\boldsymbol{W}'_{16}$相乘，得到 16 个 WALSH 码所对应的解调值

$$\boldsymbol{R}=\boldsymbol{y}_1\times\boldsymbol{W}'_{16} \tag{8-6}$$

其中 $R=(r(0),r(1),\cdots,r(15))$，在 $r(i),i=0,1,\cdots,15$ 中寻找最大值完成正交解调，最大值位置对应四比特解调数据。由于$\boldsymbol{W}_{16}$的取值只能为±1，进行 1 次 16 进制正交解调所需要的运算量为 16×16＝256 次加法。在不考虑频偏的情况下，当采样速率为 4800Hz，逐点进行计算时，总的运算量为 $L=4800\times256\times2=2.46$MIPS。

由于 WALSH 函数可从 Hadamard(哈达码)矩阵 $\boldsymbol{H}$ 递推得到

$$\boldsymbol{H}_0=(0),\qquad \boldsymbol{H}_2=\begin{pmatrix}0 & 0\\ 0 & 1\end{pmatrix}$$

$$\boldsymbol{H}_4=\boldsymbol{H}_{2\times2}=\begin{pmatrix}\boldsymbol{H}_2 & \boldsymbol{H}_2\\ \boldsymbol{H}_2 & \overline{\boldsymbol{H}}_2\end{pmatrix}=\begin{pmatrix}0&0&0&0\\0&1&0&1\\0&0&1&1\\0&1&1&0\end{pmatrix} \tag{8-7}$$

$$\boldsymbol{H}_8=\begin{pmatrix}\boldsymbol{H}_4 & \boldsymbol{H}_4\\ \boldsymbol{H}_4 & \overline{\boldsymbol{H}}_4\end{pmatrix}\cdots\boldsymbol{H}_{2M}=\begin{pmatrix}\boldsymbol{H}_M & \boldsymbol{H}_M\\ \boldsymbol{H}_M & \overline{\boldsymbol{H}}_M\end{pmatrix}$$

其中 M 取 2 的幂，$\overline{H}_M$ 是 H_M 的补。由此可以看出，WALSH 函数具有非常独特的对称性，可利用这一特性，采用蝶形结构降低运算量。利用图 8-19 所示的蝶形结构可以完成 4×4 的 WALSH 解调，其中实线表示输入值取正数，虚线表示输入值取负数，则所需要的运算量从 16 次加法降低到 8 次。

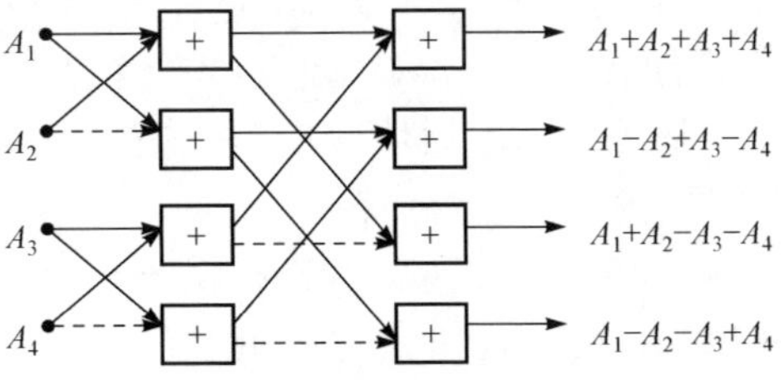

图 8-19　4×4 的 WALSH 解调原理图

同理，对于 16×16 的 WALSH 解调，采用类似的蝶形结构，可以将运算量从 256 次加法降低为 64 次，即

$$\begin{cases} y_2(2i)=y_1(i)+y_1(8+i), \\ y_2(2i+1)=y_1(i)-y_1(8+i), \end{cases} \quad i=0,1,\cdots,7 \tag{8-8}$$

对上式重复 4 次运算，得到 16 个 WALSH 解调值，其总运算量为 $L=4800\times64\times2\approx0.61$MIPS。

在 BW0 的数据阶段，所采用的 PN 扰码长度为 256，由于扫描接收时无法确定当前接收数据采用的是哪一段 PN 扰码，所以需要对 4 种可能出现的扰码片段均进行解扰处理，这样总的运算量为 $L=2.44$MIPS。

3G-ALE 数据突发波形采用了扩频技术，其要求的接收信噪比较低，如 BW0 波形在 AWGN 信道条件下，信噪比为－6dB 时的正确接收概率大于 95%。而快速扫描时，由于接收扩频码字的长度缩短，其所要求的信噪比有所提高。

图 8-20 给出了 ITU-R F. 520-2 差信道条件下，信号检测性能与信噪比间的关系，仿真条件为：不考虑频偏，本地匹配序列长度为 64，使用相对门限判决。

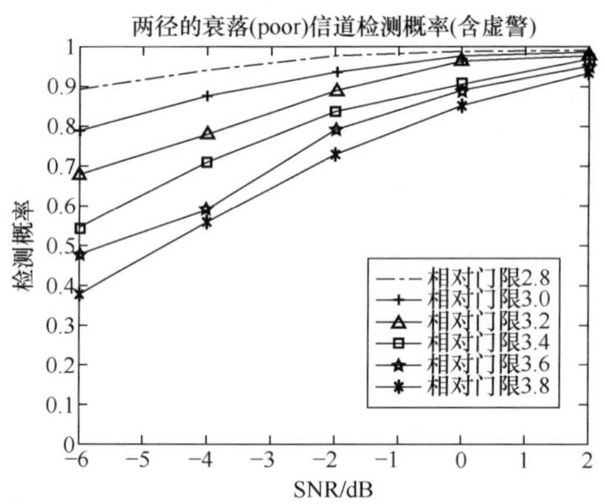

图 8-20 ITU-R F. 520-2 差信道条件下检测性能图

从图 8-20 中可以看出，当信噪比为－2dB，采用相对门限为 3.4 时，可满足检测概率大于 80%的性能指标要求，但此时出现虚警概率较大。这是由于在信号检测时，用于能量累积的时间较短，当信噪比较低时，选择较高的相对门限可降低虚警概率，但同时也导致了信号检测概率的降低。

在具体实现时，当检测到信号后，通过停止扫描，延长信号侦听时间对信号进行确认，可以有效降低虚警概率，因此可选择较低的相对门限，以检测到信号为主要目标，允许有一定的虚警存在。

事实上在扫描接收时，还需要考虑频偏对接收性能的影响。当最大频偏为

±75Hz 时，在 64 个符号内最大会引起±720°偏移，如本书的第五章所述，需要进行 $t_n=33$ 次试探，试探频率步进为 $\Delta f=4.6875\text{Hz}$，这时可保证在 64 个符号内相位误差小于 22.5°。此时，总运算量为 $L=4800\times64\times2\times4\times33\approx40\text{MIPS}$。

8.3.4　基于优先级时隙分配的冲突避免分析

3G-ALE 中业务信道与呼叫信道分离，当呼叫信道出现严重冲突导致建链失败时，即使业务信道空闲，同样也无法进行业务传输。所以呼叫信道时隙的合理设计和选择决定了整体网络的性能。下面对基于优先级的呼叫信道选择策略进行分析。

为了简化分析，假定信道是理想信道，即所有台站对信号的检测概率均为 1。设有 N 个台站需要发起呼叫，P_{ij} 为第 i 个台站在 j 时隙发送呼叫的概率。根据协议规定，具有优先级的时隙选择概率如表 8-3 所示。假设第二个台站具有最高呼叫优先级，则选择时隙 3 发起呼叫的概率 $P_{23}=15\%$。

表 8-3　基于优先级的时隙选择概率

呼叫站等级	时隙 1	时隙 2	时隙 3	时隙 4
最高级	50%	30%	15%	5%
高级	30%	50%	15%	5%
普通	5%	15%	50%	30%
低级	5%	15%	30%	50%

下面分析各时隙成功呼叫概率。对于 N 个台站，在时隙 1 无冲突、成功发起呼叫的概率为

$$P_1=\sum_{i=1}^{N}P_{i1}\prod_{\substack{j=1\\j\neq i}}^{N}(1-P_{j1}) \tag{8-9}$$

当时隙 1 被占用的情况下，时隙 2 只能用作应答时隙，不能再作为呼叫时隙。因此，时隙 2 无冲突、成功发起呼叫只有一种可能，即在时隙 1 无呼叫，其概率为

$$P_2=\Big(\prod_{j=1}^{N}(1-P_{j1})\Big)\Big(\sum_{i=1}^{N}P_{i2}\prod_{\substack{j=1\\j\neq i}}^{N}(1-P_{j2})\Big) \tag{8-10}$$

时隙 3 无冲突、成功发起呼叫包括两种可能，即前两个时隙无呼叫或在时隙 1 呼叫成功，其概率为

$$\begin{aligned}P_3=&\Big(\prod_{j=1}^{N}(1-P_{j1})\Big)\Big(\prod_{j=1}^{N}(1-P_{j2})\Big)\Big(\sum_{i=1}^{N}P_{i3}\prod_{\substack{j=1\\j\neq i}}^{N}(1-P_{j3})\Big)\\&+\sum_{k=1}^{N}\Big(P_{k1}\prod_{\substack{j=1\\j\neq k}}^{N}(1-P_{j1})\Big)\Big(\sum_{\substack{i=1\\i\neq k}}^{N}P_{i3}\sum_{\substack{j=1\\j\neq i,j\neq k}}^{N}(1-P_{j3})\Big)\end{aligned} \tag{8-11}$$

时隙 4 无冲突、成功发起呼叫包括三种可能，即前三时隙无呼叫、时隙 1 有成功呼叫且时隙 3 无呼叫和时隙 2 有成功呼叫，其概率为

$$\begin{aligned}P_4 = &\Big(\prod_{j=1}^{N}(1-P_{j1})\Big)\Big(\prod_{j=1}^{N}(1-P_{j2})\Big)\Big(\prod_{j=1}^{N}(1-P_{j3})\Big)\Big(\sum_{i=1}^{N}P_{i4}\sum_{\substack{j=1\\j\neq i}}^{N}(1-P_{j4})\Big)\\&+\sum_{k=1}^{N}\Big(P_{k1}\sum_{\substack{j=1\\j\neq k}}^{N}(1-P_{j1})\Big)\Big(\sum_{\substack{j=1\\j\neq k}}^{N}(1-P_{j3})\Big)\Big(\sum_{\substack{i=1\\i\neq k}}^{N}P_{i4}\sum_{\substack{j=1\\j\neq i,j\neq k}}^{N}(1-P_{j4})\Big)\\&+\Big(\prod_{j=1}^{N}(1-P_{j1})\Big)\sum_{k=1}^{N}\Big(P_{k2}\sum_{\substack{j=1\\j\neq k}}^{N}(1-P_{j2})\Big)\Big(\sum_{\substack{i=1\\i\neq k}}^{N}P_{i4}\sum_{\substack{j=1\\j\neq i,j\neq k}}^{N}(1-P_{j4})\Big)\end{aligned} \tag{8-12}$$

以上分析假设信道是理想信道，对信号的检测概率为 1，因此其他各台站可以进行有效的退避处理。此时在一个扫描驻留信道上，成功呼叫的概率为

$$P_c = \sum_{k=1}^{4} P_k \tag{8-13}$$

这里需要说明，对于驻留信道的呼叫时隙 1～4，最多可成功完成 2 次呼叫，此时可能存在两次呼叫选择同一业务信道的情况，导致在业务信道上出现冲突。同时对于实际信道，由于噪声和干扰的存在，对信号的检测概率要小于 1。所以实际中，一个扫描驻留信道上的成功呼叫概率比式(8-13)要小。

从以上分析可知：各个时隙的选择概率分配情况会影响总的呼叫成功概率。呼叫成功概率随着 N 的增加而降低。当网内台站都为普通用户时，采用表 8-3 的时隙选择概率准则，多个台站会同时倾向于选择时隙 3 发起呼叫，加剧了在时隙 3 的冲突概率。此时若采用等概率的时隙选择方法，则可以平衡各时隙负荷，提高呼叫成功概率。可见时隙选择概率不能一成不变，采用动态时隙选择概率调整机制，可以提高呼叫成功概率。

要实现动态时隙选择概率调整机制，需要获取某一时刻网内主呼台站所对应的优先级信息。在本台站的驻留组信道上，通过监听组内其他台站的呼叫时隙选择，可得到网内主呼台站所对应的优先级分布信息。在本台站作为主呼时，可以利用所得到的主呼台站优先级信息，并通过分析动态调整呼叫时隙选择概率，平衡驻留信道各时隙的负荷，减小冲突概率，改善网络吞吐率。

8.4　下一代自动链路建立技术

短波通信的最大难题是选频问题，其核心问题是频率自适应技术。围绕如何选频、用频，与频谱感知紧密结合是下一代自动链路建立技术的发展方向。本节提出了一种基于频谱感知的信道实时探测与自动链路建立紧密结合的机制，通过实

时频谱感知技术获取可用频率，通过宽带的信号快速侦听技术实现快速建链，通过时分码分相结合的信道接入策略规避实时选频可能导致的信号碰撞问题。

8.4.1　实时频谱感知技术

第一代链路建立技术通过对短波信道探测，为通信系统提供优选的频率信息；而第二代和第三代自动链路建立技术则以短波信道探测得到的优选频率信息为基础，编制可用的工作频率组，并在相对固定的工作频率组内实时选频，自动建立通信链路。其存在的主要问题是：信道探测系统和实际通信系统相互独立，交互信息不及时，在特定条件下甚至无法进行信息交互，导致在实际通信时，使用的频率不是实时的优选频率。

随着短波通信技术的发展，尤其是高速 DSP 和大规模 FPGA 技术的飞速发展，信道实时探测系统与短波通信系统的紧密结合成为可能。

在新的短波通信系统中，可以将基于频谱感知的信道实时探测与自动链路建立紧密结合，其实时选频策略如下：

(1) 基于地理信息的频率中长期预报：借助导航定位信息确定通信双方的位置和距离，利用长期频率预测值分时段确定可用的频率范围。

(2) 基于频谱感知的本地噪声分析：采用 FFT 变换和循环谱分析技术，实时监测本地噪声和干扰情况，屏蔽部分干扰严重的频点。

(3) 单向频率侦听：接收目标台站和已知地理位置的广播电台信号，采用单向信号侦听技术，分析短波信道的传播特性，优选出备用的频率组。

(4) 双向频率探测：通过定时或人工方式启动对目标台站的双向频率探测，获取最直接可信的信道质量信息。

(5) 基于记忆的用频信息处理：对所有可能的目标台站建立频率 LQA 矩阵库，并依据当前探测结果和历史信息更新 LQA 矩阵库，为后续合理选频提供依据。

其通信流程如图 8-21 所示。

这种实时选频和自动链路建立相结合的通信系统，其频率现选现用，可以最大限度地发挥实时选频的优势，但在技术实现上存在一定困难。其主要原因是：在实施通信时可用频率组是由主呼台优选的，而被呼台并不知晓，所以被呼台需要具备快速侦听能力，及时侦听到主呼台的呼叫信号，其技术实现在下节叙述。

8.4.2　基于快速侦听的建链技术

第二代和第三代自动链路建立技术虽然也称为频率自适应技术，但其实际上是狭义的频率自适应，是在固定的工作频率组内的频率自适应。当其固定的工作频率组无可用频率时，同样还会造成通信链路建立失败。上节提出的实时频谱感

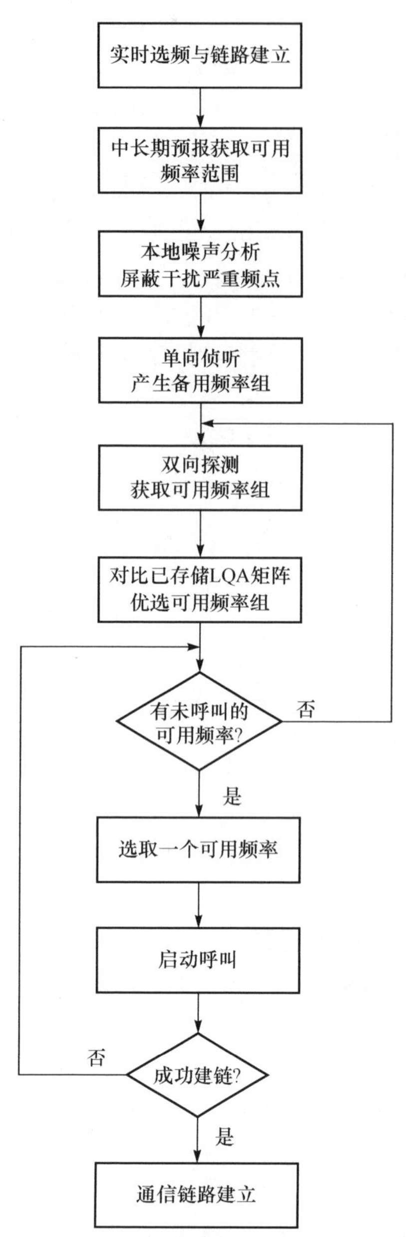

图 8-21　实时选频的基本流程图

知技术虽然可以实现广义的频率自适应，但需要短波通信系统具备对已知通信信号的快速侦听能力。

对通信信号的快速侦听能力直接影响链路建立的速度。当接收端对通信信号分析速度为 1MHz/s 时，分析整个短波频段需要 30s。此时，为了保证接收端能收到呼叫信号，主呼台的呼叫信号至少要持续 30s 以上，假定试探 10 个频率才能建立链路，则需要 300s 时间，显然建链速度偏慢；当接收端对通信信号分析速度提高到 10MHz/s，分析整个短波频段只需要 3s。同样假定试探 10 个频率后建立链路，此时仅需要 30s 时间，建链速度明显提高。

下面以 10MHz/s 的分析速度为例，给出一种系统实现方案：

（1）信号截获扫描速度的确定。

由于目前用户数据传输波形可以在信噪比为－6dB 的情况下实现有效的数据传输，所以其链路建立波形至少应具备相同的传输性能。BW0 波形可以满足以上要求，并且仿真表明，联合 2 个码长为 $k=64$ 扩频码，即可完成信噪比为－6dB 情况下的信号截获。要完成 2 个完整扩频码截获，侦听时长要大于 3 个扩频码时长，即 80ms。考虑到 AGC 调整时间，每信道侦听时间取 100ms，因此，扫描速度为 $c=10$ 信道/s。

（2）分析带宽的确定。

要实现 10MHz/s 的分析速度，对于 10 信道/秒的扫描速度，其分析带宽为 $B=1$MHz。

（3）信号分析间隔。

对于码长为 64 的扩频码，要实现正确解调其频偏误差要小于 9.375Hz，此时在一个扩频码长内由频偏引起的角度偏移小于 90°，其解扩幅度为理想情况下的 91%。因此，选择信号分析间隔 $\Delta f=18.75$Hz，可满足最大剩余频差小于 9.375Hz 的要求。

下面，对上述方案的复杂度进行分析，并提出其优化方案。

1) 处理复杂度分析

假设建链波形采用 BW0 波形,其同步头是码长为 384 的伪随机序列,可拆分为 6 个码长为 64 的扩频码。其数据部分是码长为 256 的伪随机序列,可拆分为 4 个码长为 64 的扩频码;数据部分采用 16 进制 WALSH 调制,若采用简单的相关解扩,又相当于对 16 个扩频码进行解扩。综合以上情况,为了实现快速的信号截获,需要同时分析 $n=6+4\times16=70$ 个码长为 64 的扩频码。

在一个扫描信道持续时间 100ms 内,对于 2 倍的信号抽取,即 4800Hz 的采样速率,2 个扩频码联合解扩,采用滑动相关处理,需滑动 $L_1=2\times2\times k=4k$ 点,其实数乘累加运算量为 $m=4\times k\times4k=65536$。

对于上述的宽带信号快速侦听方案,还存在数字下变频处理的运算量,其内容会在第 10 章中涉及,为分析方便,这里先忽略其运算量。这样仅仅考虑基带信号处理,其总的运算量已达到

$$L=C\times\frac{B}{\Delta f}\times n\times m=10\times\frac{10^6}{18.75}\times70\times65536\approx2.4\times10^{12}=2.4\times10^6\,\text{MIPS} \tag{8-14}$$

如用 DSP(TMS320C55-200MHz)实现,需要上万片才能完成信号处理。如用 FPGA(XC4VSX35)实现,也需要数百片才能完成信号处理,其运算异常复杂。

2) 运算量的优化

在优化设计时,可以将短波频段 1.5～30MHz 以等间隔 3kHz 进行预先分配,共得到 9500 个信道,通信双方都依据相同的信道划分进行频率组织和侦听。这里考虑最大系统频偏为±75Hz 的情况,总的运算量下降为

$$L_1=L\,\frac{75\times2}{3000}=1.2\times10^5\,\text{MIPS} \tag{8-15}$$

在对数据部分的 16 进制 WALSH 调制进行解扩时,可采用并行处理迭代运算加快信号处理速度,此时的运算量降低为原来的 1/4,则运算量可以压缩到

$$L_2=L_1\,\frac{6+(4\times16/4)}{70}\approx3.77\times10^4\,\text{MIPS} \tag{8-16}$$

可见通过以上优化设计和处理,运算量约为原来的 1.6%,选用最新的 DSP 和 FPGA 芯片,进行联合硬件设计在工程实现上是可行的。

8.4.3 时分码分相结合的信道接入策略

基于实时频谱感知的自动链路建立,与基于固定频率组工作方式相比,存在更为严重的冲突和碰撞问题。基于时分码分相结合的信道接入策略可以很好地解决这个问题。

1) 基于时分与码分相结合的信道接入

对于载波侦听(CSMA)竞争接入机制，在发送数据之前，台站首先对信道进行监听，如果信道被占用，则推迟到下一个时隙再次监听。CSMA 竞争接入机制不能从根本上解决碰撞冲突问题，尤其在台站用户数多的情况下，碰撞的可能性更大。时分机制(TDMA)则可以有效地避免碰撞，因此在具备同步的条件下，采用 TDMA 接入机制进行建链是一种可行的技术途径。

TDMA 接入机制将传输的时间周期性地分成互不重叠的时隙，一个重复周期定义为一帧，每个信道对应一个时隙。虽然 TDMA 接入机制可以有效地避免碰撞，但在业务量不均衡时，会导致时隙的浪费，造成系统的整体效率降低。为了进一步提高网络容量，可采用时分(TDMA)与码分(CDMA)相结合的接入机制。

时分码分相结合的信道接入策略首先在物理层预先为各个台站进行编码处理，分配台站所属的呼叫与应答时隙，同时也为每个台站分配台站扩频识别码。根据业务量的需要，在同一时隙内可允许多个台站进行呼叫或应答，应答时隙与呼叫时隙对应分配，时隙划分和台站的分配示意图如图 8-22 所示。

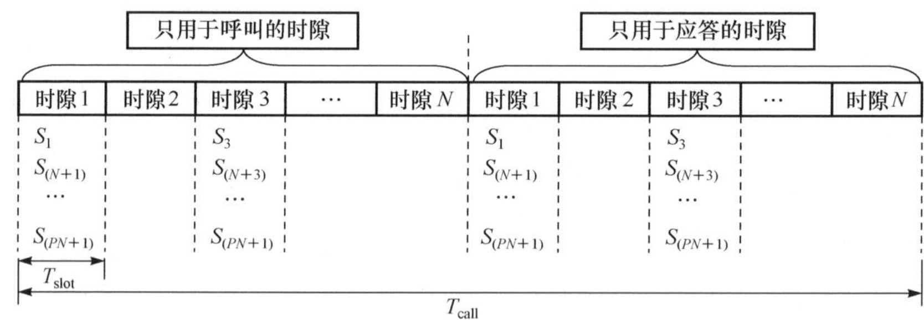

图 8-22　时分码分相结合的机制

从图中可以看出，每个台站 S 仅用两个时隙即可完成握手。台站 S 在属于自己的呼叫时隙内发起呼叫，在对应的应答时隙进行应答。利用台站扩频识别码的完全正交性，在同一时隙中可以允许多个相互正交的台站在同一频率上同时呼叫。例如，S_1 和 $S_{(N+1)}$ 的台站扩频识别码相互正交，可以在同一个时隙内同时工作。

2) 时隙分配算法

采用时分码分相结合的信道接入策略需要进行预先的网络规划和时隙划分，网络中每个台站需分配一个时隙与一个台站扩频识别码。假设网络总共有 M 个台站，每个时隙的台站容量为 C，即允许 C 个台站同时发起建链呼叫。具体的时隙与台站扩频识别码分配方法如下：

(1) 确定时隙长度 t_{slot}：时隙长度可以依据波形的传输速率和呼叫 PDU 的长度计算，也可以依据码元速率和 PDU 的长度做相应的修改，现取 $t_{slot}=600$ms。

（2）确定时隙数目 m：$m=\begin{cases}\left\lfloor \dfrac{M}{C}\right\rfloor, & M\bmod C=0\\ \left\lfloor \dfrac{M}{C}\right\rfloor+1, & M\bmod C\neq 0\end{cases}$，帧长度 $T_{\text{call}}=2mt_{\text{slot}}$，包括呼叫部分和应答部分。

（3）确定台站的时隙：由于存在多个台站共用一个时隙，可以利用台站呼叫业务量的先验信息，把业务量大和业务量小的台站分配在同一时隙中，均衡各个时隙的业务量，也可以采用随机分配的策略。

（4）确定台站的扩频识别码：依据台站扩频识别码生成算法产生长度为 mC 的扩频码，对于分配到同一时隙中的台站，选择 C 个扩频码依次分配给指定的台站。

8.5 小　结

本章从短波自动链路建立的选频难题出发，分析了第二代和第三代自动链路建立的实现方案和性能；针对第二代自动链路建立，提出了多维联合扫描信号快速识别方法，提高了信号检测性能；分析推导了误码率和信噪比的关系；针对第三代自动链路建立，提出了异步建链模式下扫描信号的快速识别，提高了建链速度；分析了基于优先级时隙分配的冲突避免机制，提出了优化策略；最后对下一代基于频谱感知的自动链路建立进行了技术分析和展望。

第9章　综合组网技术

传统短波通信一般采用点对点或一点对多点的组网方式，由于短波信道极不稳定且存在通信盲区，因此，通信效果往往难以保证。为了进一步提高短波通信网的性能，必须在组网方式上突破传统模式。本章针对全对等网络结构设计高效组网协议，提升网络整体吞吐量；采用多点对一点的保障方式，提高业务传输性能；采用台站的动态接入机制，方便用户随遇接入。

9.1　引　　言

与其他通信网络相比，短波通信网络具有以下特点：

(1) 信道质量差。短波信道存在多径传播、瑞利衰落、多普勒频移等不利于信号传输的因素，同时，短波频段拥挤，互扰自扰严重，信道质量差。

(2) 传输带宽有限。目前短波频段总带宽不到30MHz，存在可用频率窗，通信带宽受限，因此不可避免地存在信道竞争、碰撞，使实际可用带宽更为紧缺。

(3) 网络广域性。短波通过地波传播实现近距离通信，通过电离层反射实现远距离通信。因此短波网络覆盖范围广，其网络具有广域特点。

(4) 网络拓扑动态变化。由于短波信道的时变性，其通信链路随时可能发生变化，对应的网络拓扑也随之动态变化，且变化速度和方式难以准确预测。

根据组网的用途、规模和运行环境，短波网络拓扑结构有所不同，主要有星型、自组织、分层自组织等结构形式：

1) 星型网

星型网是常见短波通信网络结构，如图9-1所示。

星型网在组网时由一个台站对多个台站发起呼叫，由于多个被呼台站的响应可能发生碰撞，可采用时分接入方式，即每个网络成员预先分配其使用的时隙号和地址，并预先告知网内所有成员。在主呼方呼叫全网各台站时，每个被呼台站按序在各自预定时隙内发送响应信号，实现无碰撞的网络建立。

2) 自组织网

短波自组织网中所有节点具有相同的地位，其拓扑结构如图9-2所示。每个节点都具有发送信息、接收信息和转发信息的能力，即每个节点都具有终端和路由器双重身份。所有节点在通信区域内随机分布，可随意移动。

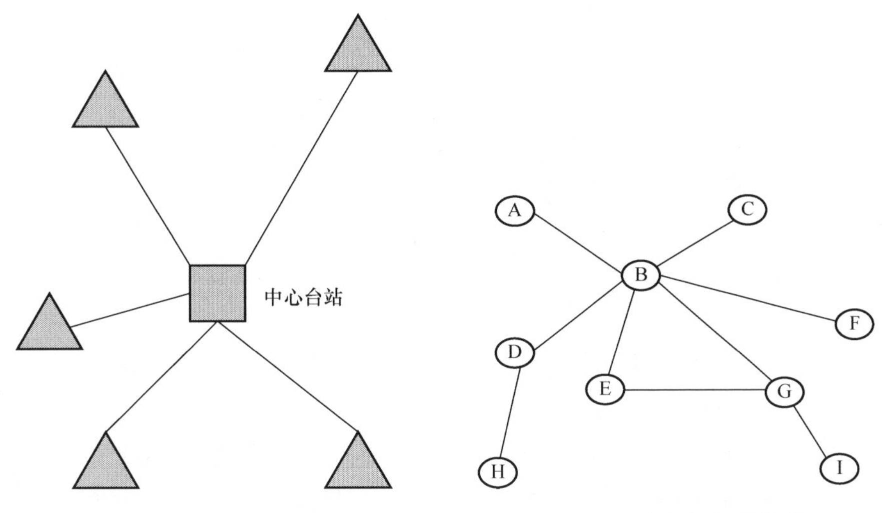

图 9-1　星型拓扑结构　　图 9-2　自组织拓扑结构

需要特别指出的是，在一般的无线自组织网中，拓扑结构的变化大多由节点移动性引起，然而在短波网络中，拓扑结构变化更多的是由信道特性变化引起的。

在短波网络中，很少采用以上这种完全的自组织网。主要原因有：

(1) 各节点间的可靠互联很难保证，导致自组织网难以开通和运行；

(2) 由于短波信道传输速率较低，且各节点传输速率的差异性很大，相对而言，其链路维护将占用较大的带宽和时间，而可用于有效数据传输的带宽比例较小，导致自组织网的运行效率低下；

(3) 节点的移动性和短波信道时变性导致拓扑结构经常变化，因此网内用户可能出现长时间脱网现象，导致自组织网部分瘫痪。

基于以上原因，短波自组织网适合于覆盖区域较小，以地波为主要传播模式的应用场合。此时各节点间链路较为可靠，并可支持较高的数据传输速率，且节点的移动性和短波信道的时变性可以忽略。

要在广域范围建立短波通信网，分层自组织网是更好的解决方案。

3) 分层自组织网

与全对等自组织网不同的是，在分层自组织网中，众多节点划分为若干个子群，多个子群既互相链接又相互交叉覆盖，结构如图 9-3 所示。节点类型包括群首、网关和节点，其中群首负责控制整个子群；网关负责为相邻子群提供群首间的通信链路，用于子群之间的信息交换；节点为普通短波用户。

在分层自组织网中，任何节点均可充当这三种类型的节点，并可在组网过程中动态变更自己的身份。分层自组织网适用于覆盖面积较大、节点较多的场合。随

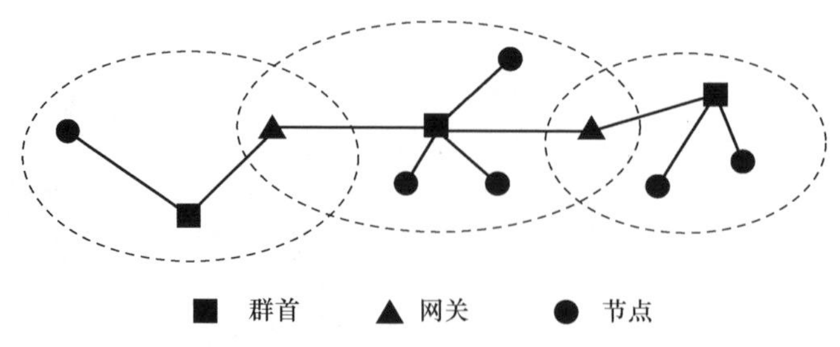

图 9-3 分层自组织短波网示意图

着网络拓扑结构的动态变化，各节点的拓扑信息也需不断更新，使网络适时调整其拓扑结构，以保证通信的连续性。

在实际短波组网时，为了提高组网的有效性，群首之间常采用有线、光纤等方式连接，保证群首间的可靠互联，此时，网关节点的功能融入群首节点中，主要完成无线网络协议和有线网络协议的转换。通常群首节点由大功率固定台站担当，以保障群内区域的有效覆盖。短波通信的广域性导致多个子群之间可以形成多重覆盖，这样用户可以在多个子群中优选接入节点。

9.2 国外短波通信网分析

自 20 世纪 60 年代开始，短波通信组网就已经成为一个重要研究方向，各国都在开展相关研究，并形成了包括短波舰/岸网络系统（HFSS）、自动化数字网络（ADNS)、现代化短波通信系统（MHFCS）在内的众多短波综合网络。近年来，随着短波通信技术的发展，又提出了一些新的短波综合组网形式，如美军的短波全球通信系统（HFGCS）和加拿大的综合短波无线电系统（IHFRSP）等。下面，分析介绍较为典型的几种网络。

9.2.1 美国海军的 HF-ITF 和 HFSS

20 世纪 80 年代初，美国海军研究实验室（NRL）为了满足海军作战通信需求，提出 HF-ITF 网络和 HF 舰/岸通信网络（HFSS），其目的是为海军提供 50～1000km 的超视距通信手段。其中 HF-ITF 为海军特遣部队内部军舰、飞机和潜艇间提供话音和数据服务，主要采用地波传播模式。而 HFSS 则用于舰-岸之间的远程通信，主要考虑天波传播模式。而北美改进型 HF 数字网络（IHFDN）则集成 HF-ITF 和 HFSS 网络，使用天波和地波构建大范围的短波通信系统。

HF-ITF 网络的拓扑结构采用分层自组织形式，网内节点分成若干个子群，每个节点至少属于一个子群，每个子群有一个充当本子群控制器的群首节点，子群中所有节点在群首的通信范围之内。群首通过网关将不同子群连接起来,为子群内其他节点提供与其他子群即整个网络通信的能力。

在 HF-ITF 网络中,群首、网关和普通节点是通过分布式算法,并根据网络实际连接需求确定的,而信道访问也采用分布式算法,因此,HF-ITF 具有自组织特点,可适应网络拓扑结构的动态变化。当网络因短波链路变化或人为干扰造成拓扑结构变化时,网内节点将自动重新自组织形成新的子群,保证各节点间的互联,以此来提高网络的抗毁和抗干扰性能。

图 9-4 给出了 HF-ITF 网络结构示意图,图中实线连接表示群首与网关间的互联,构成 HF-ITF 的骨干网络,虚线连接为子群内群首与下属的普通节点间的连接。

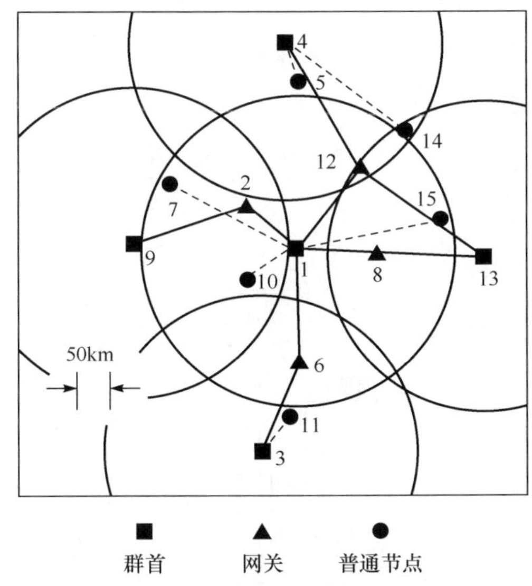

图 9-4　HF-ITF 网络结构示意图

图 9-5 是图 9-4 所示的 HF-ITF 网络在遭受干扰,群首 1 被毁情况下,重新构造的网络连接示意图。从图中可以看出,经自组织后,网络仍保证了各节点之间的连接。

HFSS 网络是用于岸-舰间通信的短波远程网络,图 9-6 给出了其网络结构示意图。从图中可以看出,与 HF-ITF 不同的是,HFSS 采用的是星形网络拓扑结构,岸站充当中心节点,所有舰船节点在岸站的集中控制下工作,舰船节点间所有业务需通过中心节点转发。

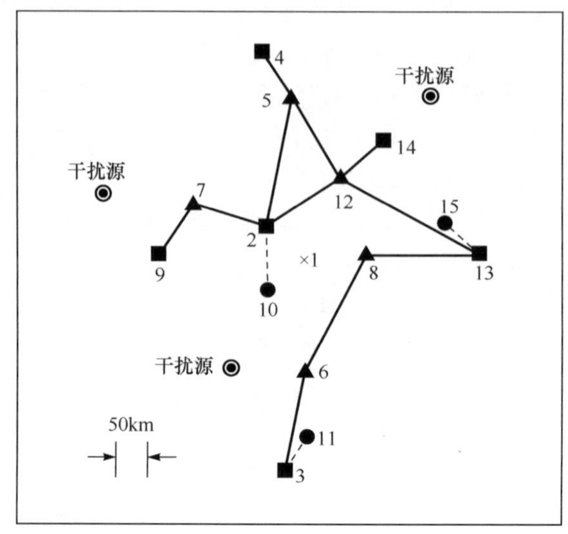

图 9-5 重构后的 HF-ITF 网络结构示意图

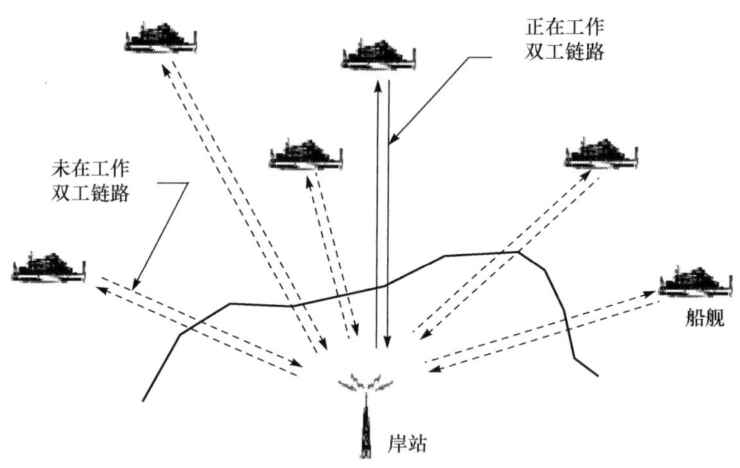

图 9-6 HFSS 无线网络结构示意图

9.2.2 澳大利亚的 LONGFISH 网络

澳大利亚的 LONGFISH 网络是为实施现代化短波通信系统计划(MHFCS)而研制的短波实验网络平台。MHFCS 研制开始于 20 世纪 90 年代中期,其目的是为澳大利亚的战区军事指挥互联网提供远距离的机动通信手段。

LONGFISH 网络的设计思路与现在广泛使用的移动通信网络 GSM 类似。网络由在澳大利亚本土上的四个基站和多个分布在岛屿、舰艇等处的移动台组成,其网络拓扑结构是以基站为中心的多星状拓扑。移动台与基站之间通过短波链路连接，基站之间则用光缆或卫星等宽带链路相连。通过自动网络管理系统，将频率管理信息分发给所有基站。每个基站使用不同频率集，为预先分组的移动台提供短波接入服务。系统支持 TCP/IP 协议，可提供短波信道的电子邮件、FTP 服务，并支持终端遥控、静态图像等功能。图 9-7 给出了 LONGFISH 网络示意图，其中 B 是基站，M 是移动站。

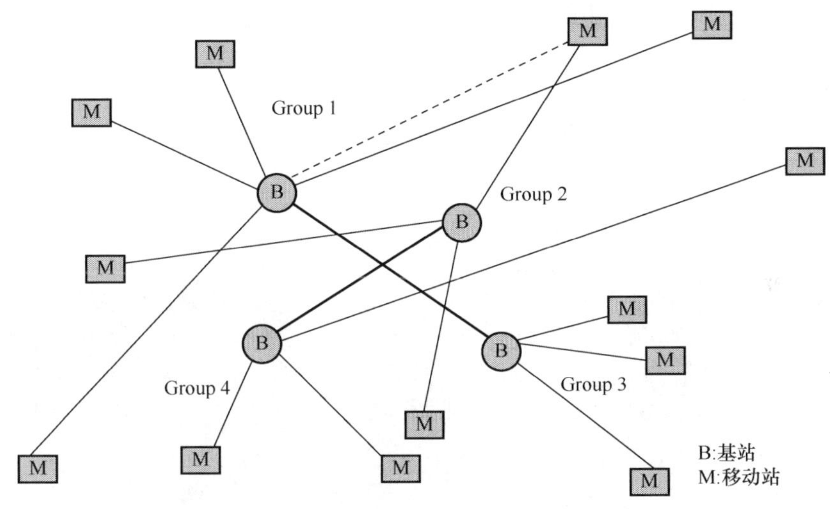

图 9-7　LONGFISH 网络示意图

为了使网络能够适应短波信道的时变性，并且在不同用户数及业务需求的情况下，表现出较好的性能，LONGFISH 采用了节点选择算法（NSA）、频率选择算法（FSA）、链路释放算法（LSA）和带宽释放算法（BSA）等关键技术。

其中，节点选择算法（NSA）根据信道和网内用户业务，实时自动为移动台分配节点链路。在网络负载较轻时，选择最好的链路分配给各移动台；而在负载较重时，自动为优先级高的业务选择最好的链路。链路评判的依据是链路数据库，它是以基站号和频率号为索引的二维矩阵，包括频率值、频率使用指示、移动台号和信噪比。数据库按信噪比排序，并且通过定期探测进行更新，以适应电离层和业务的不断变化。

频率选择算法（FSA）为基站和移动台之间选择最好的传输频率，一般在链路数据库升级时使用。每个基站和所属移动台之间共用一个频率集，不同基站的频率集之间可以有交集，也可以没有交集，即系统既可以作为整个网络存在，也可以几个独立的子网形式存在。

链路选择算法（LSA）的用途在于释放低优先级业务占用的链路以满足高优先级业务的需求。当出现高优先级业务，而网络中没有空闲的收发信机和链路时，系统执行 LSA。释放链路选择的主要依据是业务类型、业务优先级、信噪比、可用空闲收发信机和频率等。

带宽释放算法(BSA)可以暂缓特定数据分组的传送,将节省下的带宽资源分配给高优先级的数据分组,以保证高优先级数据的时效性。

9.2.3　美军短波全球通信系统

美军将短波通信系统作为其全球战略的重要组成,提出了短波全球通信系统(HFGCS),以实现对机动的海、空军部队的基本指挥控制和紧急战争状态下的国家指挥信息广播。

HFGCS 通过分布在全球的多个大功率固定台站,为美军及其盟军机动部队在全球范围内提供 IP 话音、电子邮件及数据广播等综合业务。图 9-8 给出了其全球站点分布图。

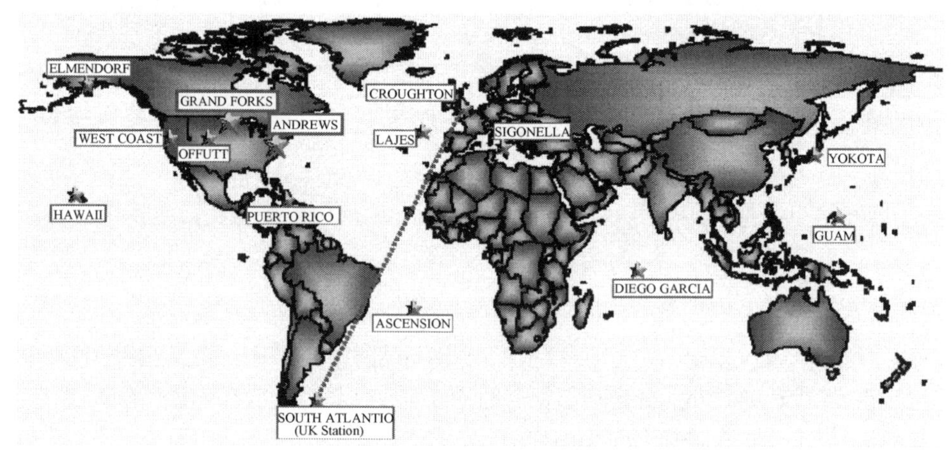

图 9-8　美军短波全球通信系统(HFGCS)站点分布图

系统的网络覆盖图如图 9-9 所示。图中以不同颜色表示覆盖范围内 SNR>40dB 的概率,即可通率。从图中可以看出,除太平洋外,该网络基本覆盖全球绝大部分地区,并且在重点地区的可通率都达到 90%以上。

为了提高系统容量,HFGCS 系统在每个台站内都配置至少 10 部短波电台,最多可支持 30 部以上,链路建立方式采用自动链路建立(ALE)。台站内多部电台组成 ALE 群,可同时处理多个 ALE 呼叫,为多个用户提供接入服务。

其台站典型配置如图 9-10 所示。其中短波通信台站分为三部分,即发射机、收信机和控制站。发射机、收信机与控制站之间采用光纤或微波方式连接,而控制站则接入地面网,如全球信息栅格网(GIG),与其他台站互联,实现全球覆盖。

为了实现与有线电话的互联互通,系统采用基于 Web 的自动无线/地面电话

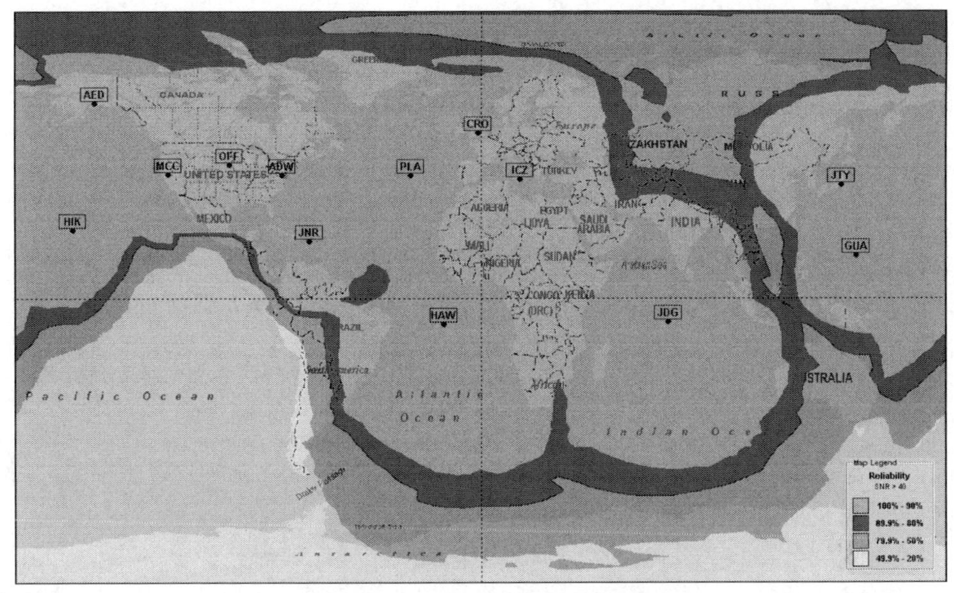

图 9-9　美军 HFGCS 全球覆盖范围

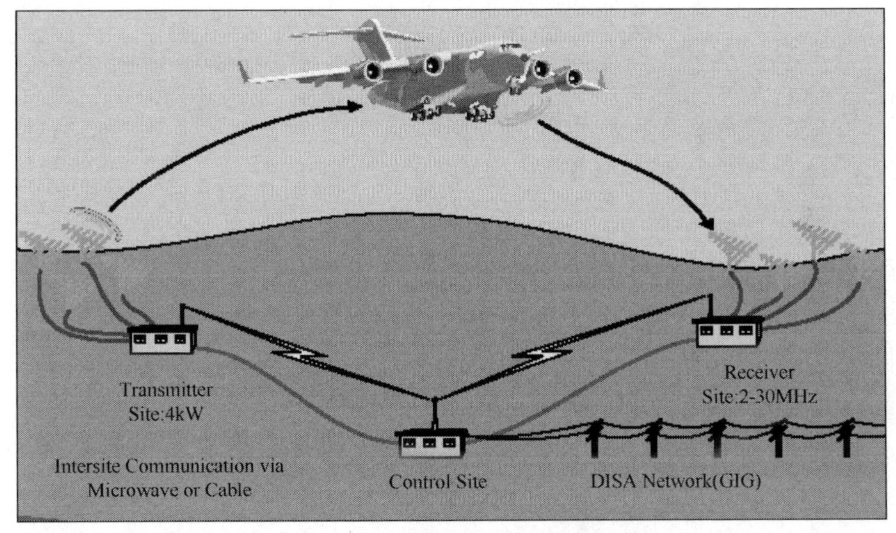

图 9-10　典型短波台站结构图

交换系统，无须人工干预，可自动完成多接收机扫描、语音检测等，实现短波网与地面有线网的电话自动交换功能。由于与有线电话相比，短波通信链路建立时间长，因此当有线用户呼叫短波用户时，由指挥中心自动选择最佳台站，与短波通信用户建立链路，待语音通信链路建立后，呼叫主叫方，完成电话转接。

除话音外，系统还支持电子邮件等多种业务，可以在地面网用户和短波机动用户之间传递标准电子邮件。在地面有线网与短波机动用户之间传送邮件时，系统自动选择最佳台站转发，当信息无法及时发送时，采用排队发送方式。同时，系统具备全网广播功能，在紧急情况下，可在 60s 内完成全球全频段广播。

9.2.4　加拿大综合短波无线电系统

加拿大相关机构研究认为，即使军事卫星得到大力发展，短波通信在国家安全利益上的作用仍是不可替代的。而目前短波通信网络无法满足需求的原因主要有以下两个方面：一是已建成的多个系统间互联互通性能差，二是现有短波通信系统技术过时，没有采用近年来短波通信领域的新技术。因此，从其 2020 年规划需求出发，加拿大提出了综合短波无线电系统（IHFRSP），以提升短波通信保障能力。其主要思想是通过多个互连的台站，实现其国土范围内的有效短波通信覆盖，并按照不同覆盖范围，由多个接入节点为机动用户提供服务。

加拿大综合短波无线电系统具有多台站高速全覆盖、部分覆盖等多种应用模式，其中不同子网台站部分覆盖和多台站全覆盖示意图分别如图 9-11 和图 9-12 所示。可以看出，通过多个不同子网互联的多台站覆盖不但可以有效扩大覆盖范围，而且多个子网台站可以形成多重覆盖，有效提高短波通信的有效性和可通率。

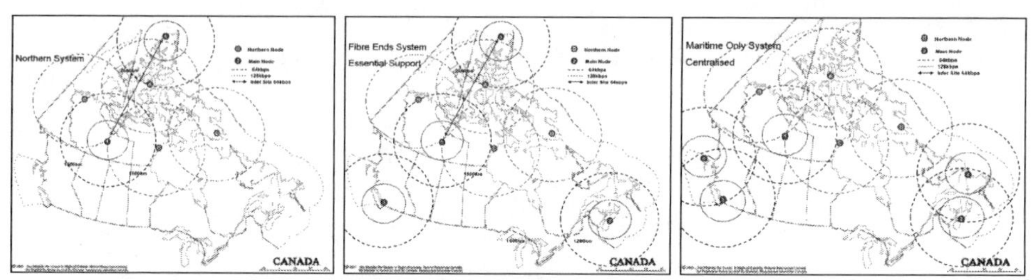

图 9-11　IHFRSP 不同台站网络覆盖示意图

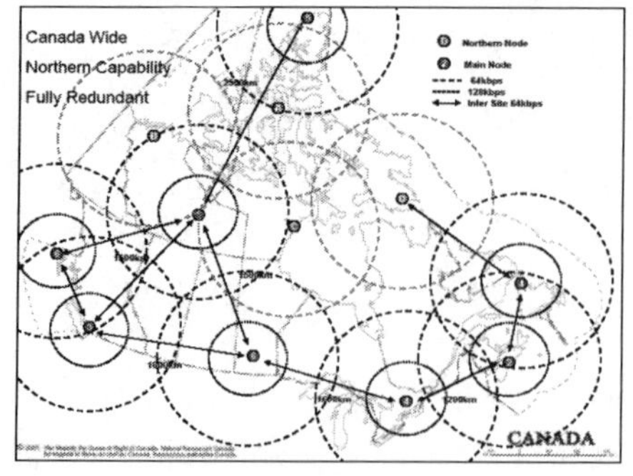

图 9-12　IHFRSP 多台站网络覆盖示意图

9.2.5 瑞典基于 HF2000 的短波通信网

瑞典军方根据其对短波通信的需求，提出了全新的联合短波通信系统，其主要功能包括：链路自适应（包括频率、数据速率和功率）和基于 3G-ALE 的频率管理，同时内嵌网络规划工具，可实现与其他网系（如 IP 网络）的集成。网络设置完成后，系统可在无人工干预或在少量操作指令情况下自动工作，并采用自动频率池生成算法，实现快速高效的频率管理。

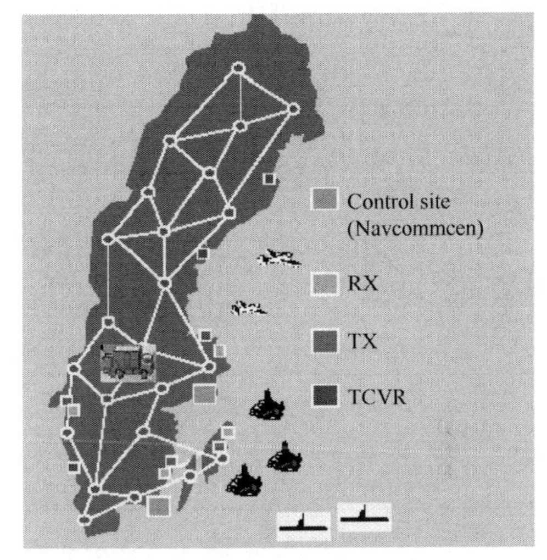

图 9-13 瑞典军方基于 HF2000 的短波通信网络台站分布

其网络覆盖示意图如图 9-13 所示，通过有线网络将分布在全国各地的收信机、发信机和收发信机控制器连接起来，由控制台站统一控制，为遍布全国的机动用户提供短波通信服务。其支持的主要业务包括：IP 报文、电子邮件、数字话音等。

9.3 基于 3G-HF 协议的组网技术

美军标 MIL-STD-188-141B 的附录 D 定义了基于自动链路建立的第三代短波通信网，可以实现异构网络中的路由功能。

网络层执行的主要任务包括：路由和链路选择、自动信息交换（AME）、信息的存储与转发、连通性交换以及网络的维护与管理。

（1）路由选择。路由选择根据通信业务，通过查询路由表以确定传输所用的直接或间接路由。路由选择功能支持各种直接或间接呼叫及多种中继类型。

（2）链路选择。网络层向链路层请求建立、终止链接，并带有双方相应的链路层地址。链路层根据链路质量选择本次使用的链路，并报告链路建立成功与否以及被呼台站的地址。

（3）信息存储与转发。信息存储与转发是为用户或传输层提供信息传输服务的接口。在信息转发时，首先由网络层调用路由选择功能决定数据传输的路由，然后通过自动信息交换处理来向短波链路发送信息。

（4）自动信息交换。自动信息交换指自动从信息存储与转发处理中取得待发送的信息，并按选择的路由发送给指定节点。指定节点可以是中继节点，也可以是目的节点。当通过链路请求处理发现通往该节点的链路可用时，则自动发送。当通往该节点的链路不可用时，可以拒绝发送，返还给信息存储与转发处理，直接重发该信息，或者存储该信息直到通往该节点的链路可用再重发。

(5) 连通性交换。在短波通信网络中，无法保证每个节点都可直接获得其他所有节点的路由信息，此时，可以通过与其直接通信的节点周期性交换连通性信息，获得其他节点的路由信息。另外节点还可以通过查询路由获知到达指定节点的路由信息。

第三代短波通信网的主要功能实体是短波网络控制器(HFNC)，其主要功能框图如图 9-14 所示。

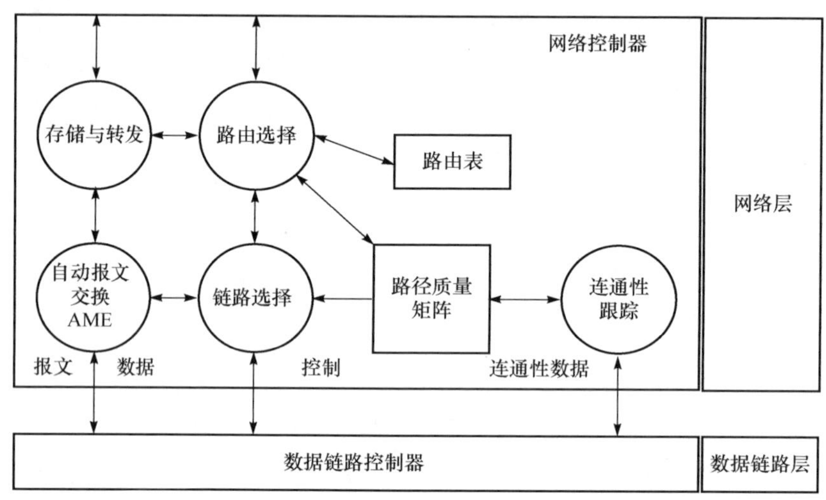

图 9-14 短波网络控制器功能框图

短波网络控制器采用了改进型分布式路由算法。各节点存储一个路由表，并依据各相邻节点交换的连通性信息以及链路质量对路由表进行修正。节点根据收集到的网络连通性信息就可以计算出到达各目的节点的最小跳数路由。该算法的主要优点是能适应网络拓扑结构的动态变化，在节点移动或故障时仍能得到至目的节点的最短路由，可靠性高，分组的平均网络时延也较小。它的主要缺点是实现比较复杂，且当网络拓扑变化很快时，用于交换连通性的信息增多，影响网络吞吐量，降低网络资源利用率。因此，该算法适用于拓扑变化较慢、时延小、可靠性要求高、节点少、业务量较小的网络。

9.4　全对等网络高效组网协议

传统短波网络中考虑的是点对点或一点对多点组网方式，其常用的数据传输方式是先呼叫建立链路，再进行数据传输。这种组网协议在单播和广播的应用方式下可以获得较好的性能。但在由多个用户组成的全对等网络中，由于各用户的业务量基本相当，在信道资源有限时，难以保证传输的公平性，从而导致全网吞吐量下降。

为解决上述问题，本节提出了一种面向全对等网络的高效组网协议，设计了多频多时隙信道接入机制，实现多用户无冲突组网，有效提高网络吞吐量。

9.4.1　全对等网络结构

传统短波网络在点对点组网时，重点研究信道链路质量、与其他用户冲突等问题，而在点对多点组网时，通常重点研究如何选择一个对多个用户都合适的频率，以及冲突避免协议。其设计目标为基于有中心的单个用户的吞吐量最大化，未考虑网络整体的优化问题。

但在全对等网络中，各用户地位平等，两两之间需要交互信息，其性能指标要体现网络的整体传输性能。为此，对于全对等短波网络模型，其基本假设条件如下：

(1) 网内各节点地位平等，即其优先级相同且业务负荷基本均等；

(2) 网内各节点均需与其他节点进行信息交互。

全对等网络结构如图 9-15 所示，其网内节点之间采用全对等、全互联网络结构。网络具有以下特点：

(1) 多数节点之间都可直接通信；

(2) 网内各节点共用一组频率；

(3) 多对节点可以同时在不同频率上进行通信而不对其他用户形成干扰；

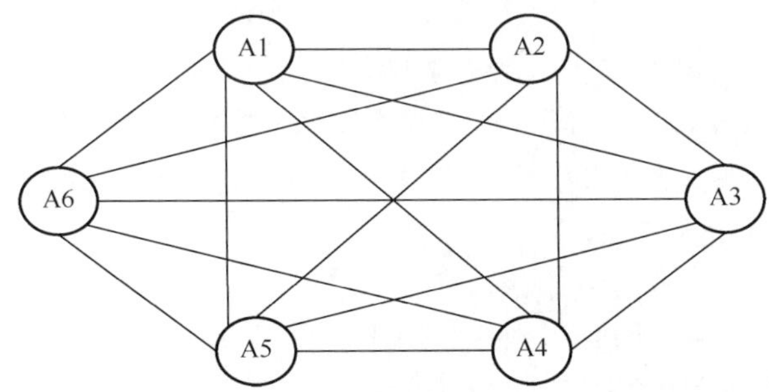

图 9-15　全对等网络示意图

(4) 节点具有路由交互、处理及数据转发功能。

当然,这个全对等网络结构仅仅是一个最基本的模型,对于一些具体应用场景,如某些业务量较大的重点用户,可通过配置多个收发信机,用多个信道的方式扩大容量。

9.4.2 多频多时隙信道控制技术

在全对等网络中,传统的基于自适应通信的点对点或点对多点的信道访问控制技术,在网内用户有大业务量需求时,如何合理分配和使用频率、规避冲突,在技术上一直是个难点,主要矛盾如下:

(1) 传统短波通信中采用先建立链路(包括异步和同步)后数据传输的方法,其特点是业务量越大效率越高,但对于短报文,其效率较低,原因是建链、拆链开销较大;

(2) 短波网中的冲突规避主要是基于 CSMA 的机制进行冲突检测、自动退避。但实际上,短波信号的时变性和低信噪比等特点决定信号短时检测不可靠,导致冲突时常发生;

(3) 对于网内用户而言,存在频率使用的不公平性,即如果某个用户占用信道进行大数据报传输而不退出时,其他用户无法进行数据传输,从而导致网络整体效能不高。

针对全对等全互联网络,提出了一种多频多时隙信道接入技术,可以达到较高的网络吞吐量,同时,有效地保证了公平性。

1) 多用户多频率同步扫描

网内用户采用同步扫描方式,由统一时间基准信息或异步入网方式获取网内的基准时间。当全网具有可靠的统一时间基准信息时,节点可快速入网;当统一时间基准信息失效时,节点也可采用异步方式实现入网。

全网分配大于节点数的呼叫频率和部分专用业务频率,其中呼叫频率用于节点之间的链路维护及普通报文的 ARQ 传输;专用业务频率用于高速数据流和数字话音传输。

网络采用同步扫描工作方式,网内用户共用一组频率,为保证网络的通信能力,频率数应足够多。例如,对于一个 10 个节点的网络,可配置大于 10 个频率的呼叫频率组,以保证各用户拥有各自的用频时隙。各用户按照预先规划好的频率图案,在各自频率上进行扫描。

对于一个 6 用户 8 信道的网络,各用户随时间扫描频率图案如表 9-1 所示。从表中可以看出,在每一个驻留时间内,不同用户停留在不同频率上,并在下一个驻留时间起始时,同时切换到下一个频率。

表 9-1　6 用户 8 信道网络扫描图案示例

	t_1	t_2	t_3	t_4	t_5	t_6	t_7	t_8	t_9	t_{10}
用户 1	f_1	f_2	f_3	f_4	f_5	f_6	f_7	f_8	f_1	f_2
用户 2	f_2	f_3	f_4	f_5	f_6	f_7	f_8	f_1	f_2	f_3
用户 3	f_3	f_4	f_5	f_6	f_7	f_8	f_1	f_2	f_3	f_4
用户 4	f_4	f_5	f_6	f_7	f_8	f_1	f_2	f_3	f_4	f_5
用户 5	f_5	f_6	f_7	f_8	f_1	f_2	f_3	f_4	f_5	f_6
用户 6	f_6	f_7	f_8	f_1	f_2	f_3	f_4	f_5	f_6	f_7

2）多时隙呼叫

网内节点在同一时刻驻留在不同的呼叫信道上，每个信道上的驻留时间可分为多个时隙，如图 9-16 所示。

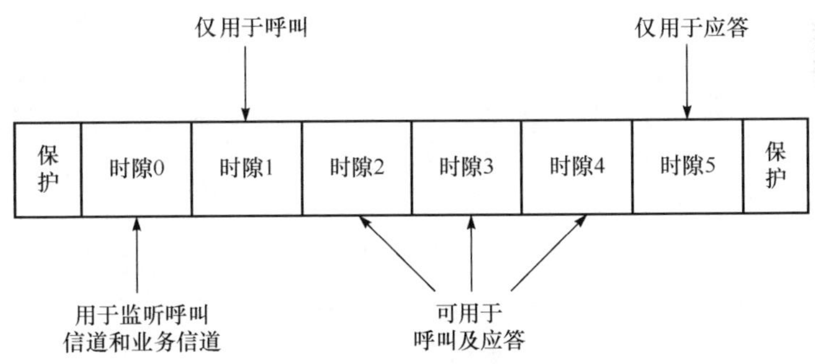

图 9-16　扫描呼叫驻留时隙

其中，前后保护时隙用于收发信机频率切换，时隙 0 仅用于监听信道（包括呼叫信道和业务信道），时隙 1 用于主呼方发起呼叫，时隙 2～时隙 4 可用于呼叫及应答，时隙 5 仅用于应答。主呼方根据不同业务需求，启动不同呼叫方式：

（1）若主呼方需要与被呼方进行高速数据流或数字话音通信时，先在时隙 0 监听被呼方当前驻留信道及其拟选用的专用业务信道，如呼叫信道或专用业务信道已被占用，则放弃当前呼叫，等待下一个驻留信道，直至发现同时空闲的呼叫信道和专用业务信道，启动呼叫流程。

（2）若主呼方需要与被呼方进行普通报文 ARQ 传输或链路维护，则无需监听业务信道情况，只需监听被呼台的驻留信道空闲情况，以判别被呼台的空闲情况。

设置多个呼叫时隙和应答时隙的原因是为了有效避免冲突。同步扫描方式的优点是主呼方可以获得被呼方当前扫描频率，快速发起呼叫。但其缺点是若有多个用户在一个驻留时间段内同时对某个用户发起呼叫，会存在不可退避的冲突，影响通信链路建立。

为了避免冲突，呼叫方式采用类似美军标 MIL-188-141B 的多时隙呼叫，用户根据业务优先级，按一定的概率将呼叫分布在不同时隙里，而被呼方则在呼叫时隙的下一个时隙进行应答。同时，主呼方在选定时隙上发起呼叫前必须监听之前所有时隙的呼叫情况，若有其他用户发起呼叫，则推迟呼叫，以减少呼叫冲突碰撞的概率。

若在当前信道上呼叫后，未收到应答，其原因可能是该信道不可用，也可能是在同一时隙出现多用户的呼叫冲突。因此，在下一个驻留时间里，主呼方以一定概率继续呼叫。若收发双方成功握手，则完成链路建立过程，双方转入下一阶段的数据传输。

9.4.3　扫描数据传输技术

传统短波通信系统在建立链路后，在当前信道上定频传输数据。在数据包发送过程中，为了保证无差错传输，一般采用 ARQ 方式，即发方发送若干帧数据后，等待收端应答，如收方应答 ACK，即收到数据无差错，则进行后续数据帧发送，反之，若收到 NAK，则重发出错数据帧。直至数据包发送结束后，双方拆除链路，重新进入扫描状态。

这种方式在全对等网络中存在以下问题：

(1) 频率使用上的不公平性。信道质量较好的频率一旦被一个大报文发送者占用，在其退出前，其他用户的数据传输将无法得到保证。

(2) 一般 ARQ 协议的数据传输具有单向性，只能保证主呼方向被呼方的数据传输，而被呼方若有实时报文需要发送，必须等主呼方发完后，再重新启动数据链路才能进行数据传输，其协议效率不高。

为了进一步提高数据传输的效率并兼顾公平性，本节设计了一种无冲突高效数据传输方案，在数据传输过程中保证全网各用户无冲突，且公平性可得到保证。

1) 无冲突扫描数据传输

在收发双方通过扫描呼叫方式成功握手之后，进入扫描数据传输阶段。报文传输分为两种，一是普通报文传输，二是低时延高速数据流和数字话音传输。其中高速数据流和数字话音传输对时延要求相对较高，需要分配专用业务信道；而普通报文传输对信道带宽和时延要求不高，可直接在扫描呼叫信道上传输。

(1) 高速数据流和数字话音传输。

通信双方在当前扫描信道上进行初次握手。如果成功握手，则切换到一个专用业务信道，再次进行握手。二次握手成功后，在所选定的专用业务信道上进行传输，传输完毕后释放链路，回到扫描状态。

(2) 普通报文 ARQ 传输。

主呼方和被呼方继续以被呼方的驻留信道图案，进行扫描数据传输。表 9-2

给出了用户 1 在 t_2 时主呼用户 2 并成功建链，在后续 t_3～t_6 传输数据，并在 t_7 时隙拆链的信道占用示例，其中未标明时隙功能的为扫描。从表中可以看出，在成功建链后，主呼方即随被呼方的驻留信道图案进行后续数据传输，直至数据传输完成后拆链，再回到自己的图案进行扫描。

表 9-2　用户 1 主呼用户 2 扫描数据传输占用信道示例

用户	t_1	t_2	t_3	t_4	t_5	t_6	t_7	t_8	t_9	t_{10}
用户 1	f_1	f_3建链	f_4数传	f_5数传	f_6数传	f_7数传	f_8拆链	f_8	f_1	f_2
用户 2	f_2	f_3建链	f_4数传	f_5数传	f_6数传	f_7数传	f_8拆链	f_1	f_2	f_3
用户 3	f_3	f_4	f_5	f_6	f_7	f_8	f_1	f_2	f_3	f_4
用户 4	f_4	f_5	f_6	f_7	f_8	f_1	f_2	f_3	f_4	f_5
用户 5	f_5	f_6	f_7	f_8	f_1	f_2	f_3	f_4	f_5	f_6
用户 6	f_6	f_7	f_8	f_1	f_2	f_3	f_4	f_5	f_6	f_7

在用户 1 和用户 2 的扫描数据传输过程中，如有其他用户想呼叫用户 1，则在用户 1 原定的扫描频率上呼叫，由于此时用户 1 在用户 2 的扫描频率上进行数据传输，因此在用户 1 预定的扫描信道上进行呼叫，不会对正在进行的数据传输造成干扰；而其他用户如想呼叫用户 2，在时隙 0 监听时会发现用户 2 的扫描信道已经被占用，因此会推迟呼叫，也不会对正在进行的数据传输造成干扰。

在各用户业务相对均等的全对等网络中，这种方案具有以下优点：

一是可以保证数据传输阶段的无冲突。由于各用户建链后都按被呼方的驻留图案进行数据传输，因此，扫描频率图案的正交性保证了数据传输阶段无冲突，有效提升了数据传输效率；

二是有效保证了网内各用户数据传输的公平性。用户在数据传输过程中随时间不断变化频率，可避免某个用户长时间占用“好”频率所造成的不公平性。

2）双向自适应数据传输机制

在普通报文 ARQ 传输过程中，有时存在被呼方需要向主呼方发送数据的情况。为了不打断当前的通信流程，可以利用正向控制报头和反向控制报头进行信息交互，按照双方待发送数据量大小，实时分配后续传输时隙。

正向控制	正向数据传输	反向控制	反向数据传输

图 9-17　驻留时隙数据传输格式

每个驻留时隙内的数据传输格式如图 9-17 所示。在建立链路后，双方按正交频率图案进行扫描发送和扫描接收。在每个信道上，先由主呼方发送正向控制信息,其内容包含 ACK 信息和待传输数据报文大小等信息,被呼方收到后以反向控制信息应答,其内容包含 ACK 信息和其需发送数据报文大小,完成握手后,主呼方根据双方待发送数据量比例计算出传输时隙比,并按此比例分配后续数据传输时隙。

采用这种自适应双向数据传输机制,可以依据主呼台和被呼台业务量,合理分配驻留时隙。当被呼方无数据传输时,主呼方可以占用整个数据传输时隙,如图 9-18所示。同时,在双方进行数据传输过程中,若某方有新到达业务,系统也可以根据业务量实时调整时隙分配,实现业务均衡传输。

图 9-18 被呼方无数据时驻留时隙数据传输格式

为了进一步提高数据传输效率,在数据传输波形上,可以根据所需传输数据大小和信道质量情况,自动选择不同传输波形:

(1) 当信道质量较好,所需传送报文较大时,采用高速 ARQ 方式(HDL)进行传输,提高数据传输的有效性;

(2) 当信道质量较好,所需传送报文较小时,采用低速 ARQ 方式(LDL)进行传输,提高数据传输的可靠性;

(3) 当信道质量较差,不满足高速 ARQ 方式(HDL)所需信噪比要求时,无论所需传送报文大小,均采用低速 ARQ 方式(LDL)进行传输,提高数据传输的可靠性。

在全对等网络协议中,对于高速数据流和数据话音均采用专用业务信道传输,所以这两种业务的性能与传统短波网性能应该是一样的;而对于普通数据报文业务采用的是随驻留时间切换的方式,由于驻留信道可能存在不可用频率,因此,对某特定用户而言,其数据传输效率较传统定频传输模式,会有一定的下降。但从整个网络来说,有效保证了用频的公平性,使各用户均衡地使用“好”、“坏”频率,同时大大降低整个网络的碰撞概率,提升网络的整体吞吐量。

9.5 广域协同组网技术

短波通信具备远程通信、电离层不易被永久摧毁等优势,但也存在通信质量不稳定、可用频率窗口窄且随时间变化、存在通信盲区等缺点。将短波通信与其他通信手段相结合,可以进一步充分发挥短波通信优势,并克服其缺点。因此,多种信道有机结合的综合组网成为短波通信研究的一个重要方向。

综合组网的目标是充分发挥各种传输手段的优势，使其具有更为广泛的应用场景，并提供更优质的服务。事实上，对于用户而言，并不关心信息是通过何种信道传输，而更关心网络能为他提供什么样的服务。短波网络无法达到与有线网、卫星网或商用移动通信网相媲美的服务质量。因此，短波通信首先应该明确其定位和能力，依其特性为用户提供其所能提供的特色服务。

对于广域协同短波综合组网而言，一方面在其他通信手段存在时，可以通过综合组网克服短波通信本身盲区及信号不稳定等缺点，并通过协同组网、空间分集、信号合并等技术，提升系统性能；另一方面，还要发挥短波通信自身无需中继远距离通信的优势，当其他通信手段缺失时，仍能实现单独组网，满足复杂恶劣条件下，尤其是应急通信的需要。

在广域协同网络中，除短波信道外，还包含有线光缆、卫星等其他信道。因此，为了实现多媒介综合组网，必须研究下列关键技术：

(1) 广域协同组网技术。短波通信距离远使其网内节点分布范围广。这种广域特性，是传统短波通信网络规划和频率分配中的不利因素，必须考虑全网的干扰和自扰。但在短波综合组网中，通过研究广域协同组网技术，充分利用这一特点，实现广域协同，可以有效拓展可用通信频段，提高短波通信可通率和通信质量。其研究内容包括频率动态管理和使用、多用户分布式协同和数据融合等。

(2) 网络自适应路由技术。在保留短波单独组网方式基础上，实现与其他传输手段的有机融合，使网络具有迂回路由能力，不仅可提高短波通信的可通率，还可使网络具备抗毁自愈功能。由于短波信道的时变性，其通信链路可能随时发生变化，造成网络拓扑结构动态变化。因此，短波网中的自适应路由技术必须能够适应短波信道时变的特性，通过信道质量评估，实现及时动态路由更新。

(3) 业务自动适配技术。IP 技术已经成为主流网络协议，但其难以与低速率、高误码率和高时延的短波网络适配。特别是在短波综合组网中，必须判别一份报文的丢失究竟是 IP 网络拥塞还是短波信道差错引起的。业务自动适配技术解决的问题首先是报文的类型是否适合在短波信道上传输，然后再根据用户业务需求确定路由、传输波形等，其总体目标是在可满足业务服务质量的前提下，使短波网实现与其他网络的无缝互联。

广域协同组网技术着重针对以上问题进行技术研究，通过基于信号质量监测的动态接入、分布式广域协同处理、全向高增益天线拟合、数据融合等技术，实现机动用户的随遇入网和可靠通信。主要技术研究点包括：

(1) 研究具有方向图拟合特征的天线阵技术，解决广域组网时的固定台站高增益天线全向服务难题。

(2) 研究针对上行信道的分布式协同技术，通过广域分布台站分集接收，有效提升机动台上行链路的接收质量。

9.5.1 广域协同网络结构

广域协同组网技术可以用于单一信道，也可以用于多种不同信道组成广域网络。在短波广域协同网络中，首先考虑多种信道有机结合的多媒介综合网络，并确保当其他信道缺失时，该网络能够退化为单一短波信道的广域网络，其网络结构如图 9-19 所示。

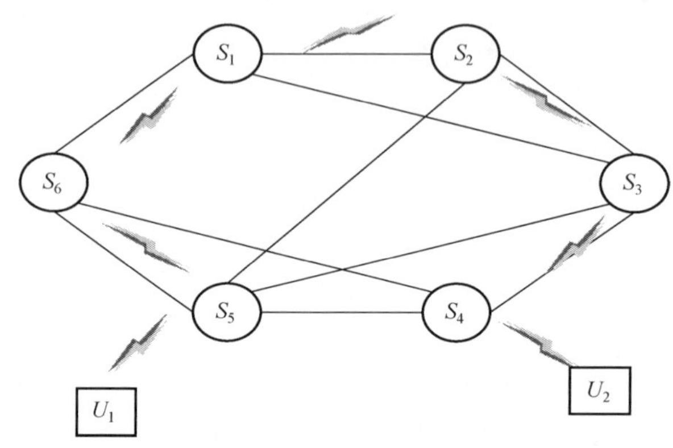

图 9-19 短波广域协同网络

网络中节点包括两大类，即拥有多种信道传输手段的 S 节点和只有单一通信手段的 U 节点。S 节点拥有包括短波、有线或卫星等多种传输信道，节点之间的通信可以通过多种信道实现，在信道选择时，可综合考虑带宽、速率和可靠性等因素进行优选。当最优信道缺失时，可自动切换到次优信道，以此类推。而 U 节点则只有短波信道。

一般情况下，S 节点为固定节点，U 节点为移动节点，该网络具有以下特点：

(1) 每个节点之间都可相互传递信息；

(2) 每个 S 节点和 U 节点都拥有短波通信信道，且有可能与其他用户通过短波信道互联；

(3) 每个 S 节点都拥有除短波信道外至少一种其他信道，可以与其他 S 节点通过这种信道互联；

(4) 每个 S 节点都具备路由转发能力，可为其他节点转信。

显然，S 节点的通信能力比 U 节点强。在广域协同组网中，重点研究的问题就是当 S 节点之间存在有线等信道时，如何通过广域协同的方式提升 U 节点的可通率和可靠性。

9.5.2　基于信号质量监测的动态接入

对于某个特定的 U 节点，其与广域网内多个固定 S 节点的通信距离不同，可用频率窗口也不同。此时，对于 U 节点来说，可等效为可用频率窗口大幅度扩展，从而提高了对 U 节点的通信保障能力。

在广域协同网络中，网内的移动 U 节点可以选择任一固定 S 节点接入网络，即采用网对点的方式来提高可通率。其关键问题是移动 U 节点如何选择固定 S 节点，为此提出了一种基于信号质量监测的动态接入机制。

基于信号质量监测的动态接入由 U 节点发起，首先通过无源噪声分析，认知本地电磁环境，再通过全网快速侦听对各候选 S 节点的信号进行分析，并按其链路质量(LQA)值进行排序，然后根据 S 节点的业务能力、U 节点的天线选择及架设方向和带有遗忘因子的历史入网质量记录等因素，进行综合分析，并优选合适的目标 S 节点，发起入网请求。其过程如图 9-20 所示。

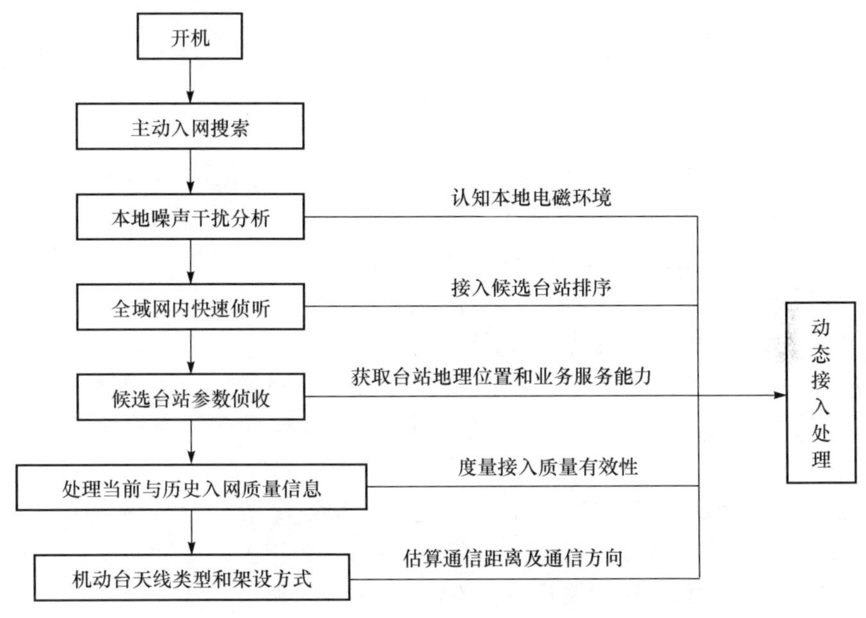

图 9-20　基于信号质量监测的动态接入流程图

9.5.3　全向高增益天线拟合

固定节点如何为来自不同方向的移动用户提供高质量的服务，是广域协同组网中的另一技术难点。由于短波通信效果与天线类型、天线架设、通信距离、机动性等工程因素密切相关。因此，固定节点的天线设计是广域协同组网中的关键问题之一。

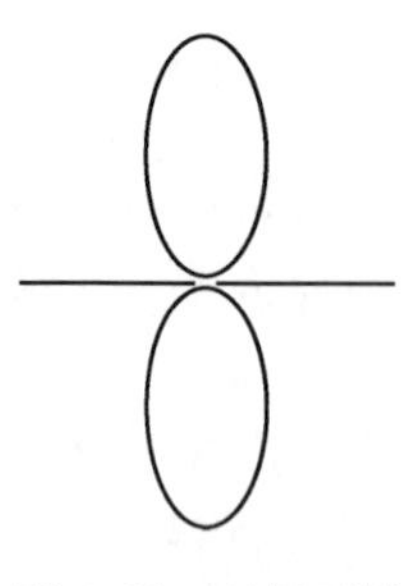

图 9-21 双极天线平面方向图

固定台站一般采用方向性较强，且具有较高增益的天线。下面以常见的高增益双极天线为例进行分析。双极天线是平行于地面架设的对称天线，用以辐射和接收短波无线电信号。双极天线的通信效果主要由以下因素决定：

(1) 双极天线架设的平面方向。

双极天线架设的平面方向决定了其最佳通信方向，其平面方向图如图 9-21 所示。

双极天线平面方向图表明：在与双极天线垂直时，辐射和接收信号最强；在与双极天线平行时，辐射和接收信号最小。

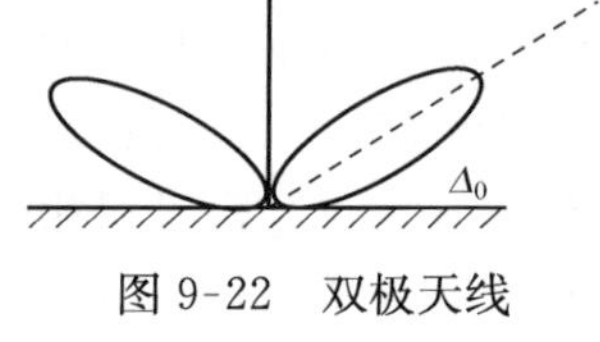

图 9-22 双极天线仰角方向图

(2) 双极天线架设的高度。

双极天线架设的高度决定了其利用电离层反射的仰角 Δ_0，从而决定了最佳通信距离。它的仰角方向如图 9-22 所示。

天线架设的高度 h 可由式(9-1)得到

$$h=\frac{\lambda}{4\sin\Delta_0} \tag{9-1}$$

其中 λ 为短波信号的波长，Δ_0 为仰角，由电离层高度和通信距离决定。

由此可见，虽然双极天线具有较高的天线增益，但天线的架设方向对通信效果影响很大。当固定节点与移动用户的通信距离和方位不确定时，固定台站既设的双极天线很难达到理想的通信效果。全向天线虽然可用于全方位的移动用户通信，但其天线增益低，整体通信效果不佳。

在现有短波台站的天线设计中，一般采用方向性强的双极天线保障固定台站之间的通信和特定方向移动用户的通信；用全向直立鞭状天线保障全方位的移动用户通信。

一般情况下，利用一付双极天线，借助电机传动装置，可以实时调整天线主瓣方向，提高对移动用户的通信质量。但这种方法在实际中很少采用，其主要原因如下：

(1) 在初始通信时，移动用户方向不明，无法实时调整天线主瓣方向；

(2) 电机传动装置工程实现难，可靠性差；

(3) 一付双极天线无法同时为多个方位的多个移动用户提供服务。

为了解决天线增益和全向辐射的矛盾，本节研究了具有方向图拟合特征的天线阵技术，通过三副双极天线组成一个天线阵，用数字信号处理和数据融合技术，保证全方向的通信性能。

图 9-23、图 9-24 分别给出了全方向 10 米鞭天线和定向 20 米双极天线的方向图。从图中可以看出，双极天线比鞭天线有较强的增益，但其方向性明显。

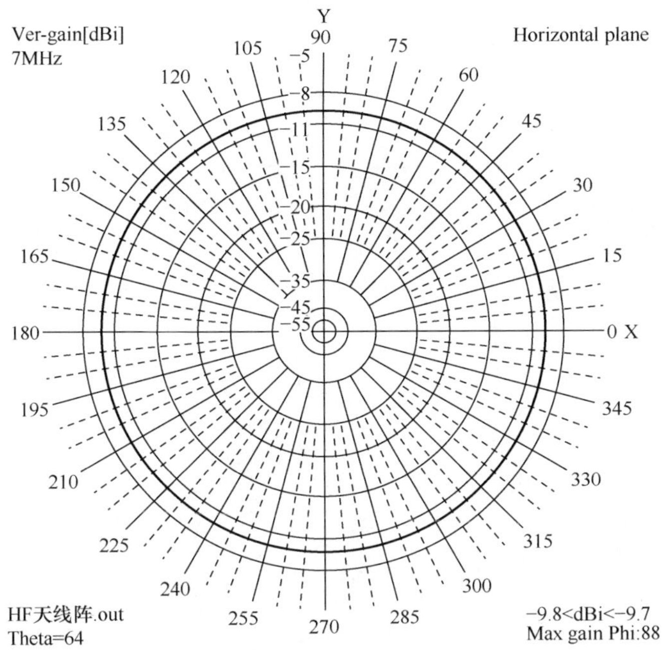

图 9-23　10 米鞭天线方向图

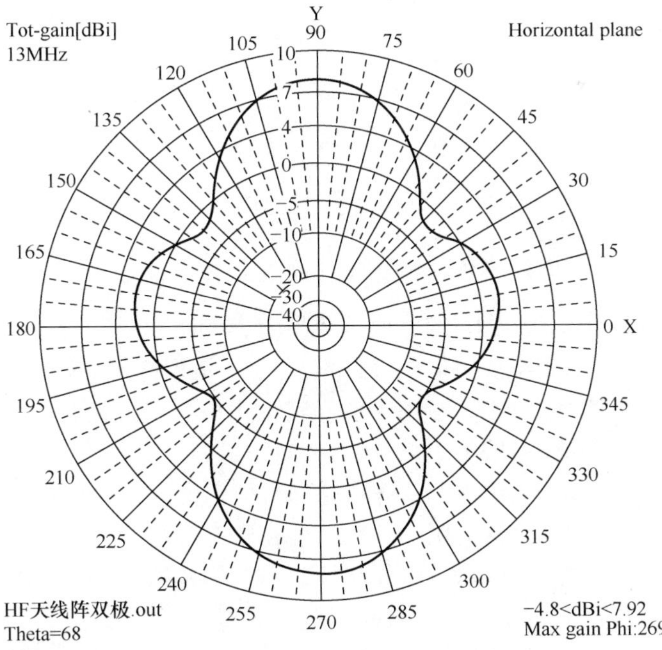

图 9-24　20 米双极天线方向图

全向高增益天线拟合技术采用多付高增益定向天线，通过合理设置天线方向，拟合出高增益全向天线，从而高质量接收来自各个方向的信号，以提升从移动用户到固定台站的短波通信可通率和可靠性。

图 9-25 给出了 3 付 20 米双极天线以正三角形方式架设，采用天线拟合技术后，其方向图的仿真结果。仿真结果表明拟合后的全向天线图与鞭状天线方向图相比，其性能有了大幅提升。

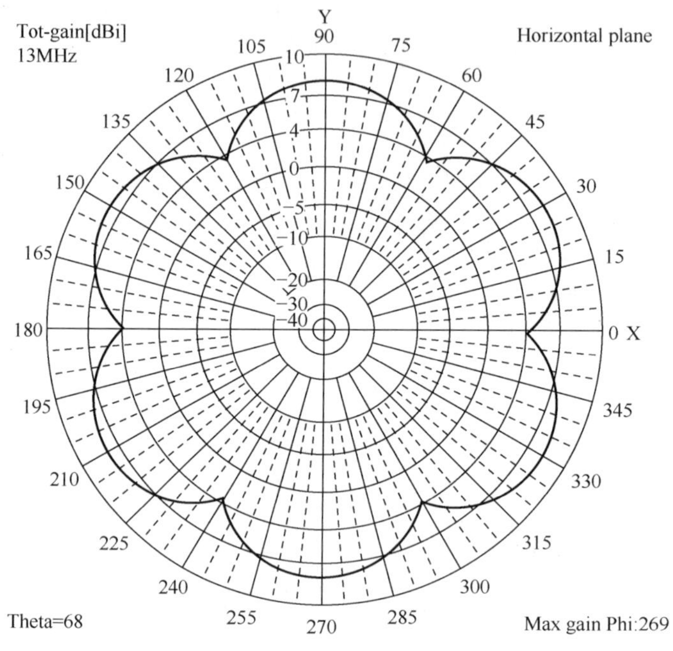

图 9-25　定向天线拟合全向天线方向图

9.5.4　基于软值合并的多天线分集接收技术

在大多数短波通信组网中，通常假设收发双方的链路是对等的，即在收发双方位置确定的情况下，电离层反射电磁波的能力应该是相同的。但在实际系统中存在收发链路的不对称性，特别是在固定台和移动用户进行通信时，这种链路的不对称性就更为明显，其主要原因如下：

(1) 收发双方发射功率往往不对称。例如，固定台与移动用户通信时，一般固定台功率是 400W 以上，而移动用户功率一般小于 150W。

(2) 天线类型和架设的不对称。固定台一般采用方向性强的天线，架设场地较好，天线架设规范，而移动用户一般采用全向天线，架设场地受限。

由于固定台功率大，天线好，使得移动用户容易接收到固定台呼叫；而移动用户采用全向天线并且发射功率小，固定台站接收移动用户呼叫极为困难，影响通信网对移动用户的保障能力。

为此，可以利用多个固定台收信机，采用上行信道的分布式协同和多天线联合分集接收技术，协同处理来自移动用户的信号，有效提高对移动用户的通信保障能力。

实现分布式协同和多天线联合分集接收的关键技术是对接收信号的有效合并。分集合并方法一般有：选择合并、等增益合并和最大比值合并。

选择合并在各路接收信号中选择信号最强或信噪比最大的支路作为输出。其优点是实现简单，分集性能稳定，缺点是没有有效利用所有接收信号，分集效果有限。

等增益合并将各路接收信号进行相同系数加权合并后输出。其优点是实现较为简单，有效利用了各路接收信号，在一定程度上可提高接收性能。其缺点是分集性能不稳定，具体表现为：在各支路信道质量相近时，其性能接近于最大比值合并；但当各支路信道质量差别较大，尤其是存在负信噪比支路时，其性能可能还会差于选择合并。

最大比值合并将各路接收信号进行不同系数加权合并后输出。其优点是充分利用了各路接收信号，最大限度地提高了接收性能。其缺点是实现复杂，尤其是需要对各支路的接收信噪比进行精确估计，以保证稳定的分集接收性能。

在多天线分集接收处理中，结合短波通信特点，可将选择合并与最大比值合并相结合，采用有选择的最大比值合并方案。其基本思路如下：以当前的实际数据传输速率要求的信噪比为依据，在各支路接收信号中，先选择可完成信号检测和信号同步的支路，并不断对这些支路的接收瞬时信噪比进行比对，动态丢弃偏离值较大的低信噪比支路，最后对余下的支路进行最大比值合并。这是因为，短波信道是时变信道，存在严重的衰落，所以对瞬时信噪比的考察可以更好地适应时变信道，同时由于各支路信号的传输质量差异性较大，动态丢弃偏离值大的支路可以提升最大比值合并的性能。

下面给出了一种基于软值合并的多天线分集接收的具体实现方案。无论是本地的多天线接收信号，还是来自远端的接收信号，都需要汇集后进行分集处理。在综合组网时，信号的汇集方式包括 IP 网、数据专线和电话公网等多种类型，而各种类型的汇集方式传输时延不定。当采用数据专线互联时，时延较小且确知；而采用 IP 网互联时，时延大且不确定。为此，对各支路的信号，在分别同步和解调后，采用基于同步信息的时延校正和基于解调数据的软值合并处理，可以有效消除汇集时延的影响，且具有良好的分集效果。其实现结构如图 9-26 所示。

从图 9-26 中可以看出：无论对于本地的多天线接收信号，还是远端的接收信号，均先通过接收机，变换成基带音频信号后进行汇集。在信号汇集端，对各基带音频信号分别进行信号检测和信号同步，通过同步位置的比对，修正基带音频的额

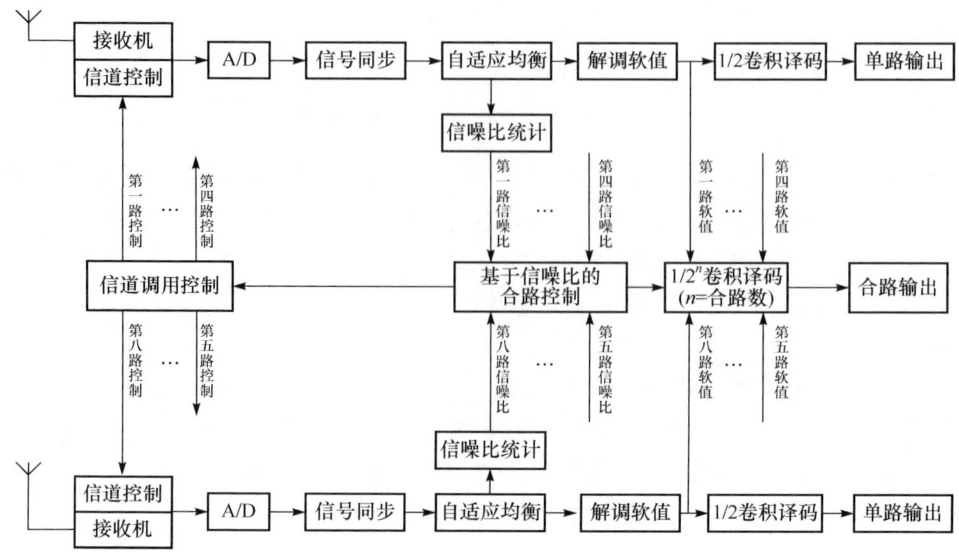

图 9-26 一种基于软值合并的多天线分集接收实现原理框图

外传输时延,实现各支路信号在解调数据软值输出时的同步。对多路的软值解调数据进行联合译码,实现具有选择的最大比值合并,合路输出得到最终的接收用户数据。这里通过信号检测和信号同步判别是否选用该支路信号参与合并,体现选择性;解调数据软值的获取可参照本书 5.6.2 节,其软值中包含判决值和其对应的加权值,此时,软值合并可等效为最大比值合并。

9.6 小 结

本章针对短波通信网特点,在分析典型外军短波通信网络的基础上,对提升短波通信网性能的组网技术进行了研究;针对全对等网络提出了一种新的多频多时隙组网技术,在有效提升网络吞吐量的同时,保证了网络公平性;针对综合组网应用,提出了一种广域协同组网技术,利用广域协同分集、多天线方向图拟合、最大比值合并等技术,提升网络性能。

第 10 章　短波信道机数字化技术

信道机数字化技术是短波通信系统的发展方向。其主要思想是：高速模数(A/D)和数模(D/A)转换器尽可能靠近天线，尽可能用数字信号处理的方法实现短波通信信号的变频和调制。在提高信道机技术指标的同时，它还具有灵活、开放等特点，也是未来多功能、多模式、可编程模块化短波电台的重要技术基础，其主要技术难点包括合理的信道数字化方案、高性能的模数和数模转换、信号的抽取滤波及基带信号处理等。

10.1　短波信道机数字化的实现结构

短波信道机数字化常见有中频数字化和射频数字化两种方案，其中射频数字化是发展趋势。

10.1.1　中频数字化实现结构

对短波通信系统而言，直接在射频端进行 A/D 转换存在以下难点：一是会影响接收机的选择性和灵敏度指标。一般射频频段内会存在若干强窄带干扰，当所期望的接收信号很弱或相对于干扰有用信号很小时，A/D 转换器(ADC)需要具备很大的信号动态范围，所以对 ADC 指标要求很高，其实现难度较大；二是数字信号处理器对射频窄带信号进行信道分离解调的难度很大。因此，目前对传统短波电台的数字化改造设计大都保留了电台的射频以及模拟混频环节，在频率相对较低并且固定的中频处进行数字化处理。

短波中频数字化实现结构一般可分为一次中频数字化结构和二次中频数字化结构，为了便于收发信机共用硬件，通常收发信机采用相同的中频数字化结构。下面以接收机为例，分析采用中频数字化方法的优点：

(1) 接收机的基本原理是在短波频段信号中，利用滤波和放大的方法提取有用信号，其中滤波是接收机中最关键的技术。对于频率范围在 1.5～30MHz 为载波的有用信号，在理想情况下，可以用中心频率可变的带通滤波器直接滤出有用信号，但在短波频段范围内，中心频率可变的窄带带通滤波器在技术上是难以实现的。所以中频数字化结构仍然采用了超外差体制，这样可以用一个中心频率固定的陶瓷、晶体或声表面滤波器，对信号进行滤波，此时滤波器的通带和阻带指标均可以得到保证。

(2) 模数转换的性能是决定整个数字化接收机的关键技术指标，采用中频数字化接收机方案可以有效保证 A/D 转换的采样性能，同时降低对 ADC 的技术要求。

(3) 采用中频数字化接收机方案，可以合理分配接收机的多个指标，方便进行综合优化。

图 10-1 给出了短波一次中频数字化信道机实现结构，主要由射频前端、模数采样、数字上下变频、数字基带处理等几部分组成。

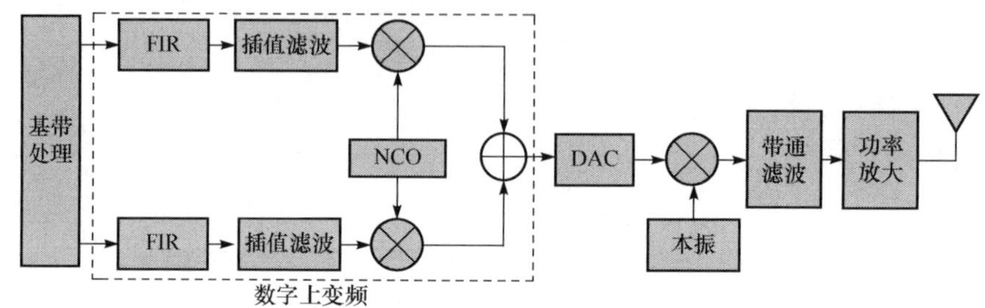

(a) 一次中频数字化发射机方案

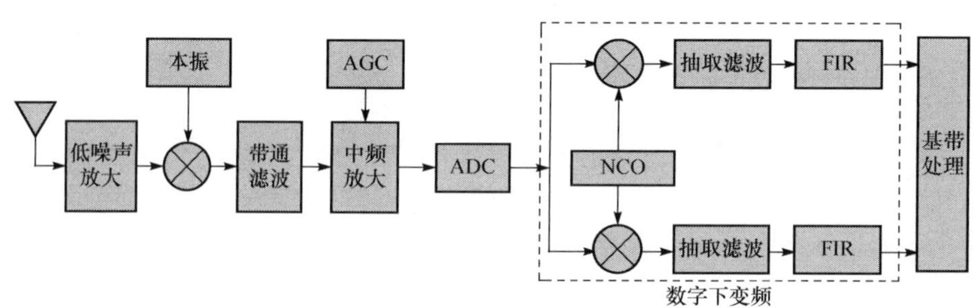

(b) 一次中频数字化接收机方案

图 10-1　短波一次中频数字化信道机实现结构

对于一次中频数字化发射机而言，信号经过基带处理模块，实现各通信业务波形的调制，如单边带(SSB)、双边带(DSB)、调幅(AM)及等幅报(CW)等信号的调制。然后通过数字上变频模块，主要由数控振荡器(NCO)、乘法器、插值滤波器等组成，实现信号的频谱搬移。最后，经过数模变换后与本地载波相乘，经带通滤波以及功率放大后，由天线输出。

对于接收机而言，从天线接收下来的射频信号，经过低噪声放大、混频、带通滤波、抗混叠滤波、模拟 AGC 和中频放大等电路，由 ADC 进行信号模数转换，完成信号的采样。然后经过数字下变频模块实现信号的频谱搬移和抽样速率变换，最后通过基带处理部分完成信号解调。

在一次中频数字化的实现结构中，通常要求中频载频 f_1 要大于短波频段最高频率(30MHz),其典型值为 $f_1=70.455\text{MHz}$。这种相对较高的载频便于带通滤波器设计和实现,并且由于 f_1 在短波频段外,本振泄漏对接收信号的干扰较小。

对载波为 $f_1=70.455\text{MHz}$ 的中频信号进行 A/D 变换时,若采用奈奎斯特采样,则要求采样率大于 141MHz,需要选用高性能 ADC。而目前采样率满足要求,且采样位数大于 14 比特的可选 ADC 很少,并且成本很高。因而通过欠采样降低采样速率,即降低对 ADC 的性能指标要求是一种可行的方法。欠采样不仅会引入镜像信号的混叠,还会引入比低通采样更严重的噪声混叠。通过对一次中频带通滤波器进行优化设计,可以有效地降低混叠干扰,但此时带通滤波器的实现变得较为困难,因此通常采用二次中频方案。

二次中频方案采用二次混频、二次带通滤波和二次中频放大,可以对各级的指标进行合理分配,达到整体指标的优化。在二次中频方案中,通常第二中频小于短波频段最低频率(1.5MHz),其典型值为 $f_2=455\text{kHz}$,此时可以大幅度降低对 ADC 采样速率的要求。图 10-2 给出了二次中频数字化接收机实现结构。

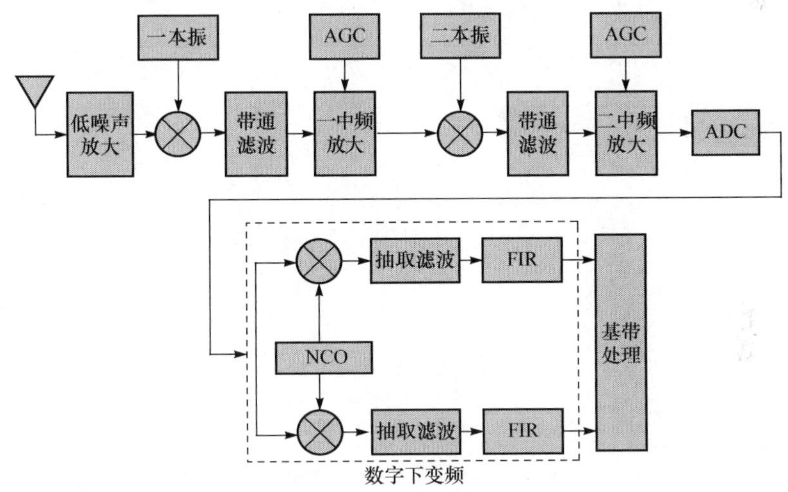

图 10-2　二次中频数字化接收机实现结构

采用多次混频结构有利于射频小信号的选择、放大和滤波,同时对电台的抗阻塞干扰、镜像抑制及边带抑制等性能指标的提高具有明显作用。

10.1.2　射频数字化实现结构

随着硬件技术水平的不断提高,尤其是高采样率、高精度的 ADC 和大规模 FPGA 的技术进步,射频数字化是短波信道机技术未来的发展方向。射频数字化,即零中频技术方案有以下优点:

(1) 与中频数字化相比,可以大幅度简化信道机的硬件,尤其省去了混频、独立的频率合成等部件，在降低系统成本的同时，还可降低功耗和设备体积。

(2) 伴随混频和独立的频率合成电路等部件的减少，降低了系统引入的设计噪声，并且可以减少接收机的组合音干扰。

(3) 工作频率、信号带宽、调制方式等参数可进行灵活设计，便于向软件化、模块化、标准化方向发展。

(4) 采用全面的数字化设计，生产一致性好。

但是，射频数字化也存在以下的技术难点：

(1) 射频数字化会导致发射机带外杂散难以控制。为了防止对邻道产生干扰，发射机要求在距工作载频 100kHz 以外处的噪声功率谱密度必须小于 −145dB/Hz。为达到这一要求，可在发射通道中加入后选器进行滤波，以降低带外杂散噪声。

(2) 射频数字化会影响接收机的接收信号动态范围。可通过分波段处理和采用大动态、高性能的 ADC 来提高接收信号动态范围；也可用预选器对接收机的输入信号进行滤波，减少带外干扰的影响。

图 10-3 给出了短波射频数字化实现结构。

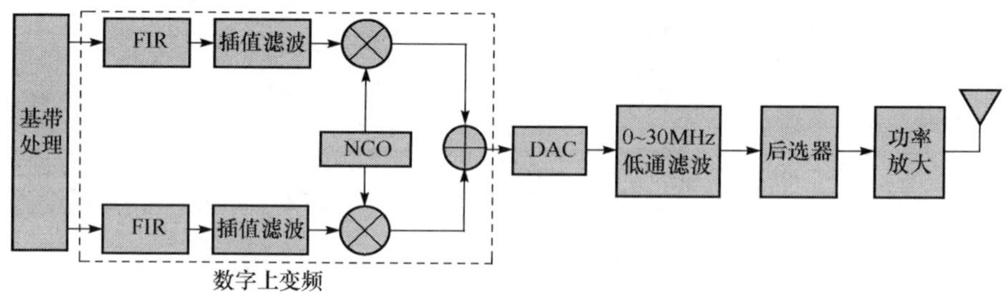

(a) 射频数字化发射机方案

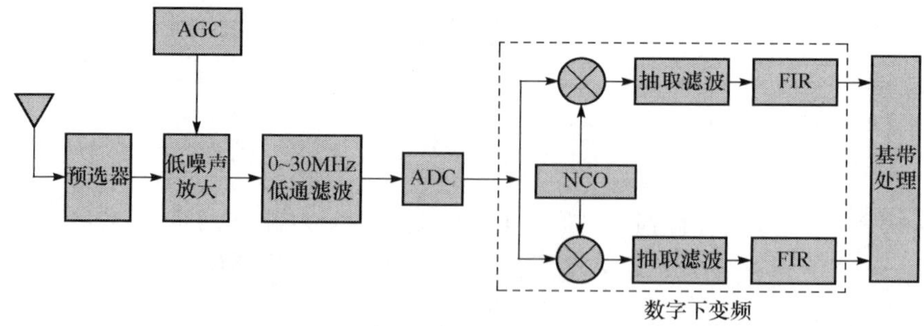

(b) 射频数字化接收机方案

图 10-3　短波射频数字化实现结构

由于收发信机的对称性，本章后续各节主要以收信机为例展开分析。

10.2　模拟信号模数变换

在数字接收机设计中,A/D 转换是决定接收性能的最重要环节,它完成接收信号从模拟域到数字域的变换。ADC 主要由时钟管理、抗混叠滤波、采样/保持、量化器以及输出缓冲等几部分组成,其组成结构如图 10-4 所示。

时钟管理为 ADC 提供采样和滤波的时钟,它决定了 A/D 转换速率,对 A/D 转换影响较大。当对输入模拟信号进行采样时,在频谱上会表现为输入信号频谱的周期性混叠,通过 ADC 片内或片外的抗混叠滤波可有效降低频谱混叠所引起的附加噪声。在高速采样时,采样时钟的相位噪声会导致信号的非线性失真,使得输出信噪比恶化。有限位数的采样会引入量化噪声,其大小由 ADC 的采样位数决定。对小信号采样时,量化噪声的影响尤为严重。

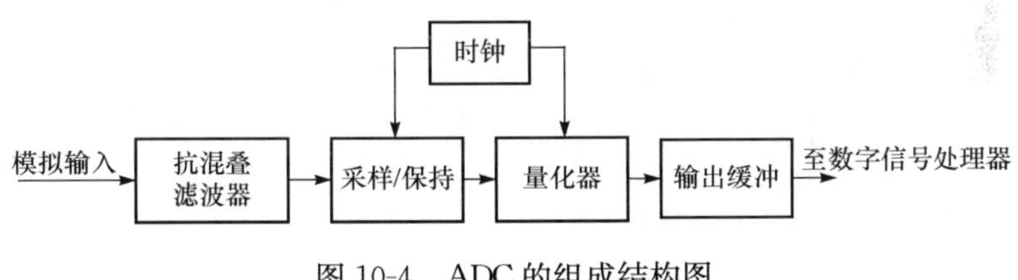

图 10-4　ADC 的组成结构图

A/D 采样设计的目标是:将 A/D 变换过程所引入的量化噪声、非线性失真、随机噪声等,控制在一定范围内,使得 A/D 采样输出信噪比主要反映输入信号的信噪比。

10.2.1　基于信噪比指标的中频信号采样

中频数字化接收机方案的特点是对 ADC 要求不高,带内带外指标可控,并且可独立优化,其常见的硬件实现框图如图 10-5 所示。

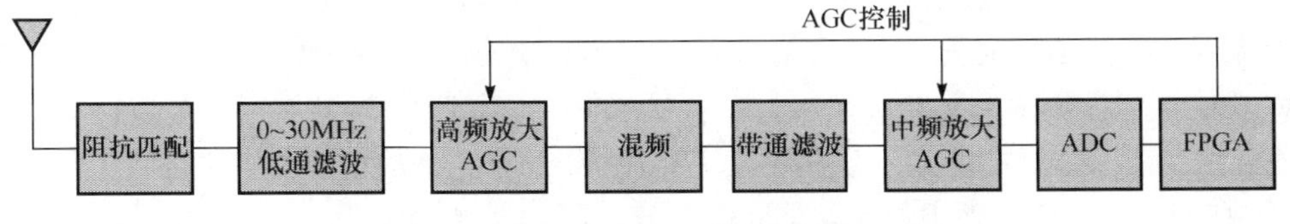

图 10-5　中频数字化接收机实现硬件结构图

10.2.1.1　奈奎斯特采样和过采样

对于一个理想有限带宽模拟信号,其频谱如图 10-6 所示,包含信号正频谱分量和负频谱分量。

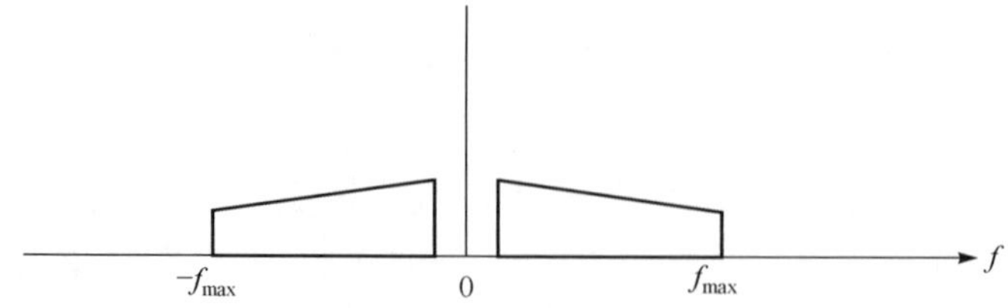

图 10-6　理想有限带宽模拟信号频谱图

对有限带宽信号，用采样频率 f_s 采样后得到如图 10-7 所示的数字频谱图。

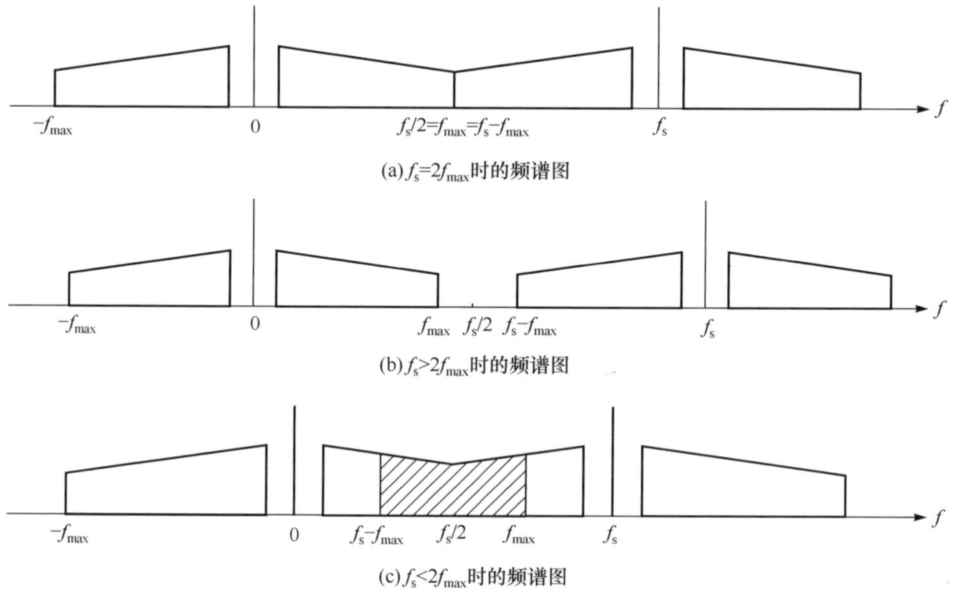

图 10-7　采样后的数字频谱图

从图 10-7 中可以发现，当 $f_s=2f_{max}$时，信号正频谱和由负频谱所引起的镜像频谱刚好不会出现混叠，可以无失真地重构被采样的原始模拟信号，此时的采样频率称为奈奎斯特频率。当 $f_s>2f_{max}$时，显然也不会产生频谱混叠，称为过采样。而当 $f_s<2f_{max}$时，可能会出现信号频谱和镜像频谱混叠的情况，称为欠采样。

一般地，只有在理想情况下，即假定带外噪声功率和信号功率均为零时，才可以实现无失真采样。在实际工程应用中，由于存在噪声功率和信号的带外泄漏功率，带外能量不可能绝对为零，所以采样时必然会带来频谱混叠，只是严重程度不同。而过采样方式，可以有效降低频谱混叠影响，其优点如下：

(1) 过采样可以有效降低由滤波特性不理想所引起的信号频谱混叠，同时带外噪声对带内信号的混叠也得到一定程度的抑制。

(2) 过采样后的信号频谱中，信号频谱和镜像频谱分量相隔较远，此时可以允许滤波器有缓慢的过渡带和较小阻带衰减，从而降低对 A/D 前端的抗混叠滤波器要求。

(3) 对于某些特定信号按奈奎斯特频率进行采样，可能无法恢复出原来的模拟信号。如对特定频率正弦波，在特定相位时有可能采样值全为零。而采用过采样方法可以解决这类问题。

但随着采样速率的提高，后续数字信号处理单元的运算复杂度将随之增加。

10.2.1.2　量化信噪比和信纳德

在接收机设计时，量化位数的选择与接收机可正常工作的最小输入信号以及接收信号的动态范围有关。由于模拟信号不可能用有限个不连续的量化电平来准确表示，量化过程一定会导致误差，即量化噪声。当假设量化误差 V 在各个量化电平上均匀分布时，有

$$P(V)=\begin{cases}\dfrac{1}{q}, & |V|\leqslant\dfrac{q}{2}\\[2ex] 0, & |V|>\dfrac{q}{2}\end{cases} \tag{10-1}$$

则量化噪声平均电平为

$$\bar{V}_{\text{noise}}=\left|\int_{-\infty}^{\infty}V^2P(V)\mathrm{d}V\right|^{\frac{1}{2}}=\left|\int_{-\frac{q}{2}}^{\frac{q}{2}}V^2\,\frac{1}{q}\mathrm{d}V\right|^{\frac{1}{2}}=\left|\frac{q^2}{12}\right|^{\frac{1}{2}} \tag{10-2}$$

信号平均电平为

$$\bar{V}_{\text{signal}}=\frac{2^{n-1}q}{\sqrt{2}} \tag{10-3}$$

此时，量化信噪比为

$$\text{SNR}=\frac{S}{N}=20\log\left[\frac{\bar{V}_{\text{signal}}}{\bar{V}_{\text{noise}}}\right]=20\log\left[\frac{2^{n-1}q/\sqrt{2}}{q/\sqrt{12}}\right]\approx1.76+6n \tag{10-4}$$

可见在理想情况下，A/D 输出信噪比仅由量化位数 n 决定。但在实际中，误差来源不仅包括量化误差，还包括采样时钟的抖动、电源的波动及 ADC 的非线性失真等引起的误差。

考虑到非线性失真等因素的影响，在表征 ADC 的实际信噪比时也可采用信纳德(SINAD)。SINAD 是表征 ADC 整体动态特性与输入信号之间关系的常用指标，它包含了所有频谱成分的噪声(含热噪声)和失真，其值小于 SNR。

10.2.1.3　符合 A/D 采样指标要求的系统最小增益

在中频信号采样时，系统模拟增益为天线端输入信号到中频 A/D 采样前的总

信号增益。由于接收通道中存在带通滤波器,可以有效地滤除带外干扰,便于对带内有用信号进行有效放大。但高频放大和中频放大增益不宜太高,否则会影响信号的线性度及动态范围指标,有时还会产生“自激”。符合 A/D 采样指标要求的系统最小增益是数字化接收机优化设计的关键。

短波接收机的灵敏度指标一般为−107dBm,其定义如下:当输入信号为−107 dBm 时,音频输出信纳德大于 12dB。当输入匹配阻抗为 50Ω 时,输入信号电平为 $V_{sens}=1\mu V$。下面以常见的 ADC 器件 AD9240 为例,分析计算符合指标要求的系统最小增益。AD9240 主要参数如表 10-1 所示。

表 10-1　AD9240 主要参数

采样器位数	b=14
最高采样速率	$f_{smax}=10\text{MHz}$
参考电压	$V_{ref}=1\text{V}$
输入峰值电压	$V_{P\text{-}P}=2\text{V}$

此时量化间隔为

$$q=\frac{V_{P\text{-}P}}{2^n}=\frac{2\times10^6}{2^{14}}\approx122\mu\text{V} \tag{10-5}$$

在符合灵敏度要求时,对于 12dB 音频输出信纳德,根据式(10-4),需要 2 比特采样精度。即输入信号的最小电平为

$$V_{min}=2q=244\mu\text{V} \tag{10-6}$$

此时,系统的最小模拟增益为

$$G_{min}=20\log\left(\frac{V_{min}}{V_{sens}}\right)\approx48\text{dB} \tag{10-7}$$

当采用 AD9240 器件进行采样时,为满足系统灵敏度要求,其系统模拟增益要大于 48dB。如前所述,系统模拟增益过大时会影响信号的线性度及动态范围,因此在实际设计过程中,系统模拟增益可取 48 dB。

10. 2. 2　大动态范围的直接射频信号采样

直接射频信号采样,即“零中频”接收机是短波数字化接收机的发展方向。其最主要的难点是对宽带信号的大动态范围有效采样。在一个相对较宽的接收机处理带宽范围内,既存在有用信号,同时也存在大量的无用信号,这种无用信号可称为带外干扰,它严重影响接收机的动态范围。

为使 ADC 工作在正常的输入信号范围,当输入信号电平大时,应降低放大器增益;当输入信号电平小时,应提高放大器增益。

当存在很大的带外干扰时,尽管带内信号很小,但为了保证无失真采样,也不

能提高放大器增益，导致 ADC 采样的有用信号太小，输出信噪比过低，出现“大信号吃小信号”的现象。

10.2.2.1　短波频段全带宽采样

全带宽采样是零中频数字接收机常见的一种采样方案，如图 10-8 所示。

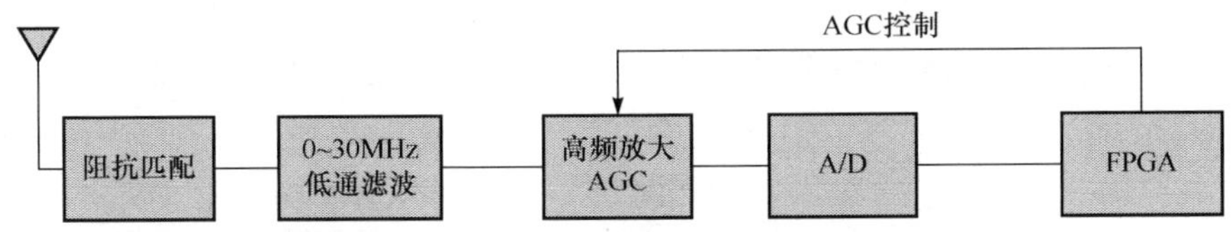

图 10-8　零中频数字接收机实现硬件结构图

短波通信频率范围是 1.5～30MHz，若信道带宽为 3kHz，则共有 $N_c=9500$ 个信道。在理想情况下，可假定各信道接收电平相等，并满足灵敏度的要求，采样动态范围 D 应满足：

$$D \geqslant 10\log(N_c)+12\text{dB} \approx 52\text{dB} \tag{10-8}$$

根据式(10-4)，A/D 采样位数 $b \geqslant \frac{52}{6} \approx 9\text{bit}$ 时，在保证信噪比要求情况下，可从 9500 个信道中有效提取单个 3kHz 带宽的有用信号。

然而在实际情况中，各信道接收电平严重不平衡，其主要原因有两点：一是发射功率不均衡，不同类型的短波电台发射功率从 5W 到 100kW 以上不等；二是远近效应造成的接收电平不平衡，如在收信机附近存在其他发信机时，由于采用全频段采样，附近发信机的信号会对收信机产生严重影响，甚至导致 ADC 的阻塞；此外，即使在同一接收地点，也能收到来自地波、不同跳数的天波等不同路径的接收信号，造成各信道接收电平的不平衡。

这种接收电平严重不平衡的现象要求具备更大的实际动态范围，需要选用采样位数更多的 ADC，同时宽带信号全频段采样要求 ADC 的采样速率较高。如 AD9265 芯片就能满足短波宽带信号全频段采样的要求，其主要参数如表 10-2 所示。

表 10-2　AD9265 主要参数

采样器位数	$b=16$
最高采样速率	$f_{smax}=125\text{MHz}$
参考电压	$V_{ref}=1\text{V}$
输入峰值电压	$V_{P-P}=2\text{V}$

该器件的理论输出信噪比为

$$\text{SNR} \approx 1.76 + 6n = 97.76\text{dB} \tag{10-9}$$

此时有 45.76dB 的动态范围富余量，可以在各信道接收电平不平衡的条件下，对小信号进行有效采样。

10.2.2.2 分波段采样以提高信号动态范围

为了进一步提高接收机的动态范围余量，分波段滤波是一种有效方法，常用的实现方法有可调波段滤波和多滤波器分段滤波两种，实现结构分别如图 10-9 和图 10-10所示。

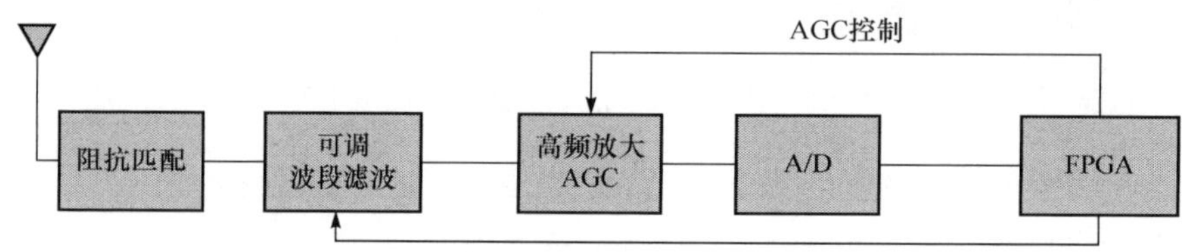

图 10-9 可调波段滤波实现结构

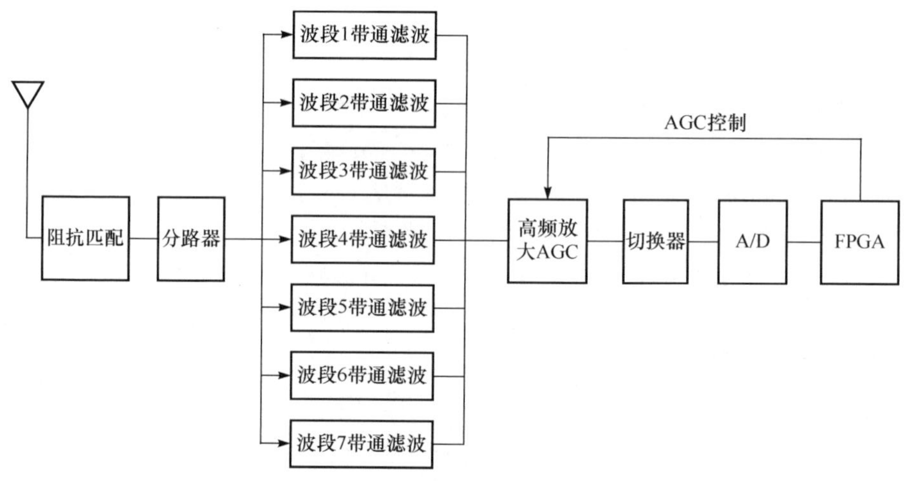

图 10-10 分段滤波实现结构

为了方便分波段滤波器的实现，一般可采用 1.5 倍频的滤波器组，有

$$\frac{f_h}{f_l} = \frac{30}{1.5} \approx (1.5)^7 \tag{10-10}$$

此时可将短波波段分为 7 段进行处理，如表 10-3 所示。

表 10-3 多滤波器分段滤波范围表

波段	带通滤波范围
波段 1	1.500～2.250MHz
波段 2	2.250～3.375MHz
波段 3	3.375～5.000MHz
波段 4	5.000～8.000MHz
波段 5	8.000～15.000MHz
波段 6	15.000～21.000MHz
波段 7	21.000～29.999MHz

分波段带来的动态范围增益为

$$10\log(7)\approx 8.5\text{dB} \tag{10-11}$$

此时动态范围富余量从原来的 45.76 dB 提升到 54.26dB。

10.2.2.3 外加扰动进一步提高小信号分辨率

直接射频信号采样的主要指标是无杂散动态范围(SFDR),外加扰动(DITHER)是一种进一步提高 SFDR 的有效方法。

为了改善量化噪声对信号的不利影响,可以在 AD 输入信号中人为地加入模拟白噪声对小信号进行扰动。1951 年,Goodall 注意到对信号进行扰动可以减轻视频系统中的轮廓效应。1960 年,Widrow 发现当量化噪声与信号不相关时,可最小化由量化噪声带来的信号失真。Schuchman 发现对于理想 ADC,最佳的扰动信号是白噪声,且均方根为 ADC 器件 1 比特量化对应电平幅度的 1/3。

在 AD 转换过程中增加扰动信号,可以减少谐波失真,并提高分辨率。加入扰动信号会使得量化器更加频繁地在状态间进行切换,甚至会增加量化状态。这样,低于最小量化间隔的小信号所携带的信息可以通过持续一段时间的量化数据表示。通过时间平均,显著提高小信号的分辨率。

以 AD9265 为例,当采样速率为 125MHz 时,对于载波频率为 70.1MHz,幅度为－23dBm 的输入信号,在未进行扰动时 SFDR 为 75.1dB,而在进行扰动后,SFDR 提升为 86.8dB,可见其无杂散动态范围增大 11.7dB,但此时的输出信噪比下降 0.5dB。

10.2.3 带通信号的欠采样

对无线接收机而言,输入信号是带通信号,且在一般情况下,信号带宽远小于信号载频,因而可以用欠采样方式在中频进行数字化,从而降低 A/D 转换的速率和后续处理复杂度,在一定程度上缓解采样速度和处理速度之间的矛盾。

10.2.3.1　欠采样原理

图 10-11　带通信号频谱示意图

为了方便说明欠采样原理，现以典型的短波接收机中频数字化方案为例进行分析。假设带通信号带宽为 BW＝10kHz，f_0＝70.455MHz，信号的 f_{max}＝70.465MHz，对应的频谱如图 10-11 所示。

采样后的频谱是原始信号频谱按照采样频率的整数倍进行周期重复，如图 10-12 所示：

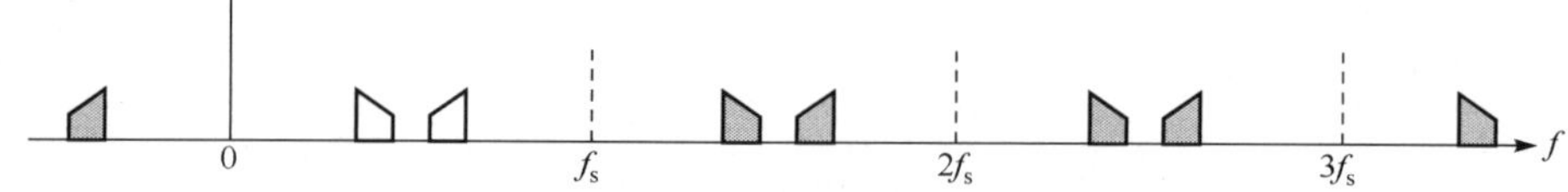

图 10-12　采样后带通信号数字域频谱示意图

从前面的分析可知，当 $f_s<2f_{max}$ 时，信号将开始出现频谱混叠。但对于带通信号而言，当 f_s 小于一定值时，即混叠出现在带通信号的带外时，就不会影响有用信号，如图 10-13 所示。因此，欠采样频率的选取非常重要。

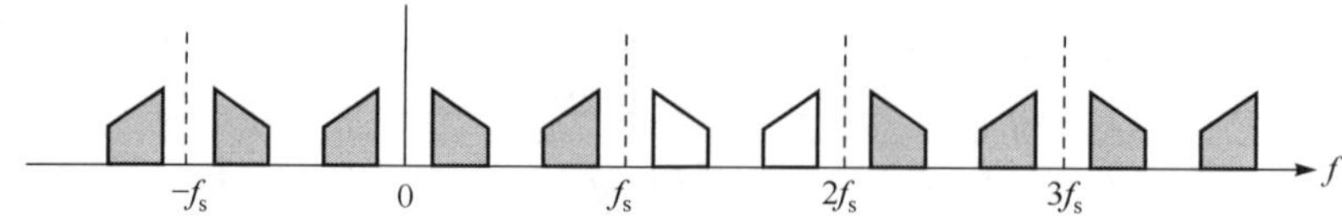

图 10-13　欠采样后带通信号数字域频谱示意图

10.2.3.2　欠采样频率的选取

欠采样频率的选取既可以基于理论分析进行选取，也可以基于工程实现快速选取。

1）基于采样理论分析的欠采样频率选取

对于一个理想的带通信号，其所有频率成分应介于最大频率 f_{max} 和最小频率 f_{min} 之间。采样时，首先要保证频谱不会混叠，即最小采样频率应满足

$$f_s \geqslant 2(f_{max}-f_{min}) \tag{10-12}$$

同时，对于欠采样，最大采样频率应满足

$$2(f_{max}-f_{min}) \leqslant f_s < 2f_{max} \tag{10-13}$$

图 10-14 给出了欠采样信号与原始信号频谱关系，其中阴影部分表示原始信号。从图中可以看出，欠采样后，在原始信号频谱的左侧和右侧都会出现镜像信

号,分别定义为第 $k-1$ 个镜像和第 k 个镜像,为了不产生信号混叠,要求镜像信号频谱的边界与原始信号频谱的边界不重合。

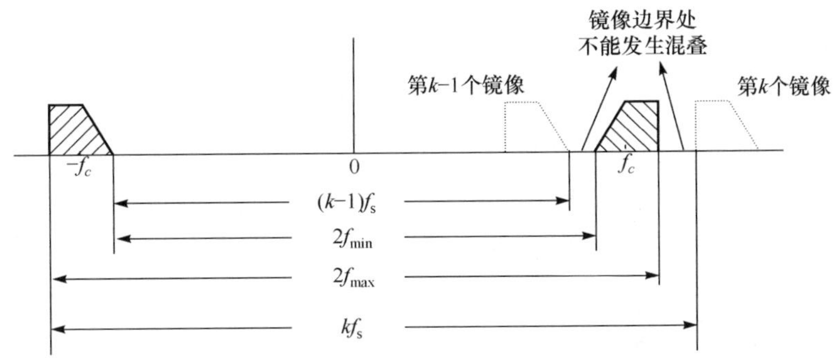

图 10-14　欠采样信号频谱与原始信号频率关系示意图

考虑第 k 个镜像,其最小频谱到 $-f_{max}$ 处的距离为 kf_s,而原始信号最高频谱到 $-f_{max}$ 处的距离为 $2f_{max}$,若要求两者不混叠,则应满足

$$2f_{max} \leqslant kf_s \tag{10-14}$$

同样的,考虑第 $k-1$ 个镜像,可以得到

$$(k-1)f_s \leqslant 2f_{min} \tag{10-15}$$

综合以上两点,可以得到欠采样频率应满足以下公式:

$$\frac{2f_{max}}{k} \leqslant f_s \leqslant \frac{2f_{min}}{k-1} \tag{10-16}$$

其中 k 为整数,且同时满足以下 2 个公式:

$$2 \leqslant k \leqslant \frac{f_{max}}{f_{max}-f_{min}} \tag{10-17}$$

$$(f_{max}-f_{min}) \leqslant f_{min} \tag{10-18}$$

2) 基于工程实现的欠采样频率选取

在实际工程中,A/D 采样速率一般由系统时钟决定,所以 A/D 采样速率不是任意选择的。可由系统时钟整数倍分频得到一组待选频率,并根据信号中心频率及带宽进行选取。

假定 f_s 为选取的采样速率,从欠采样原理可导出带通信号载频 f_0 的转移载频 f'_0 为

$$f'_0 = \left(\frac{f_0}{f_s} - \left\lfloor \frac{f_0}{f_s} \right\rfloor\right) f_s \tag{10-19}$$

其中$\lfloor \cdot \rfloor$表示向下取整运算,当 $f'_0 > \frac{f_s}{2}$ 时为倒谱采样。随后,考察以 f'_0 为中心频率的信号与待选 f_s 之间的关系是否满足奈奎斯特采样或过采样,若不满足,则需

要对 f_s 进行重新选取。

为了方便理解，假定输入中频为 $f_0=44.5\text{MHz}$，信号带宽为 $f_{max}-f_{min}=6\text{kHz}$，采样率为 $f_s=2.304\text{MHz}$。对于欠采样可得

$$f_0'=\left(\frac{f_0}{f_s}-\left\lfloor\frac{f_0}{f_s}\right\rfloor\right)f_s=0.724\text{MHz} \tag{10-20}$$

即当选取采样速率 $f_s=2.304\text{MHz}$ 时，对于 $f_0=44.5\text{MHz}$ 的输入信号，欠采样后的转移载频位于 $f_0'=0.724\text{MHz}$ 处，此时有 $f_{max}'=0.727\text{MHz}$，$f_{min}'=0.721\text{MHz}$，此时满足奈奎斯特采样定理对 $f_s>2f_{max}'$ 的要求，且 $f_{min}'>0$，因此选择 $f_s=2.304\text{MHz}$ 是可行的。

10.2.3.3 带外噪声对欠采样信噪比的影响

对于过采样频率 f_s' 由于采样时带来的噪声混叠会影响 A/D 的转换性能，因此要求对频率大于 $\frac{f_s'}{2}$ 的带外噪声进行抑制。当 f_s' 增大时，噪声混叠影响减小；当 f_s' 减小时，噪声混叠影响增大。

在不考虑带通信号的带外噪声时，与过采样相比，采用欠采样几乎不降低 ADC 的采样性能；但实际上考虑带通信号的带外存在噪声，采样率的降低会使 ADC 输出信噪比恶化，ADC 的采样性能随欠采样速率的减小而下降。这种性能的恶化主要是由带通信号的带外噪声和量化噪声共同造成的。

同样假定中频为 $f_0=44.5\text{MHz}$，信号带宽 $f_{max}-f_{min}=6\text{kHz}$，其欠采样速率为 $f_s=2.304\text{MHz}$。当采用过采样方式时，为了便于分析，其采样频率取 f_s 的整数倍，如下式：

$$f_s'=n\times f_s\geqslant 2\times 44.5\text{MHz} \tag{10-21}$$

可取 $n=76$，此时的等效过采样频率 $f_s'=175.104\text{MHz}$。

对于过采样而言，带外噪声是指频率大于 $\frac{f_s'}{2}$ 的噪声，可以用低通滤波的方法对带外噪声进行抑制。而在欠采样时，带外噪声的含义不同，在频域上它由 3 部分组成，如图 10-15 所示。

(1) 大于 $\frac{f_s'}{2}$ 频率的噪声；

(2) f_{max} 到 $\frac{f_s'}{2}$ 之间的带通信号高端噪声；

(3) 0 到 f_{min} 之间的带通信号低端噪声。

除了大于 $\frac{f_s'}{2}$ 频率的噪声所引起的混叠外，在欠采样情况下，另外两种噪声也

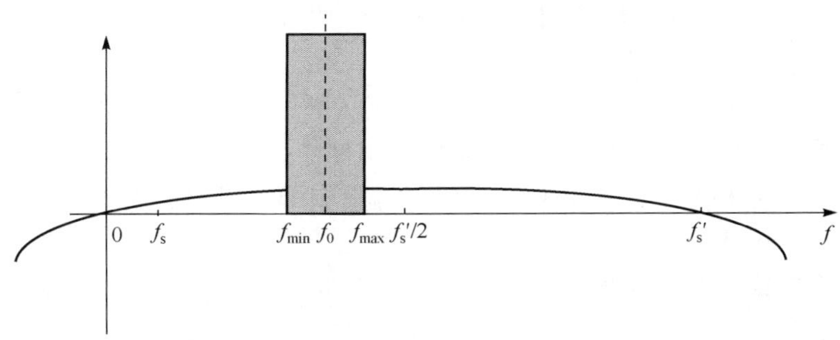

图 10-15　欠采样带外噪声示意图

会引起信号混叠。当欠采样速率 $f_s=2.304$MHz 时，等效过采样频率 $f'_s=175.104$MHz 时，$K_S=\dfrac{f'_s}{f_s}=76$，意味着欠采样导致了 76 次的噪声混叠。

假设带通信号的带外噪声功率谱均匀分布，与过采样相比，欠采样额外引入的噪声混叠为 $10\log K_S=18.8$dB。为便于形象说明，此时可近似看成噪声功率密度谱提高了 18.8dB，如图 10-16 所示。

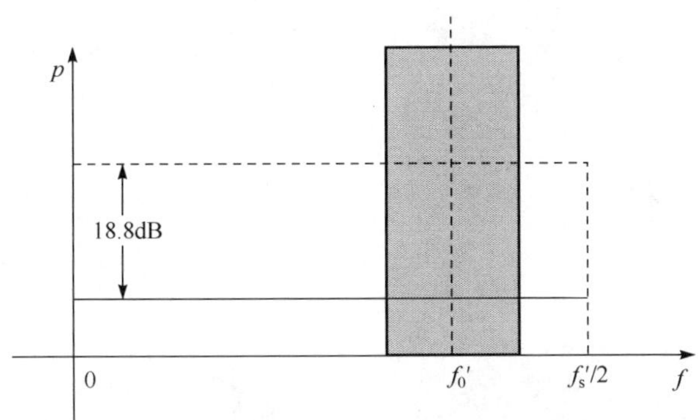

图 10-16　欠采样额外引入的噪声混叠示意图

因此，在欠采样时，对带通信号通带外的噪声抑制非常重要，一般在 ADC 前需要采用专门的模拟带通滤波器，且要求带通滤波低端和高端阻带抑制都足够大，否则将直接影响到欠采样性能。

10.2.3.4　欠采样信号最高频率和最大带宽

上两个小节已经具体分析了欠采样频率的选取以及带外噪声对输出信噪比的影响，但欠采样还存在一些需要明确的概念。下面以常用的 ADC 器件 AD9240 为例进行分析。

AD9240 的最大采样速率为 10MHz，这决定了 A/D 转换和采样输出的最高速率，即限定了 ADC 的最大输入时钟(CLOCK INPUT)。

除此以外，在欠采样时要特别注意 ADC 的另一个重要指标，即全功率带宽(Full Power Bandwidth)。这一指标真正决定了利用该器件进行欠采样可处理的最高信号频率。AD9240 的全功率带宽为 70MHz。

另外，还需考虑用于速率和功耗平衡设定的外部电阻 R_{BIAS}，它决定了 AD9240 的采样输出 SINAD。

当采样速率为 2MHz 时，R_{BIAS}为 100kΩ，此时功耗约为 110mV，输出 SINAD 大于 77dB。当采样速率为 10MHz 时，R_{BIAS}要小于 2kΩ，此时功耗大于 275mV，输出 SINAD 也大于 77dB。若此时 R_{BIAS}仍取 100kΩ，则输出 SINAD 仅为 16dB。

可见，受 ADC 全功率带宽的限制，欠采样并不能对高于全功率带宽的信号进行采样，并且可处理的信号最大带宽受 ADC 采样速率的限制。

10.3　数字信号的抽取滤波

信号抽取是数字化接收机的重要组成部分，它是数字化接收机工程实现的技术前提和基础。

为了不发生信号混叠，信号抽取过程包括对信号的滤波和抽取。抽取后的信号采样率同样要满足奈奎斯特采样定理，即采样率要大于等于信号最高频率的二倍。

现假定信号采样率为 f_s，其频谱如图 10-17 所示。

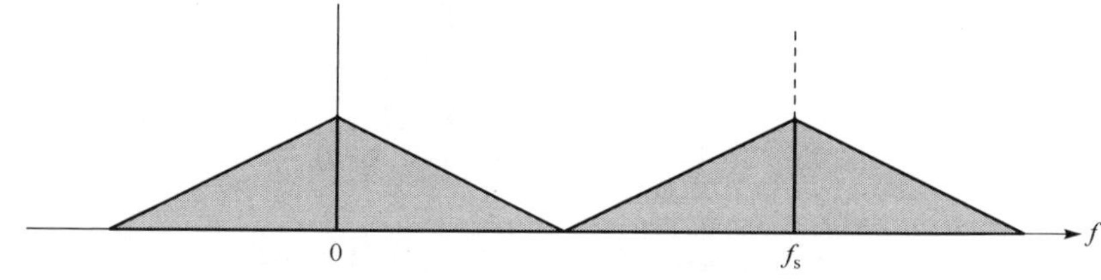

图 10-17　采样率为 f_s 时信号频谱示意图

直接对信号进行 8 倍抽取，即 $f'_s=\frac{1}{8}f_s$，会引入严重的信号混叠，如图 10-18 所示。为方便说明，图 10-18 仅仅画出了部分混叠部分，实际会有 8 个叠加混叠。

在 8 倍抽取的情况下，为了不引入信号混叠，必须采用通带小于$\frac{1}{2}f'_s=\frac{1}{16}f_s$的低通滤波器，如图 10-19 所示，并在滤波后进行抽取。

滤波后的信号频谱如图 10-20 所示。滤波后进行 8 倍抽取，得到如图 10-21 所

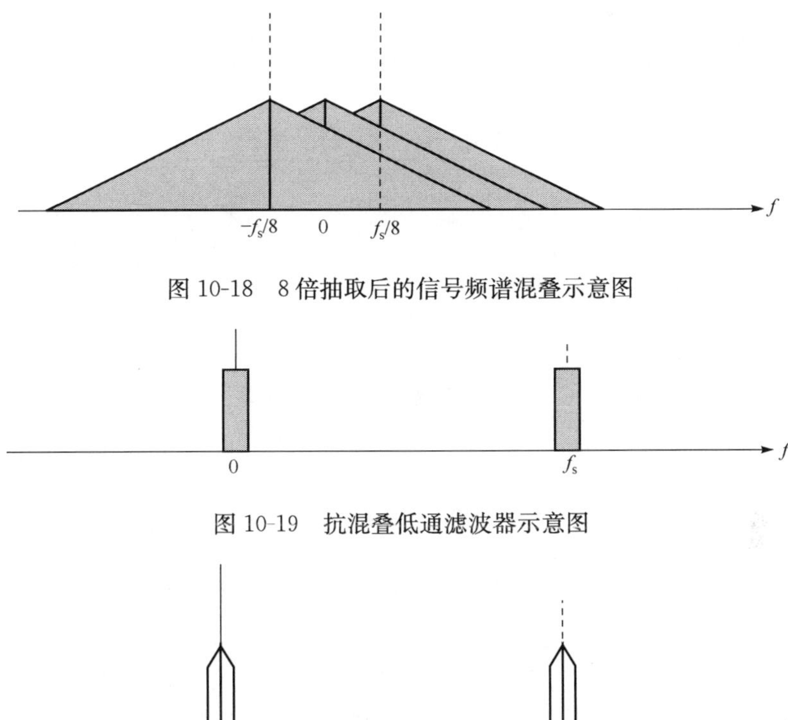

图 10-18　8 倍抽取后的信号频谱混叠示意图

图 10-19　抗混叠低通滤波器示意图

图 10-20　抗混叠滤波后的信号频谱示意图

示的频谱，从中可以看出抽取后的信号没有引入频谱混叠。

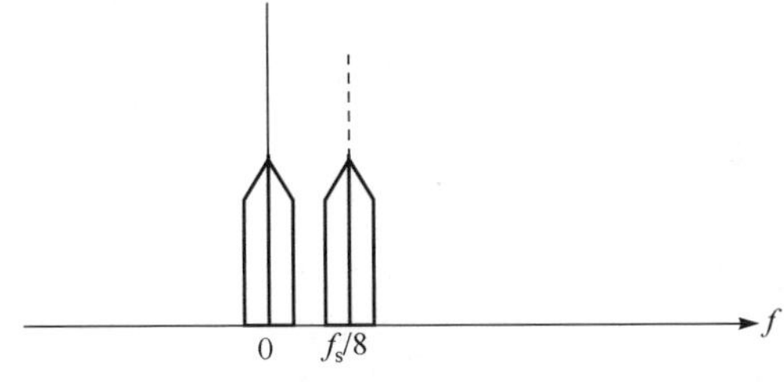

图 10-21　8 倍抽取后的信号频谱示意图

在数字化接收机中，由数字中频处理完成 A/D 转换、频率搬移、信号抽取和滤波，一般需要占用较大的运算资源。具有代表性数字中频处理芯片包括 Harris 公司的 HSP50214 和 Analog 公司的 AD6220，这两者都属于 ASIC 解决方案，存在设计不灵活、功耗不可控和系统优化受限等缺点。目前更为常用的方案是基于 FPGA(Field Programmable Gate Array)的数字中频处理。

数字中频处理实现中频信号和基带信号间的转换，组成结构如图 10-22 所示，主要包括数控振荡器(Number Controlled Oscillator,NCO)、乘法器、抽取和滤波等模块。其重点为信号的抽取和滤波,下面结合具体实例对数字中频处理中的滤波器设计问题进行分析。

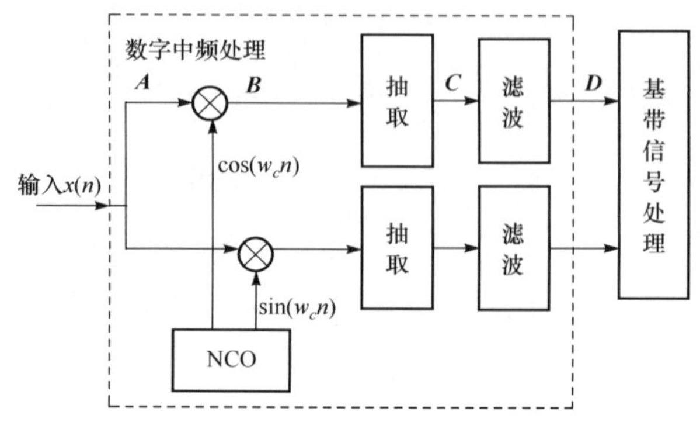

图 10-22　数字中频处理单元示意图

以实际工程中的中频数字化实现为例,其主要指标如表 10-4 所示。

表 10-4　实际工程中频数字化主要指标

中频	500kHz 和 70.455MHz
中频带宽	10kHz
基带带宽	3kHz
基带采样速率	9.6kHz
带内波动	≤0.2dB
过渡带带宽	1.6 kHz
带外抑制	≥60dB
系统处理时钟	18.432MHz

10.3.1　单级滤波器实现结构

单级抽取器的一般结构如图 10-23 所示,其中低通滤波器的作用是使抽取后的频谱不会发生混叠。单级抽取器结构非常直观、简单,即 D 倍抽取一次完成,但在实际应用中往往不采用这种结构,因为此时的低通滤波器工作在较高的抽样率,对运算速度的要求非常高。

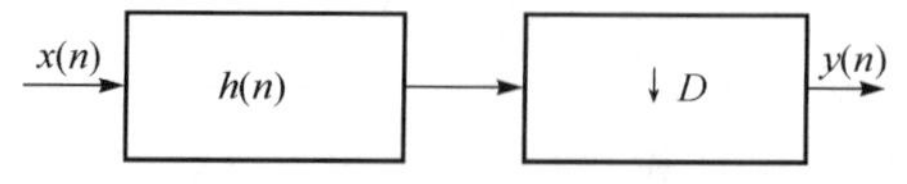

图 10-23　单级抽取器的一般结构

假设图 10-23 中低通滤波器 $h(n)$ 的阶数为 N，则要求在采样间隔 T_s 内完成 N 次乘加运算，其运算量为

$$S=N\cdot f_s \tag{10-22}$$

当给定滤波器的阻带衰减和过渡带设计指标后，可采用窗函数法设计符合要求的滤波器，其阶数 N 由下式决定：

$$N=\frac{-20\log\delta_s-7.95}{14.36\times\Delta f}f_s+1 \tag{10-23}$$

其中 $-20\log\delta_s$ 为滤波器的阻带衰减，Δf 为过渡带带宽，f_s 为信号采样速率。

当信号中频为 500kHz 时，若欠采样频率为 $f_s=153.6\text{kHz}$，则可得到

$$f_0'=\left(\frac{f_0}{f_s}-\left\lfloor\frac{f_0}{f_s}\right\rfloor\right)f_s=39.2\text{kHz} \tag{10-24}$$

采样后的频谱关系如图 10-24 所示，满足奈奎斯特采样的要求。

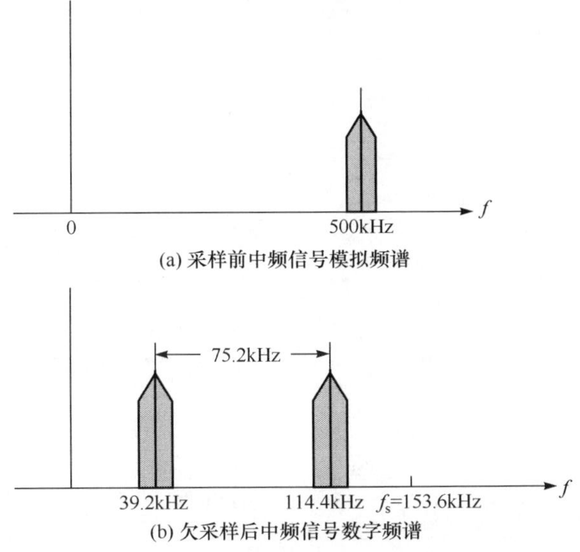

图 10-24　欠采样前后信号频谱示意图

将实例中要求的 $-20\log\delta_s=60\text{dB}$，$\Delta f=1.6\text{kHz}$，$f_s=153.6\text{kHz}$ 指标代入式(10-23)，可得 $N=349$ 阶，若用单级抽取器完成，抽取率 $D=16$，此时对应的运算量为

$$S=N\cdot f_s=349\times153.6\times10^3=53.6\text{MIPS} \tag{10-25}$$

下面考虑信号中频为 70.455MHz，若欠采样频率为 $f_s=1.2288\text{MHz}$，则可得到

$$f_0'=\left(\frac{f_0}{f_s}-\left\lfloor\frac{f_0}{f_s}\right\rfloor\right)f_s=413.4\text{kHz} \tag{10-26}$$

此时采用单级实现时，低通滤波器的阶数为 $N=2785$ 阶，抽取率为 $D=128$，需要的运算量为

$$S=N\cdot f_s=2785\times1.2288\times10^6=3422\text{MIPS} \tag{10-27}$$

可见，该滤波器在实际中是难以实现的，需要采用下一节中分级设计的方法来降低对计算量的需求。

从上述分析可以看出，在给定输出采样率的情况下，滤波器的阶数 N 随抽取率 D 的增加而增加，其计算复杂度也急剧上升，因此在实际应用中，单级滤波适合抽取率 D 较小时情况，一般 $D\leqslant16$ 时可采用单级抽取滤波。

下面通过设计实例，具体分析抽取率 D 与滤波器阶数 N 间的关系。当要求带外抑制大于 100dB 时，不同抽取率对滤波器阶数的要求如下。

对于 $D=2$，当 $N\geqslant64$ 时，可满足设计要求。图 10-25 给出了 $N=64$ 时单级滤波器的幅频和相频特性。

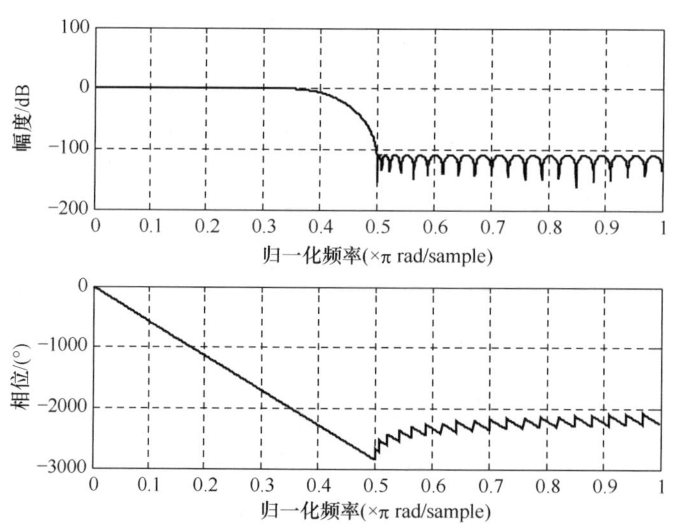

图 10-25 $N=64$ 时 FIR 滤波器的幅频和相频特性

对于 $D=4$，当 $N\geqslant128$ 时，方可满足设计要求。图 10-26 给出了 $N=128$ 时单级滤波器的幅频和相频特性。

对于 $D=8$，当 $N\geqslant256$ 时，才能满足设计要求。图 10-27 给出了 $N=256$ 时单级滤波器的幅频和相频特性。

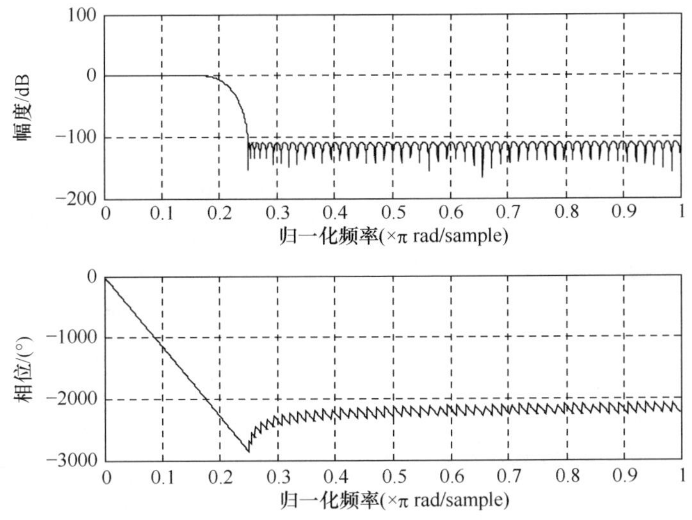

图 10-26　N=128 时 FIR 滤波器的幅频和相频特性

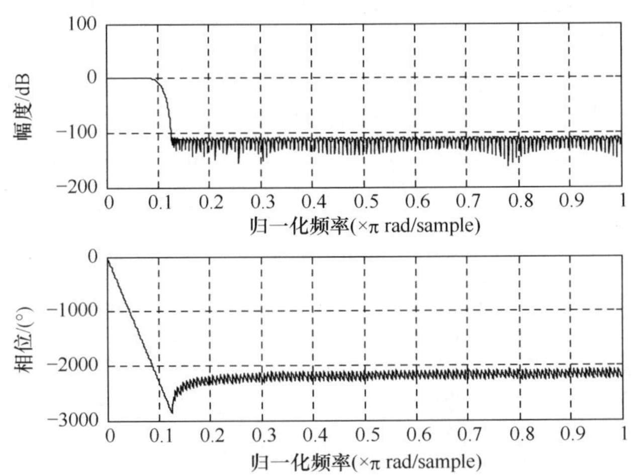

图 10-27　N=256 时 FIR 滤波器的幅频和相频特性

10.3.2　多级滤波器级联参数优化设计

10.3.2.1　多级抽取的优势

对于单级滤波器而言，抽取是一次完成的，当抽取率 D 很大时，所需的低通滤波器阶数非常高，在实际中基本无法实现。为解决这一问题，可采用多级抽取的方式降低总的运算量，两级抽取的实现结构如图 10-28 所示。

在进行多级抽取的过程中，虽然前级抽取的采样速率高，但可以放宽对滤波器

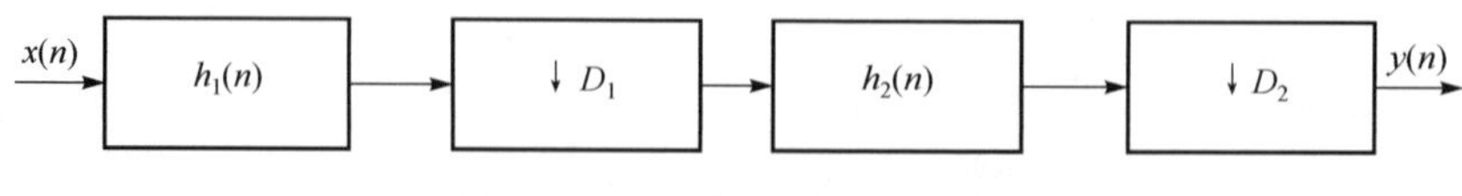

图 10-28　两级抽取实现结构

的性能指标要求，如适当增大过渡带宽度，从而有效地降低滤波器阶数。在最后一级滤波器设计时，已经将采样速率变换为较低的速率，这时可将过渡带设计为总性能指标要求的宽度。

在进行每一级低通滤波器设计时要注意，通带宽度不能小于信号带宽，而过渡带的截止频率 f_c 不能大于该级输出采样率的一半，即过渡带的截止频率取决于的抽取率。

10.3.2.2　多级滤波器的参数优化设计

1) 多级抽取结构

一般的，M 级抽取的结构如图 10-29 所示，总的抽取率为 D，且 $D=\prod_{i=1}^{M} D_i$ 。

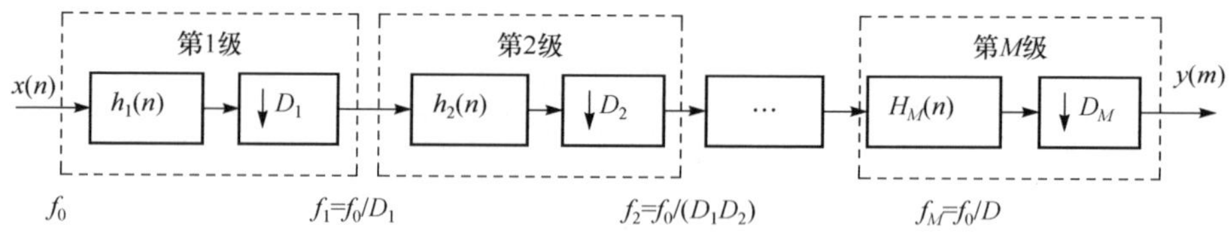

图 10-29　M 级抽取的结构

第 M 级输出端的采样率是

$$f_i=\frac{f_{i-1}}{D_i},\quad i=1,2,\cdots,M \tag{10-28}$$

如果起始输入采样率为 f_0，最后输出采样率为

$$f_M=\frac{f_0}{\prod\limits_{i=1}^{M} D_i}=\frac{f_0}{D} \tag{10-29}$$

定义输出信号 $y(m)$的有用频率范围为

$$0\leqslant f\leqslant f_p,\qquad \text{通带} \tag{10-30}$$

$$f_p\leqslant f\leqslant f_c\leqslant\frac{f_i}{2},\qquad \text{过渡带} \tag{10-31}$$

其中 f_c 和 f_p 为模拟信号的参量。

在各级处理中一旦发生混叠就无法去除，因此每一级滤波都需将阻带边沿 f_c 限制到小于或等于 $f_i/2$，从而保证有用信号免受混叠。

2）通带和阻带容限要求

上面只讨论了多级级联中各滤波器频带的定义区间。除此之外，还应考虑各频带中滤波器响应的幅度指标。如果用 $H_{\mathrm{LP}}(\mathrm{e}^{\mathrm{j}2\pi f/F})$表示标准的单级低通滤波器响应，则有

$$\begin{aligned}1-\delta_{\mathrm{p}}\leqslant|H_{\mathrm{LP}}(\mathrm{e}^{\mathrm{j}2\pi f/F})|\leqslant1+\delta_{\mathrm{p}},\quad f\in\text{通带}\\0\leqslant|H_{\mathrm{LP}}(\mathrm{e}^{\mathrm{j}2\pi f/F})|\leqslant\delta_{\mathrm{s}},\quad f\in\text{阻带}\end{aligned}\tag{10-32}$$

其中 δ_{p} 为通带波纹；δ_{s} 为阻带衰减 f/F 为归一化频率。多级实现时通带总幅度响应为

$$H(\mathrm{e}^{\mathrm{j}2\pi f/F})=\prod_{i=1}^{M}H_i(\mathrm{e}^{\mathrm{j}2\pi f/F_{i-1}}),\quad f\in\text{通带}\tag{10-33}$$

其中 $H_i(\mathrm{e}^{\mathrm{j}2\pi f/F_{i-1}})$是第 i 个低通滤波器的响应；$H(\mathrm{e}^{\mathrm{j}2\pi f/F})$是总的频响，则有

$$(1-\delta_{\mathrm{p}})^M\leqslant|H(\mathrm{e}^{\mathrm{j}2\pi f/F})|\leqslant(1+\delta_{\mathrm{p}})^M,\quad f\in\text{通带}\tag{10-34}$$

当 δ_{p}较小时，可表示为

$$1-M\delta_{\mathrm{p}}\leqslant|H(\mathrm{e}^{\mathrm{j}2\pi f/F})|\leqslant1+M\delta_{\mathrm{p}},\quad f\in\text{通带}\tag{10-35}$$

因此，由于多级级联时通带波纹随级数增大而增大，第 i 级低通滤波器的设计指标必须改为

$$1-\frac{\delta_{\mathrm{p}}}{M}\leqslant|H_i(\mathrm{e}^{\mathrm{j}2\pi f/F_{i-1}})|\leqslant1+\frac{\delta_{\mathrm{p}}}{M},\quad f\in\text{通带}\tag{10-36}$$

上述约束条件确保了 M 级网络的复合滤波器特性，使式(10-32)中的通带波纹指标得以满足。对于阻带，因为 δ_{s} 一般较小，式(10-32)的波纹指标不需要做任何修改。另外，当两级阻带重叠时，级联会使阻带内的波纹减小。

3）参数优化设计

给定一个 M 级的抽取结构，设计时要考虑下列问题：

(1) 实现总抽取因子 D 所需要的级数 M；

(2) 分配合适的各级抽取因子 D_i，$i=0,1,\cdots,M$；

(3) 选择系统中各级数字滤波器类型；

(4) 确定各级滤波器的阶数；

(5) 评估各级的运算代价。

如图 10-29 所示，每一级的抽取因子分别为 D_i，总的抽取因子为 D，则有

$$D=\prod_{i=1}^{M}D_i\tag{10-37}$$

当总的抽取因子已知时，在满足滤波器的整体通带和阻带容限指标要求下，如何选择合适的各级抽取因子 D_i是多级滤波器设计的关键。可采用下列优化模型：

$$OP:\min_{M,D_i}S=\min_{M,D_i}\sum_{i=1}^{M}N_if_{s_{i-1}}\tag{10-38}$$

$$\text{s. t.} \begin{cases} \delta_p \leqslant \delta_1 \\ \delta_s \leqslant \delta_2 \end{cases} \tag{10-39}$$

其中 N_i 表示第 i 级滤波器的阶数；$f_{s_{i-1}}$ 为第 i 级的输入采样频率，δ_1 和 δ_2 分别为通带、阻带设计指标。至此，D_i 的选择演变为约束条件下的运算量最小化问题。

10.3.3 CIC 滤波器实现结构

从 10.3.2.2 节的分析中，可以得出要实现总抽取率为 D，所需优化的参数主要包括级数 M，各级抽取因子 D_i，各级滤波器的具体结构和阶数等。在本小节，重点考虑采用 CIC 滤波器级联的方式能否满足设计实例的要求。

10.3.3.1 CIC 特性

积分梳状滤波器(CIC)的冲激响应为

$$h(n)=\begin{cases} 1, & 0\leqslant n\leqslant D-1 \\ 0, & \text{其他} \end{cases} \tag{10-40}$$

对应的 Z 变换为

$$H(z)=\frac{1-z^{-D}}{1-z^{-1}} \tag{10-41}$$

其幅频特性如图 10-30 所示。仔细观察积分梳状滤波器的幅频特性可以看到，在频率 $\omega=\dfrac{2\pi k}{K}$，$k=1,2,\cdots,K-1$ 处频响为零，这恰好与多级抽取器第 i 级的阻带技术指标所要求的频响形式相同。因此，对于窄带信号，多级抽取的前几级可采用积分梳状滤波器。

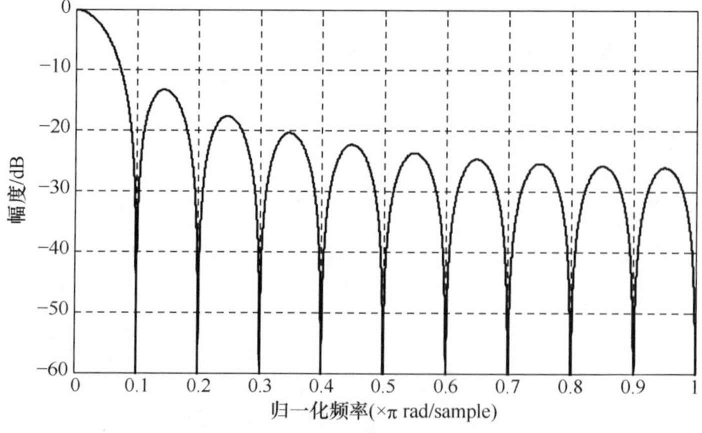

图 10-30 积分梳状滤波器幅频特性

从图 10-30 中可以看出，$(0\sim 2\pi/D)$是 CIC 滤波器的主瓣，其他区间为旁瓣，并且随着频率的增大，旁瓣的电平不断降低，第一旁瓣的电平与主瓣电平的差值为 13.46dB。可见单级 CIC 滤波器的旁瓣电平是比较大的，即阻带衰减性能很差，不能满足设计指标中阻带衰减大于 60dB 的要求。为了降低旁瓣电平，实际中通常采用多级 CIC 级联的办法来改善滤波器的阻带特性。

Q 级级联的积分梳状滤波器的 Z 变换可以表示为

$$H(z)=\frac{(1-z^{-D\times M})^{Q}}{(1-z^{-1})^{Q}} \tag{10-42}$$

其中 Q 为 CIC 滤波器的阶数；D 为抽取率；M 为差分延迟因子，M 值一般取 1。级联 CIC 滤波器的实现结构如图 10-31 所示。

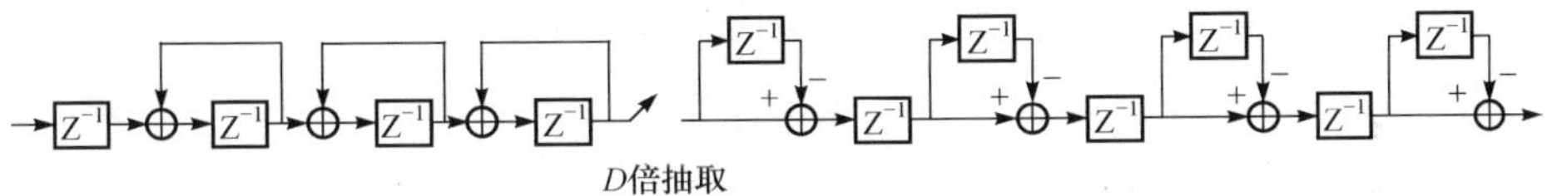

图 10-31　级联 CIC 滤波器实现结构图

对应的幅频响应为

$$|H(f)|=\left[\frac{\sin(\pi RMf)}{\sin(\pi f)}\right]^{Q} \tag{10-43}$$

图 10-32 给出了 $D=8$，$Q=4$ 时 CIC 滤波器的幅频响应，从中可以看出该级联 CIC 滤波器具有 52dB 左右的阻带衰减，与单级 CIC 滤波器相比，其阻带衰减性能有明显的改善。

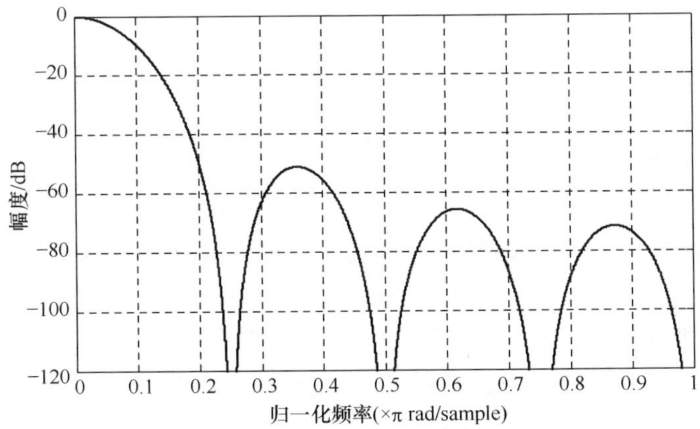

图 10-32　$D=8$，$Q=4$ 时 CIC 滤波器的幅频响应图

10.3.3.2　CIC 参数的确定

为了满足设计实例要求的阻带衰减，采用 CIC 滤波器级联实现结构，首先需要确定的参数是 CIC 阶数 Q。CIC 阶数 Q 由阻带抑制性能决定，若假设整体滤波器要求的阻带抑制性能为 C_ldB，则 CIC 阶数由下式确定：

$$Q=\left\lceil \frac{C_l}{13.46} \right\rceil \tag{10-44}$$

其中$\lceil x \rceil$表示对 x 进行向上取整。

计算可得，至少需要 5 级 CIC 级联才能达到实例中阻带衰减大于 60dB 的要求。然后在阻带衰减满足条件的基础上，从整体滤波器要求的通带内容差 δ_{p} 出发来确定 CIC 级联滤波器能否完成 128 倍的抽取。级联的通带内容差为

$$\delta_{\mathrm{p}}^{c}=Q\cdot\delta_{\mathrm{p}}^{c}=Q\cdot\left[20\lg\left|\frac{\pi b}{\sin(\pi b)}\right|\right] \tag{10-45}$$

按照实例的要求，通带内容差 $\delta_{\mathrm{p}}^{c}\leqslant 0.2$dB，且从前面的分析可以得出 CIC 阶数 $Q=5$，通过式(10-45)可得带宽比例因子 $b\approx 0.016$，而实际上带宽比例因子为

$$b=\frac{B}{f_{\mathrm{s}}/D_1} \tag{10-46}$$

由于通带内容差随着 b 的增加而增加，因此 b 不能取太大，若整体滤波器要求的通带带宽为 B，输入的采样速率为 f_{s}，则 CIC 滤波器的最大抽取倍数为

$$D_{1\max}=\left\lfloor \frac{b\cdot f_{\mathrm{s}}}{B} \right\rfloor \tag{10-47}$$

其中$\lfloor x \rfloor$表示对 x 进行向下取整。将已知条件代入可得

$$D_{1\max}\leqslant 6 \tag{10-48}$$

从上述分析中，可以看出只采用 CIC 滤波器级联无法满足通带内容差的要求。滤波器级联数、抽取倍数、通带波纹和阻带衰减间有以下关系：

(1) 从通带波纹特性看，当 CIC 阶数 Q 不变时，通带波纹随抽取倍数的增加而增加。为了具有良好的通带波纹特性，抽取倍数不能过大。但在满足通带波纹条件下，抽取倍数要尽量选取大一些，因为这样可以降低后续滤波器所需的运算复杂度。

(2) 从阻带衰减特性看，阻带衰减随着 CIC 阶数 Q 的增加而增加，但通带波纹也会随之增加，因此 CIC 阶数 Q 的选择要综合考虑两方面特性的要求。

10.3.4　两级级联实现结构

从上一小节的分析中可以看出，单独采用 CIC 滤波器结构无法满足通带内容差要求，本节将采用 CIC 滤波器与 FIR 滤波器两级级联的结构，通过降低 CIC 滤

波器完成的抽取倍数来满足通带内容差的要求，由 FIR 滤波器来保证阻带衰减指标，最终完成 128 倍抽取。由于 $D=128=32\times4$，即 CIC 滤波器完成 32 倍的抽取，FIR 滤波器完成 4 倍的抽取，重新依据设计要求对两级级联的结构进行分析。

10.3.4.1 CIC 滤波器参数的确定

在两级级联的情况下，CIC 滤波器的参数确定主要考虑通带内的容差要求。当要求 CIC 滤波器完成 32 倍抽取时，通带内的容差 $\delta_p\leqslant0.1\text{dB}$，此时要求 CIC 滤波器最大抽取倍数为：

$$D_{1\max}=\left\lfloor\frac{b\cdot f_s}{B}\right\rfloor \tag{10-49}$$

从上式可计算得到 $b<0.0782$，则根据式(10-45)可以得出 CIC 滤波器的阶数 $Q=1$。

10.3.4.2 FIR 滤波器参数的确定

此时需要 FIR 滤波器完成 4 倍的抽取，并满足相应的阻带衰减以及通带波纹要求。由 FIR 滤波器的特性可知，当采用窗函数法设计 $h(n)$时所需的滤波器阶数 N 为

$$N=\frac{-20\log\delta_s-7.95}{14.36\times\Delta f}f_s+1 \tag{10-50}$$

把实例中的要求 $-20\log\delta_s=60\text{dB}$，$\Delta f=1.6\text{kHz}$，$f_s=38.4\text{kHz}$ 分别代入上式可得 $N=88$ 阶，此时计算复杂度为 $S=N\times f_s=3.379\text{MIPS}$。

由于 FIR 滤波器仍然工作于采样速率较高的情况下，可通过引入半带滤波器的方式进一步降低 FIR 滤波器的处理速率，从而降低运算量。

10.3.5 三种滤波器级联结构

10.3.5.1 多级 FIR 滤波器级数 M 的确定

从进一步降低运算复杂度的角度出发，采用积分梳状滤波器(CIC)、半带滤波器(HB)以及 FIR 滤波器三级级联的结构。

CIC 滤波器最大的优点是硬件结构简单，不需要乘法计算就可以实现高速滤波，缺点是阻带衰减较差，因此 CIC 滤波器只适合于高采样率的数据抽取。

半带滤波器因其具有良好的带内容差指标，通常用在级联滤波的第二级。

FIR 滤波器最大的缺点是当采样速率较高时，其所要求的计算复杂度过高，因此通常用在级联滤波的最后一级。此时经过前两级滤波器的抽取，采样速率已经明显降低。FIR 滤波器用在最后一级的另一个目的是保证整体滤波器的通带、阻带要求。

至此，确定了采用3级滤波器级联结构，第一级采用CIC滤波器，中间采用半带滤波器，最后采用FIR滤波器。假设$D=128=32\times4\times1$，即CIC滤波器完成32倍抽取，HB滤波器完成4倍抽取，FIR滤波器完成符合阻带衰减特性要求的信号滤波。下面我们将重点分析级联结构是否满足设计指标要求。

10.3.5.2　CIC滤波器参数的确定

仍然从整体滤波器要求的通带内容差δ_p出发来确定CIC级联滤波器能否完成32倍的抽取。由于采用了三级级联结构，因此对于CIC滤波器而言，其通带内容差为

$$\delta_p^c=\frac{\delta_p}{3}=\frac{0.2}{3}=0.067 \tag{10-51}$$

级联的通带内容差为

$$\delta_p^c=Q\cdot\delta_p^t=Q\cdot\left[20\lg\left|\frac{\pi b}{\sin(\pi b)}\right|\right] \tag{10-52}$$

按照实例的要求，通带内容差$\delta_p^c\leqslant0.067\text{dB}$，且从前面的分析可以得出级联数$Q=1$，通过式(10-52)可得带宽比例因子$b\approx0.069$，同理可以得出CIC滤波器最大抽取倍数为

$$D_{1\max}=\left\lfloor\frac{b\cdot f_s}{B}\right\rfloor \tag{10-53}$$

其中$\lfloor x\rfloor$表示对x进行向下取整，将已知条件代入可得

$$D_{1\max}\leqslant28 \tag{10-54}$$

则CIC滤波器的抽取率不能取32，需降低为16才能满足通带内容差要求。将各级的抽取率分配方案修正为$D=128=16\times8\times1$，即CIC滤波器完成16倍抽取，HB滤波器完成8倍抽取，FIR滤波器完成信号的阻带衰减特性要求。

10.3.5.3　HB滤波器参数确定

1) HB滤波器特性

由于半带滤波器具有良好的通带内容差指标，在多速率信号处理中有着重要的作用，特别适合于实现$D=2^M$倍的抽取或内插。它具有以下特性：

$$\omega_s=\pi-\omega_p$$
$$\delta_s=\delta_p=\delta \tag{10-55}$$

由式(10-55)可以看出，半带滤波器的阻带宽度$(\pi-\omega_s)$与通带宽度ω_p相等，且通带阻带波纹也相等，其幅频特性如图10-33所示。

半带滤波器的冲激响应$h(k)$如下式所示：

$$h(k)=\begin{cases}1, & k=0\\0, & k=\pm 2,\pm 4,\cdots\end{cases} \tag{10-56}$$

即 $h(k)$ 除了零点不为零外，其余偶数点全为零，因此实现这种滤波器时，乘法次数比对称 FIR 滤波器少一半，而比任意 FIR 滤波器所需要的乘法次数少四分之三。

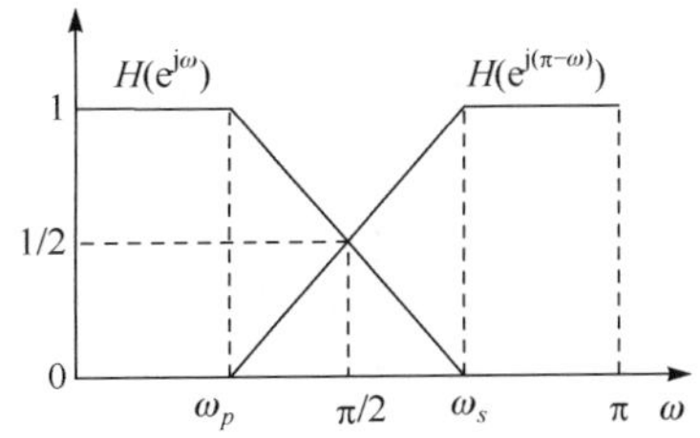

图 10-33 半带滤波器幅频特性

2) HB 滤波器参数的确定

到目前为止，第一级采用 16 倍抽取的 CIC 滤波器，第二级是 8 倍抽取的 3 个半带滤波器，经 CIC 滤波后的输出采样频率为

$$f_{m_1}=\frac{f_s}{D_1}=76.8\text{kHz} \tag{10-57}$$

此时第一个半带滤波器的输出采样频率为

$$f_{m_2}=\frac{f_{m_1}}{D_2}=38.4\text{kHz} \tag{10-58}$$

其过渡带为 $\Delta f_1=\frac{f_{s_m}}{2}-2f_p=38.4-2\times 3=32.4\text{kHz}$，$f_{s_m}$ 为第 m 级半带滤波器的采样频率。$\delta_s=0.001$，由于采用 3 级级联的半带滤波器，则

$$\delta_m=\frac{\delta_s}{3}=0.00033 \tag{10-59}$$

第 m 级半带滤波器所需阶数为

$$N_m=\frac{-20\log(\delta_s/M)-7.95}{14.36\times\Delta f_m}\times f_{s_m}+1 \tag{10-60}$$

将上述参数代入上式中，可得 $N_1=12$。同理，第二级半带滤波器的输出采样频率为 $f_{m_2}=19.2\text{kHz}$，过渡带为 $\Delta f_2=\frac{f_{s_{m1}}}{2}-2f_p=13.2\text{kHz}$，$f_{m_3}=\frac{f_{m_2}}{D_3}=9.6\text{kHz}$，过渡带为 $\Delta f_3=\frac{f_{s_{m2}}}{2}-2f_p=3.6\text{kHz}$，将上述参数代入式中，可分别得到 $N_2=14$，$N_3=24$。根据半带滤波器抽头数特点，由计算结果选择合适的 N 值。

10.3.5.4 FIR 滤波器的参数确定

末级 FIR 滤波器的抽取倍数为 $D_3=1$，其输出采样频率为 9.6kHz，过渡带为 $\Delta f_3=1.6\text{kHz}$，将上述参数带入滤波器阶数计算公式中，可得滤波器阶数为 23。

10.3.5.5 复杂度分析

下面对上述三种滤波器级联结构的性能与复杂度进行分析，将总抽取率为

128 的设计目标分解为 16 倍抽取的 CIC 滤波器、8 倍抽取的 3 级半带滤波器和 1 倍抽取的末级 FIR 滤波器，如图 10-34 所示。

图 10-34　多级抽取滤波器组

根据多级级联设计的指标要求，分别求出各级滤波器中的通带、阻带指标和过渡带宽，由此确定每级滤波器的阶数，如表 10-5 所示。

表 10-5　单级与多级实现对比表

		通带波纹 δ_p	阻带波纹 δ_s	过渡带宽	抽样频率	滤波器阶数
单级实现		0.023	0.001	1.6kHz	1.2288MHz	349
多级实现	CIC($D_1=16$)	0.008 ($\delta_p/3$)	0.001		76.8kHz	3
	HB1($D_2=2$)	0.0005 $\delta_p=\delta_s$	0.0005	32.4kHz	38.4 kHz	13
	HB2($D_3=2$)	0.0005	0.0005	13.2 kHz	19.2 kHz	15
	HB3($D_4=2$)	0.0005	0.0005	3.6 kHz	9.6 kHz	23
	FIR($D_5=1$)	0.008	0.001	1.6 kHz	9.6 kHz	23

从表 10-5 可以看出，采用单级 FIR 结构所需的运算量为

$$S_1=N\cdot f_s=349\times 1.2288\times 10^6=429\text{MIPS} \tag{10-61}$$

采用三种滤波器级联结构时，所需的计算复杂度为

$$S_3=S_1^C+S_2^H+S_3^F \tag{10-62}$$

其中 S_1^C 为抽取率为 D_1 的 CIC 滤波器的运算量，由于滤波时无须进行乘法运算，其所需加法次数为 2；S_2^H 为抽取率为 $D_2=2^M$ 的 HB 滤波器的运算量，假设每级 HB 滤波所需滤波器阶数为 N_m，滤波器输入采样频率为 f_{s_m}，则

$$S_2^H=\sum_{m=1}^{M}N_m\cdot f_{s_m}=0.96\text{MIPS} \tag{10-63}$$

S_3^F 为抽取率为 D_3 的 FIR 滤波器的运算量，假设 FIR 滤波所需滤波器阶数为 N_3，滤波器输入采样频率为 f_3，则所需的运算量为

$$S_3^F=N_3\cdot f_3=0.0096\text{MIPS} \tag{10-64}$$

将上表中的参数代入，可以计算得出，采用级联方式的总运算量为

$$S_3=S_1^C+S_2^H+S_3^F=0.97\text{MIPS} \tag{10-65}$$

综合比较可以得到，采用多级级联结构，通过对各级滤波器进行优化设计，可以有效地降低运算量。

这里需要说明的是，上述方法是基于运算量最小的优化设计方法。在实际工程中，当采用 FPGA 完成设计时，每实现一个 HB 滤波器或 FIR 滤波器都需要一个独立的硬件乘法器和两个块存储器，所以从硬件资源优化的角度出发，宜采用 $D=128=16\times2\times4$ 的抽取率分配方案，此时只需要 1 个 HB 滤波器，可降低对硬件资源的占用。

10.4　基于复数滤波法的单边带调制与解调

传统的短波接收机在模拟域常采用专用的边带滤波器实现单边带的调制和解调。边带滤波器是一个对通带、过渡带、阻带有严格技术指标要求的带通滤波器，它包含的器件多，体积大，调试复杂。在短波发信机和收信机设计中，单边带调制和解调具有对称性。本节以发信机的单边带调制为例，介绍了模拟域单边带调制的基本原理和实现方法，提出了一种基于复数滤波法的数字域 SSB 调制实现方法。

10.4.1　基于直接边带滤波的单边带调制

边带滤波法是基于模拟信道的短波电台中常见的单边带调制方法，其原理如图 10-35 所示。

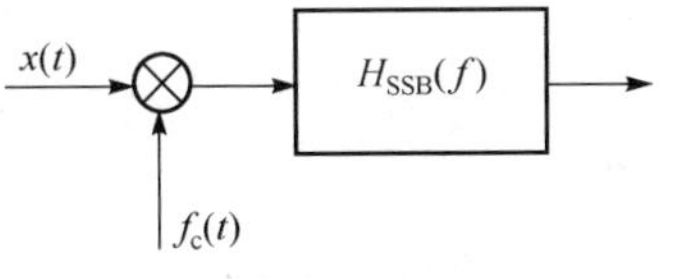

图 10-35　滤波法

边带滤波法实现单边带信号解调的原理如下：假定输入信号为 $x(t)$，其频谱如图 10-36(a)所示；以载波为 f_0 进行混频，其频谱如图 10-36(b)所示；通过单边带带通滤波器后，滤除了无用边带，得到单边带调制信号，其频谱如图 10-36 (c)所示。

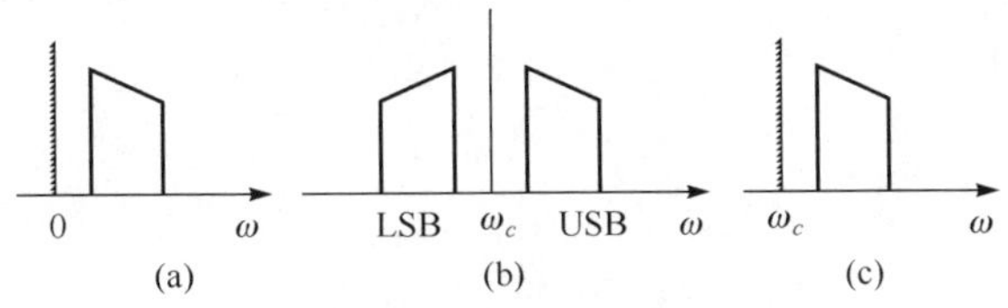

图 10-36　用滤波法产生上单边带信号

在发信机的单边带调制过程中，对载漏抑制、边带抑制和带内波动指标都有严格的要求，并且这些指标主要由边带滤波器特性决定。在边带滤波器设计中，其带通滤波器调制中频 f_0 的选择尤为重要。当调制中频较高时，其 300～3000Hz 的通带带宽相对于调制中频 f_0 较小，在设计时通带内波动指标相对容易满足；但此时有用边带与中频载频、无用边带间的频谱距离相对于调制中频 f_0 较小，设计时难以保证载漏抑制、边带抑制指标。当调制中频较低时，有用边带与中频载频、无用边带间的频谱距离相对于调制中频 f_0 较大，在设计时保证载漏抑制、边带抑制指标相对容易；但此时其 300～3000Hz 的通带带宽相对于调制中频 f_0 较大，在设计时难以保证其通带内波动指标。因此，调制中频的选择既不能过大，也不宜过小，一般取 $f_0=455\text{kHz}$ 左右，以兼顾以上两个指标的不同要求。

在数字域采用 FIR 数字滤波法完成单边带调制时，要实现中频为 455kHz 载波，2.7kHz 带宽的带通滤波异常复杂。其主要原因是载频相对较高，需要采样率高，且要求的 FIR 滤波器的阶数很高，在高采样率实现高阶 FIR 滤波并不现实。所以在数字域实现单边带调制不宜采用直接边带滤波法。

10.4.2 基于移相法的单边带调制

如上分析，要在数字域实现单边带调制，一般要求在低中频或基带上实现。移相法是在基带上进行滤波，因此基于移相法的边带调制是很好的解决方案。

1）移相法的原理

单边带信号的一般数学表达式为

$$x_{\text{SSB}}(t)=x(t)\cos(\omega_c t)\mp\hat{x}(t)\sin(\omega_c t) \tag{10-66}$$

其中减式表示上边带信号，加式表示下边带信号；$\hat{x}(t)$ 是 $x(t)$ 的希尔伯特变换。

$\hat{x}(t)$ 可以看成是 $x(t)$ 通过希尔伯特变换器的输出，其单位冲激响应 $h(t)=\dfrac{1}{\pi t}$，其频率响应是

$$H(f)=\begin{cases}-j, & f>0\\ j, & f<0\end{cases} \tag{10-67}$$

从其物理含义上可以看出：希尔伯特变换器是一个全通滤波器，它对所有 $f>0$ 的频率引入 $-90°$ 相移；对所有 $f<0$ 的频率引入 $90°$ 相移。宽带移相法的原理图如图 10-37所示。

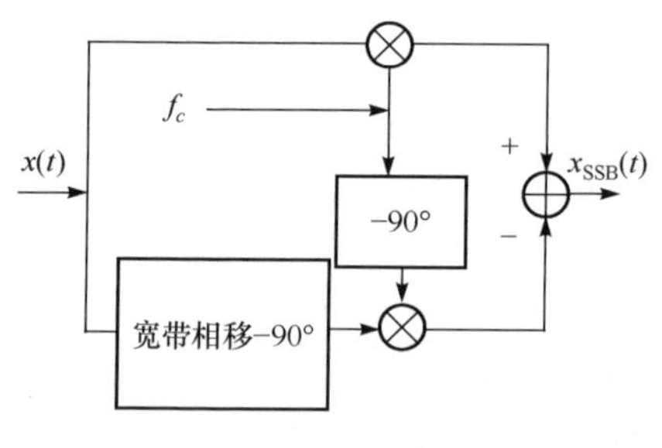

图 10-37 移相法

2）移相法引入的失真对边带抑制性能的影响

假设输入信号为 $x(t)=\cos(\omega t)$，载波为 $f(t)=\cos(\omega_c t)$，现以上边带调制为例进行分析。

$x(t)$ 经 $-90°$ 相移网络，若无幅度和相位失真，则输出 $\hat{x}(t)=\sin(\omega t)$，故

$$\begin{aligned}x_{\text{USB}}(t)&=x(t)\times\cos(\omega_c t)-\hat{x}(t)\times\sin(\omega_c t)\\&=\cos(\omega t)\times\cos(\omega_c t)-\sin(\omega t)\times\sin(\omega_c t)\\&=\cos((\omega+\omega_c)t)\end{aligned}\tag{10-68}$$

显然在相移网络无失真时，可以完全抑制其无用边带，即无$(\omega_c-\omega)$频率分量。

然而，实际中移相法不可能做到没有失真。现假设其仅存在幅度失真，则$x(t)$经$-90°$相移网络后，为$\hat{x}(t)=\alpha\sin(\omega t)$，则

$$\begin{aligned}x_{\text{USB}}(t)&=x(t)\times\cos(\omega_c t)-\hat{x}(t)\times\sin(\omega_c t)\\&=\cos(\omega t)\times\cos(\omega_c t)-\alpha\sin(\omega t)\times\sin(\omega_c t)\\&=\cos(\omega t)\times\cos(\omega_c t)-\sin(\omega t)\times\sin(\omega_c t)+(1-\alpha)\sin(\omega t)\times\sin(\omega_c t)\\&=\cos((\omega+\omega_c)t)+(1-\alpha)\sin(\omega t)\times\sin(\omega_c t)\\&=\cos((\omega+\omega_c)t)+\frac{1-\alpha}{2}\times(\cos((\omega_c-\omega)t)-\cos((\omega+\omega_c)t))\\&=\frac{1+\alpha}{2}\cos((\omega+\omega_c)t)+\frac{1-\alpha}{2}\cos((\omega_c-\omega)t)\end{aligned}\tag{10-69}$$

此时其边带抑制为

$$\delta_p=20\log\left(\left|\frac{1+\alpha}{1-\alpha}\right|\right)\tag{10-70}$$

为了使边带抑制大于70dB，要求$|1-\alpha|<6.3266\times10^{-4}$。

现再假设移相法仅存在相位失真，即$x(t)$经$-90°$相移网络后，为$\hat{x}(t)=\sin(\omega t+\theta)$。则

$$\begin{aligned}x_{\text{USB}}(t)&=x(t)\times\cos(\omega_c t)-\hat{x}(t)\times\sin(\omega_c t)\\&=\cos(\omega t)\times\cos(\omega_c t)-\cos(\omega t)\times\sin\theta\sin(\omega_c t)\\&\quad-\sin(\omega t)\times\cos\theta\sin(\omega_c t)\end{aligned}\tag{10-71}$$

当θ足够小时，$\sin\theta\approx0$，上式可简化为

$$\begin{aligned}x_{\text{USB}}(t)&\approx\cos(\omega t)\times\cos(\omega_c t)-\sin(\omega t)\times\cos\theta\sin(\omega_c t)\\&=\cos(\omega t)\times\cos(\omega_c t)-\sin(\omega t)\times\sin(\omega_c t)\\&\quad+(1-\cos\theta)\times\sin(\omega t)\sin(\omega_c t)\\&=\cos((\omega+\omega_c)t)+(1-\cos\theta)\times\sin(\omega t)\sin(\omega_c t)\\&=\left(\frac{1+\cos\theta}{2}\right)\cos((\omega+\omega_c)t)+\left(\frac{1-\cos\theta}{2}\right)\cos((\omega_c-\omega)t)\end{aligned}\tag{10-72}$$

此时其边带抑制为

$$\delta_p=20\log\left(\left|\frac{1+\cos\theta}{1-\cos\theta}\right|\right)\tag{10-73}$$

为了使边带抑制大于 70dB，则 $|1-\cos\theta|<6.3266\times10^{-4}$，即 $\theta<0.036$rad。可见宽带−90°相移网络的幅度失真和相位失真对边带抑制影响很大。

3）数字域改进的对称移相法

由于在数字域对通信信号常采用 I 路和 Q 路的正交调制和解调，基于移相法的单边带滤波实现相对容易。

采用 FIR 滤波器实现移相法，其相位无失真，幅度存在失真。前面分析可知要实现大于 70dB 的边带抑制，其滤波器幅频特性带内波动要小于 0.0056dB。显然这个指标非常高，用 FIR 滤波器同样也难以实现。

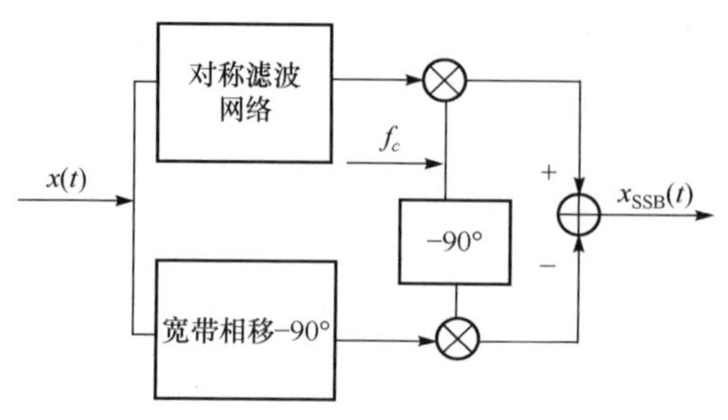

图 10-38　对称移相法

对称移相法通过增加一路对称滤波网络，来减少幅度失真对边带抑制性能的影响，如图 10-38 所示。

当相移 FIR 滤波和对称 FIR 滤波具有相同的幅度失真时，即 $x(t)$ 经过对称网络后，信号分别为 $(1+\alpha)\cos(\omega t+\theta)$ 和 $(1+\alpha)\sin(\omega t+\theta)$，有

$$\begin{aligned}x_{USB}(t)&=(1+\alpha)\cos(\omega t+\theta)\times\cos(\omega_c t)-(1+\alpha)\sin(\omega t+\theta)\times\sin(\omega_c t)\\&=(1+\alpha)\cos((\omega+\omega_c)t+\theta)\end{aligned}\tag{10-74}$$

从式(10-74)可以看出，此时可以完全抑制无用边带，即无 $(\omega_c-\omega)$ 频率分量。

对于这种改进的移相法，只要对称网络与相移网络有相同的幅频特性，则边带抑制为无穷大，可以获得较好的单边带调制解调性能。

10.4.3　基于复数滤波法的单边带调制解调

前一节分析的对称移相法要取得较好的边带抑制性能，要求对称网络与相移网络达到几乎相近的幅频特性。其主要原因是移相网络与对称滤波网络是独立设计的，要保证两个滤波网络的幅频特性差异小于 0.0056dB 非常困难，因此在实际中很难实现。基于对称网络与相移网络联合设计的复数滤波法是很好的解决思路。

1）基于复数滤波的单边带信号调制原理

单边带信号可表示为

$$\begin{aligned}x_{SSB}(t)&=x(t)\cos\omega_c t\mp\hat{x}(t)\sin\omega_c t\\&=\mathrm{Re}[(x(t)\mp(-\mathrm{j})\hat{x}(t))\mathrm{e}^{\mathrm{j}\omega_c t}]\\&=\mathrm{Re}\left[\left(x(t)\times\delta(t)\mp(-\mathrm{j})x(t)\times\frac{1}{\pi t}\right)\mathrm{e}^{\mathrm{j}\omega_c t}\right]\end{aligned}$$

$$=\mathrm{Re}\left[\left(x(t)\times(\delta(t)\mp(-\mathrm{j})\frac{1}{\pi t}\right)\mathrm{e}^{\mathrm{j}\omega_c t}\right]$$

$$=\mathrm{Re}\left[\left(x(t)\times(\delta(t)\mp(-\mathrm{j})\frac{1}{\pi t}\right)\mathrm{e}^{\mathrm{j}\omega_c t}\right] \tag{10-75}$$

其中 $\hat{x}(t)$是 $x(t)$的希尔伯特变换;Re[]表示取实部;$\delta(t)$为冲激函数。

现令

$$h(t)=\delta(t)\mp(-\mathrm{j})\frac{1}{\pi t} \tag{10-76}$$

则有

$$x_{\mathrm{SSB}}(t)=\mathrm{Re}[(x(t)\times h(t))\mathrm{e}^{\mathrm{j}\omega_c t}] \tag{10-77}$$

可见,当取 $h(t)$为复数滤波器的响应函数,通过复数滤波可以实现单边带信号调制。

由于希尔伯特变换冲激响应函数$\frac{1}{\pi t}$对应的频率响应为

$$H'(f)=\begin{cases}-\mathrm{j}, & f>0\\ \mathrm{j}, & f<0\end{cases} \tag{10-78}$$

而冲激函数 $\delta(t)$对应的频率响应为

$$\delta(f)=1 \tag{10-79}$$

式(10-77)中取负号时,对应于上边带调制,则 $h(t)$所对应的频率响应为

$$H(f)=\begin{cases}1, & f>0\\ 0, & f<0\end{cases} \tag{10-80}$$

当取正号时,对应于下边带调制,则 $h(t)$所对应的频率响应为

$$H(f)=\begin{cases}0, & f>0\\ 1, & f<0\end{cases} \tag{10-81}$$

2) 单边带调制复数滤波方法

由式(10-78)可知,单边带调制复数法的原理是将基带信号进行复数边带滤波后取实部,得到单边带信号,其原理方框图如图 10-39 所示。

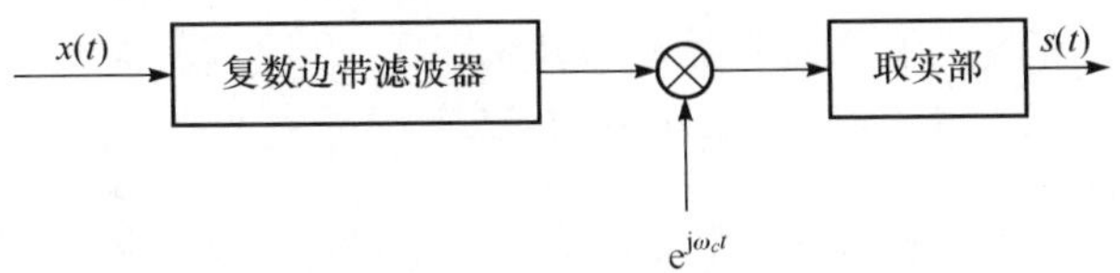

图 10-39　复数滤波法原理框图

用复数法产生的单边带信号频谱如图 10-40 所示。

其中,图 10-40(a)是基带信号频谱图,图 10-40 (b)是经过复数边带滤波后得到的复数信号频谱图,图 10-40(c)是经过调制后取实部后的频谱图。

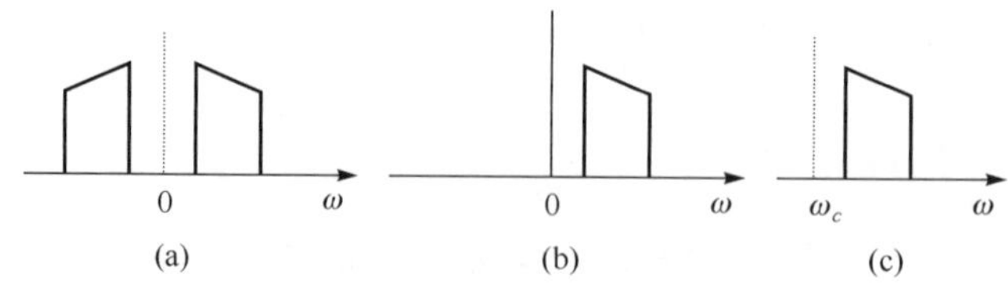

图 10-40 用复数滤波法产生单边带信号频谱图

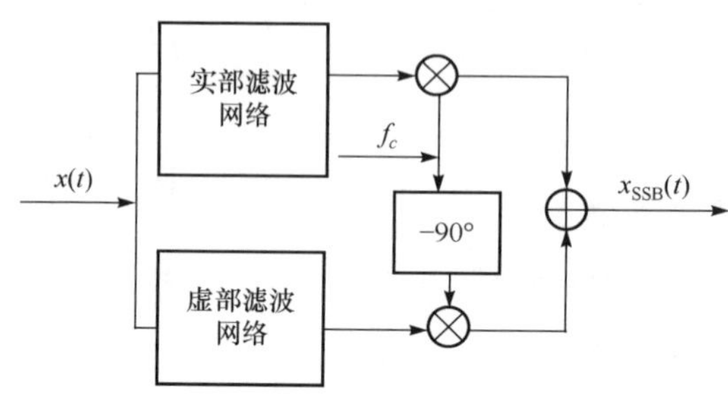

图 10-41 复数滤波法实现框图

在工程实现时，其实现框图如图 10-41 所示。

3）复数滤波器的设计

通过比较不难发现，复数滤波法和改进的移相法的结构是一样的。不同之处在于，复数滤波法中实部和虚部滤波网络是联合设计的，可以更为精确地控制两者幅频特性的差异，保证边带抑制性能。

在数字域处理时，由于单边带信号的调制滤波是在基带上实现，运算复杂度可以明显降低。同时由于滤波后分离得到 I 路和 Q 路两路正交分量，也便于后续基于插值滤波的数字上变频处理。

现假设复数滤波器的设计指标为：通带带宽为 300～3000Hz，过渡带带宽为 240Hz，带内波动小于 0.5dB，载波抑制和边带抑制大于 70dB。

可以根据以上的带内波动、边带抑制、载波抑制和过渡带宽等指标要求灵活设计复数边带滤波器。一般采用复数等波纹滤波器设计函数(Cremez)完成滤波器设计，图 10-42 为复数滤波器阶数为 127 时得到的复数等波纹滤波器幅频和相频响应。从图中可以看出，通带带宽为 300～3000Hz，过渡带带宽为 240Hz，带内波动小于 0.2dB，载波抑制和边带抑制大于 75dB。其滤波器特性符合设计要求。

需要特别说明的是，在采用复数滤波法实现单边带调制时，其复数滤波器的阶数取值不宜太大。当阶数为 127，且基带采样速率为 9.6kHz 时，由 FIR 滤波结构可知，会引入$\frac{127}{2\times 9.6}=6.61$ms 处理时延。相对应在接收机数字解调时也会存在 6.61ms 的处理时延。总的表现为发射基带信号和接收基带存在 13.22ms 的处理时延。相对于原有的基于模拟信号处理的收发信机，这种额外的处理时延会在一定程度上影响数字化收发信机的性能，尤其在跳频通信时直接影响通信双方的跳频同步。其解决方法有两种：一是调整滤波器指标，通过优化设计，降低复数滤波器的阶数，减少额外引入处理时延；二是调整基带信号的时隙控制，修正附加时延

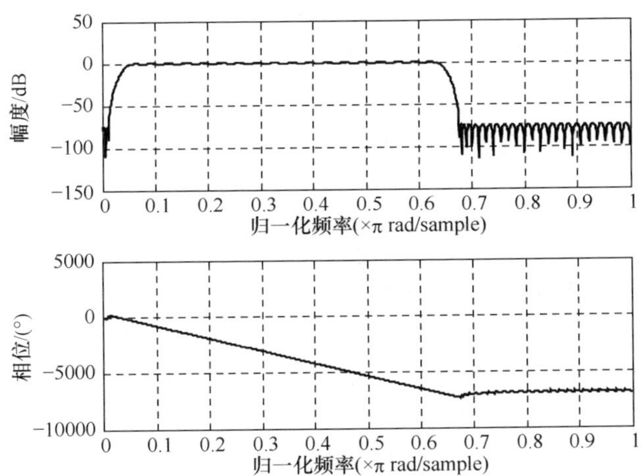

图 10-42　复数等波纹滤波器幅频和相频响应特性

对通信的影响。

10.5　小　结

本章针对短波信道数字化的技术发展方向，设计了中频信道数字化实现结构和射频数字化实现结构，并对两种方案进行对比，对其优缺点进行了分析；在中频数字化实现方案中，提出了基于信噪比指标的系统最小增益要求的设计准则；在射频数字化实现方案中，为了提高接收机的动态范围，研究了分波段采样以提高信号动态范围和外加扰动进一步提高小信号分辨率的具体实现技术；在带通信号的欠采样中，提出了从采样率出发，便于工程实现的采样频率选取方法，并分析了带外噪声对欠采样输出信噪比的影响以及欠采样时的最高信号频率和最大信号带宽对系统指标的影响；以短波系统实例，给出了信号抽取滤波的设计过程和实现，并对比分析了单级滤波器实现结构和多级滤波器实现结构；最后设计并实现基于复数滤波法的 SSB 调制与解调。

参考文献

陈尚勤,李晓峰.1993.快速自适应信息处理[M].北京:人民邮电出版社.

陈显志.2001.现代通信技术[M].北京:电子工业出版社.

戴明桢,周建江.2001.TMS320C54x DSP结构、原理及应用[M].北京:北京航空航天大学出版社.

戴耀森.1992.短波数字通信自适应选频技术[M].浙江:浙江科学技术出版社.

傅祖芸.1989.信息论基础[M].北京:电子工业出版社.

郭梯云,杨家玮,李建东.1995.数字移动通信[M].北京:人民邮电出版社.

何非常,周吉,李振帮.2000.军事通信——现代战争的神经网络[M].北京:国防工业出版社.

侯印鸣.2000.综合电子战——现代战争的杀手锏[M].北京:国防工业出版社.

胡广书.1997.数字信号处理——理论、算法与实现[M].北京:清华大学出版社.

胡广书.2004.现代信号处理教程[M].北京:清华大学出版社.

胡中豫.2003.现代短波通信[M].北京:国防工业出版社.

贾小涛,倪旭敏.2010.求解多项式方程所有实根的算法及程序实现[J].科技创新导报,31(1):107-108.

姜丹.2004.信息论与编码(第二版)[M].合肥:中国科学技术大学出版社.

克劳切,拉宾纳,邓广增.1988.多抽样率数字信号处理[M].北京:人民邮电出版社.

李承恕,赵荣黎.1993.扩展频谱通信[M].北京:人民邮电出版社.

李有根.1997.短波通信新技术[M].北京:解放军出版社.

林家薇,王兴亮.2001.军事通信技术基础[M].西安:西安电子科技大学出版社.

刘东华.2004.Turbo码原理与应用技术[M].北京:电子工业出版社.

刘益成,罗维炳.1997.信号处理与过抽样转换器[M].北京:电子工业出版社.

梅文华,王淑波,邱永红.2005.跳频通信[M].北京:国防工业出版社.

牛英宇,唐喜友.2007.基于查表的短波信道模拟器设计与实现[J].中国西部青年通信学术会议,354-359.

沈琪琪,朱德生.1989.短波通信[M].西安:西安电子科技大学出版社.

沈越泓,高媛媛,魏以民.2004.通信原理[M].北京:机械工业出版社.

沈振元,聂志泉,赵雪荷.1997.通信系统原理[M].西安:西安电子科技大学出版社.

石书祝,赵正予,李婷.2009.电离层斜向返回探测雷达的发射模块设计[J].系统工程与电子技术,31(9):2050-2054.

宋梅.2005.电子战技术与应用—通信对抗篇[M].北京:电子工业出版社.

孙萍,张水莲,秦志强.2009.ITS宽带短波信道及其噪声的建模和仿真[J].通信技术,42(02):15-17.

孙文江,张平,胡健栋.1998.正交序列扩频多码系统在AWGN信道的性能分析[J].通信学报,19 (10):52-58.

孙文江,张平,胡健栋.1999.双正交多码CDMA系统在衰落信道的性能分析[J].电子学报,

27(4):31-35.

田文飚,芮国胜,王林. 2010. 宽带短波信道仿真器软件仿真与分析[J]. 计算机仿真,27(12):89-92.

汪裕民. 2007. OFDM关键技术与应用[M]. 北京:机械工业出版社.

王金龙,任国春,沈良,等. 2007. DSP设计与实验教程[M]. 北京:机械工业出版社.

王金龙,沈良,任国春,等. 2002. 无线通信系统的DSP实现[M]. 北京:人民邮电出版社.

王金龙,王呈贵,阚春荣,等. 2005. 无线超宽带通信原理与应用[M]. 北京:人民邮电出版社.

王金龙,王呈贵,吴启晖,等. 2004. AdHoc移动无线网络[M]. 北京:国防工业出版社.

王金龙,吴启晖,龚玉萍,等. 2010. 认知无线网络[M]. 北京:机械工业出版社.

王铭三. 1999. 通信对抗原理[M]. 北京:解放军出版社.

王新梅,肖国镇. 2001. 纠错码原理与方法(修订版)[M]. 西安:西安电子科技大学出版社.

魏胜群. 2006. 单载波频域均衡技术研究[D]. 南京:解放军理工大学.

肖国震,梁传甲,王育升. 1985. 伪随机序列及其应用[M]. 北京:国防工业出版社.

姚富强. 2008. 通信抗干扰工程与实践[M]. 北京:电子工业出版社.

于宏毅. 2005. 无线移动自组织网[M]. 北京:人民邮电出版社.

张冬辰,周吉. 2008. 军事通信——信息化战争的神经系统[M]. 北京:国防工业出版社.

张尔扬. 2002. 短波通信技术[M]. 北京:国防工业出版社.

张贤达,保铮. 2000. 通信信号处理[M]. 北京:国防工业出版社.

张贤达. 2002. 现代信号处理(第二版)[M]. 北京:清华大学出版社.

张旭东,陆明泉. 2005. 离散随机信号处理[M]. 北京:清华大学出版社.

张玉明,程云鹏,沈良,等. 2006. NOrth-MDPSK系统的最佳检测算法[J]. 信号处理,22(4):523-527.

张玉明,程云鹏,沈良. 2008. NOrth-BDPSK系统的比特软值输出算法[J]. 电路与系统学报,13(1):23-28.

张玉明,程云鹏,魏胜群,等. 2006. 双多进制正交扩频系统的比特软值输出算法[J]. 电子与信息学报,28(3):455-460.

赵旦峰,叶建超. 2009. 基于ITS模型的短波宽带信道建模与仿真[J]. 计算机仿真,26(6):128-199.

赵明, 杨小牛, 邹少丞,等. 2005. 电子战技术与应用——通信对抗篇[M]. 北京:电子工业出版社.

朱近康. 2001. CDMA通信技术[M]. 北京:人民邮电出版社.

朱庆厚. 2005. 无线电监测与通信侦察[M]. 北京:人民邮电出版社.

宗孔德,胡广书. 1986. 数字信号处理[M]. 北京:清华大学出版社.

宗孔德. 1996. 多抽样率信号处理[M]. 北京:清华大学出版社.

Adachi F, Sawahashi M. 1992. Viterbi-decoding differential detection of DPSK[J]. Electronics Letters, 2196-2197.

Amours C D, Yongacoglu A. 1997. MFSK-based modulation for hybrid DS/FH-CDMA system operating in slowly Rayleigh fading channels[J]. IEEE Trans. Veh. Technol., 46(3):615-624.

Blahut R. 1983. Theory and Practice of Error Control Codes[M]. Addison-Wesley.

Behm C J. 1997. A Narrowband high Frequency Channel Simulator with Delay Spread[C]. IEEE Conference on HF Radio Systems and Techniques, 388-391.

Berlekamp E R. 1984. Algebraic Coding Theory[M]. Aegean Park Press.

Berrou C, Glavieux A, Thitimajshima P. 1993. Near Shannon limit error-correcting coding and decoding: Turbo-codes (1) [C]. IEEE Int. Conf. Communications ICC, 1064-1071.

Berrou C, Combelles P. 1994. Digital television: Hierarchical channel coding using turbo-codes [C]. in Proc. IEEE. ICC, 1255-1259.

Boujemaa H, Siala M. 2000. On the Rake receiver performance[C]. IEEE VTC, 1483-1488.

Brakemeier A. 1995. Criteria to Select Proper Modulation Schemes[C]. Nordic HF Conference, 15-17.

Chang I K, Stuber G L. 1996. Soft-limiter RAKE receivers for coded DS/DPSK systems over pulse jammed multipath fading channels[J]. IEEE Trans. Commun. ,44(9):1163-1172.

Cheun K. 1997. Performance of direct-sequence spread-spectrum Rake receivers with random spreading sequences[J]. IEEE Trans. on Commun. ,45(9):1130-1143.

Divsalar D, Pollara F. 1995. Turbo codes for deep-space communications[C]. JPL TDA Progress Report 42-120.

Eleftheriou E, Falconer D. 1987. Adaptive Equalization Techniques for HF Channels[J]. IEEE Journal on Sel. Areas in Comm. ,5(2):238-246.

Falconer D, Ariyavisitakul S L, Seeyar A B, et al. 2002. Frequency domain equalization for single carrier broadband wireless systems, 40(4):58-66.

Fossorier M P C, Burkert F, Lin S, et al. 1998. On the equivalence between SOVA and Max-Log-Map Decodings[J]. IEEE Commun. Lett. ,2(5):137-139.

Fossorier M P C, Lin S. 1995. Soft-decision decoding of linear block codes based on ordered statistics[J]. IEEE Trans. Info. Theory, 41(5):1379 -1396.

Fossorier M P C, Lin S. 1997. Soft decision decoding of linear block codes based on ordered statistics for the Rayleigh fading channel with coherent detection[J]. IEEE Trans. Commun. , 45 (1):12-14.

Furman W N, Koski E. 2009. Next Generation ALE Concepts[C]. IRST -Ionospheric Radio Systems and Techniques Conference. Edinburgh, Scotland, 1-5.

Furman W N, Nieto J. 2010. On-Air Testing of a Wideband HF Data Modem[C]. The Nordic Shortwave Conference HF10, Faro, Sweden, 1-5.

Gherm V E, Zernov N N, Strangeways H J. 2003. Wideband HF simulator for multipath ionospherically reflected propagation channels[C]. The 12th International Conference on Antennas and Propagation, Exeter U. K, 128-131.

Gherm V E, Zernov N N, Strangeways H J. 2005. HF propagation in a wideband ionospheric fluctuating reflection channel: Physically based simulator of the channel[J]. Radio Science, 40(1): RS1001.

Goff S L, Glavieux A, Berrou C. 1994. Turbo-codes and high spectral efficiency modulation[C]. in Proc. IEEE. ICC, 645-649.

Hagenauer J, Offer E, Pake L. 1996. Iterative decoding of binary block and convolutional codes [J]. IEEE Trans. Inform. Theory, 42(2): 429-445.

Hagenauer J. 1995. Source-controlled channel decoding [J]. IEEE Trans. Commun., 43(9): 2449-2457.

Haykin S. 2010. Adaptive Filter Theory. Fourth Edition[M]. Beijing: Publishing House of Electronics Industry.

Heegard C, Wicker S B. 1999. Turbo coding[M]. Kluwer Academic Publishing.

Holtzman J M, Jalloul L M A. 1994. Rayleigh fading effect reduction with wideband DS/CDMA signals[J]. IEEE Trans. Commun., 42(234): 1012 - 1016.

Jalloul L M, Holtzman J M. 1994. Performance analysis of DS/CDMA with noncoherent M-ary orthogonal modulation in multipath fading channels [J]. IEEE J. Select. Areas Commun., 12(5): 862-870.

Kammeyer K D, Nikolai D. 1996. A new CDMA-concept using hybrid modulation with noncoherent detection[C]. in Proc. IEEE 4th VTC, 102-107.

Kay S M. 2006. 统计信号处理基础——估计与检测理论[M]. 罗鹏飞,张文明,刘忠,等译. 北京:电子工业出版社.

Kim D I. 1995. On the performance of biorthogonal pulse position modulated direct-sequence CDMA communication[C]. IEEE ICC, 1136-1140.

Koski E, Furman W N. 2009. Applying cognitive radio concepts to HF communications[C]. IRST - Ionospheric Radio Systems and Techniques Conference. Edinburgh, Scotland, 1-6.

Krishnomurthy P V, Leib H. 1995. Performance of DPSK commutation signalling with RAKE receivers in multipath channels[C]. IEEEPIMRC, Toronto Canada, 456-460.

Lacaze B. 1998. Modeling the HF channel with Gaussian random delays[J]. Signal Processing, 64 (2): 215-220.

Li B, Tong W, Wang R. 2001. Multiple-symbol detection for orthogonal modulation in CDMA system[J]. IEEE Trans. VT., 50(1): 321-325.

Li B, Tong W, Wang R. 2000. A new block detection receiver for noncoherent orthogonal CDMA system[C]. IEEE ICC, 1462-1466.

Lin S, Costello D J. 2007. Error Control Coding(2nd)[M]. 晏坚,何元智,潘亚汉,等译. 北京:机械工业出版社.

Macwilliams F J, Sloane N J. 1977. The theory of error-correcting codes[M]. North-Holland.

Marvin K S, Jim K O, Robert A S, et al. 2002. Spread Spectrum Communications Handbook [M]. 北京:人民教育出版社.

Maslin N M. 1987 HF Communications-A Systems Approach [M]. New York: Taylor & Francis Ltd.

Mastrangelo J F, Lemmon J J, Vogler L E, et al. 1997. A New Wideband High Frequency Channel Simulation System[J]. IEEE Transactions on Communications,45(1):26-34.

Milson J D. 2000. Wideband channel characteristics and short spread-spectrum link[C]. HF Radio Systems and Techniques, IEEE Conference Publication, 305-309.

MIL-STD-188-110B. 2000. Interoperability and Performance Standards for Data Modems[S]. US Department of Defense.

MIL-STD-188-110C. 2011. Interoperability and Performance Standards for Data Modems[S]. US Department of Defense.

MIL-STD-188-141A. 1999. Interoperability and Performance Standards for Medium and High Frequency Radio Systems[S]. US Department of Defense.

MIL-STD-188-141B. 2000. Interoperability and Performance Standards for Medium and High Frequency Radio Systems[S]. US Department of Defense.

Mohammadi A H S, Zhuang W. 1998. Combined Turbo-Code and Modulation for CDMA Wireless Communications[C]. IEEE VTC, Ottawa, 1920-1924.

Molisch A F. 2008. 无线通信[M]. 田斌,等译. 北京:电子工业出版社.

Molisch A F. 2008. Wireless Communications[M]. 北京:电子工业出版社.

NATO STANAG 4285. 1989. Characteristics of 1200/2400/3600 Bits Per Second Single Tone Modulators/Demodulators for HF Radio Links[S]. Brussels.

NATO STANAG 4415. 1997. Characteristics of a Robust, Non-Hopping, Serial-Tone modulator/Demodulator for Severely Degraded HF Radio Links[S], Edition 1.

NATO STANAG 4529. 1995. Characteristics for Single Tone Modulators/ Demodulators for Maritime HF Radio Links with 1240 Hz Bandwidths[S].

NATO STANAG 4539. 2000. Technical Standard for Non-Hopping HF Communications Waveforms[S].

NATOSTANAG 4538. 2009. Technical Specifications To Ensure Interoperability Of An Automatic Radio Control System For HF Communication Links[S]. Edition 1. North Atlantic Treaty Organization.

NATO STANAG 5066:2008. Profile for High Frequency (HF) Radio Data Communications[S]. Edition 2. North Atlantic Treaty Organization.

Nieto J. 2009. Coding and Interleaving Options for Wideband HF Waveforms[C]. The Nordic Shortwave Conference HF10, Faro, Sweden, 1-5.

Nikolai D, Kammeyer K D. 1997. BER analysis of a novel hybrid modulation scheme for noncoherent DS-CDMA Systems[C]. IEEE PIMRC, Helsinki, Finland, 256-260.

Noneaker D L, Pursley M B. 1994. Rake reception for a CDMA mobile communication system with multipath fading[C]. IEEE ISSSTA, 98-104.

Patzold M, Garcia R, Laue F. 2000. Design of High-Speed Simulation Models for Mobile Fading Channels by Using Table Look-up Techniques[J]. IEEE Trans On Veh. Technol, 49(4): 1178-1190.

Patzold M, Killat U, Laue F. 1996. A deterministic digital simulation Model for Suzuki processes with application to a shadowed Rayleigh land Mobile radio channel[J]. IEEE Trans Veh Technol,45(2):318-331.

Patzold M, Killat U, Laue F. 1998. On the Statistical Properties of Deterministic Simulation Models for Mobile Fading Channels[J]. IEEE Trans Veh Technol,47(1):254-269.

Patzold M. 2009. 移动衰落信道[M]. 陈伟译. 北京:电子工业出版社.

Peleg M,Shamai S,1997. Iterative decoding of coded and interleaved noncoherent multiple symbol detected DPSK[J]. Electronics Letters,33(12):1018-1020.

Piret P. 1988. Convolutional Codes: An Algebraic Approach[M]. MIT Press.

Pless V . 1989. Introduction to the Theory of Error-Correcting Codes[M]. John Wiley and Sons.

Poisel R A. 2003. 通信电子战系统导论[M]. 吴泽平,等译. 北京:电子工业出版社.

Proakis J G,Manolakis. D G. 2007. Digital Signal Processing Principles, Algorithms, and Applications[M]. 北京:电子工业出版社.

Proakis J G. 2009. Digital Communications. Fifth Edition[M]. Beijing:Publishing House of Electronics Industy.

Pursley M B,Shea J M. 1997. Bit-by-bit soft-decision decoding of trellis-coded M-DPSK modulation[J]. IEEE Commun. Lett. ,1(5):133-135.

Pyndiah R M. 1998. Near-optimum decoding of product codes: block turbo codes[J]. IEEE Trans. Commun. ,46(8):1003-1010.

Rappaport T S . 2006. 无线通信原理与应用[M]. 蔡涛译. 北京:电子工业出版社.

Recommendation 520-1. 1992. Use of High Frequency Ionospheric Channel Simulators[R]. Recommendations and Reports of the CCIR, ITU,Geneva.

Richard A Pr. 2005. 现代通信干扰原理与技术[M]. 陈鼎鼎,等译. 北京:电子工业出版社 .

Richardson T, Shokrollahi M, Urbanke R. 2001. Design of capacity-approaching irregular low-density parity-check codes[J]. IEEE Trans. Inform. Theory,47(2):619-637.

Robertson P,Villebrun E, Hoeher P. 1995. A comparison of optimal and sub-optimal decoding algorithms in log domain[C]. Proc. ICC, Seattle,WA,1009-1013.

Shannon C E. 1949. A mathematical theory of communication[J]. Bell Syst. Tech. J. ,27(Part I):379-423.

Shannon C E. 1949. A mathematical theory of communication[J]. Bell Syst. Tech. J. ,27(Part II):623-656.

Shao R Y,Lin S,Forssorier M P C. 1999. Two simple stopping criteria for turbo decoding[J]. IEEE Trans. Commun,47(8):1117-1120.

Siltala S A. 1998. Some suboptimal turbo decoders and their sensitivity to SNR estimation using DPSK modulation[C]. IEEE MILCOM,1008-1012.

Simon M K . 2002. 扩频通信[M]. 北京:人民邮电出版社.

Simon M K, Omura J K, Scholtz R A, et al. 2002. Spread spectrum communication handbook [M]. New York: McGraw-Hill.

Sklar B. 2002. 数字通信——基础与应用(第二版)[M]. 徐平平,宋铁成,叶芝慧,等译. 北京:电子工业出版社.

Thesling W H. 1995. Efficient Block Decoding Algorithms Exploiting Channel Measurement Information[D]. Cleveland State University.

Torrieri D J . 1985. 军事通信系统原理[M]. 蒋锦星, 等译. 西安: 西北电讯工学院出版社.

Torrieri D. 2002. Simple formula for error probability of RAKE demodulator for noncoherent binary orthogonal signals and Rayleigh fading[J]. IEEE Trans. Commun. , 50(11): 1734-1735.

Tsui J. 2002. 宽带数字接收机[M]. 杨小牛, 等译. 北京: 电子工业出版社.

Unger C, Fettweis G P. 2002. Analysis of the RAKE receiver performance in low spreading gain DS/SS systems[C]. IEEE GLOBECOM, 830-834.

Van der Perre L, Van der Capelle A. 1997. Implementation of an extend simulation for the channel on a multi-DSP board[C]. HF Radio Systems and Techniques, Conference Publication, IEE, 373-377.

Vanlint J H. 1992. Introduction to coding theory[M]. Springer Verlag.

Viterbi A J. 1995. CDMA: Principles of spread spectrum communication[M]. New York: Addison-WeSley.

Vogler L E, Hoffmeyer J A . 1998. A New Approach to HF Channel Modeling and Simulation Part I : Deterministic Model[R]. NTIA Rpt.

Vogler L E, Hoffmeyer J A . 1990. A New Approach to HF Channel Modeling and Simulation Part II : Stochastic Model[R]. NTIA Rpt.

Vogler L E, Hoffmeyer J A . 1992. A New Approach to HF Channel Modeling and Simulation Part III : Transfer Function[R]. NTIA Rpt.

Vogler L E, Hoffmeyer J A. 1993. A model for wideband HF propagation channels[J]. Radio Science, 28(6): 1131-1142.

Wagner L S, Goldstein J A. 1991. Response of the High Latitude HF Skyway Channel to an Isolated Magnetic Disturbance[C]. IEEE Mil. Commun. Conf , 233-237.

Wagner L S, Goldstein J A, Meyers W D, et al. 1989. The HF Skywave Channel: Measured Scattering Functions for Midlatitude and Auroral Channels and Estimates for Short-Term Wideband HF Rake Modem Performance [C]. IEEE Military Commun. , Boston, MA, 830-839.

Wang C X, Patzold M, Yuan D F. 2007. Accurate and efficient simulation of multiple uncorrelated rayleigh fading waveforms [J]. IEEE Transactions on wireless communications, 6 (3): 833-839.

Wang J L, Han H, Wu Q H, et al. 2010. Optimal wideband spectrum sensing order in cognitive radio[J]. FREQUENZ. 7, 118-122.

Wang J L, Liu X, Wu Q H, et al. 2010. A mixed game theoretic framework of distributed frequency allocation and power control in CR network[J]. FREQUENZ, 64(7-8): 127-133.

Wang J L, Yang Y, Wu Q H, et al. 2011. Outage capacity analysis for SIMO cognitive fading channel in spectrum sharing environment[J]. IEICE letters on communication, E94-B(8).

Wang J L,Zhang X,Wu Q H. 2010. State Transition Probability Based Sensing Duration Optimization Algorithm in Cognitive Radio[J]. IEICE Transactions on Communication, E93-B(12): 3258-3265.

Watterson C C, Juroshek J R, Bensema W D. 1970. Experimental Confirmation of an HF Channel Model[J]. IEEE Transactions on Communication Technology, 18(6): 792-803.

Wei L,Korn I. 1995. Combined frequency and differential phase shift keying with noncoherent detection in a satellite mobile channel[J]. IEEE Trans. Veh. Technol. ,44(3): 603-612.

Wei S Q, Cheng Y P,Wang J L. 2006. A New ML Detection Algorithm for Orthogonal Multicode system in Nakagami Fading Channel [J]. Journal of Electronics (China),23(2): 184-188.

Wei S Q,Cheng Y P,Shen L,et al. 2004. Dual M-ary orthogonal modulation using binary quasi-orthogonal sequences[C]. in Proc, International Symposium on Information Theory and its Applications, Parma, Italy, 402-406.

Wu Y F,Woemer B D,Ebel W J. 2000. A simple stopping criterion for turbo decoding[J]. IEEE Commun. Lett, 4(8): 258-260.

Xiang Qian,Sun Hong,Gan Liang-Cai,et al. 2004. Design and Implementation of a Wideband HF Channel Simulator[J]. 武汉大学学报(自然科学英文版),9(2): 220-224.

Yasuda Y, Kashiki K, Hirata Y. 1984. High-Rate Punctured Convolutional Codes for Soft Decision Viterbi Decoding[J]. IEEE Transactions on Communications, 32(3): 315-319.

Zeisberg S,Erben H. 1993. Approximation of BER performance for adaptive 2-DPSK-RAKE receivers[J]. IEEE Elect. Lett. ,29(21): 1819-1821.